QP
6√0
K81
O√(2)
+√

Kohlhammer Edition Marketing

Begründet von: Prof. Dr. Dr. h.c. Dr. h.c. Richard Köhler
                       Universität zu Köln

                       Prof. Dr. Dr. h.c. mult. Heribert Meffert
                       Universität Münster

Herausgegeben von: Prof. Dr. Dr. h.c. Hermann Diller
                       Universität Erlangen-Nürnberg

                       Prof. Dr. Dr. h.c. Dr. h.c. Richard Köhler
                       Universität zu Köln

Tobias Kollmann

Online-Marketing

Grundlagen der Absatzpolitik
in der Net Economy

2., aktualisierte und überarbeitete Auflage

Verlag W. Kohlhammer

2., aktualisierte und überarbeitete Auflage 2013

© 2007 W. Kohlhammer GmbH Stuttgart
Umschlag: Gestaltungskonzept Peter Horlacher
Gesamtherstellung:
W. Kohlhammer Druckerei GmbH + Co. KG, Stuttgart
Printed in Germany

ISBN 987-3-17-023024-8

Vorwort der Herausgeber

Die „Kohlhammer Edition Marketing" stellt eine Buchreihe dar, die in mehr als 20 Einzelbänden die wichtigsten Teilgebiete des Marketing behandelt. Jeder Band soll eine Übersicht zu den Problemstellungen des jeweiligen Themenbereichs geben und wissenschaftliche sowie praktische Lösungsbeiträge aufzeigen. Als Ganzes bietet die Edition eine Gesamtdarstellung der zentralen Führungsaufgaben des Marketing-Managements. Ebenso wird auf die Bedeutung und Verantwortung des Marketing im sozialen Bezugsrahmen eingegangen.

Als Autoren dieser Reihe konnten namhafte Fachvertreter an den Hochschulen gewonnen werden. Sie gewährleisten eine problemorientierte und anwendungsbezogene Veranschaulichung des Stoffes. Angesprochen sind mit der Kohlhammer Edition Marketing zum einen die Studierenden an den Hochschulen. Ihnen werden die wesentlichen Stoffinhalte des Faches dargeboten. Zum anderen wendet sich die Reihe auch an Institutionen, die mit der Aus- und Weiterbildung von Praktikern auf dem Spezialgebiet des Marketing befasst sind, und nicht zuletzt unmittelbar an Führungskräfte des Marketing. Der Aufbau und die inhaltliche Gestaltung der Edition ermöglichen es ihnen, einen Überblick über die Anwendbarkeit neuer Ergebnisse aus der Forschung sowie über Praxisbeispiele aus anderen Branchen zu gewinnen.

Der vorliegende Band „Online-Marketing" erscheint nun in der 2. Auflage. Der Autor, Inhaber des Lehrstuhls für E-Business und E-Entrepreneurship an der Universität Duisburg-Essen (Campus Essen), kann darauf verweisen, dass seit der ersten Ausgabe des Buches ein enormes Wachstum der Aktivitäten und Umsätze im E-Commerce zu verzeichnen ist. Dies hängt auch mit der zunehmenden Mobilität und interaktiven Nutzungsmöglichkeit elektronischer Medien zusammen. „Online-Marketing" umfasst sowohl den Einsatz des Internets als auch des Mobilfunks und des aufkommenden interaktiven Fernsehens für Aufgaben der marktorientierten Unternehmensführung. Dabei ist eine steigende Konvergenz der Netze, Geräte und Angebote zu verzeichnen.

In einem grundlegenden ersten Kapitel geht Tobias Kollmann auf diese Technik- und Medienaspekte des Online-Marketing ein. Er hebt außerdem die kommunikativen Besonderheiten (wie die individualisierten und interaktiven Ansprechmöglichkeiten, die Multimedialität und Virtualität) hervor. Ebenso werden Veränderungen der Wettbewerbsbeziehungen in der „Net Economy" aufgezeigt. Aus dieser Grundlagendiskussion zieht der Verfasser systematisch in fünfzehn Schritten Konsequenzen für das Online-Marketing.

Der weitere Aufbau des Buches folgt zwar der klassischen Einteilung des Marketing-Mix mit Kapiteln über die Produkt-, Preis-, Vertriebs- und Kommunikationspolitik. Es wird dabei aber eindringlich verdeutlicht, dass sich beim elektronischen Absatz völlig neue Wege der Maßnahmengestaltung ergeben, wobei aber auch die Mitwirkungs- und Einflussmöglichkeiten der potenziellen Käufer bzw. Kunden erheblich zunehmen.

Diese stärkere Integration der Nachfrager, wie sie sich im technischen Rahmen des Online-Marketing ergibt, eröffnet neue Wege für die Pflege von Kundenbeziehungen. Zugleich führt sie zu spezifischen Herausforderungen für die Anbieterunternehmen, da sich Kundenzufriedenheit oder Unzufriedenheit unmittelbarer artikulieren lässt. Dies schafft auch veränderte Wettbewerbsmuster und erfordert angemessene Wettbewerbsstrategien, auf die der Autor im Abschnitt 2.3 eingeht.

Beispiele für die zunehmend aktive Rolle der Nachfrager im Rahmen des Online-Marketing finden sich in allen Kapiteln des vorliegenden Werkes. So erläutert der neu hinzugekommene Abschnitt über Online-Produktkonfiguration die Mitwirkungsmöglichkeiten des Kunden bei der Auswahl und Kombination bestimmter Produkteigenschaften („E-Customization"). Das Kapitel zur Preispolitik im Online-Marketing beschreibt Formen der zweiseitigen dynamischen Preisbildung, wie sie u. a. im Zusammenhang mit den erwähnten individuellen Produktkonfigurationen oder bei sog. Online-Request-Prozessen ergeben. Bei der Online-Produktsuche und einem anschließenden Online-Kauf gestaltet der Kunde die Vertriebsprozesse bis hin zur Produktauslieferung mit (Abschnitt 4.2). Auch die Kommunikationspolitik bekommt durch die interaktive Zweiseitigkeit in elektronischen Medien neue Akzente. Der in der zweiten Auflage eingefügte Abschnitt über Social-Media-Marketing unterstreicht dies besonders deutlich.

Im Übrigen beinhalten die vier Hauptkapitel des Buches eingehende Ausführungen zu online durchführbaren Analysen für die Entwicklung von Marketing-Strategien (detaillierte Nachfrageranalysen, Kundenbewertung, Wettbewerbsanalysen). Die prägende Wirkung des Online-Marketing bei Prozessgestaltungen der Produkt-, Preis-, Vertriebs- und Kommunikationspolitik einschließlich der Abläufe beim Kundenbindungsmanagement wird klar erkennbar. Online-spezifische Instrumente, insbesondere im Bereich der Kommunikation (z. B. Banner oder gezielte Ansprache per E-Mail), kommen ausführlich zur Sprache.

Insgesamt gelingt dem Verfasser eine theoriegeleitete und zugleich ausgesprochen praxisnahe Gesamtdarstellung des Online-Marketing. Zahlreiche konkrete Beispiele führen zu einer sehr anschaulichen Präsentation von Entwicklungen, die einem innovativen Marketing neue Impulse geben.

Das Werk bietet in seiner aktualisierten und erweiterten Fassung wertvolle Einblicke und Anregungen für Studierende des Faches Marketing wie auch für Praktiker. Wir wünschen der zweiten Auflage viel Erfolg.

Nürnberg und Köln, März 2013   Hermann Diller, Richard Köhler

Vorwort zur 2. Auflage

Wir schreiben das Jahr 2013 und wieder liegen Rekordumsätze im E-Commerce aus dem vorangegangenen Jahr vor. Erneut stellt die Net Economy unter Beweis, dass das zugehörige **E-Business** nicht mehr aus dem Alltag eines Unternehmens und Werbetreibenden und vorweg natürlich des Konsumenten wegzudenken ist. Wo die Umsätze steigen, wird dementsprechend auch mehr geworben und das aus gutem Grund: Erstens wird es zunehmend schwieriger, sich mit seinem Angebot in der Fülle der digitalen Möglichkeiten und Absatzkanäle sichtbar zu machen und zweitens kann auch im Online-Bereich der verfügbare Eurobetrag nur einmal ausgegeben werden. Dass die **Rekordmeldungen im E-Commerce** entsprechend mit Rekordmeldungen bei den Ausgaben für Online-Marketing einhergehen, ist daher ebenso seit Jahren ein gewohntes Bild zum Jahreswechsel.

„The same procedure as every year" mag man da schnell vereinfacht denken und mit dem bewährten Instrumentarium des Online-Marketings weitermachen. Doch obwohl wir inzwischen über ein Jahrzehnt an Erfahrung mit dem Medium „Internet" haben, so dynamisch ist diese Plattform weiterhin und auch die Formen und Inhalte von Werbemaßnahmen in und über digitale Netzwerke bleiben einem ständigen Wandel unterlegen. So ist es nicht verwunderlich, dass seit der letzten Auflage des vorliegenden Werks „Online-Marketing" zum Beispiel mit dem sog. **Social-Media-Marketing** eine weitere wesentliche Variante über den rasanten Aufstieg von sozialen Netzwerken wie Facebook & Co. im Internet hinzugekommen ist, oder aber auch das **Mobile-Marketing** über den erhöhten Absatz von Smartphones enorm an Bedeutung gewonnen hat. Umso wichtiger, dass dieses Werk mit der zweiten Auflage eine notwendige Aktualisierung erfährt, um diese und andere aktuelle Entwicklungen aufzunehmen.

Im Hinblick auf das Angebot von Literatur zum Thema „Online-Marketing" kann man im Markt durchaus eine Zweiteilung beobachten. Da sind zum einen die eher **wissenschaftlich- und lehrorientierten Abhandlungen** und zum anderen die anleitungs- und praxisorientierten Leitfäden. Gegeben der Positionierung der „Edition Marketing" und seiner Herausgeber zählt das vorliegende Werk sicherlich zu der ersteren Gruppe. Ziel ist es also weiterhin, einen theoriegeleiteten Überblick über das Themenfeld zu geben, welches insbesondere in Forschung und Lehre eingesetzt werden kann. Auch wenn Marketingpraktiker in den Ausführungen selbstverständlich ebenso wertvolle Anregungen und damit ein solides und umsetzbares Fundament für ihre Arbeit finden werden, so ist es eben doch kein reines „Kochbuch" mit Checklisten für die Tagesarbeit. Dieses Buch befasst sich analog zu seinem Untertitel eben mit den „Grundlagen der Absatzpolitik in der Net Economy" und soll dem Leser einen ersten strukturierten Überblick über die Vielfalt und die Möglichkeiten des Themas „Online-Marketing" geben.

Mein besonderer **Dank** für die Unterstützung bei der Fertigstellung dieses Werkes gilt meinen wissenschaftlichen Mitarbeitern Frau *Dr. Christina Suckow* und Herr *Patrick Krell*, die sich in besonderem Maße um dieses Werk verdient gemacht haben. Aber auch den weiteren Mitgliedern meines Lehrstuhls danke ich für die Unterstützung. Dazu zählen u. a. Herr *Dr. Christoph Stöckmann*, Herr *Tom Denneman*, Herr *Jan Ely*, Frau *Jana Linstaedt*, Herr *Alexander Michaelis*, Frau *Anika Peschl* und Frau *Bettina Waldau*. Weiterhin möchte ich mich sehr bei meiner Sekretärin Frau *Cornelia Yano* für die Korrekturarbeiten und das reibungslose Prozessmanagement sowie bei Herrn *Ingo Kummutat* für die Betreuung der Webplattform „www.e-entrepreneurship.de" bedanken. Mein abschließender Dank gilt natürlich meiner gesamten Familie und hier insbesondere meiner Frau *Frauke Stefanie* und meinen Söhnen *Kilian* und *Niklas*, die weitgehend auf ein ruhiges Privatleben verzichten und mir so einen vorbehaltlosen Rückhalt bieten. Sie sind Ansporn und Erfüllung zugleich und geben meinem Leben einen Sinn.

Essen, im Februar 2013

Tobias Kollmann
Universität Duisburg-Essen, Campus Essen
Lehrstuhl für E-Business und E-Entrepreneurship
Universitätsstrasse 9, D – 45141 Essen
Internet: www.e-entrepreneurship.de
E-Mail: tobias.kollmann@uni-due.de

Vorwort zur 1. Auflage

Kaum ein Medium hat unsere Wirtschaft und Gesellschaft so schnell und so tiefgreifend beeinflusst wie das **Internet**. Es dauerte nur wenige Jahre, bis dieses **Online-Medium** auf Basis der Informationstechnologie und mit ihr die digitale Kommunikation in allen Lebensbereichen Einzug gehalten hat. Nahezu alle internen und externen Informations- und Kommunikationsprozesse von Unternehmen aus nahezu allen Wirtschaftszweigen werden in Folge dessen heute elektronisch unterstützt. Das gilt insbesondere für deren Kommunikation mit dem Nachfrager im Rahmen der Kundengewinnung und -bindung. Das Internet und damit die **Online-Kommunikation** sind definitiv zu wichtigen Bestandteilen der Unternehmenskommunikation geworden. Hintergrund ist nicht zuletzt die Tatsache, dass im Internet täglich mehrere Millionen Menschen unterwegs sind, die sich als potenzielle Kunden für ein Produkt oder eine Dienstleistung interessieren. Laut einer aktuellen Studie von *Forrester Research* werden im Jahr 2006 rund 100 Millionen Europäer ihre Einkäufe im Internet tätigen. Damit soll der **Online-Handel** erstmals die 100 Milliarden Euro-Marke übersteigen. Der größte Umsatz wird dabei zwar (noch) in Großbritannien erwirtschaftet, der deutsche Onlinehandel folgt aber schon auf dem 2. Platz. Bis zum Jahr 2011 wird sogar eine Verdopplung des Umsatzvolumens erwartet. Der Anstieg des Online-Handels steht auch im Zusammenhang mit der steigenden Anzahl an **Internet-Usern**. Waren laut der Studie 2005 rund 54 Prozent der Europäer mindestens einmal im Monat online, werden es in fünf Jahren 74 Prozent sein. 53 Prozent von ihnen werden dabei zu der wirtschaftlich relevanten Gruppe der **Online-Shopper** zählen, was einen Anstieg um fast zwei Drittel im Vergleich zu 2006 bedeuten würde. Das Gesamtumsatzvolumen wird dabei von geschätzten 102 Milliarden Euro im Jahr 2006 auf knapp 263 Milliarden Euro steigen und sich somit mehr als verdoppeln. Auch das *ECC-Handelsinstitut* in Köln meldet, dass sich der Online-Handel schon längst etabliert habe. Deutschland verzeichnet in diesem Bereich zehn Jahre nach dem Start der Online-Medien weiterhin Rekordumsätze.

Diese Rahmendaten zeichnen ein eindeutiges Bild und zwingen die Unternehmen dazu, ihr klassisches (Offline-)Marketing durch die neue Perspektive „**Online-Marketing**" zu ergänzen. Das Online-Marketing beschränkt sich dabei nicht allein auf die Übertragung des traditionellen Marketings auf das Internet, sondern versucht vielmehr, sich die speziellen Eigenschaften der durch das Internet veränderten Kommunikation zum Vorteil zu machen und neue Formen innerhalb der klassischen Instrumente des Marketings zu entwickeln. Auch wenn diese initiale Übertragung auf den ersten Blick recht unproblematisch erscheint, ergeben sich in vielen Bereichen aber auch Veränderungen, die es nicht nur im Online-Marketing zu berücksichtigen gilt. Darunter fallen sowohl die notwendigen Anpassungen auf die neuen technischen Möglichkeiten, als auch der Einsatz neuer Instrumente und die Entwicklung neuer Anwendungsbereiche, die erst durch das Internet entstehen konnten. Die zentrale Frage lautet also: Wie können die bekannten **Marketing-Instrumente** aus Produkt-, Preis-, Vertriebs- und Kommunikationspolitik in die elektronische Online-Welt des Internets übertragen und durch neue Kommunikationsformen ergänzt werden? Dieses Buch beschäftigt sich folglich mit den Grundlagen sowie den Funktionen und Wirkungsweisen absatzpolitischer Instrumente über elektronische Informationstechnologien und stellt dabei insbesondere das Internet in den Mittelpunkt der Betrachtung. Das **Ziel dieses Buches** ist es somit, folgende Aspekte zu behandeln:

- Welche technischen Rahmenbedingungen gelten allgemein für die Online-Kommunikation über digitale Informationsnetze wie dem Internet?
- Wie wirken sich diese technischen Rahmenbedingungen auf die klassischen Marketing-Instrumente von Produkt-, Preis-, Vertriebs- und Kommunikationspolitik aus?
- Welche neuen Formen der Online-Kommunikation müssen im Rahmen der elektronischen Kundengewinnung und -bindung berücksichtigt werden?

Dass es lohnenswert erscheint, sich mit diesen Fragen zu beschäftigen, zeigen aktuelle Zahlen aus diesem Gebiet. So ermittelte unlängst die *Nielsen Online-Werbestatistik,* dass alleine die Umsätze nur mit klassischer **Online-Werbung** (Banner, Skyscraper usw.) in Deutschland um 42 Prozent auf insgesamt 55,17 Mio. € zugenommen haben, wenn man nur die beiden Monate Januar 2006 und 2007 direkt vergleicht. Betrachtet man 2006 insgesamt, so war dies mit einem Gesamtumsatz von 692,3 Mio. € in diesem Bereich und einem Jahreswachstum von Januar bis Dezember von 146 Prozent ein sehr erfolgreiches Jahr für die Online-Werbebranche. Dabei identifizierte der *OVK Online-Report 2006/02* mit einem Plus von 80 Prozent die Suchwort-Vermarktung (Suchmaschinen-Marketing) als wachstumsstärkstes Segment. Insgesamt übertrifft das Internet 2006 erstmals den Werbeträger Radio und wird somit zum viertgrößten Werbeträger in Deutschland. In den USA lagen die absoluten Online-Werbeaufwendungen laut den Marktforschern von *eMarketer* für das Jahr 2006 bei 16,4 Mrd. US-Dollar in 2006, wobei mit einer Steigerung auf 19,5 Mrd. in 2007 und auf 23,8 Mrd. US-Dollar in 2008 gerechnet wird. Die Steigerungen in diesem Bereich gehen auch zu Lasten der Werbeaufwendungen in realen Medienformaten. Und so werden die Budgets für Online-Werbung wohl auch weiterhin wachsen. Das ergab auch eine Umfrage unter 540 Direktwerbung-Treibenden in den USA und Großbritannien durch die Marktanalysten von *Alterian*. Ganze 81 Prozent der hier Befragten planen, mehr für E-Mail-Marketing auszugeben, 50 Prozent wollen in E-Mail-Direktwerbung investieren und 45 Prozent ihre Landing Pages optimieren. Wenn man sich jetzt noch vor Augen führt, dass die Online-Werbung nur ein Teil des Online-Marketings ist, dann wird einem schnell die Bedeutung dieses Bereiches bewusst (*Hettler* 2010, S. 31).

Der **Lehrstuhl für E-Business und E-Entrepreneurship** vermittelt vor diesem Hintergrund schon seit 2001, zunächst an der Christian-Albrechts-Universität zu Kiel und seit 2005 an der an der Universität Duisburg-Essen, ausschließlich Grund- und Gründungswissen für elektronische Online-Medien, wobei der Bereich

„Online-Marketing" eine besondere Rolle spielt. Dieses Thema ist fester Bestandteil der Vorlesungen „E-Business-Grundlagen", „E-BusinessManagement II: E-Shop" sowie „E-Entrepreneurship I und II". Aber auch in zahlreichen Seminaren wird das Thema „Online-Marketing" aufgegriffen. Ziel war und ist es dabei, eine wissenschaftliche und zugleich praxisrelevante Forschung zu initiieren, die zur Weiterentwicklung in diesem Bereich beiträgt. Die Studierenden im Schwerpunkt „E-Business und E-Entrepreneurship" werden vor diesem Hintergrund sowohl mit technischen als auch betriebswirtschaftlichen Gesichtspunkten elektronischer Geschäfts- und Kommunikationsprozesse vertraut gemacht. Diese beiden Perspektiven prägen auch die Darstellungen in diesem Buch, womit die gesamte Bandbreite des Online-Marketings abgedeckt wird. **Zielgruppe des Buches** sind Dozenten und Studierende der Studienrichtungen Betriebswirtschaftslehre, Wirtschaftsinformatik und Medienwissenschaften, die sich mit den Themen Marketing, Innovation, Medienkommunikation, E-Business bzw. E-Commerce und damit auch dem Online-Marketing beschäftigen. Der Einsatz kann dabei sowohl in Bachelor- als auch Master-Studienprogrammen erfolgen. Insbesondere Studenten erhalten eine nachvollziehbare Übersetzung der klassischen Marketingansätze in den Online-Bereich und der Marketingpraktiker ein solides und umsetzbares Fundament für seine Arbeit.

Mein besonderer **Dank** für die Unterstützung bei der Fertigstellung dieses Werkes gilt an erster Stelle meiner wissenschaftlichen Mitarbeiterin Frau *Christina Suckow*, die sich in besonderem Maße um dieses Werk verdient gemacht hat. Aber auch den weiteren Mitgliedern meines Lehrstuhls danke ich für die Unterstützung. Dazu zählen Herr *Dr. Andreas Kuckertz*, Frau *Julia Christofor*, Herr *Matthias Häsel*, Frau *Carina Lomberg* und Herr *Christoph Stöckmann*. Weiterhin möchte ich mich sehr bei meiner Sekretärin Frau *Cornelia Yano* für die Korrekturarbeiten und das reibungslose Prozessmanagement, sowie bei Herrn *Ingo Kummutat* für die Betreuung der Webplattform „www.e-entrepreneurship.com" bedanken. Mein abschließender Dank gilt natürlich meiner gesamten Familie und hier insbesondere meiner lieben Frau *Frauke Stefanie* und meinen Söhnen *Kilian* und *Niklas*, die weitgehend auf ein ruhiges Privatleben verzichten und mir so einen vorbehaltlosen Rückhalt bieten. Sie sind Ansporn und Erfüllung zugleich und geben meinem Leben einen Sinn.

Essen, im Mai 2007

Tobias Kollmann
Universität Duisburg-Essen, Campus Essen
Lehrstuhl für E-Business und E-Entrepreneurship
Universitätsstrasse 9, D – 45141 Essen
Internet: www.e-entrepreneurship.de
E-Mail: tobias.kollmann@uni-due.de

Inhaltsverzeichnis

1   Grundlagen im Online-Marketing

In dem Moment, in dem wir morgens aufstehen, sind wir von Werbung und Marketing-Aktivitäten der werbetreibenden Industrie umgeben. Ob es der Werbespot im Radio beim morgendlichen Zähneputzen oder die Werbeanzeige in der Zeitung am Frühstückstisch ist, die sog. **verkaufsfördernden Maßnahmen** sind rund um die Uhr präsent und begegnen uns auch in Form von Plakatwänden auf dem Weg zur Arbeit und in Fernsehspots vor den abendlichen Nachrichten (*Kollmann/Tanasic* 2012).

Was für den **Offline-Bereich** gilt, hat sich auch im **Online-Bereich** längst durchgesetzt, und so sind wir auch in dem Moment, wo wir den Computer oder das Handy einschalten, von Online-Werbung bzw. Online-Marketing umgeben. Hier begegnen uns dann die Werbeformen wie E-Mail-Marketing, Search-Engine-Marketing oder Social-Media-Marketing. Im Zuge der Verschiebung von Nutzungszeiten von klassischen Medien hin zu Online-Medien wuchs die Bedeutung von Online-Marketing in den letzten zehn Jahren stetig und im Zuge des wachsenden elektronischen Wettbewerbs müssen Unternehmen auch auf diesem Feld aktiv sein, wenn sie in Zukunft weiter bestehen wollen. Die Möglichkeiten und Formen des Online-Marketings sind dabei vielfältig und können schon längst nicht mehr nur so nebenbei angegangen werden. **Online-Marketing** ist zu einer strategischen Aufgabe von Unternehmen geworden (*Kollmann/Tanasic* 2012).

Der Terminus „Online-Marketing" bezeichnet vor diesem Hintergrund im Grunde genommen nichts anderes als die Übertragung des traditionellen Marketings auf ein neues Medium und zwar das Internet. Auch wenn diese Übertragung auf den ersten Blick recht unproblematisch erscheint, ergeben sich jedoch in vielen Bereichen Veränderungen. Darunter fallen sowohl die notwendigen Anpassungen traditioneller Instrumente auf die neuen **technischen Möglichkeiten**, als auch der Einsatz neuer Instrumente und die Entwicklung neuer Anwendungsbereiche, die erst durch das Internet entstehen konnten. Zudem ermöglichte das Internet als Infrastruktur viele neue Arten der Transaktionsabwicklung, die völlig neue Regeln des Wirtschaftens hervorbringen (*Kollmann* 2011a; *Zerdick* et al. 1999). Diese veränderten Marktbedingungen waren und sind sicherlich ein weiterer Grund, warum das Marketing im Internet neuen Regeln folgen musste und auch weiterhin folgen muss. Bevor jedoch eine genauere Analyse des Online-Marketings im Rahmen des traditionellen Marketing-Mix durchgeführt wird, sollten zunächst die technischen Neuerungen und Anforderungen, die im Hinblick auf den Einsatz des Internets entstanden sind, betrachtet werden. Dazu gehören nicht nur die stark ansteigenden Rechnerleistungen und die immer besser werdenden Möglichkeit der Vernetzung, sondern insbesondere auch der damit verbundene Datentransfer und die Digitalisierung von Informationen (*Kollmann* 2011a,

S. 1 ff.). Aus diesen technischen Entwicklungen ergeben sich Eigenschaften, die hinsichtlich einer **innovativen Kommunikation** in Online-Medien ganz neue Perspektiven eröffnen und sogar als Grundlage vieler innovativer Geschäftsideen („E-Entrepreneurship"; *Kollmann* 2011b) dienen können. Virtualität, Multimedialität, Interaktivität und Individualität sind nur beispielhafte Eigenheiten, die den **elektronischen Kommunikationsprozess** neu definiert haben (*Kollmann* 2011a, S. 26 ff.). Die Umsetzung bzw. Anwendung erfolgt über die drei zentralen Online-Medien (Internet, Mobilfunk und interaktives Fernsehen), die ebenfalls kurz vorgestellt werden sollen. Im Anschluss daran werden dann verschiedene Online-Plattformen und -Geschäftsmodelle im Rahmen des elektronischen Wettbewerbs vorgestellt, auf die sich Aktivitäten des Online-Marketings beziehen können.

Die jeweiligen Ausführungen in den einzelnen Unterkapiteln werden an entsprechender Stelle zusammengefasst und somit in insgesamt **15 Konsequenzen für das Online-Marketing** überführt. Anhand dieser einzelnen Konsequenzen gilt es dann abschließend für diesen einführenden Teil ein grundsätzliches Begriffsverständnis über das Online-Marketing herzuleiten, das für die weiteren Ausführungen herangezogen werden kann. Gleichzeitig sollen innerhalb eines **Schalenmodells zum Online-Marketing** die einzelnen Handlungsfelder für die absatzpolitischen Instrumente aufgezeigt werden.

1.1 Technikaspekte im elektronischen Absatz

Die Entstehung des Mediums Internet gilt aus heutiger Perspektive als eine der bedeutendsten Innovationen im Bereich der Informationstechnik (*Kollmann* 2011a; *Kollmann/Krell* 2011b). Die Digitalisierung von Informationen und die Vernetzung von Computern waren letztendlich ausschlaggebend für gravierende **gesellschaftliche und wirtschaftliche Strukturveränderungen** (*Tapscott* 1996). Das Internet ist heutzutage allgegenwärtig und hat sich bereits zu einem Massenmedium etabliert. Stetiger Fortschritt und die Weiterentwicklung der Vernetzung und Informationsübertragung resultieren zwar einerseits in immer anspruchsvoller werdenden Aufgaben der Teilnehmer, aber auch in immer neueren und vielfältigeren Möglichkeiten, das Zusammenleben und Wirtschaften miteinander zu vereinfachen bzw. effektiver zu gestalten (*Weiber/Kollmann* 1997). Erst durch die neuen **technischen Rahmenbedingungen** konnte die neue Dimension des elektronischen Handels entstehen, die u. a. auch die Basis für das Online-Marketing darstellt (*Kollmann* 2011a, S. 1 ff.).

1.1.1 Rechnerleistungen

Grundlage jeder technischen Entwicklung bildet immer noch das Leistungsvermögen der Computer- und Informationstechnik. Die heute exponentiell steigende

Rechnerleistung bei gleichzeitig rapide sinkenden Hardwarepreisen in Kombination mit zunehmender Miniaturisierung der Hardware trägt dazu bei, dass die Informationsübertragung zunehmend auch mobil und ohne zeitliche und räumliche Beschränkungen vollzogen werden kann. Zu dieser Entwicklung tragen insbesondere die immer größer werdenden Speicherkapazitäten der verwendeten Speicherchips, die immer schneller, leistungsfähiger und kleiner werdenden Prozessoren sowie die steigende Taktfrequenz dieser Prozessoren bei (*Stahlknecht/ Hasenkamp* 2005, 32 f.). Das **Gesetz nach Moore** (dem Mitbegründer von Intel) besagt, dass sich die Zahl der Transistoren in einem Prozessor alle 24 Monate verdoppelt. Diese Verdopplung liegt inzwischen sogar nur noch bei 18 Monaten, wobei dieser rasanten Entwicklung in Zukunft auch Grenzen gesetzt sind. Zusammengenommen beschleunigen diese Technologiebausteine jedoch das Leistungsvermögen der heute einsetzbaren Rechner und bieten dadurch immer mehr Möglichkeiten für Informationsübertragung. Letztendlich spiegelt sich diese Entwicklung auch in der Entstehung neuer Geschäftsmodelle wider, die sich diese neuen technischen Herausforderungen zu Nutze machen.

Neben der Digitalisierung verhelfen insbesondere auch die Miniaturisierung und Integration der Informationstechnik zu weiter steigender Marktpenetration (*Harms* 1995). **Miniaturisierung** steht für die Verkleinerung von Strukturen und verschiedenartiger Bauteile bei der technischen Umsetzung, ohne jedoch an Funktionalität einzubüßen. Daher wird der Ruf nach Reduzierung von Größe, Gewicht und Strombedarf bei gleichzeitiger Leistungs- und Geschwindigkeitssteigerung immer lauter. Die technische **Integration** aller informationstechnischen Bestandteile ist ein weiteres Ziel der Entwicklung. Eine möglichst universelle Verwendbarkeit bei gleichzeitiger Nutzenoptimierung ist die Bedingung, der Technologien heute genügen müssen. Der Einsatz multimedialer Anwendungen und Systeme spiegelt diese Entwicklung wider, da sie informations- und kommunikationstechnische sowie unterhaltungs- und optoelektronische Elemente (*Kollmann* 1998a, S. 164 ff.) vereinen. In komplett ausgestatteten Multimedia-PCs sind, neben den klassischen Computeranwendungen, Fernseher, Radio und Soundkarte, Fotobearbeitung und Dia-Show, Telefax, (Video-)Telefon, Anrufbeantworter, und Online-Dienst integriert. Eine sehr starke Rechnerleistung in verschiedenen Medien (PC, Telefon, TV usw.) als Technologiebasis bei gleichzeitig verbesserter Technologieanwendbarkeit durch die Miniaturisierung im Hardwarebereich war eine notwendige Voraussetzung für die Entwicklung des elektronischen Handels und neuartiger Geschäftsmodelle. Die Rechnerleistung ist letztendlich dafür verantwortlich, dass der Anwender über ein Zugriffsmedium die zahlreichen heterogenen Informationen (z. B. Produkt- und Zahlungsinformationen, Kommunikation mit dem Handelspartner), die für eine Transaktion notwendig sind, überhaupt erfassen bzw. kontrollieren kann. Die Schnelligkeit der Informationsverarbeitung der elektronischen Medien basiert dabei insbesondere auf Digitalisierung der Informationen.

Als erste zusammenfassende **Konsequenz für das Online-Marketing** machen die Ausführungen dieses Kapitels deutlich, dass nur durch die Zunahme der Rechnerleistung überhaupt erst einmal marketingbezogene Informationen für den Einsatz im Rahmen der Produkt-, Preis-, Vertriebs- und Kommunikationspolitik elektronisch produziert, gespeichert und verwendet werden können.

1.1.2   Vernetzung

Die stark angestiegene Rechnerleistung ging im digitalen Zeitalter einher mit der zunehmenden **Vernetzung** von Computersystemen, die der elektronischen Kommunikation ganz neue Möglichkeiten eröffnete. Die zunehmende Vernetzung der einzelnen, in der Anschaffung immer günstiger werdenden PCs, führte nämlich dazu, dass jeder mit dem Internet vernetzt wurde, wodurch dieses zum Massenmedium wurde. Die weltweite Vernetzung von digitalen Daten und Informationswegen im Rahmen der „Informationsrevolution" führte zu einer neuen Phase des Aufschwungs mit neuen Spielregeln für das wirtschaftliche Zusammenleben. Kommunikationsformen änderten sich, Marktgrenzen lösten sich auf, die Globalisierung schritt fort und individuelle Informationen ließen sich ohne räumliche Beschränkungen nahezu unendlich schnell von einem Punkt zum anderen innerhalb dieser Netze übertragen. Studien bestätigten die wichtige Rolle, welche die Vernetzung im Alltag der deutschen Bevölkerung einnahm und auch weiterhin einnimmt (z. B. *Wirtz/Burda/Beaujean* 2006, S. 22 ff.). Insbesondere für die jüngeren Generationen gilt das weltweite Datennetz als das zentrale und wichtigste Informations- und Unterhaltungsmedium. Die Nutzung ist zu einem Kennzeichen eines innovativen und zukunftsgerichteten Lebensstils und somit zu einer gesellschaftlichen Kulturfrage geworden. Gleichermaßen bestimmt die zunehmende Vernetzung die wirtschaftliche Entwicklung maßgeblich. Internationale Experten prognostizieren, dass sich die bis zum Jahre 2015 überlegene, breitbandige Netz-Infrastrukturen zu einem entscheidenden Erfolgsfaktor im internationalen Standortwettbewerb entwickeln. Hält man sich dabei vor Augen, dass die ersten Rechner erst im Jahre 1969 vernetzt wurden, so wird deutlich, wie kurz die Zeitspanne von den Ursprüngen der Entwicklung bis zu den heutigen Strukturen des vorhandenen globalen Informationsnetzes ist (s. Abb. 1).

Differenziert betrachtet wird die Nutzung der Infrastruktur durch die drei Faktoren Verfügbarkeit, Geschwindigkeit und Kosten determiniert. Die **Verfügbarkeit** ist hier ein bedeutender Schlüsselbegriff (*Kollmann* 2011a, S. 6 ff.). Die Möglichkeit, jederzeit online zu sein (always-on) und über eine hohe Bandbreite verfügen zu können, bildet die Basis für die Attraktivität des Mediums. Die derzeit häufig vorzufindenden Bandbreiten von unter 6 Mbit/s werden in den nächsten Jahren zurückgehen. Bis 2015 sollen sich die höheren Bandbreiten (mit über 16 Mbit/s und mit bis zu 100 Mbit/s) im Markt durchgesetzt haben. Dabei konkurrieren verschiedene Zugangswege wie Telefonnetz, Kabelfernsehnetz, direkte Glasfaseranbindung, Elektrizitätsnetz, Satellitenzugang oder terrestrische Funktechnologien (Mobilfunknetz) miteinander. Gerade im letzteren Bereich ist unlängst die LTE-Technologie gestartet, die eine Übertragungsrate von bis zu 200 Mbit/s ermöglichen soll. Bereits heute ist LTE in Deutschland schon in vielen Gebieten über verschiedene Anbieter verfügbar. Eine hohe **Geschwindigkeit** im Netz ist gleichbedeutend mit einem hohen Komfort sowohl für den Nutzer als auch den Anbieter, einer breiten Gestaltungsvielfalt und einer wettbewerbsfähigen Wirtschaft. Nach wie vor gilt folglich in Bezug auf Datennetze: „Geschwindigkeit ist alles".

Das Ausmaß der Nutzung hängt jedoch nicht zuletzt von den dabei für den Endverbraucher entstehenden **Kosten** ab. Teure zeit- oder volumenbasierte Tarife sind heutzutage zumeist von der sog. Flatrate abgelöst worden. Dabei bezahlt der Konsument einen Festpreis unabhängig von der Nutzungsdauer oder dem zu übertragenden Datenvolumen und kann das Internet somit uneingeschränkt nutzen. Dies war sicherlich mit ein Grund, warum sich die durchschnittliche Nutzungsdauer von Erwachsenen ab 14 Jahren laut *ARD/ZDF-Onlinestudie* (2012) von 17 Minuten im Jahr 2000 auf 83 Minuten im Jahr 2012 pro Tag vervielfacht hat.

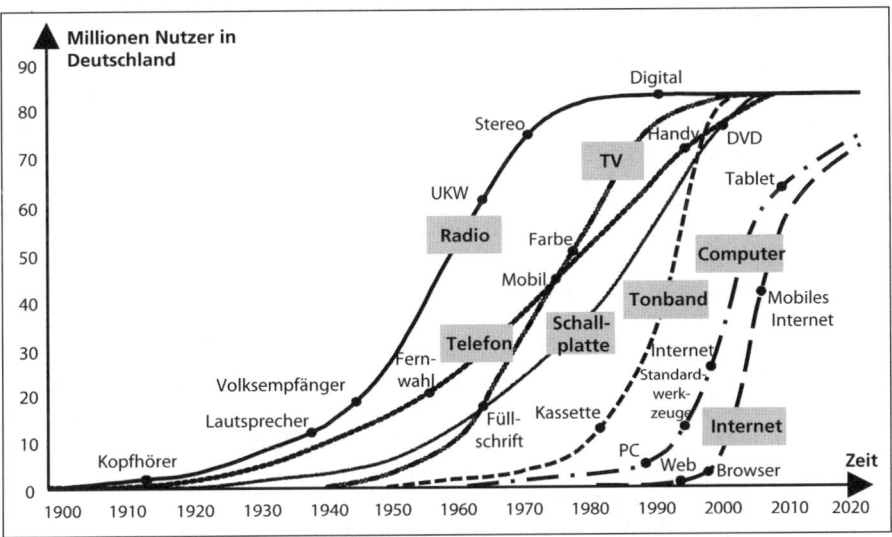

Abb. 1: Die Penetration von Computer und Internet zum Massenmedium
Quelle: in Anlehnung an *Pagé/Ehring* 2001, S. 93 und Erweiterung durch Daten von *statista.com* zu Internet- und Computernutzern (2001-2012).

Ein **ständig verfügbares Netz** mit **hohen Bandbreiten** und **moderaten Nutzungspreisen** fördert die Wettbewerbsfähigkeit von Unternehmen und bietet Konsumenten vielfältige neue Möglichkeiten zur Bewältigung und Gestaltung des Alltags. Die Breitband-Technologie stellt somit den Ausgangspunkt von zukünftigen Veränderungen dar, die den Einzelnen genauso wenig unberührt lassen wie die Wirtschaft oder die Gesellschaft als Ganzes. Erst mit einer ausreichenden Bandbreite können die umfassenden und komplexen Informationen für eine geschäftliche Transaktion übertragen werden. Mit dieser technischen Möglichkeit stieg die Attraktivität für Handelsteilnehmer, das Datennetz wirtschaftlich zu nutzen und damit wuchs auch die Vielfalt der Datenquellen und der verfügbaren Datenmenge. Voraussetzung hierfür ist jedoch die Digitalisierung der Informationen.

Als zweite zusammenfassende **Konsequenz für das Online-Marketing** machen die Ausführungen dieses Kapitels deutlich, dass nur durch die Vernetzung von Rechnern überhaupt erst einmal marketingbezogene Informationen für den Einsatz im

Rahmen der Produkt-, Preis-, Vertriebs- und Kommunikationspolitik elektronisch zwischen Marktteilnehmern ausgetauscht werden können.

1.1.3 Digitalisierung

Im Softwarebereich stellt die Digitalisierung der Informationen eine weitere Grundvoraussetzung für die Entstehung des Internets dar. Die Digitalisierung ermöglicht es, große Mengen an Texten, Bildern, Videos und anderen Informationen ohne Qualitätsverlust und mit hoher Geschwindigkeit zu bearbeiten, zu kopieren, zu übertragen und anzuzeigen (*Bode* 1997, S. 449 ff.). Diese neue digitale Welt wird dabei vom Takt der Nullen und Einsen bestimmt, welche die Informationen über Netzwerke übertragen können. Für eine optimale Gestaltung elektronischer Vertriebsprozesse mit hohem Informationsgehalt werden die verschiedenen grundlegenden **Datenarten** in ihre digitale Form umgewandelt:

- **Text**: Bei der Digitalisierung von Text ist der ASCII-Code sehr verbreitet, bei dem jeder lateinische Buchstabe durch eine Folge von sieben Bit ausgedrückt wird. Jedes Bit kann dabei nur den Wert 0 oder 1 annehmen. Die Bitfolge 1000001 stellt bspw. den Großbuchstaben „A" dar.
- **Bild**: Die Digitalisierung eines Bildes basiert auf dessen Zerlegung in Zeilen und Spalten. Bei einfachen Rastergrafiken mit ausschließlich schwarzen und weißen Bildpunkten nimmt dann jedes Element dieser Matrix entweder den Wert 0 für weiß oder 1 für schwarz an. Die Matrix wird zeilenweise ausgelesen, wodurch man eine Folge von Ziffern erhält, die das Bild repräsentiert. Um ein Farbbild darzustellen, wird jedem Pixel z. B. eine 16-stellige oder sogar 32-stellige Bitfolge zugeordnet.
- **Ton**: Die Umwandlung von Tonsignalen erfolgt in der Regel mit Analog-Digital-Wandlern, die analoge Eingangssignale in einen digitalen Datenstrom überführen. Die Auflösung und Abtastrate des Wandlers bestimmen dabei, mit welcher Genauigkeit das ursprüngliche Signal in digitaler Form dargestellt wird und folglich auch die Tonqualität.

Die meisten der übermittelten Informationen im Internet lassen sich auf diese grundlegenden Datenarten zurückführen. Die **Datenmenge**, die bei der Erstellung von Ton- und Bildinformationen entsteht, ist enorm. Ein Bild nach CCIR 601 (Internationaler Standard für professionelle digitale Videos) ist 830 KB groß und eine Minute Videodaten benötigen 1,26 GB. Das Fassungsvermögen einer CD-ROM beträgt gegenwärtig 640 MB, also etwa 30 Sekunden Videosignal. Zur Reduktion des Speicherbedarfs bei der Datenhaltung und zur Vermeidung von einem hohen Datenaufkommen insbesondere während der Übertragung von Daten werden die Informationen nach Möglichkeit komprimiert. Bei der Datenkompression wird die Datenmenge dadurch verringert, dass eine günstigere Repräsentation bestimmt wird, mit der sich die gleichen Informationen in kürzerer Form darstellen lassen. Unterschieden wird zwischen einer verlustfreien und verlustbehafteten Kompression. Bei der verlustfreien Redundanzkompression wird die Datenreduktion durch das Entfernen von Redundanzen erreicht und es entsteht somit kein Informationsverlust. Die Irrelevanzreduktion hingegen reduziert die Information. Dabei wird ein Modell zugrunde gelegt, das entscheidet, welcher Teil der Information für den Empfänger entbehrlich ist. Ein Beispiel für eine entbehrliche Information sind akustische Signale, die außerhalb des Bereichs des menschlichen Hörvermögens liegen, aber dennoch z. B. in Musiktiteln enthalten sind. Wie bereits aus dem Beispiel hervorgeht, orientiert sich die Irrelevanzreduktion insbesondere an den menschlichen physiologischen Wahrnehmungsmöglichkeiten. Die Einsatzgebiete der verlustbehafteten Kompression sind insbesondere Ton, Bild und Film.

In jedem dieser Bereiche existieren definierte Methoden und Standards zur **Datenkompression**. Ohne diese Informationsreduktion wären die oftmals enormen Datenmengen im E-Business (z. B. Produktbilder) nicht zu handhaben. Beispiele hierfür sind JPG und GIF (Bilder), MP3 und WMA (Ton) oder WMV und MPEG (Video). Diese Methoden verursachen aber auch Signalstörungen, sog. Kompressionsartefakte, wie Unschärfe, Farbverfälschungen, Verzerrungen etc. Diese Störungen sind allerdings erst für den Menschen sichtbar, wenn die Informationen zu stark komprimiert wurden. So hat bspw. eine Musikdatei, die im MP3-Format komprimiert wurde, einen um mehr als 75 % verringerten Speicherbedarf, ohne dass die Qualität für den menschlichen Zuhörer abnimmt. Dies ließ das Dateiformat zum Quasi-Standard für digitale Musikaufnahmen im privaten Bereich werden.

Mit der digitalen Telefonie, z. B. über ISDN und der Evolution von Folgetechnologien für die Datenübertragung wie z. B. xDSL sowie mit der flächendeckenden Einführung von digitalem Radio und Fernsehen hat die Digitalisierung in allen Lebensbereichen Einzug gefunden. Sie ermöglicht überhaupt erst die schnelle Übertragung von umfassenden und damit komplexen Informationsinhalten, die für die Abwicklung geschäftlicher Transaktionen notwendig sind. Damit diese digitalen Informationen zwischen Handelspartnern allerdings überhaupt ausgetauscht werden können, müssen sie über vernetzte Computer auch transferiert werden.

Als dritte zusammenfassende **Konsequenz für das Online-Marketing** machen die Ausführungen dieses Kapitels deutlich, dass nur durch die Digitalisierung überhaupt erst einmal marketingbezogene Informationen für den Einsatz im Rahmen der Produkt-, Preis-, Vertriebs- und Kommunikationspolitik in sehr großen Mengen und mit der notwendigen Komplexität (aus verschiedenen Medienformaten) elektronisch produziert und verwendet werden können.

1.1.4 Datentransfer

Die fortschreitende Entwicklung hinsichtlich der Anzahl und der Leistung der vernetzten Rechner auf Hardwareebene erfolgt parallel mit einer enormen Zunahme der über die Datennetze transferierten Datenmenge der Bits und Bytes. Die mit ihnen übermittelten Informationseinheiten und damit die eigentlichen Inhalte des Datenaustauschs werden zunehmend auch zum Träger wirtschaftlicher Transaktionen. Prozesse werden vermehrt von der persönlichen Ebene (face-to-face) auf die Kanäle der weltweiten Datennetze (bit-to-byte) verlagert. Das hiermit verbundene Informationsaufkommen erreicht bisher unvorstellbare Dimensionen. So wurden in den Jahren 2000 bis 2002 genauso viele Daten produziert wie in den gesamten 2000 Jahren davor. In den drei Jahren darauf hat sich das weltweite **Datenvolumen** vervierfacht. Einer von *IDC* (2012) durchgeführten Studie zufolge verdoppelt sich das weltweite Datenvolumen alle zwei Jahre. Diese Datenexplosion konfrontiert die Menschen mit so vielen Informationen, dass sie nur noch einen geringen Teil wahrnehmen können. Der breite Datenstrom muss daher sowohl logistisch wie inhaltlich organisiert werden und bietet daher viele Chancen für neue Geschäftsmodelle im Bereich der Informationsverarbeitung, -systematisierung und -übertragung (*Kollmann* 2011b). Ein aktuelles Stichwort in diesem Zusammenhang ist der Begriff „**Big Data**", der die Zusammenführung von hohen Datenmengen und deren Auswertung umfasst.

Die Funktion der zunehmenden Informationsflut innerhalb elektronischer Datennetze wird auch im wirtschaftlichen Wettbewerb immer bedeutender. Eine der zentralen Charakteristika der postindustriellen Computer-Gesellschaft ist vor diesem Hintergrund die systematische Nutzung, Aneignung und Anwendung von Informationen, was die Arbeit und das Kapital als ausschließliche Wert-, Produktions- und Profitquelle komplementiert. Informationen bzw. die damit zusammenhängende „informationsverarbeitende" Industrie werden zum eigenständigen **Wirtschaftssektor**. Die Computertechnik hat dazu geführt, dass Informationen als Produktionsfaktor auf einer breiten Basis und auf wirtschaftliche Weise genutzt werden können. Arbeit wird mehr und mehr von programmierten Maschinen geleistet. Dabei fließt das Kapital dorthin, wo gute Ideen generiert werden. „Die Ausgangsvoraussetzung für Erfolg im Informationszeitalter", sagt der englische Wirtschaftsphilosoph *Charles Handy*, „ist heute ein großer Kopf: Die richtigen Ideen, die richtigen Informationen, sind in Zukunft ausschlaggebend. Der Rest ist kein Problem mehr." Analog lässt sich gesamtwirtschaftlich betrachtet eine Verschiebung von den traditionellen Wirtschaftssektoren Landwirtschaft, Produktion und (reale) Dienstleistung hin zum Sektor „Information" feststellen (s. Abb. 2).

Im Allgemeinen sind die Übertragung und der Transport von Informationen nicht sichtbar, was die Bedeutung des Wirtschaftsguts „Information" als Ressource nur schwer greifbar macht. Der wachsende Einsatz von Informations- und Kommunikationstechniken in der gesamten Wirtschaft führt jedoch zu Produktivitäts- und Effizienzsteigerungen, wodurch neue Märkte, neue Geschäftsmodelle, neue Geschäftsfelder und neue Unternehmen entstehen (*Kollmann* 2011b). Der Informationsaustausch mit Hilfe von Datennetzen beinhaltet nicht nur eine dezidierte Zweierbeziehung zwischen einem Anbieter und einem Nachfrager, sondern schafft die Voraussetzung zu weltweiten Verbindungen zwischen allen Anbietern (Angebot) und Nachfragern (Nachfrage) unabhängig von ihrer geografischen Lage. Die Vernetzung verschiedener Kommunikationswege (Computer- bzw. Telekommunikationsnetze) macht es immer einfacher, zweckgerichtete Informationen an bestimmten Punkten in den Netzen zu platzieren, abzurufen, anzubieten, auszutauschen usw. Während Informationen bisher lediglich eine unterstützende Funktion für physische Produktionsprozesse übernahmen, so sind sie in der Net

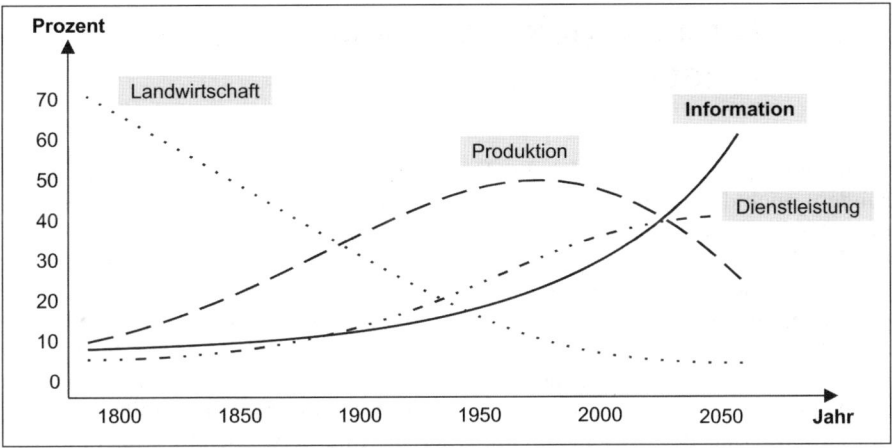

Abb. 2: Der Wirtschaftssektor „Information"
Quelle: in Anlehnung an *Nefiodow* 1990, S. 27.

Economy bereits zum eigenständigen Wettbewerbsfaktor geworden (*Kollmann* 2011a, S. 9). Dieser begründet sich darin, dass durch die Gewinnung, Verarbeitung und Übertragung von Informationen sowohl die Effizienz von wirtschaftlichen Leistungssystemen als auch die Effektivität wirtschaftlicher Aktivitäten im Hinblick auf die Erstellung erfolgreicher Marktleistungen erhöht wird (*Day/ Wensley* 1988, S. 2 ff.; *Bohr* 1993, S. 859 ff.; *Weiber/Jacob* 1995, S. 513).

Damit können Informationen generell als „zentraler Wettbewerbsfaktor" in weltweiten Datennetzen interpretiert werden (*Kollmann* 1998b, S. 44 ff.). Die wirkliche Aufgabe des zukünftigen elektronischen Handels scheint jedoch nicht in der Informationsproduktion und sicherlich nicht in der Informationsübermittlung zu liegen, sondern eher in der **Informationsverarbeitung und -darstellung** mit Hilfe verschiedener Informationstechnologien. Diese Informationstechnologien stellen quasi nur das Zugriffsmedium auf die zwischen vernetzte Rechner transferierten digitalen Datenmengen dar. Entscheidend ist jedoch auch, wie auf Basis dieses Informationstransfers die Kommunikation zwischen Wirtschaftssubjekten stattfinden kann.

Als vierte zusammenfassende **Konsequenz für das Online-Marketing** machen die Ausführungen dieses Kapitels deutlich, dass nur durch die Zunahme des Datentransfers überhaupt erst einmal marketingbezogene Informationen für den Einsatz im Rahmen der Produkt-, Preis-, Vertriebs- und Kommunikationspolitik zwischen verschiedenen Marktteilnehmern elektronisch ausgetauscht werden können.

1.2 Medienaspekte im elektronischen Absatz

Nicht nur der rasante Wandel der Informationsindustrie verändert Strukturen, sondern auch die zunehmende Konvergenz der Telekommunikations-, Informations-, Medien-, und Elektrotechnologie. Die Bedeutung dieser sog. **TIME-Märkte** für den Wirtschaftsstandort Deutschland steigt unaufhörlich. So wird in Deutschland nach Informationen des *Bundesministeriums für Wirtschaft und Technologie* (2012) gemäß *Monitoring-Report Digitale Wirtschaft 2012* allein im zugehörigen IKT-Bereich von rund 843.000 Beschäftigten ein Umsatz von 222 Mrd. Euro erwirtschaftet. Die **IKT-Branche** (Informations- und Kommunikations-Technologie) hat damit eine höhere Wertschöpfung als der deutsche Automobilbau und ist umsatzstärker als der Maschinenbau. Die reine Internetwirtschaft erreicht zudem einen Umsatz von 75 Mrd. Euro und ist damit größer als die Elektrotechnik.

Verantwortlich dafür zeigt sich insbesondere die steigende Nutzung innovativer Informationstechnologien wie Internet, Mobilfunk und Interaktives Fernsehen (*Kollmann* 1998a). Unter dem Begriff „Technologie" ist dabei sowohl die Basistechnologie (z. B. das Internet, UMTS) als auch die darauf aufbauende Serviceleistung (z. B. Shopping über das Internet, Location Based Services über UMTS) zu verstehen. Die technologischen Entwicklungen als auch das veränderte Nutzungsverhalten von Konsumenten und Unternehmen sind verantwortlich für das Zusammenwachsen der Informations- und Kommunikationstechnologie, wodurch die ursprünglichen Industriegrenzen immer weiter aufgehoben werden (*Obermann* 2006, S. 2). Die **Konvergenz** der Netze, Geräte und Angebote verändert die Markt- und Wettbewerbsstrukturen erheblich. Anbieter aus angrenzenden Industrien drängen mit neuen Geschäftsmodellen auf den Markt und intensivieren dadurch den Druck auf die bereits bestehenden Unternehmen. Weiterhin können die Märkte durch die Reichweite der Medien besser segmentiert werden und an die Bedürfnisse der Konsumenten angepasst werden. Die Herausforderungen für Unternehmen der Net Economy steigen daher nicht aufgrund der veränderten Rahmenbedingungen, sondern auch durch den wachsenden internationalen Konkurrenzdruck. Auch wenn der Ausbau einer hochleistungsfähigen Infrastruktur in vollem Gange ist, müssen die Inhalte durch Erschließung des Potenzials dieser Infrastruktur (z. B. durch innovative Geschäftsmodelle) stattfinden. Doch während die Industrien konvergieren, erfolgt die Anpassung der politischen und rechtlichen Rahmenbedingungen nur sehr schleppend (*Obermann* 2006, S. 3). Dies liegt grundsätzlich an einer Kompetenzzersplitterung bei den Verantwortlichen in Deutschland, welche die Auseinandersetzung im Hinblick auf die Vereinheitlichung der Regulierungen bremst. Nichtsdestotrotz sollten einige Bereiche aus Sicht des Online-Marketings und daraus entstehenden Potenzialen genauer betrachtet werden.

1.2.1 Internet

Das **Internet** ist ein weltweiter Zusammenschluss von Computer-Netzwerken, die einen gemeinsamen Standard benutzen. Es dient in erster Linie der Kommunikation und dem Austausch von Informationen. Jeder Rechner innerhalb des Netzwerks kann dabei prinzipiell mit jedem anderen Netzteilnehmer kommunizieren. Die Entwicklung des Internets beruht auf dem 1969 entstandenen *ARPANet* (Advanced Research Project Agency Net) des US-Verteidigungsministeriums. Es wurde hauptsächlich benutzt, um Universitäten und Forschungseinrichtungen zu vernetzen mit der Zielsetzung, die begrenzten und teuren Rechenkapazitäten effizienter zu nutzen und über die Dezentralisierung besser gegen Ausfälle geschützt zu sein. Die Kommerzialisierung des Internets beginnt erst 1987. Seit diesem Zeitpunkt steht das „größte Netzwerk weltweit" nicht mehr nur Wissenschaftlern, Militärs und Universitätsangehörigen zur Verfügung, sondern ist auch für Privatpersonen und Unternehmen nutzbar. Das Internet steht prinzipiell für alle Anwendungen und Dienste offen. Die heutige große Aufmerksamkeit in Wirtschaft und Gesellschaft verdankt es in erster Linie der Entwicklung des **World Wide Web (WWW)**.

Mit Hilfe des Hypertext Transfer Protocol (HTTP) und der Seitenbeschreibungssprache HTML (Hypertext Markup Language) ist es gelungen, trotz der anfangs stark begrenzten Bandbreite des Internets dem Nutzer grafische Oberflächen (Browser) mit einer einfachen Steuerung (Mausklick) und multimedialen Inhalten anzubieten (s. Abb. 3). Damit wurde erstmalig, basierend auf einheitlichen „Stan-

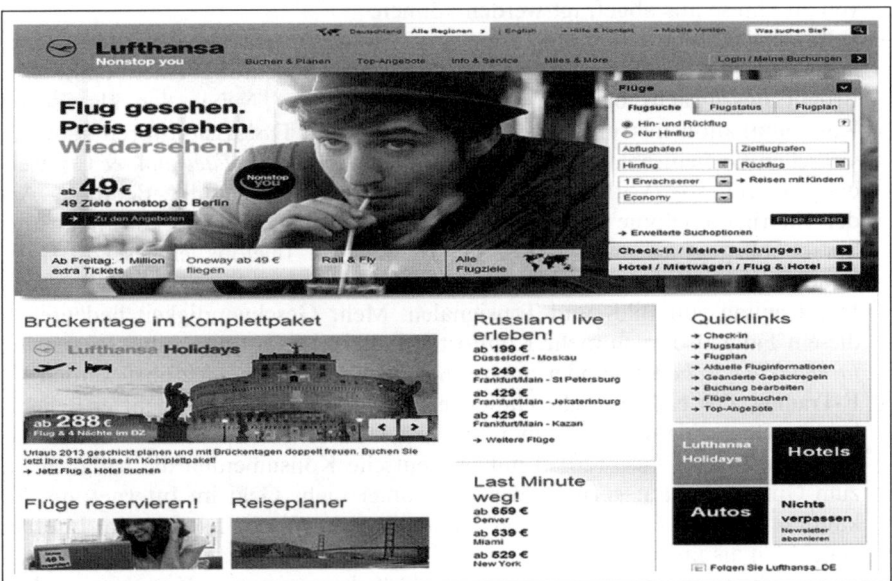

Abb. 3:   Die Internetseite von *Lufthansa*
Quelle: lufthansa.de.

dards", eine für den normalen Nutzer wichtige „Einfachheit für den Abruf" und die „Einstellung von Inhalten" (Content) bei einem gleichzeitig hohem „Komfort" (Maussteuerung) realisiert. Insgesamt sind es diese vier **Schlüsselfaktoren**, die jeweils auf Einfachheit und geringe Kosten der Nutzung abzielen, die das rapide Wachstum des Internets vorangetrieben haben (s. Abb. 4).

Es ist somit nicht verwunderlich, dass die Anzahl der erreichbaren **Webseiten** sprunghaft anstieg. Allein in Deutschland sind nach Angaben der zentralen *Registrierungsstelle für alle Domains in Deutschland* (*DENIC*) Ende 2012 mehr als fünfzehn Millionen .de-Domains registriert. Im Vergleich wurden bereits 105 Millionen Domains auf die Endung .com registriert. Studien (z. B. *Wirtz/Burda/Beaujean* 2006, S. 22 ff.) belegen, dass sich die Intentionen der Internetnutzung in den letzten Jahren verändert bzw. erweitert haben. Neben den traditionellen Internetnutzungszwecken „E-Information" und „E-Kommunikation" besteht heute auch vermehrt Nachfrage in den Bereichen „E-Commerce" und „E-Entertainment".

Es wird prognostiziert, dass diese vier **Schlüsselbereiche** weiter an Bedeutung gewinnen:

- **E-Information**: Ungefähr 80 % aller User nutzen das Internet zu Informationszwecken. Im Zentrum der Informationsbeschaffung stehen z. B. Nachrichten, Börsenkurse, Wetter oder aktuelle regionale und überregionale Veranstaltungen. Als Beispiele können die Webseiten *focus.de*, *sueddeutsche.de*, *wetter.de* aber auch *meinestadt.de* genannt werden. Zunehmend werden auch immer mehr öffentliche Einrichtungen an das Internet angeschlossen, wodurch z. B. Informationen zu Öffnungszeiten, Adressen, Zuständigkeiten usw. problemlos von zu Hause aus abgefragt werden können.
- **E-Kommunikation**: Kommunikation ist ein weiterer zentraler Nutzungszweck, dem Experten trotz einer bereits jetzt hohen Bedeutung einen deutlichen Bedeutungszuwachs bis zum Jahr 2015 zusprechen. Neben den klassischen Kommunikationsinstrumenten E-Mail, Chats und Diskussionsforen bspw. in virtuellen Gemeinschaften und sozialen Netzwerken wie *Facebook* & Co. werden vermehrt sog. VoIP-Anwendungen (Voice over IP) genutzt. Bei dieser Art der Internet-Telefonie wird das weltweite Datennetz für die kostengünstige Sprachübertragung anstelle des herkömmlichen Telefons eingesetzt. Hohe Bandbreiten erlauben sogar die Videotelefonie, also die parallele Echtzeit-Übertragung von Bild- und Tonsignalen. Mehr Geschwindigkeit bedeutet in diesem Falle also auch mehr Komfort. Als Beispiele können dabei *skype.com*, *facebook.de*, *webchat.de* oder auch *spreed.de* und *xing.de* angeführt werden.
- **E-Trading**: Der elektronische Handel erfreut sich weiterhin vermehrter Beliebtheit in Deutschland. Laut einer Studie der Wirtschaftsprüfungs- und Beratungsgesellschaft *PwC* (2012) nutzen deutsche Konsumenten die Möglichkeit zum Online-Einkauf gerne und geben immer mehr Geld im Internet aus. So kauften deutsche Online-Shopper innerhalb einer Woche häufiger im Internet ein (36 %) als im selben Zeitraum im Ladengeschäft (31 %). Die untersuchten Online-Shopper geben durchschnittlich 42 % ihrer gesamten Konsumausgaben im Internet aus. Als Beispiele können dabei Plattformen wie *amazon.de*, *ebay.de*, *expedia.de* oder *zalando.de* angeführt werden.

- **E-Entertainment**: Immer mehr User nutzen das Internet zur „Unterhaltung". Neben den bereits heute umfassend genutzten Downloadmöglichkeiten von Filmen und Musik (z. B. *itunes.com* oder *musicload.de*), wird ebenfalls der Bereich „Gaming" eine tragende Rolle einnehmen (z. B. *bigpoint.de*). Insbesondere die Nutzerstrukturen innerhalb dieser Branche unterliegen einem deutlichen Wandel. Waren Online-Spiele bis vor einigen Jahren primär auf Jugendliche ausgerichtet, sind heutzutage zwar besonders Männer, aber auch zunehmend Frauen an dieser Form der Unterhaltung interessiert. Zusätzlich erfreuen sich Portale, auf denen die User selber zur Content-Erstellung beitragen und für Unterhaltung sorgen können (z. B. *youtube.com*), immer größerer Beliebtheit.

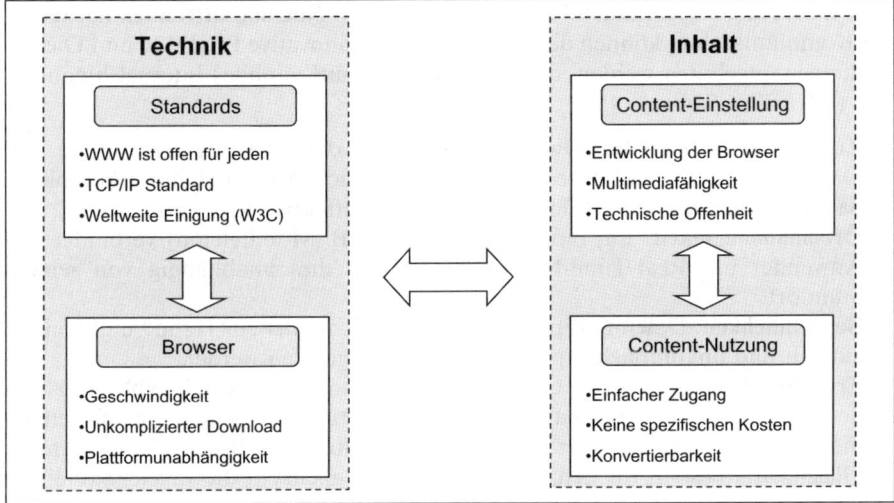

Abb. 4: Schlüsselfaktoren des Internetwachstums
Quelle: in Anlehnung an *Rayport/Jaworski* 2002, S. 52.

Die **zunehmende Kommerzialisierung** dieser Bereiche wird sich umgehend auf das Potenzial des Online-Marketings auswirken. Denn je intensiver und mehr das Internet genutzt wird und je mehr Bereiche des alltäglichen Lebens durch das Internet abgedeckt werden, desto mehr Möglichkeiten entstehen daraus für kreative Marketinglösungen. Diese gilt es im Laufe der Zeit an die bereits bestehenden Möglichkeiten und Anwendungsbereiche des Online-Marketings anzupassen und zu integrieren, um daraus eine verbesserte und erfolgversprechendere Kundenansprache abzuleiten.

Als fünfte zusammenfassende **Konsequenz für das Online-Marketing** machen die Ausführungen dieses Kapitels deutlich, dass mit dem Internet ein innovatives Medium auf Basis der Ein- und Ausgabeeinheit „Computer" entstanden ist, welches für den Austausch von marketingbezogenen Informationen im Rahmen der

Produkt-, Preis-, Vertriebs- und Kommunikationspolitik zwischen verschiedenen Marktteilnehmern genutzt werden kann.

1.2.2 Mobilfunk

Die Verschmelzung der Erfolgskonzepte des Internets und der mobilen Kommunikation resultieren beim **Mobilfunk** im Mobile Commerce (**M-Commerce**). Elektronische Transaktionen können nicht mehr nur über stationäre Datennetzwerke, zuhause oder am Arbeitsplatz, sondern „jederzeit" und „überall" mit Hilfe des ohnehin ständigen Begleiters Mobiltelefon resp. anderer mobiler Endgeräte (Tablets, Handhelds, Palmtops, PDAs etc.) abgewickelt werden (*Kollmann* 2001a, S. 59 ff., s. Abb. 5). Aufbauend auf den spezifischen **Nutzungsattributen** der mobilen Kommunikation, können dem Konsumenten innovative Produkte und Dienstleistungen angeboten werden, die weit über ein „nur" mobiles Internet hinausgehen (*Durlacher Research* 1999, S. 66 ff.):

- **Zugangsgeschwindigkeit**: Die Steigerungen in der Übertragungsleistung von Daten über mobile Endgeräte ermöglichen auch die Darstellung komplexer Sachverhalte (Wort und Bild) und damit eine effektive Kommunikation.
- **Ortsunabhängigkeit**: Ein mobiles Terminal (z. B. Mobiltelefon) verbindet den Anwender mit Real-Time-Informationen und dies unabhängig von seinem Standort.
- **Bequemlichkeit**: Daten und Informationen sind „immer zur Hand" und können einfach und unkompliziert per Tastendruck abgerufen werden.
- **Erreichbarkeit**: Bestimmte Geschäftstransaktionen sind direkt abhängig von der permanenten Verfügbarkeit des Transaktionspartners. Nur mit einem mobilen Endgerät kann der Nutzer jederzeit und überall kontaktiert werden. Gleichzeitig besteht für den Anwender die Möglichkeit, die Erreichbarkeit zu limitieren oder zu filtrieren.
- **Sicherheit**: Mobile Endgeräte greifen bereits weitgehend auf die SSL-Technologie (Secure Socket Layer) innerhalb eines geschlossenen End-to-End-Systems zurück. SIM-Karten (Subscriber Identification Module) prüfen mit Hilfe der Personal Identification Number (PIN) die Autorisierung des Nutzers und eröffnen so ein höheres Maß an Sicherheit hinsichtlich der Identifikation der Transaktionspartner.
- **Personalisierung**: Die direkte Zuordnung eines Mobilgerätes zu einem Nutzer ermöglicht – zusammen mit seinen Nutzungsspuren – einen individuellen Zuschnitt der Kommunikation zwischen Sender und Empfänger. Individuell zusammengestellte Informationsquellen, persönliche Daten sowie transaktionsrelevante Informationen schaffen über mobile Portale ein derart kundenspezifisches Umfeld, dass das mobile Endgerät zum individuellen Alltagswerkzeug wird.
- **Lokalisierung**: Der Bezug von Dienstleistungen und Anwendungen auf den konkreten Standort des Nutzers (sog. Location Based Services) ist der zentrale added-value der mobilen Kommunikation (*Faber/Prestin* 2012, S. 123). Über die Identifizierung des Standortes können hoch relevante Informationen direkt

Abb. 5: Die mobile Applikation in Deutschland zur *Kieler Woche* 2004
Quelle: *Kollmann* 2011a, S. 19.

vor Ort gegeben werden. Standortabhängige Applikationen stellen dem Anwender nur situationsrelevante Dienste zur Verfügung, wodurch dieser schneller zu den gewünschten Resultaten kommt.

- **Routing:** Mit Hilfe der Verknüpfung mit Navigationssystemen (z. B. GPS) kann der Nutzer direkt zu einem informations-, produkt- oder dienstleistungsbezogenen Standort geführt werden.

Die Berücksichtigung dieser Attribute bei der Ausgestaltung von mobilen Anwendungen adressiert den sog. situativen Nutzen als elementaren Bestandteil der Akzeptanz von M-Commerce. Dieser **situative Nutzen** ist demnach dann gegeben, wenn ein ortsabhängiges und zeitkritisches Kundenbedürfnis mit Hilfe des mobilen Angebotes direkt, individuell, standortbezogen und damit besser gelöst werden kann, als über vergleichbare stationäre Technologien (*Kollmann* 2011a, S. 22; *Kollmann* 2001a, S. 59 ff.). Entscheidend ist also das Angebot von speziellen Anwendungen über mobile Endgeräte, die dem Endnutzer den einfachen Zugang zu mobilen Dienstleistungen eröffnen und somit die Nutzungsattribute in Abhängigkeit der Beschaffenheit der Endgeräte (z. B. Größe und Bedienbarkeit des Displays) sinnvoll übersetzen. Diese **mobilen Applikationen (Apps)** sind also der Schlüssel zum Erfolg, da erst durch sie die mobilen Dienste durch den Endkunden bedienbar und erfahrbar werden.

Die **erste mobile Applikation in Deutschland** wurde bereits 2004 vom Lehrstuhl des Autors dieses Buches (Lehrstuhl für E-Business und E-Entrepreneurship), damals noch am Standort Kiel, entwickelt. Zusammen mit den Partnern *T-Mobile, Motorola, beLocal* und vielen weiteren Unternehmen wurde dabei eine mobile Applikation für die *Kieler Woche* aufgebaut (*Kollmann* 2011a, S. 18 f.). Dabei kam eines der ersten UMTS-Handys, welches *Motorola* damals überhaupt im Testbetrieb hatte, zum Einsatz. 200 dieser Geräte konnten inklusive der mobilen Applikation täglich an die Besucher der *Kieler Woche* ausgeliehen werden. Über die ersten UMTS-Sendemasten von *T-Mobile*, die teilweise sogar extra für dieses Pilotprojekt aufgestellt wurden, wurde die App mit aktuellen Daten versorgt. Mit Hilfe dieser Applikation konnten sich die Besucher auf einem Touchscreen über Veranstaltungshinweise, Bühnenprogramme, Zieleinläufe der Segelregatten und Erläuterungen zu touristischen Sehenswürdigkeiten mit Text-, Bild- oder auch Videoelementen informieren. Auch die Ortung des Nutzers mit einer kartenbasierten Routenführung zu den einzelnen Veranstaltungen und Eventorten war schon integriert. Abbildung 5 zeigt vor diesem Hintergrund das UMTS-Handy von *Motorola* und einige Screenshots der Inhalte dieser ersten mobilen Applikation, die in Deutschland im Jahre 2004 an den Start ging.

Zur Realisierung der Nutzungsszenarien der mobilen Telekommunikation müssen die zugrunde liegenden Technologien und Übertragungswege den reibungslosen Austausch von großen Datenmengen ermöglichen. Mit **UMTS** (Universal Mobile Telecommunication System) steht in Europa ein zur sog. dritten Mobilfunkgeneration (3G) gehörender Mobilfunkstandard bereit, der die interaktive und multimediale mobile Kommunikation mit hohen Bandbreiten gewährleistet. Nutzungsbarrieren basierend auf begrenzten Darstellungsmöglichkeiten, langen Verbindungsaufbau- und Download-Zeiten sowie sehr hohen, auf Minutentarifen gestützten Kosten gehören der Vergangenheit an. Diese multimediale Freiheit wurde im Jahr 2000 von den Netzanbietern im Rahmen der Versteigerung der UMTS-Lizenzen für sehr viel Geld erworben und untrennbar mit der Verpflichtung zum Betrieb verbunden. Seit 2004 sind die UMTS-Netze flächendeckend im Einsatz und bieten somit das Potenzial, aus den enormen Investitionen Profite zu erwirtschaften. Dem Endgerätehersteller *Vodafone* zufolge sind mittlerweile acht von zehn Geräten, die verkauft werden, UMTS-fähig. Bereits Mitte 2012 wurden die ersten mobilen Endgeräte mit dem neuesten **4G Standard (LTE)** ausgeliefert, wobei sich die Verbreitung in Deutschland am Anfang auf wenige Städte beschränkte. Dies hat sich jedoch schon geändert und wird es sehr schnell weiter tun.

Der Erfolg von M-Commerce lässt sich jedoch nicht allein am Abverkauf UMTS-fähiger Endgeräte manifestieren, vielmehr entscheidet die Akzeptanz auf der Anwenderseite in Form einer dauerhaften **aktiven Nutzung** von innovativen Geschäftsmodellen über Gewinne und Verluste der Anbieter (*Kollmann* 1998a). Die Vorhersage des UMTS-Forums, dass eines Tages mehr Daten als Sprache über mobile Netzwerke transferiert werden, ist derzeit noch weit von der Realität entfernt. Einer Schätzung des Telekom-Verbandes *VATM* zufolge, lag der Datenanteil an den Gesamterlösen des deutschen Mobilfunks im Jahre 2005 erst bei knapp drei Prozent, wobei die zunehmende Verbreitung von Smartphones und mobilen Applikationen für einen weiteren Anstieg sorgen wird.

Der Grundstein für erfolgreiche mobile Dienste und Anwendungen liegt vor diesem Hintergrund in der Nutzung der Vorteile der mobilen Kommunikation (s. Abb. 6) und folglich im Bereich der **Location Based Services** (*Kollmann* 2001a, S. 59 ff.). Basierend auf den Attributen Lokalisierung, Personalisierung und Rou-

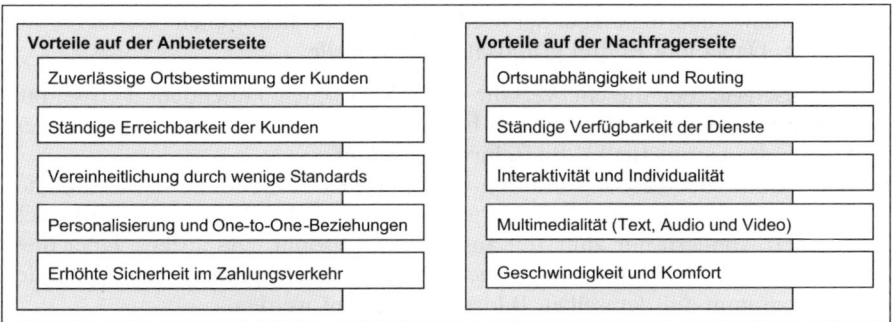

Vorteile auf der Anbieterseite	Vorteile auf der Nachfragerseite
Zuverlässige Ortsbestimmung der Kunden	Ortsunabhängigkeit und Routing
Ständige Erreichbarkeit der Kunden	Ständige Verfügbarkeit der Dienste
Vereinheitlichung durch wenige Standards	Interaktivität und Individualität
Personalisierung und One-to-One-Beziehungen	Multimedialität (Text, Audio und Video)
Erhöhte Sicherheit im Zahlungsverkehr	Geschwindigkeit und Komfort

Abb. 6: Vorteile der mobilen Kommunikation
Quelle: *Kollmann* 2011a, S. 21.

ting werden den Konsumenten dabei zielgerichtet Produkte und Dienstleistungen angeboten, die speziell auf den Anwender und die Situation, in der dieser sich momentan befindet, ausgerichtet sind. Hierzu zählen bei den angeführten Beispielen immer wieder Hotel- oder Gastronomieangebote mit dynamischem Routenplaner, sowie standortbezogene Veranstaltungstipps und Shopping-Informationen. Die Möglichkeiten, die hier im Bereich des Online-Marketings stehen, sind quasi grenzenlos, da durch die Entstehung neuer Anwendungen und Dienste in Zukunft sicherlich auch neue Werbeformen und -instrumente entwickelt werden, die das Potenzial der neuen Technologien gewinnbringend erschöpfen.

Als sechste zusammenfassende **Konsequenz für das Online-Marketing** machen die Ausführungen dieses Kapitels deutlich, dass mit dem mobilen Handy ein innovatives Medium auf Basis der Ein- und Ausgabeeinheit „Telefon" entstanden ist, welches für den Austausch von marketingbezogenen Informationen im Rahmen der Produkt-, Preis-, Vertriebs- und Kommunikationspolitik zwischen verschiedenen Marktteilnehmern genutzt werden kann.

1.2.3 Interaktives Fernsehen

Die grundlegenden Veränderungen in gesellschaftlichen und wirtschaftlichen Strukturen sind insbesondere durch den Wechsel von passiver zu aktiver Kommunikation gekennzeichnet. Konsumenten sind nicht mehr dazu verdammt, sich von der Werbung der Unternehmen berieseln zu lassen und passiv zu konsumieren, sondern die neuen Technologien ermöglichen es ihnen, aktiv in das Geschehen einzugreifen. Somit erhöht sich einerseits die Relevanz der Botschaft für ihre eigenen Bedürfnisse und andererseits die Effizienz der Botschaft für das werbende Unternehmen. Insbesondere dem Medium **interaktives Fernsehen** (iTV/ITV bzw. SmartTV) wird im Bereich multimedialer Dienste für die Zukunft eine herausragende Rolle beigemessen (*Kollmann* 2011a, S. 22 ff.). Aus dem Konvergenzprozess zwischen Fernsehen und neuen, multimedialen Medien resultierend, ermöglicht ein interaktives Fernsehsystem dem Nachfrager, individuelle Informationen und regionale bzw. überregionale Serviceangebote vom heimischen TV-Gerät aus abzurufen. Dabei gibt es drei grundsätzliche **Modelle**:

- **Mono-Screen**: Bei diesem Verfahren wird zwischen laufendem Fernsehprogramm und eine ITV-Anwendung hin und her geschaltet und je nach aktivem Bereich der komplette TV-Bildschirm ausgefüllt.
- **Split-Screen**: Bei diesem Verfahren wird eine ITV-Anwendung in das laufende Fernsehprogramm zusätzlich eingeblendet. Der TV-Bildschirm wird nicht komplett, sondern nur zum Teil ausgefüllt und somit „gesplittet". Über diese „Bild in Bild"-Funktion kann eine ITV-Anwendung parallel zum laufenden TV-Programm auf demselben Bildschirm bedient werden.
- **Second-Screen**: Bei diesem Verfahren wird eine ITV-Anwendung parallel zum TV-Programm auf einem zweiten Gerät ausgeführt (z. B. Tablet-PC oder Smartphone), wodurch ein „zweiter Bildschirm" hinzukommt. Entscheidend ist dann die Synchronisation der ITV-Anwendung (Second-Screen) mit dem laufenden TV-Programm (First-Screen).

Als Beispiel für eine Second-Screen-Technologie kann das Angebot von *wywy* angeführt werden. *wywy* erkennt und analysiert das TV-Sendesignal und ermöglicht damit interaktive Second Screen-Lösungen wie zum Beispiel die automatische Erkennung in Echtzeit, welchen Kanal der Zuschauer schaut, zum validierten „Check-in" in die Sendung und die damit verbundene Interaktivität mit dem Zuschauer, dessen Ergebnisse in Echtzeit in die Sendung jederzeit zurückgespielt werden können (*wywy.com*).

Abb. 7: Second-Screen für ITV am Beispiel von *wywy*

Aus wirtschaftlicher Perspektive steht mit dem **T-Commerce** über interaktive ITV-Anwendungen vielleicht die nächste große Welle im E-Business an, die auch Auswirkungen auf das Online-Marketing haben wird. Nachdem im E-Commerce die Möglichkeiten scheinbar ausgenutzt sind, im M-Commerce die mobilen Angebote mit Millionen von Apps bereits voll auf dem Weg sind, stehen das ITV und die zugehörigen Werbeformen noch in den Startlöchern. *wywy* bietet hierfür bereits die automatische Erkennung eines Werbespots in Echtzeit, um dem Zuschauer zusätzliche Informationen per Push-Notification anzubieten. Zur Online-Bestellung ist es dann nur noch ein kleiner Schritt. So ist es nicht verwunderlich, dass ITV das Thema auf der *Consumer Electronics Show (CES)* 2012 in Las Vegas war und nach Smartphones und Tablets die IT-Community ein neues Lieblingsthema zu haben scheint – **SmartTVs und ITV**. Und es ist nicht nur ein neues Elektronikspielzeug, sondern kann analog zum Smartphone eine neue Plattform mit und für **T-Apps** werden.

Anders als bei den mobilen Apps, müssten diese T-Apps allerdings anders gestaltet werden. Die Umgebungssituation ist eine andere: Mann bzw. Frau ist nicht aktiv unterwegs **(lean forward)**, sondern sitzt entspannt auf dem heimischen Sofa **(lean back)**, was einer völlig anderen Erwartungshaltung des Users entspricht. T-Commerce kann ferner nur dann eine Chance haben, wenn es sich vom E-Commerce insofern unterscheidet, als dass die T-Apps direkt und unmittelbar mit dem laufenden Fernsehprogramm verbunden werden. Vor diesem Hintergrund können im Moment drei **Szenarien für das T-Commerce** diskutiert werden:

- **T-Commerce zur Fernsehsendung**: Während der Betrachtung einer Sendung (Fernsehfilm, Magazin, Nachrichten usw.) ergibt sich ein Kauf- oder Informationsimpuls für ein bewusst (Product Placement) oder unbewusst (Product Usement) gezeigtes Produkt oder Thema. Über eine entsprechende Markierung oder Klick auf das Produkt wandert dieses in den Telewarenkorb und kann anschließend bestellt werden oder weitere Informationen können abgerufen werden.
- **T-Commerce über Advertisement**: Während der Betrachtung der Werbespots ergibt sich ein Kaufimpuls und über einen direkten Klick öffnet sich eine Produktinformationsseite mit einer direkten Bestellmöglichkeit. Mit einer Anbindung von Social-Media-Netzwerken könnten einzelne Produkte mit Empfehlungen des persönlichen Netzwerkes erweitert werden.
- **T-Commerce über Apps**: Analog zu den Smartphones können über einen angeschlossenen App-Store spezielle Applikationen aus den Bereichen Nachrichten, Sport, Wetter, Spiele usw. auf dem App-Bildschirm hinterlegt und abgerufen werden.

Weitere interaktive TV-Angebote zum „Film oder Spiel on demand" sind bereits bekannt und werden weiterhin angeboten oder genutzt oder es können auch neue T-Circles zur gemeinsamen Betrachtung von Fernsehserien im Social-Media-Verfahren entstehen (Postings, Einladungen, Videochats usw.). Es wird auf die Kombination aus Freizeit, Entspannung und Medienkanal ankommen, ob und inwieweit sich T-Commerce durchsetzen und auf Nutzungsakzeptanz treffen wird.

Nur die genaue Kenntnis dieser **Nutzungsakzeptanz** kann den nachhaltigen Erfolg von ITV sicherstellen (*Kollmann* 1998a). Die Voraussetzung für eine hohe Nutzungsakzeptanz sind attraktive Angebote, die auf der Teilnehmerseite nicht nur einen ausreichend hohen Nutzen erzeugen, sondern gleichzeitig auch mit einer entsprechenden Zahlungsbereitschaft seitens der Teilnehmer einhergehen (*Kollmann* 1999). Bei der konkreten Ausgestaltung des interaktiven Fernsehsystems sollten folglich fünf **Leistungsfaktoren** berücksichtigt werden, die großen Einfluss auf die Nutzungsbereitschaft haben (*Weiber/Kollmann* 1996b, S. 98). Dazu zählen die Individualität und Interaktivität der Nutzung, Preis-Leistungsverhältnis, Bedienbarkeit des Systems, Datensicherheit und Qualität der Übertragung.

Als siebte zusammenfassende **Konsequenz für das Online-Marketing** machen die Ausführungen dieses Kapitels deutlich, dass mit dem interaktiven Fernsehen ein innovatives Medium auf Basis der Ein- und Ausgabeeinheit „Fernsehen" entstanden ist, welches für den Austausch von marketingbezogenen Informationen im Rahmen der Produkt-, Preis-, Vertriebs- und Kommunikationspolitik zwischen verschiedenen Marktteilnehmern genutzt werden kann.

1.3 Kommunikationsaspekte im elektronischen Absatz

Die stetige Weiterentwicklung im Bereich der Informationstechnik sowie die wachsende Bedeutung innovativer Informationstechnologien führten zu einer Veränderung in der Art und Weise, wie sich der **Informationsaustausch** und damit die Kommunikation zwischen Individuen in digitalen Datennetzen gestaltet (*Kollmann* 2011a, S. 26 ff.). Damit zusammenhängend ist ein gesellschaftlicher Strukturwandel zu erkennen: Die Allgemeinheit kommuniziert zunehmend unter den virtuellen Rahmenbedingungen des Informationszeitalters, arbeitet verstärkt in der Informationswirtschaft und wird durch das enorme Leistungspotenzial der Informationstechnologie umgeben (*Noam* 1997, S. 35 f.). Der Wandel zur Informationsgesellschaft ist allgegenwärtig. Die besonderen Bedingungen für den Datenaustausch und damit die Kommunikation in dieser Informationsgesellschaft können auf einige wenige, aber dafür sehr gravierende Eigenschaften reduziert werden (*Kollmann* 2001a, S. 59 ff.): Dazu gehört die **Virtualität**, die es erlaubt, dass Kommunikationspartner (Sender und Empfänger) sich nicht mehr real gegenüberstehen müssen, sondern dass sie das Internet als Medium zum Senden und Empfangen von Informationen benutzen und so die reale Präsenz überflüssig wird. **Multimedialität** erlaubt den Einsatz und die Einbindung verschiedenster Medien bzw. Kommunikationsmittel und eröffnet damit ganz neue Möglichkeiten der Informationsübermittlung. Das Internet als Medium zur **Interaktivität** ermöglicht den Kommunikationsprozess in beide Richtungen (zwischen Sender und Empfänger) und kann damit den Dialog zwischen einzelnen Handelspartnern fördern. Dies ist ganz besonders hinsichtlich der Reaktionszeiten eine grundlegende Veränderung im Vergleich zum realen Handel, da auf diese Weise die Kommunikation wesentlich effektiver gestaltet werden kann. Auch der **Indivi-**

dualität kommt unter marketingtechnischen Gesichtspunkten eine große Rolle zu, da das Internet aufgrund seines interaktiven Charakters und der Möglichkeit der Datenspeicherung und Auswertung zum Zwecke der Personalisierung, Bedürfnisse individuell befriedigen kann.

Die folgende Abbildung (Abb. 8) zeigt vor diesem Hintergrund den aufgrund der veränderten Rahmenbedingungen angepassten **Online-Kommunikationsprozess**, der zwar prinzipiell auf das ursprüngliche Sender-Empfänger-Schema der traditionellen Kommunikation zurückzuführen ist, diesen Prozess allerdings durch die Möglichkeiten des Internets auf eine globale Ebene hebt (*Faulstich* 2000). Kommunikation besteht immer aus einem Kommunikator (Sender), einem Empfänger, einem Medium, einer Botschaft (*Schramm* 1955), die je nach Einsatz von technischen Mitteln kodiert und dekodiert werden muss, und einer Reaktion des Empfängers (Feedback). Das Internet bietet nun jedoch die Möglichkeit, dass der Empfänger einer Botschaft auch (unmittelbar) zum Sender einer Botschaft wird und so die ursprünglichen Rollen der Kommunikationspartner somit z. T. aufgehoben bzw. vermischt werden. Die Gleichzeitigkeit der Sender-/Empfänger-Rolle wird durch die besonderen Eigenschaften des Mediums Internet ermöglicht (Virtualität, Multimedialität, Interaktivität und Individualität). Sie bietet einerseits gerade im Online-Marketing enorm viele Potenziale, da der reziproke Dialog weitaus einfacher wird und die Partner ein direktes Feedback auf ihre Botschaft erhalten können. Allerdings bergen die neuen Bedingungen auch Gefahren, da z. B. auch Kunden untereinander kommunizieren können. Die globale Ebene bedeutet in diesem Zusammenhang, dass der Kommunikationsprozess nicht mehr unbedingt zwischen einzelnen Partnern bzw. zwei Individuen stattfinden muss, sondern dass sich (sofern technisch ermöglicht) jeder in den Kommunikationsprozess einklinken kann. Prinzipiell kann also jeder mit jedem kommunizieren und einmal im Internet veröffentlichte Inhalte können von beliebig vielen Usern eingesehen, manipuliert, kopiert oder kommentiert werden. Weiterhin muss der Teilnehmer nicht mehr auf das passive Empfangen einer gewünschten Nachricht warten, er kann sich aktiv Informationen „holen" und dadurch selektiv das Informationsangebot auf seine Bedürfnisse zurechtschneiden.

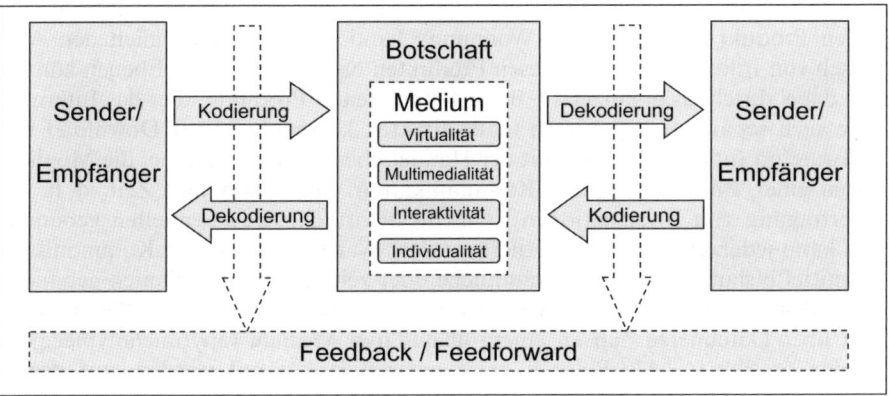

Abb. 8: Der Online-Kommunikationsprozess über das Internet

1.3.1 Virtualität

Der elektronische Handel auf digitalen Datenwegen eröffnet eine virtuelle Welt, die zum Ausgangspunkt wirtschaftlicher Interaktionen wird (E-Business) (*Kollmann* 2011a, S. 44). Der Begriff „**virtuell**" bezeichnet in diesem Kontext etwas, was nicht real ist, aber trotzdem so scheint als ob es existieren würde, oder als „existing in the mind, especially as a product of imagination" (American Heritage Dictionary) (*Klein* 1994, S. 309). Das bedeutet, dass sich der Umgang mit digitalen Informationen als nicht-reale Kommunikationsform ausschließlich aufgrund eines Verbundes von Datenströmen bzw. Informationskanälen zusammensetzt. Dabei ist es zunächst unerheblich, ob sich die Informationsinhalte auf reale Güter oder lediglich entsprechende Verfügungsrechte beziehen (*Kosiol* 1978, S. 119 f.). Wirtschaftliche Transaktionen mit digitalen Informationen sind im Gegensatz zu realen Gütern nicht direkt physisch greifbar. Dennoch sind die Auswirkungen der über die Datennetze transferierten Informationen auf reale wirtschaftliche Strukturen von zunehmender Relevanz. Aufgrund der Bedeutung von Informationen als unterstützender und eigenständiger Wettbewerbsfaktor sowie der Zunahme der Digitalisierung muss in Zukunft von einer Zweiteilung relevanter Handelsebenen für die Möglichkeit des Wirtschaftens ausgegangen werden (*Weiber/Kollmann* 1998, S. 603). Neben der realen Ebene der physischen Produkte bzw. Dienstleistungen (**reale Handelsebene**) ist eine elektronische Ebene der digitalen Daten- bzw. Kommunikationskanäle (**virtuelle Handelsebene**) entstanden.

Demnach wird die physische Geschäftswelt der Rohstoffe, Ressourcen und Produkte als unverzichtbare Größe im Wirtschaftsleben bestehen bleiben. Hier werden die traditionellen Probleme der realen Wertkette eines Produktes bzw. einer Leistung (z. B. Beschaffung, Produktion, Distribution usw.) gelöst. Durch die Zunahme elektronisch vernetzter Informationssysteme tritt komplementär neben dieser physischen Welt eine **virtuelle Geschäftswelt**, die durch vernetzte Informationen und Kommunikationswege gekennzeichnet ist, auf. Hier werden Informationen gehandelt, verarbeitet und eingesetzt, wodurch elektronische Wertketten innerhalb von Datennetzen impliziert werden (*Kollmann* 2011a, S. 39 ff.). Als Beispiel kann *immobilienscout24.de* genannt werden, dessen Betreiber nicht mit dem realen Produkt „Haus" oder „Wohnung" handelt, sondern lediglich den Austausch von Informationen zu diesen Produkten organisiert. Beide Ebenen können sich dabei durchaus ergänzen (z. B. Bestellung realer Produkte über das Internet), aber auch separat funktionieren (z. B. direkter, kostenpflichtiger Download von Software im Internet). Virtualität der Handelsebene impliziert dabei die Möglichkeiten einer Entkopplung der Kommunikation von Raum und Zeit, d. h. die Übertragung von Informationen ist nicht an örtliche Gegebenheiten gebunden und kann jederzeit „virtuell" initiiert werden. Waren verschiedene Kommunikationsmittel bislang entweder an räumliche oder zeitliche Gegebenheiten gebunden (z. B. Wochenzeitung für regionales Gebiet), verspricht die direkte Kommunikation über Datennetze nun zu einem **ubiquitären Medium** (anytime/anyplace) zu werden (s. Abb. 9). Als Beispiel kann *amazon.de* genannt werden, auf dessen Internetseite jederzeit und über den elektronischen Netzzugang von überall aus zugegriffen werden kann. Dabei müssen Buchverkäufer (Verlag) und -käufer nicht

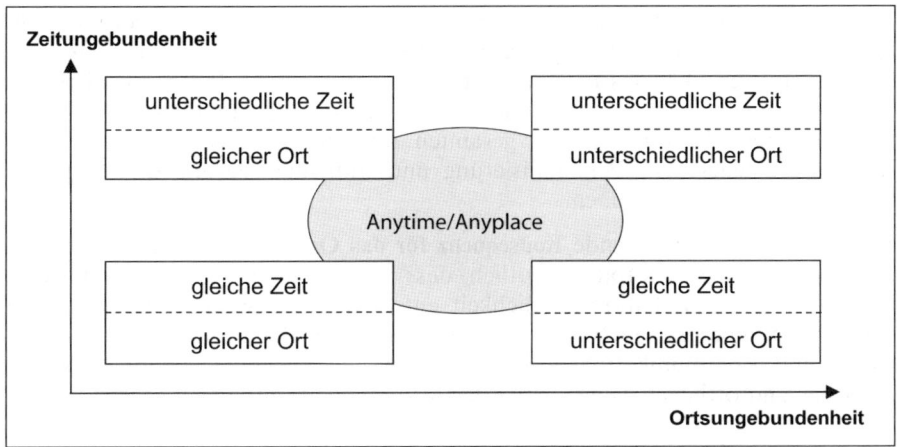

Abb. 9: Charakteristika der virtuellen Kommunikation
Quelle: in Anlehnung an *Picot/Reichwald/Wigand* 2003, S. 394.

zum gleichen Zeitpunkt online sein, da die Informationen über die Datenbank der Webseite ausgetauscht werden können, die jederzeit und überall erreichbar ist.

Neben den allgemeinen Auswirkungen dieser „Virtualität" auf die Rahmenbedingungen des wirtschaftlichen Zusammenlebens bedeuten die digitalen Datennetze aber auch eine Chance für **neue Absatzwege**. Das Potenzial liegt in der Möglichkeit der virtuellen Abwicklung von Transaktionen über Datennetze mit Hilfe interaktiver Bestell- bzw. Kommunikationsmodulen. Die Angebotssuche, -auswahl, -bestellung und -bezahlung ist per Internet bereits heute weltweit möglich. Invers eröffnet dies den Unternehmen die Möglichkeit, Produkte und Dienstleistungen weltweit über das Internet „anytime" und „anyplace" abzusetzen, sodass lediglich die physische Lieferung außerhalb der elektronischen Ebene durchgeführt werden muss. Trotz eventueller Probleme technischer (z. B. Sicherheit der Zahlungsmöglichkeiten) und rechtlicher Art (z. B. Eigentumsrechte oder Haftungsfragen) antizipiert die Geschäftswelt eine weitere Zunahme von preisgünstigen, schnellen und anonymen Transaktionen in weltweiten Datennetzen (*Kollmann* 2011b; *Spar/Bussgang* 1996). Mit der Virtualität des Internets wächst allerdings auch die **Anonymität** der Beteiligten. Zwar müssen bei der Durchführung von Transaktionen gewisse Informationen der Transaktionspartner preisgegeben werden (z. B. Zahlungsinformationen, Impressum), bei allen anderen Aktionen, bei denen Informationen über das Internet ausgetauscht werden, können die Beteiligten jedoch weitestgehend anonym auftreten. Personen können sich, ohne ihre Identität zu offenbaren, frei im Internet bewegen oder sogar auch fremde Identitäten annehmen. Die rege Beteiligung vieler Internet-User an sog. Chat-Rooms oder Foren unterstreicht den allgemeinen Wunsch, sich zwar mit anderen auszutauschen, aber dabei möglichst anonym zu bleiben. Trotz ihres verlockenden Charakters hat die Anonymität auch klare Nachteile, die sich besonders im Bereich der Sicherheit von Daten und Datenmissbrauch bewegen. Im Hinblick auf das Online-Marketing versuchen viele Anbieter, die ihre Ware und Dienstleistungen über das Internet vertreiben wollen, durch Professionalisierung des Datenmanagements die Anonymität ihrer Kunden so zu reduzieren, dass die Informationen, die während des gesamten Kommunikationsprozesses mit den Kunden entstehen, zur Personalisierung und Individualisierung der Angebote herangezogen werden können.

Als achte zusammenfassende **Konsequenz für das Online-Marketing** machen die Ausführungen dieses Kapitels deutlich, dass mit der „digitalen" Virtualität eine innovative Kommunikationsmöglichkeit entstanden ist, welche den Austausch von marketingbezogenen Informationen im Rahmen der Produkt-, Preis-, Vertriebs- und Kommunikationspolitik im weltweiten Datennetz unabhängig von zeitlicher und örtlicher Anwesenheit der Kommunikationspartner macht.

1.3.2   Multimedia

Durch die eingangs beschriebene Entwicklung der digitalen Datennetze und die Entstehung einer virtuellen Welt, ist der eigentliche virtuelle Kontakt zu anderen Netz- bzw. Marktteilnehmern nun nicht mehr eine Frage der räumlichen Distanz, sondern eine Frage der Ausgestaltung des virtuellen Kontakts (*Kollmann* 2011a, S. 28 f.). Für diese Ausgestaltung steht eine Reihe von **Medienformen** (Bild, Video, Ton, Text etc.) zur Verfügung, welche durch die Leistungen der digitalen Informationsnetze ad libitum kombiniert werden können. Die **Integration** verschiedener Datenquellen und Medienformen resultiert dabei in der Entstehung eines Multimediums. Das Wortkompositum Multimedia ist aus den beiden lateinischen Begriffen Multi (zu Deutsch: mehrere) und Media (Plural von Medium, Kommunikationsmittel) entstanden und bezeichnet folglich ein aus mehreren Medienformen bestehendes Kommunikationsmittel (*Rougé* 1994, S. 5). Diese triviale Formel spiegelt jedoch kaum die umfassenden Veränderungen in der Kommunikationswelt wider, welche mit der multimedialen Entwicklung verbunden werden. Entsprechend den möglichen Sinneskanälen können bei der Informationsaufnahme und Kommunikation visuelle (sehen), auditive (hören), haptische (fühlen), gustorische (schmecken) und olfaktorische (riechen) Leitsysteme unterschieden werden.

Aufgrund des Mangels an geeigneten kommerziell einsetzbaren Ein- und Ausgabegeräten ist die gegenwärtige Diskussion jedoch fast ausschließlich auf die Integration visueller und auditiver Medien konzentriert. Dabei stehen insbesondere die Möglichkeiten einer animations-, video-, text- und audioorientierten Medienverknüpfung zum Zweck der Informationsübermittlung im Mittelpunkt. Durch diese multimediale Informationsübermittlung kommt es zu einem Wechsel von einer eindimensionalen zu einer mehrdimensionalen Medienkommunikation. Informationen werden durch die quasi simultane Nutzung von komplementären **Medienbausteinen** effektiver vermittelt, sodass auch komplexe Inhalte dem Kommunikationspartner zugänglich gemacht werden. Hierdurch ergibt sich gegenüber traditionellen Medien eine höhere Kommunikationswirkung bzw. eine Verbesserung der Informationsübermittlung beim Kontakt mit dem Kommunikationspartner. Der Informationsaustausch wird auf eine verständliche und leicht zugängliche Ebene transformiert, ähnlich dem Wandel von einer Computer- bzw. Programmsprache zu bildlichen Bedienungselementen. Damit wird die elektronische Handelsebene einer breiten Anwenderschicht zugänglich gemacht, wodurch das Internet zu einem Massenmedium wachsen konnte. Durch die multimediale Informationsübermittlung wird der Kommunikationsprozess im Vergleich zum klassischen Kommunikationsprozess effektiver, da die Attraktivität des Informationsaustausches steigt und die virtuelle Beziehung beider Kommunikationspartner dadurch intensiviert wird.

Heutzutage lässt sich allerdings nicht nur eine reine Kombination der verschiedenen Medienformen feststellen, sondern vielmehr geht die Entwicklung dahin, dass verschiedene Medienformen innerhalb einer Anwendung vollständig integriert werden. Die Integration bezieht sich hierbei in erster Linie auf die Zusammenführung von statischen und dynamischen Daten (*Faulstich* 2000, S. 297). Das bedeutet, dass das simultane Angebot von verschiedenen Medienbausteinen sowohl statischer (Daten, Text, Bild) als auch dynamischer (Musik, Film, Animation) Daten ohne Probleme möglich ist. Durch die Ergänzung bzw. Kombination von Medienbausteinen innerhalb dieser quasi simultanen Nutzung eröffnet sich dem Teilnehmer ein „neuer" Zusatznutzen, der sich in einer Verbesserung der **Informationswahrnehmung** und -verarbeitung niederschlägt. Insbesondere in dieser Verbesserung liegt ein Hauptargument für den Einsatz multimedialer Technologien. Entscheidend ist daher für ein Multimedia-System nicht allein das Angebot mehrerer Medienbausteine, sondern vielmehr deren tatsächliche, bewusste und simultane Nutzung (*Kollmann* 1998a, S. 167) durch den jeweiligen Anwender. Nur dieser Sachverhalt ermöglicht die intendierte Verbesserung der Informationsverarbeitung durch den Einsatz von Multimedia. Die Inhalte der digitalen Informationen werden durch die multimediale Darstellung besser wahrnehmbar und damit nutzbar. Als Beispiel kann *musicload.com* genannt werden, bei denen die Informationen zum einzelnen Musikstück sowohl als Bild (Plattencover), Text (Beschreibung des Musikstils), Ton (Hörprobe) und Bewegtbild (Videoausschnitt) angeboten werden. Dadurch kann sich der potenzielle Kunde auch ohne direkten physischen Kontakt einen umfassenden Eindruck der angebotenen Produkte verschaffen.

Durch die neue Form der Multimedialität entstehen jedoch auch neue Anforderungen an die Partner des **Kommunikationsprozesses**. Im Gegensatz zu sog. Primärmedien und Sekundärmedien sind Tertiärmedien davon abhängig, dass auf beiden Seiten (also bei Sender und Empfänger der Botschaft) technische Mittel bereitstehen müssen (*Faulstich* 2000, S. 21). Primärmedien sind Medien, die ganz und gar ohne technische Mittel auskommen, wie z. B. das Theater. Sekundärmedien setzen auf Produktionsseite technische Mittel ein, wie z. B. bei der Zeitung. Tertiärmedien setzen auf Produktions- und Rezeptionsseite technische Mittel ein, wie z. B. bei der CD (*Faulstich* 2000, S. 21). Prinzipiell sind Online-Medien demnach **Tertiärmedien**, da der Kommunikationsprozess durch die technische Kodierung der Botschaft auf Produktionsseite und die technische Dekodierung auf der Rezeptionsseite definiert wird. Inzwischen spricht man jedoch auch schon von **Quartärmedien**, da Online-Netzwerke das bisherige Sender-Empfänger-Schema

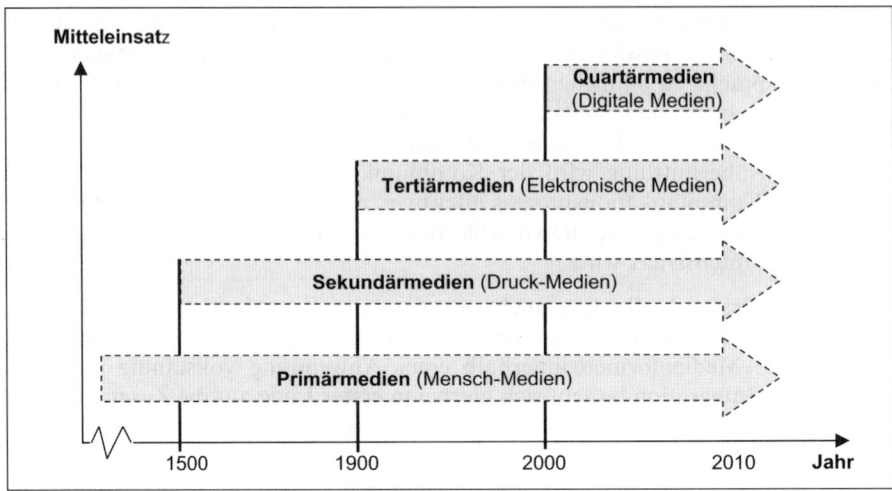

Abb. 10: Historische Betrachtung der Medientypen

(s. Abb. 8) aufhebt und z. B. die Information und Kommunikation auf ein globale Ebene hebt, die durch das Paradigma einer **reziproken Kommunikationsbeziehung** geprägt ist.

Neben den technologischen Voraussetzungen, die für die Dekodierung der Botschaft notwendig sind, entscheiden jedoch noch andere Faktoren darüber, ob und welches Medium verwendet wird. Hierbei kommt die **Theorie der subjektiven Medienakzeptanz** zum Tragen, da der Einsatz und Nutzen eines bestimmten Mediums im hohen Maße vom persönlichen Stil der Aufgabenerfüllung abhängt (*Picot/Reichwald/Wiegand* 2003, S. 108). Akzeptanz oder Ablehnung eines Mediums werden durch den subjektiv wahrgenommenen Nutzen und die Bequemlichkeit der Nutzung des Mediums bestimmt (*Kollmann* 1998a; *Davis* 1989). Im Bereich der digitalen Medien wird die Medienakzeptanz zusätzlich von sog. **Netzeffekten** beeinflusst. Durch jeden zusätzlichen Teilnehmer im digitalen Datennetz wird der Gesamtnutzen des Netzes erhöht, da die Netzgröße steigt. Je mehr User also ein bestimmtes Medium oder einen bestimmten Standard (wie z. B. JPEG, MP3) nutzen, desto größer ist die Wahrscheinlichkeit, dass weitere Nutzer hinzukommen und die allgemeine Nutzerakzeptanz wächst. Da die Integration verschiedener Datenformate und Medien technologisch immer einfacher wird, ist davon auszugehen, dass sich der Medieneinsatz in Zukunft verstärkt an dem wahrgenommenen Nutzen und der Bequemlichkeit der Medienverwendung orientieren muss.

Als neunte zusammenfassende **Konsequenz für das Online-Marketing** machen die Ausführungen dieses Kapitels deutlich, dass mit dem „digitalen" Multimediaeinsatz eine innovative Kommunikationsmöglichkeit entstanden ist, welche den Austausch und die Darstellung von marketingbezogenen Informationen im Rahmen der Produkt-, Preis-, Vertriebs- und Kommunikationspolitik im weltweiten Datennetz für die Kommunikationspartner effektiver macht.

1.3.3 Interaktivität

Unter den Rahmenbedingungen des virtuellen Kontaktes und der individuellen Einwahl ins digitale Datennetz (z. B. IP-Adresse), wird jeder Teilnehmer zu einer aktiven Komponente für den Kommunikationsaustausch. Da Informationen nicht nur abgerufen, sondern auch von jedem eingestellt werden können, kommt es zu einem Wechsel von einer passiven zu einer aktiven Kommunikation zwischen den Marktindividuen, da jede Einheit durch die digitale Verarbeitung von Informationen im Netz zum Sender und Empfänger wird. Der Begriff der Interaktivität bezeichnet dieses „miteinander in Verbindung treten", das „kooperative Agieren" sowie die „**wechselseitige Kommunikation** zwischen Sender und Empfänger". Interaktivität zeichnet sich vor diesem Hintergrund insbesondere durch die Möglichkeit zu individuellen Aktionen und Reaktionen der Kommunikationspartner aus, welche unabhängig von vorgegebenen Ablaufmustern sind. Die Interaktivität ermöglicht dem Empfänger zum Sender zu werden und vice versa.

Der Grad der Interaktivität ist jedoch immer abhängig von den durch die Software determinierten, zugelassenen Interaktionsmöglichkeiten. Ein weiterer Parameter der Interaktivität wird durch die Differenzierung nach Online- und Offline-Technologien bestimmt. Hierbei wird „echte Interaktivität" ausschließlich mit dem Online-Bereich verbunden, da nur hier eine ständige Verbindung und damit eine permanente Wechselbeziehung zwischen dem Sender (Mensch/Maschine) und dem Empfänger (Mensch/Maschine) besteht. Ein Kernelement der elektronischen Handelsebene ist vor diesem Hintergrund die multimediale Kommunikation mit digitalisierten Informationen, die einen interaktiven medienübergreifenden und damit höchst effektiven Datenaustausch ermöglicht. Insbesondere die Veränderungen hin zu einer interaktiven Kommunikation beinhalten ein enormes Potenzial für wirtschaftliche Aktivitäten. Die digitalen Informationsnetze und die Möglichkeiten der Interaktivität bewirken, dass es zu einem Wechsel von der passiven Massen- zu der aktiven Einzeltransaktion kommt. Jeder Marktteilnehmer wird zu einer eigenständigen Informationsadresse, d. h. jeder wird einzeln selektierbar und ansteuerbar. Die **Marktkommunikation** braucht daher nicht mehr nur auf die anonyme Massenansprache über einzelne Medien zurückgreifen, sondern kann multimedial auf jeden einzelnen Marktteilnehmer gezielt zugeschnitten werden. Auch hierdurch wird die Kommunikationswirkung entscheidend verbessert (s. Abb. 11).

Im Mittelpunkt steht allerdings die Umkehrung der Kommunikationsrichtung auf der elektronischen Handelsebene (*Kollmann* 2011a, S. 30 ff.). Durch die zweiseitige Kommunikationsbedingung der Interaktivität (Sender/Empfänger) werden in Zukunft nicht nur Informationen „**one-way**" von einem zum anderen Marktteilnehmer verteilt, sondern die Teilnehmer können sich die gewünschten Informationen selbst beschaffen („**two-way**"). Die Akteure der elektronischen Handelsebene können/müssen durch den Interaktionskanal „Datennetz" die Kommunikation gleichberechtigt beeinflussen und zugleich die Rolle von Informationsbereitstellern und Informationsanbietern ausfüllen. Durch diese duale Rolle jedes einzelnen Akteurs drückt sich auch ein Wechsel von einer reinen Push- zu einer Push/Pull-

Kommunikation aus, d. h. Informationen werden nicht nur über Massenmedien an möglichst viele Empfänger „gedrückt", sondern die Empfänger „ziehen" sich aus Informationsnetzen auch selbst die jeweilig gewünschten Informationen heraus (*Sheehan* 2010, S. 40). Als Beispiel kann *eltern.de* genannt werden, bei denen sich zukünftige oder junge Eltern zum einen Informationen zu den einzelnen Entwicklungsstadien des Nachwuchses aus dem angebotenen Pool von Nachrichten, Artikeln oder Berichten abrufen können. Zum anderen können aber auch aktiv Fragen an Kinderärzte oder andere Eltern über ein angebotenes Forum eingegeben werden.

Hinsichtlich der Kommunikationsrichtung unterscheidet man in der Praxis zwischen Pull- und Push-Marketing-Methoden. Bei der „**Push-Kommunikation**" versucht der Informationsanbieter, automatisch die Informationen bereitzustellen, die für den Informationsnachfrager relevant sind. Diese Form der Kommunikation findet nur einseitig statt und wird vom Anbieter kontrolliert bzw. „aufgezwungen" (*Hünerberg* 2000, S. 131). Das Problem bei dieser Vorgehensweise sind daher die sog. Streuverluste, da z. B. die Anzeige eines Banners nicht nur von der ausgewählten Zielgruppe wahrgenommen wird, sondern auch von vielen, die nicht zur Zielgruppe gehören. Der Einsatz der Mittel führt jedoch nicht dazu, dass diese Streuverluste per se zusätzliche Kosten verursachen (wie in den klassischen Medien), sondern vielmehr die Tatsache, dass die Mittel häufig über die Seite von Dritten geschaltet werden (z. B. Banner auf einer Partnerseite) und daher bei zu hohen Streuverlusten sehr teuer werden können. Bei der „**Pull-Kommunikation**" hingegen ist die Kommunikation beidseitig, da beide Kommunikationspartner auf direktem Wege miteinander kommunizieren. Der Kunde kann hier also selber entscheiden, ob, wann und wie er mit dem Unternehmen/Anbieter in Kontakt treten möchte. Er sucht sich die gewünschten Informationen selbständig heraus und ruft diese bei den relevanten Informationsquellen ab. Auch wenn die Vorteile dieser dialogbasierten Kommunikation auf der Hand liegen, bleiben insbesondere Aktivitäts- und Findungsprobleme bestehen. Diese entstehen allein durch die Tatsache, dass es sich hierbei um eine empfängerinduzierte Informationsnachfrage handelt und die Empfängeraktivität notwendig wird (*Riedl* 1999, S. 87). Die Akteure auf der elektronischen Handelsebene stehen aufgrund dieser selbstständigen Suche der Empfänger jedoch vor der Aufgabe, ihr Informationsangebot den sich ständig wechselnden Interessen der Suchenden anzupassen. Pull-Kommunikation setzt sich ändernde Informationsinhalte für einzelne Individuen voraus, wohingegen sich Push-Kommunikation auf allgemeine Informationen für eine breite Interessensgruppe beschränkt. Sämtliche Kommunikationsmaßnahmen müssen demnach an die Bedingungen der gegenseitigen flexiblen Abfrage angepasst werden. Die flexible Abfrage ist Kennzeichen für die steigende Individualität in der multimedialen Kommunikation. Das Online-Angebot der Firma *mytoys.de* kann hier als Beispiel genannt werden. Die Suche nach dem passenden Spielzeug kann über eine eigene Suche im Produktkatalog erfolgen (Pull), es besteht aber auch die Möglichkeit sich nach den Eingaben „Alter", „Geschlecht" und „Preisvorstellung" entsprechende Vorschläge machen zu lassen (Push/Pull) oder sich per Newsletter regelmäßig aktuelle Angebote zusenden zu lassen (Push).

Interaktive Kommunikation im Internet wird nicht nur ermöglicht, sondern insbesondere auch zur Individualisierung und Personalisierung der Marketingaktivitäten genutzt. Vorteile im Vergleich zu Offline-Kanälen entstehen hier aufgrund der Tatsache, dass sämtliche Bewegungen, Transaktionen und Informationen der Nutzer in Form von digitalen Daten gespeichert werden können. Auf diese Weise kann der Anbieter unmittelbar nachdem ein potenzieller Kunden seine Seite öffnet und in bestimmter Form agiert, auf dieses Verhalten reagieren und je nachdem, wie dieser sich auf der Seite bewegt, spezielle und auf seine Interessen zugeschnittene Informationsangebote bereitstellen. Je mehr beide Partner miteinander kommunizieren und interagieren, desto mehr Daten fallen an, die der Anbieter marketingtechnisch analysieren und zur Personalisierung aufbereiten kann. Interaktivität ist daher nicht nur die Basis guter Kommunikation (**Dialog**), sondern auch Voraussetzung für die Ausschöpfung des Individualisierungs- und Personalisierungspotenzials.

Als zehnte zusammenfassende **Konsequenz für das Online-Marketing** machen die Ausführungen dieses Kapitels deutlich, dass mit der „digitalen" Interaktivität eine innovative Kommunikationsmöglichkeit entstanden ist, welche den wechselseitigen Austausch von marketingbezogenen Informationen im Rahmen der Produkt-, Preis-, Vertriebs- und Kommunikationspolitik im weltweiten Datennetz zwischen Kommunikationspartnern ermöglicht.

1.3.4 Individualität

Findet eine interaktive Kommunikation zwischen Anbieter und Nachfrager auf der elektronischen Handelsebene statt, so können individuelle Bedürfnisse des Kunden durch Personalisierung und Bereitstellung nutzergerechter Informationen befriedigt werden. Dabei ist vollkommen klar, dass der persönliche Kontakt die höchste Form der individuellen Kommunikation darstellt. In der „**persönlichen**" **Kommunikation** gibt der Kommunikator die Nachricht direkt, folglich ohne zeitliche Verzögerung, an den Rezipienten weiter. Es handelt sich dabei um eine interaktive und mindestens bidirektionale Kommunikation, d. h. der Empfänger kann sofort nach Erhalt der Nachricht rückkoppelnd selbst zum Sender einer Information werden. Innerhalb der persönlichen Kommunikationsform können zwei Unterarten angeführt werden. Bei der „face-to-face communication" findet der Prozess ohne zwischengeschaltete technische Medien durch den unmittelbaren Kontakt des Senders zum Empfänger statt. Als „point-to-point communication" werden hingegen persönliche Kommunikationsprozesse unter Einschaltung technischer Medien (z. B. Telefon) bezeichnet. Die „**unpersönliche**" **Kommunikation** findet nahezu ausschließlich über so genannte technische Massenmedien statt. Traditionell werden in der Massenkommunikation Zeitschriften, Zeitungen, Hörfunk, Fernsehen, Film, Bücher und Werbeflächen eingesetzt (*Kollmann* 1994, S. 56 ff.). Die Aussagen werden indirekt über diese Medien verbreitet und richten sich an ein disperses, also räumlich und vielfach auch raumzeitlich zerstreutes Publikum. Somit sind die Botschaften in der Regel an eine inhomogene, unstrukturierte und anonyme Öffentlichkeit gerichtet, wodurch enorme Streuverluste entstehen. Die Informationen werden einseitig unidirektional verbreitet, d. h. es gibt keine direkte Rückkopplung vom Empfänger zum Sender.

Die derzeitige Kommunikationsansprache der realen Handelsebene ist entweder noch geprägt durch den persönlichen Kontakt von Handelspartnern (Individual-kommunikation) oder durch die Forderung nach einer möglichst hohen Reichweite der unpersönlichen Botschaften einzelner Handelsanbieter, repräsentiert durch die Ansprüche einer Massenkommunikation. Im ersten Fall bedeutet dies eine **direkte reale One-to-One-Beziehung** zwischen zwei in Verbindung getretenen Wirtschaftssubjekten. Dieser Kontakt unterliegt der Ausschließlichkeit, da in der Regel kein weiteres Subjekt in diese Beziehung eingebunden wird. Problematisch hierbei ist jedoch, dass diese in Beziehung getretenen Subjekte jeweils nur eine Verbindung nach der anderen eingehen können (sequentielle Kommunikation), da sie real nicht an mehreren Orten gleichzeitig sein können. Im zweiten Fall wird auf die persönliche Beziehung in der Kommunikation verzichtet: Nicht der einzelne, sondern die Masse der erreichbaren Marktteilnehmer steht hier im Mittelpunkt von Kommunikationsaktivitäten (*Link/Hildebrand* 1995, S. 5). Es handelt sich folglich um eine **indirekte reale One-to-All-Beziehung**. Problematisch hierbei ist, dass diese relativ unreflektierte bzw. anonymisierte Art der Kommunikation den veränderten Marktbedingungen zunehmend nicht mehr gerecht wird. Marktteilnehmer wollen persönlich und individuell angesprochen werden.

Mit der Entstehung der elektronischen Handelsebene und der damit verbundenen Entkopplung von Raum und Zeit bieten sich Potenziale für neue Formen der Kommunikation. Die Kommunikationsansprache wird von einer passiven, anonymen und massenmedialen Kommunikation zu einer (inter)aktiven, individualisierten und multimedialen Kommunikation. Dies bedeutet, dass über das Medium Internet neben der Massen- (**indirekte virtuelle One-to-All-Beziehung**, z. B. über Werbebanner) ebenfalls die Individualkommunikation realisiert werden kann. Da alle Netzteilnehmer eine individuelle Netzadresse besitzen (z. B. E-Mail oder Web-Page), können alle Teilnehmer einzeln angesteuert werden, wodurch eine **direkte virtuelle One-to-One-Beziehung** aufgebaut werden kann. Der Hauptunterschied zur realen Ebene liegt hierbei in der Ausgestaltung dieses Kontaktes. Waren die direkten Kontakte auf der realen Ebene noch beschränkt auf das unmittelbare Umfeld, so erweitert sich durch die innovative Informations- und Kommunikationstechnik dieser direkte Kontakt um alle am Internet partizipierenden Subjekte. Die anonyme Masse der Anbieter und Nachfrager in einem Bereich wird für die jeweilige andere Seite zunehmend individualisiert (s. Abb. 11). Der einzelne Anbieter kann mit dem nun greifbaren einzelnen Nachfrager in Kontakt treten, der einzelne Nachfrager kann sich ohne die Zwischenschaltung des Handels direkt mit einzelnen Herstellern in Verbindung setzen.

In der Konsequenz bedeutet Individualisierung und damit **Personalisierung** die Anpassung von Informationen, Angeboten, der Website sowie von Produkten an die Bedürfnisse identifizierter Kunden. Ziel der damit in Verbindung stehenden virtuellen One-to-One-Beziehung ist es laut *Riemer/Klein* (2001), „jedem Kunden auf Basis individueller Informationen die relevanten und interessanten Informationen, Produkte und Angebote in einer für ihn geeigneten Form anzubieten und so der computervermittelten Kommunikation quasi eine menschliche, persönliche Anmutung zu verleihen." Personalisierung kann dabei neben den Inhalten einer Website auch das Design eines Web-Angebots und die Art und Weise der Kommunikation umfassen (*Klein/Güler/Lederbogen* 2000). Die Personalisierung kann nach *Riemer/Klein* (2001, S. 141 ff.) „zum einen durch den Kunden (**explizit**) erfolgen, der das Web-Angebot anhand von Parametern, die der Anbieter definiert, selbst konfiguriert. Zum anderen kann die Personalisierung durch den automatischen Abgleich der Bedürfnisse des Kunden – bzw. seines elektronisch hinterlegten Profils – mit einer Klassifikation der angebotenen Produkte oder mit dem Wissen über andere Kunden erfolgen (**implizit**)". Als Beispiel für die explizite Personalisierung kann der Produktkonfigurator von *dell.de* angeführt werden, bei dem sich die Nachfrager die Komponenten für ihre Laptops selbst zusammenstellen können. Als Beispiel für die implizite Personalisierung kann das Empfehlungssystem bei *amazon.de* genannt werden, bei dem die Nachfrager Hinweise bekommen, wer sich bestimmte Titel auch angesehen hat. Dieses Empfehlungssystem wird weitergeführt, indem nach der Identifikation des Nutzers auf der Startseite individuelle Empfehlungen gemacht werden.

Die stetige Verbesserung der Kundenansprache auf Basis der Individualisierung und Personalisierung spielt im Online-Marketing eine bedeutende Rolle und rückt damit die sog. **lernenden Kundenbeziehungen** zunehmend in den Mittelpunkt (*Kollmann* 2011a, S. 32 ff.). Aufbauend auf dem Ausgangswissen über Kundenwünsche finden Interaktion und Dialog zwischen Anbieter und Nachfrager statt. Diese direkte Interaktion zwischen den Handelspartnern ermöglicht Lern- und Wissensaufbauprozesse auf der Anbieterseite, die auf die Verbesserung der Kundenansprache zielen (s. Abb. 11). Durch die individuellen Erfahrungen mit dem

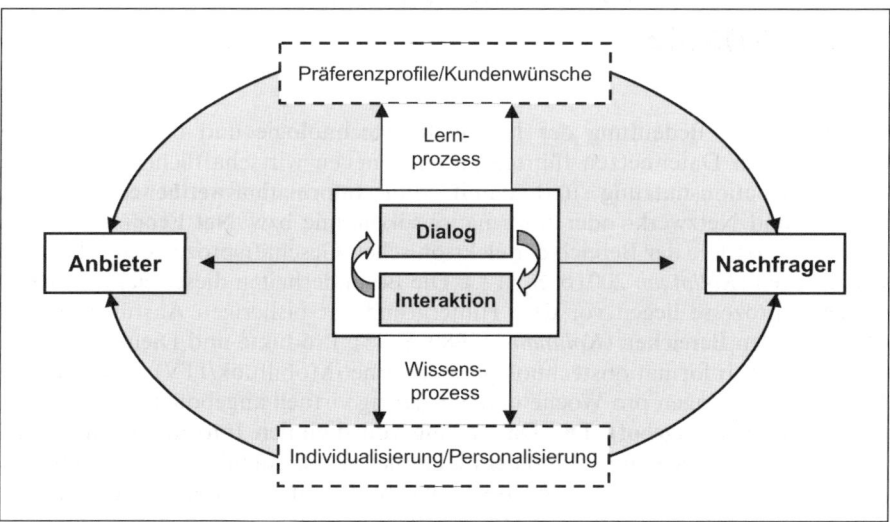

Abb. 11: Der individuelle Informationsaustausch als Basis des Wissensaufbaus
Quelle: *Kollmann* 2011a, S. 34.

Kunden wird ein Lernprozess angestoßen, in dessen Ergebnis der Aufbau von kundenindividuellen Präferenzprofilen steht. Aufbauend auf diesen Profilen ist zukünftig eine zielgerichtetere, individuellere Interaktion zwischen Anbieter und Nachfrager möglich, die auf den spezifischen Wünschen des einzelnen Kunden basiert. Ebenfalls wird ein **Wissensaufbauprozess** in Gang gesetzt, der auf der Individualisierung und Personalisierung durch den Kunden basiert. Eine explizite Personalisierung ermöglicht, dass der Kunde seinen Interaktionsprozess nach seinen individuellen Vorstellungen gestalten kann und somit den Wissensstand über die Kundenanforderungen an die Interaktionsprozesse auf der Anbieterseite erhöht. Die Prozesse des Lernens und Wissensaufbaus beeinflussen sich dabei gegenseitig in hohem Grade positiv, da das Wissen durch die Personalisierung das Lernen im Hinblick auf die Präferenzprofile erleichtert und im umgekehrten Fall auf der Basis von Präferenzen Optionen für die Personalisierung geschaffen werden können. So entsteht ein geschlossenes System eines kontinuierlicher Lern- und Wissensaufbauprozesses, in dessen Ergebnis eine stetige Verbesserung der Kundenansprache steht.

Als elfte zusammenfassende **Konsequenz für das Online-Marketing** machen die Ausführungen dieses Kapitels deutlich, dass mit der „digitalen" Individualität eine innovative Kommunikationsmöglichkeit entstanden ist, welche den personalisierten Austausch von marketingbezogenen Informationen im Rahmen der Produkt-, Preis-, Vertriebs- und Kommunikationspolitik im weltweiten Datennetz zwischen Kommunikationspartnern ermöglicht.

1.4 Wettbewerbsaspekte im elektronischen Absatz

Die wachsende Bedeutung der Informationstechnologie und der Ausbau von elektronischen Datennetzen führten zu einer neuen wirtschaftlichen Dimension der Informationsnutzung und damit zum **Informationswettbewerb**. Weitere Begriffe sind Netzwerk- oder Informationsökonomie bzw. **Net Economy**. Hierzu zählt insbesondere der Bereich der elektronischen Geschäftsprozesse auf digitalen Datenwegen (*Kollmann* 2001b, S. 11 f.). Die Besonderheiten dieser elektronischen Geschäftsprozesse liegen vor dem Hintergrund der bisherigen Ausführungen in den folgenden Bereichen (*Kollmann* 1998b, S. 45): Produkte und Dienstleistungen können über Informationstechnologien (Internet/Mobilfunk/ITV) rund um die Uhr, an sieben Tagen pro Woche und ganzjährig virtuell angeboten bzw. verkauft werden (**Produktangebot**). Die Darstellung von digitalen Informationen zu den Produkten, Dienstleistungen und dem Unternehmen kann mit Hilfe von multimedialen Bausteinen und unter den Bedingungen des virtuellen Kontaktes einfach, schnell und umfassend erfolgen (**Informationsangebot**). Der an den Produkten, Dienstleistungen oder Unternehmen interessierte Nachfrager kann aufgrund interaktiver Kommunikationsmöglichkeiten die benötigten Informationen einfacher, schneller, umfassender und insbesondere aktiv abrufen (**Informationsnach-frage**). Der Kontakt mit dem an den Produkten, Dienstleistungen oder Unternehmen interessierten Nachfrager kann direkter und individueller gestaltet werden (**Informationsaustausch**). Unternehmen haben mit Hilfe der elektronischen Informationsverarbeitung die Möglichkeit eine enorme Menge an relevanten Kunden- und Prozessdaten einfacher, schneller und umfassender zu verarbeiten und die Ergebnisse direkt in den Kundenkontakt mit einfließen zu lassen (**Informationsverarbeitung**).

Die zugehörigen wirtschaftlichen Möglichkeiten werden in diesem Zusammenhang auch als „Electronic Business" bzw. **E-Business** bezeichnet. Für eine genauere Definition des Begriffes kann sowohl eine mehr theoretische, als auch praxisorientierte Sichtweise herangezogen werden (*Kollmann* 2011a, S. 44): „E-Business ist die Nutzung der Informationstechnologien für die Vorbereitung (Informationsphase), Verhandlung (Kommunikationsphase) und Durchführung (Transaktionsphase) von Geschäftsprozessen zwischen ökonomischen Partnern über innovative Kommunikationsnetzwerke (theoretische Sichtweise). E-Business ist [somit auch] die Nutzung von innovativen Informationstechnologien, um über den virtuellen Kontakt etwas zu verkaufen, Informationen anzubieten bzw. auszutauschen, dem Kunden eine umfassende Betreuung zu bieten und einen individuellen Kontakt mit den Marktteilnehmern zu ermöglichen (praxisorientierte Sichtweise)." Für beide Sichtweisen gilt, dass die notwendigen Bausteine Information, Kommunikation und Transaktion zwischen den beteiligten ökonomischen Partnern über digitale Netzwerke transferiert bzw. abgewickelt werden (*Kollmann* 2002a, S. 883). Ferner haben beiden Definitionen gemein, dass Informationen als zentraler Wettbewerbsfaktor angesehen werden, die Bedingungen der elektronischen Handelsebene (Informationsökonomie) Beachtung finden und damit insbesondere die Nutzung von Informationen zum speziellen Fokus des Managements wird.

1.4.1 Online-Plattformen

Als Basis für die Abwicklung elektronischer Geschäftsprozesse haben sich in der Praxis drei zentrale Plattformen gebildet, die den Austausch aller drei Bausteine (Information, Kommunikation und Transaktion) zum Inhalt haben und damit zum **engeren Kreis des E-Business** gezählt werden können. Mit den zugehörigen Stoßrichtungen **Einkauf**, **Verkauf** und **Handel** adressieren sie die zentralen **Betätigungsfelder** einer Unternehmung bzw. eines Marktes (*Kollmann* 2011a, S. 45):

- Das **E-Procurement** ermöglicht den elektronischen Einkauf von Produkten bzw. Dienstleistungen durch ein Unternehmen über digitale Netzwerke. Damit erfolgt eine Integration von innovativen Informations- und Kommunikationstechnologien zur Unterstützung bzw. Abwicklung von operativen und strategischen Aufgaben im Beschaffungsbereich.
- Ein **E-Shop** ermöglicht den elektronischen Verkauf von Produkten bzw. Dienstleistungen durch ein Unternehmen über digitale Netzwerke. Damit erfolgt eine Integration von innovativen Informations- und Kommunikations-

technologien zur Unterstützung bzw. Abwicklung von operativen und strategischen Aufgaben im Absatzbereich.
- Ein **E-Marketplace** ermöglicht den elektronischen Handel mit Produkten bzw. Dienstleistungen über digitale Netzwerke. Damit erfolgt eine Integration von innovativen Informations- und Kommunikationstechnologien zur Unterstützung bzw. Abwicklung einer Zusammenführung von Angebot und Nachfrage.

Allerdings muss festgestellt werden, dass diese Bezeichnungen nicht überschneidungsfrei sind. So kann z. B. der elektronische Einkauf durchaus als Marktplatzlösung angeboten werden (*Kollmann* 2000a). Daneben existieren aber auch noch **zwei weitere Plattformen**, welche neuerdings ebenfalls dem **erweiterten Kreis des E-Business** zugerechnet werden können, die jedoch nicht alle drei Bausteine in gleicher Weise betonen, sondern sich insbesondere auf Information und Kommunikation konzentrieren (*Kollmann* 2011b, S. 49 f.). Allerdings bezieht sich insbesondere die Kommunikation bei diesen Plattformen zunehmend direkt oder indirekt auf wirtschaftliche und damit transaktionsrelevante Inhalte. Dies ist z. B. dann der Fall, wenn im Rahmen der Kommunikation durch die Nutzer verschiedene Produkte besprochen und bewertet werden und der anschließende Kauf in einem E-Shop dadurch beeinflusst wird. Auch bei der Vernetzung von Unternehmen geht es neben dem Informationsaustausch zunehmend um transaktionsrelevante Ergebnisse im Rahmen gemeinsamer Produktentwicklungen, die in der Folge dann gemeinsam dem Markt angeboten werden. Mit den zugehörigen Stoßrichtungen **Kontakt und Kooperation begleiten die beiden Plattformen** also zunehmend die Transaktionsentscheidung, wodurch sie im Rahmen des E-Business ebenfalls Beachtung finden sollten:

- Eine **E-Community** ermöglicht den elektronischen Kontakt zwischen Personen bzw. Institutionen über digitale Netzwerke. Damit erfolgt eine Integration von innovativen Informations- und Kommunikationstechnologien sowohl zur Unterstützung des Daten- bzw. Wissensaustausches als auch zur Vorbereitung transaktionsrelevanter Entscheidungen.
- Eine **E-Company** ermöglicht die elektronische Kooperation zwischen Unternehmen über digitale Netzwerke. Damit erfolgt eine Integration von innovativen Informations- und Kommunikationstechnologien zur Verknüpfung von einzelnen Unternehmensleistungen im Hinblick auf die Bildung eines virtuellen Unternehmens mit einem zusammengesetzten Transaktionsangebot.

Die anhaltend rasante technologische Entwicklung in der Net Economy geht dabei zwangsläufig mit vielfältigen Möglichkeiten einher, innovative Geschäftskonzepte auf Basis elektronischer Informations- und Kommunikationsnetze zu entwickeln und diese nicht nur im Rahmen von bereits vorhandenen Unternehmen einzusetzen, sondern auch gänzlich neue Unternehmen (Electronic Ventures bzw. E-Ventures, s. *Kollmann* 2011b, S. 10) zu gründen. Unter einer „Unternehmensgründung" wird dabei allgemein die Schaffung einer selbständigen und originären rechtlichen Wirtschaftseinheit verstanden, innerhalb der die selbständigen Gründerpersonen mit einem spezifischen Angebot (Produkt bzw. Dienstleistung) einen fremden Bedarf decken möchten (*Kollmann* 2011b, S. 2 f.; *Kollmann* 2006, S. 322). Bezogen auf das E-Business würde der übergeordnete Begriff „E-Entrepreneurship" somit die Gründung von jungen Unternehmen in der Net Economy auf Basis elektronischer Geschäftsprozesse beschreiben (*Kollmann* 2011b, S. 11).

Als zwölfte zusammenfassende **Konsequenz für das Online-Marketing** machen die Ausführungen dieses Kapitels deutlich, dass mit den verschiedenen Online-Plattformen innovative Geschäftsfelder entstanden sind, über welche bzw. für die der Austausch von marketingbezogenen Informationen im Rahmen der Produkt-, Preis-, Vertriebs- und Kommunikationspolitik im weltweiten Datennetz zwischen Kommunikationspartner gestaltet werden kann.

1.4.2 Online-Geschäftsmodelle

Das E-„Business" ist unmittelbar mit der Frage nach der Geschäftsgenerierung und damit nach verschiedenen Geschäftsmodellen verbunden. Die Antwort auf eine diesbezüglich erste Frage „Wo sollen die Einnahmen im E-Business generiert werden?" ist direkt über eine Analyse der handelnden Akteure in den einzelnen Geschäftsbereichen zu beantworten. Dabei kann im E-Business im Grunde zunächst eine grobe Unterscheidung in Anbieter und Empfänger der elektronisch basierten Leistungen erfolgen. Entsprechend findet man als mögliche Anbieter bzw. Empfänger hauptsächlich Unternehmen (Business), öffentliche Institutionen (Government) und private Konsumenten (Consumer). In der Kombination dieser drei Gruppen ergeben sich die typischen **Geschäftsbereiche** für das E-Business (*Kollmann* 2011a, S. 47 f.; s. Abb. 12):

Der Leistungsaustausch zwischen **Business-to-Consumer (B2C)** impliziert den Online-Handel zwischen Unternehmen und Kunden. Charakteristisch für diese Transaktionsbeziehung ist die Geschäftsanbahnung, Geschäftsvereinbarung und die Zahlungsabwicklung. Die Beziehung ist dabei geprägt durch die Kurzfristigkeit des Marktkontaktes und die relativ kleinen bis mittleren Transaktionsbeträge (*Merz* 2002, S. 22 ff.). Im Vordergrund des Kaufprozesses steht die Auswahl des Produkts, die Bestellung und die Bezahlung. Klassisches Beispiel ist *amazon.com*. Als Plattformen im B2C-Bereich kommen hauptsächlich E-Shop und E-Marketplace zum Tragen. Die Leistungsbeziehung zwischen Unternehmen, **Business-to-Business (B2B)** ist im Gegensatz zu B2C von einer längerfristigeren Geschäftsbeziehung und komplexeren Wertschöpfungsstrukturen geprägt. Es handelt sich dabei nicht unbedingt nur um einzelne Unternehmen, die miteinander interagieren, sondern auch um Unternehmensgruppen (z. B. Autohändler oder Werkstätten-Verbünde). Ziel ist es, dass Unternehmen mittels Informations- und Kommunikationstechnologien miteinander Geschäfte abwickeln. Die Ausprägungen von B2B im Sinne von Handel, Kommunikation und Transport sind in der Praxis vielfältig und treten bspw. in Form einer internetbasierten Kollaborationsplattform auf. Ein Beispiel stellt hierbei *supplyon.de* dar. Als Plattformen im B2B-Bereich kommen hauptsächlich E-Company, E-Procurement und E-Marketplace zum Tragen.

Der Bereich **Government-to-Business (G2B)** bezieht sich überwiegend auf Transaktionen im Bereich der öffentlichen Beschaffung und kommt insbesondere bei formalisierten Ausschreibungsverfahren zum Einsatz. Mit der Unterstützung der Informationstechnologie erlangen diese einen höheren Grad an Transparenz und Effizienz (*Merz* 2002, S. 22). Wenn Staaten oder öffentliche Institutionen und Ämter, wie etwa Zollämter über das Internet kommunizieren (E-Community), so dient der **Government-to-Government (G2G)**-Leistungsaustausch in erster Linie der Unterstützung von Unternehmen beim Handel (*Merz* 2002, S. 29). Bestrebungen in Hinblick auf E-Government sind häufig auch unter dem Stichwort „virtuelles Rathaus" zu finden. Dies beinhaltet E-Services für den Bürger wie z. B. die Bereitstellung von Informationen, Formularen und die Abwicklung der Kfz-Anmeldung. Aber auch die An- und Ummeldung des Wohnsitzes und Wahlen sollen in Zukunft online erfolgen. Die Bundesanstalt für Arbeit ist ferner eine öffentliche Institution, die im **Government-to-Consumer (G2C)**-Bereich Leistungen wie etwa Vermittlungsbörsen, aber auch ausführliche Informationen zum Arbeitnehmerrecht, zur Greencard-Initiative und anderen Themen anbietet (*Wirtz* 2001, S. 35). Als Beispiel für diesen Bereich kann *bochum.de* genannt werden. Als Plattformen im G2X-Bereich kommen hauptsächlich E-Shop, E-Marketplace und E-Procurement zum Tragen.

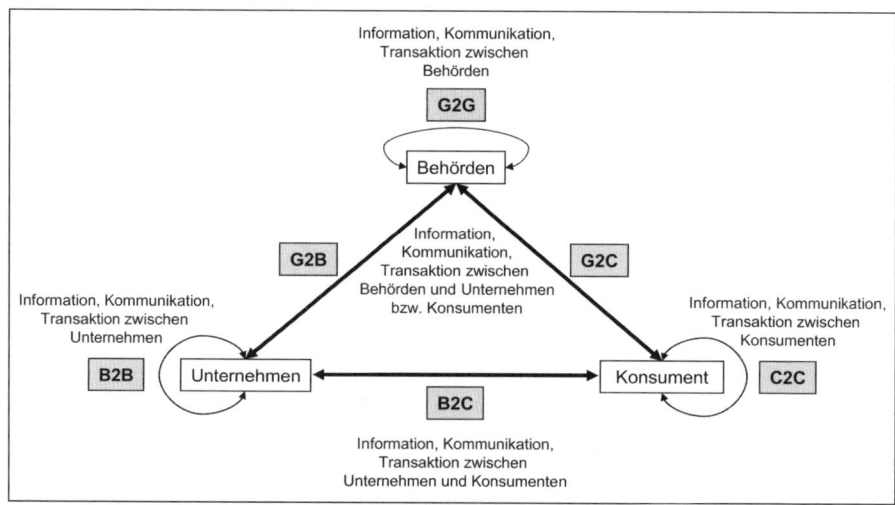

Abb. 12: Die elektronischen Geschäftsbereiche in der Net Economy
Quelle: in Anlehnung an *Merz* 2002, S. 24.

Der Bereich **Consumer-to-Consumer (C2C)** bezeichnet einen Bereich, wo es insbesondere um die Organisation des Produkt- bzw. Informationsaustausches zwischen Privatpersonen geht. Prominente Beispiele für diesen Bereich sind Handelsbörsen im Internet wie *ebay.de*, bei denen Privatpersonen als Anbieter und Empfänger einer Leistung fungieren können. Dieses Verhältnis wird häufig auch als Peer-to-Peer (P2P) bezeichnet, da so genannte Peers (Gleichberechtigte) in einem Verbund gegenseitig Ressourcen (z. B. Informationen) austauschen können

(*Schoder/Fischbach* 2002, S. 101). Die bekanntesten P2P-Technologien finden insbesondere im Instant Messaging (z. B. *Windows Live Messenger*), File Sharing bei Musiktauschbörsen (*Oram* 2001) und bei Online-Multiplayer-Spielen Anwendung. Als Plattformen kommen hauptsächlich E-Community und E-Marketplace zum Tragen.

Prinzipiell gilt, dass die Rollen der Akteure in der Net Economy nicht hundertprozentig fix sind. Das bedeutet, dass sich in Abhängigkeit vom Markt die Rollen schnell wieder verändern und umkehren können (*Wirtz* 2001, S. 36). Klassisches Beispiel ist der Konsument, der ab einem bestimmten Zeitpunkt auf *ebay.com* zum Profianbieter (Powerseller) wird und damit eher die Rolle eines Unternehmers einnimmt. Auch kann es vorkommen, dass ein Marktplatz wie z. B. *autoscout24.de* sowohl den Handel zwischen Unternehmen und Privatpersonen (B2C) als auch den Handel unter Privatpersonen (C2C) organisiert und damit eine Mischform bei der Wahl des Geschäftsbereiches präferiert.

Als dreizehnte zusammenfassende **Konsequenz für das Online-Marketing** machen die bisherigen Ausführungen dieses Kapitels deutlich, dass es verschiedene Online-Geschäftsbereiche gibt, auf die der Austausch von marketingbezogenen Informationen im Rahmen der Produkt-, Preis-, Vertriebs- und Kommunikationspolitik im weltweiten Datennetz zwischen Kommunikationspartner angepasst werden sollte.

Die Antwort auf die nachfolgende Frage „Wie können Einnahmen im E-Business generiert werden?" ist direkt über eine Analyse des elektronischen Geschäftskonzeptes zu beantworten. Dieses Geschäftskonzept beschreibt dabei den Austausch einer angebotenen Leistung (Produkt oder Service) zwischen bestimmten Geschäftspartnern hinsichtlich des Inhalts und der dafür zum Tragen kommenden Vergütung. Dabei können für das E-Business **fünf typische Geschäftskonzepte** identifiziert werden: Content, Commerce, Context, Connection und Communication (*Wirtz* 2001, S. 106 ff., *Kollmann* 2011a, S. 49 ff.):

Das Geschäftskonzept „**Content**" (s. Abb. 13) beinhaltet die Sammlung, Selektion, Systematisierung, Kompilierung (Packing) und Bereitstellung von Inhalten auf einer eigenen Plattform innerhalb eines Netzwerkes. Dabei zielt dieses Geschäftskonzept auf die einfache, bequeme, visuell ansprechend aufbereitete und online zugängliche Präsentation und Handhabung der Inhalte für den Nutzer ab. Varianten dieses Geschäftskonzepts sind im Hinblick auf E-Information, E-Entertainment und E-Education zu sehen und verfügen dementsprechend über informierende, unterhaltende oder bildende Inhalte. Die Erlöse werden bei diesem Konzepttyp entweder über direkte (z. B. Verkauf von Premiuminhalten) oder indirekte (z. B. Werbung bei Inhaltspräsentation) Erlösmodelle erzielt. Ein Beispiel für ein direktes Modell wäre *genios.de*, bei der Inhalte über eine Datenbank nur gegen eine Nutzungsgebühr zu erhalten sind. Dagegen sind Beiträge auf *manager-magazin.de* bis auf Premiumartikel grundsätzlich kostenlos, wobei die Einnahmen indirekt über Werbeeinblendungen generiert werden (z. B. Banner).

Das Geschäftskonzept „**Commerce**" (s. Abb. 13) umfasst die Anbahnung, Aushandlung bzw. Abwicklung von Geschäftstransaktionen über Netzwerke. Die traditionellen Transaktionsphasen werden somit elektronisch unterstützt, ergänzt oder substituiert. Das Konzept zielt dabei auf die einfache, bequeme und schnelle Abwicklung von Kauf- bzw. Verkaufsprozessen ab. Die Erlöse werden bei diesem Konzepttyp wiederum über direkte (z. B. Verkauf von Produkten und Dienstleistungen) oder aber indirekte (z. B. Werbung) Erlösmodelle erzielt. Ein Beispiel ist das Reiseunternehmen *expedia.de*, das einen Großteil seines Reiseangebots direkt von den Anbietern erwirbt und anschließend Hotelzimmer und Flugtickets über seine Website an Endkunden direkt weiterverkauft – und zwar zu einem Preis, den das Unternehmen nach Angebot und Nachfrage selbst kalkuliert (*Hirn/ Rickens 2003*, S. 77 f.).

Das Geschäftskonzept „**Context**" (s. Abb. 13) zeichnet sich durch die Klassifizierung, Systematisierung und Zusammenführung von verfügbaren Informationen und Leistungen in Netzwerken aus. Hierdurch wird das Ziel verfolgt, eine Verbesserung der Markttransparenz (Komplexitätsreduktion) und Orientierung (Navigation) für den Nutzer zu erreichen. Die Erlöse werden bei diesem Konzepttyp entweder über ein direktes (z. B. Gebühr für die Aufnahme oder Platzierung von Inhalten) oder indirektes Modell (z. B. Werbung, Statistiken, Inhalte) generiert.

	Content	Commerce	Context	Connection	Communication
Definition	Sammlung, Selektion, Systematisierung, Kompilierung und Bereitstellung von Inhalten über Netzwerke	Anbahnung, Aushandlung und/oder Abwicklung von Geschäftstransaktionen über Netzwerke	Klassifikation, Systematisierung und Zusammenführung verfügbarer Informationen in Netzwerken	Repräsentation des Grades der formalen Verknüpfungen in Netzwerken	Herstellung der Möglichkeit eines Informationsaustausches in Netzwerken
Ziel	Bereitstellung von konsumentenorientierten, personalisierten Inhalten über Netzwerke	Ergänzung bzw. Substitution traditioneller Transaktionsphasen über Netzwerke	Komplexitätsreduktion und Bereitstellung von Navigationshilfen und Matchingfunktionen über Netzwerke	Schaffung von technologischen oder kommerziellen Verbindungen in Netzwerken	Schaffung von kommunikativen Verbindungen in Netzwerken
Erlösmodell	Direkte (Premiuminhalte) und indirekte Erlösmodelle (Werbung)	Transaktionsabhängige, direkte und indirekte Erlösmodelle (Werbung)	Direkte (Inhaltsaufnahme) und indirekte Erlösmodelle (Werbung)	Direkte (Objektaufnahme/Verbindungsgebühr) oder indirekte Erlösmodelle (Werbung)	Direkte (Verbindungsgebühr) und indirekte Erlösmodelle (Werbung)
Plattformen	E-Shop, E-Community, E-Company	E-Shop, E-Procurement, E-Marketplace	E-Community, E-Marketplace	E-Marketplace, E-Company, E-Community	E-Community, E-Shop, E-Marketplace, E-Company
Beispiele	sueddeutsche.de, manager-magazin.de, guenstiger.de	mytoys.com, amazon.com, trimondo.de	yahoo.de, google.de, ciao.com	autoscout24.de, travelchannel.de, t-online.de	ebay.com, facebook.com, gutefrage.net
Mehrwert	Überblick, Auswahl, Kooperation, Abwicklung	Überblick, Auswahl, Abwicklung	Überblick, Auswahl, Vermittlung, Austausch	Überblick, Auswahl, Vermittlung, Abwicklung, Austausch	Überblick, Auswahl, Vermittlung, Austausch

Abb. 13: Die elektronischen Geschäftskonzepte in der Net Economy
Quelle: *Kollmann* 2011a, S. 49.

Als Beispiel können hier in erster Linie die Suchmaschinen wie bspw. *google.de* (*Röhle* 2010) und *lycos.de* oder die Web-Kataloge wie *web.de* genannt werden. Während Suchmaschinen die Netzinhalte quasi automatisch suchen und katalogisieren, beinhalten Web-Kataloge qualitative Bewertungen von Webseiten und werden von Redakteuren eigenhändig erstellt (*Fritz* 2004, S. 53).

Bei dem Geschäftskonzept „**Connection**" (s. Abb. 13) wird die Interaktion von Akteuren in Datennetzen ermöglicht bzw. organisiert. Dieser Zusammenschluss kann auf kommunikativer, kommerzieller aber auch technologischer Ebene erfolgen. Als Erlösmodelle kommen erneut direkte (z. B. für die Objektaufnahme/-anbindung oder Verbindungsgebühren) oder indirekte (z. B. Werbung, Statistiken, Cross-Selling) Modelle zum Einsatz. Als Beispiel für eine technologische Zusammenführung kann die Seite *t-online.de* genannt werden, die einen generellen Zugang zum Internet anbietet und somit gegen eine Verbindungsgebühr die „Connection" ermöglicht. Als Beispiel für eine kommerzielle Zusammenführung kann *autoscout24.de* genannt werden, die Autohändler zum Zwecke des Gebrauchtwagenverkaufs mit einer Datenbankanbindung auf einen E-Marketplace bringen. Beispiele für eine kommunikative Zusammenführung sind Communities und E-Mail-Services, wie bspw. *gmx.de*.

Bei dem Geschäftskonzept „**Communication**" (s. Abb. 13) wird die Interaktion von Akteuren in Netzwerken ermöglicht bzw. unterstützt. Dies schließt sowohl die Kommunikation zwischen Nutzern einer Seite untereinander als auch die Kommunikation von Nutzern mit einer Plattform und umgekehrt ein. Die Erlöse werden bei diesem Geschäftskonzept entweder über ein direktes (z. B. Verbindungsgebühr) oder ein indirektes Modell (z. B. Werbung) generiert. Als Beispiel können hier in erster Linie E-Communities, wie bspw. *facebook.com* und *elitepartner.de*, oder Informationsangebote, wie zum Beispiel durch E-Mail-Benachrichtigungen auf *ebay.com* realisiert, genannt werden.

	Kernleistung (direkt)	Nebenleistung (indirekt)
E-Shop	Spielsachen	Trendinformationen
E-Marketplace	Autohandel	Versicherungen
E-Community	Kommunikation	Werbefläche
E-Procurement	Bürobedarf	Kundendaten

Abb. 14: Beispiele für Kern- und Nebenleistungen in der Net Economy
Quelle: *Kollmann* 2011a, S. 52.

Die Erlösmodelle im E-Business ergeben sich primär aus der direkt angebotenen elektronischen **Kernleistung** (*Kollmann* 2011b, S. 266). Somit stellt die Kernleistung gerade den elektronischen Mehrwert (*Kollmann* 2011a, S. 51 ff.), eventuell im Zusammenhang mit einem realen Produkt oder einer Dienstleistung, dar, für den das Geschäftsmodell ursprünglich entwickelt worden ist und welches zu direkten Einnahmen führt (s. Abb. 14). Daneben existieren aber auch indirekte Einnahmequellen, die sich aus dem Angebot der Kernleistung ableiten. Dabei werden über die Kernleistung Informationen generiert, die für Dritte von Interesse sein könnten. Voraussetzung dafür ist, dass diese sog. **Nebenleistungen** wiederum einen elektronischen Mehrwert für den Abnehmer darstellen (*Kollmann* 2011b, S. 266). Der Abnehmerkreis für diese Nebenleistungen kann sich dabei von dem der Hauptleistung durchaus unterscheiden. Entsprechend ergeben sich für die **Erlösmodelle** drei Varianten (*Kollmann* 2011a, S. 52):

- **Singular-Prinzip:** Hier steht die bezahlte Kernleistung im Mittelpunkt (z. B. Verkauf über E-Shop) und eine Nebenleistung ist nicht vorhanden bzw. wird bewusst nicht erzeugt und/oder genutzt. Das bedeutet, dass die im elektronischen Wertschöpfungsprozess produzierten Informationen (Informationsverarbeitung) über die Erstellung der Kernleistung hinaus nicht wirtschaftlich genutzt werden. Typisches Beispiel hierfür ist der E-Shop.
- **Plural-Prinzip:** Hier steht sowohl die bezahlte Kernleistung (z. B. Vermittlungsleistung auf einem E-Marketplace) als auch die vermarktbare Nebenleistung (z. B. Verkauf von Marktdaten/-statistiken) im Mittelpunkt. Das bedeutet, dass die im elektronischen Wertschöpfungsprozess produzierten Informationen (Informationsverarbeitung) auch über die Erstellung der Kernleistung hinaus wirtschaftlich genutzt werden. Typisches Beispiel hierfür ist der E-Marketplace.
- **Symbiose-Prinzip:** Hier steht, wie schon beim Plural-Prinzip, sowohl die Kern- als auch die Nebenleistung im Mittelpunkt. Allerdings wird die Kernleistung kostenlos angeboten (z. B. Teilnahme an E-Community), um die Informationen für die Nebenleistung (z. B. personalisierte Werbung) überhaupt zu erhalten. Das bedeutet, dass die im elektronischen Wertschöpfungsprozess produzierten Informationen (Informationsverarbeitung) nur über die Nebenleistung wirtschaftlich genutzt werden. Die Kernleistung ist Mittel zum Zweck, wobei diese ohne die Einnahmen aus der Nebenleistung nicht aufrechterhalten werden kann und umgekehrt die Nebenleistung ohne die Kernleistung gar nicht existieren würde (Symbiose). Ein typisches Beispiel hierfür ist die E-Community.

Im E-Business lassen sich ferner, unabhängig ob es sich um eine Kern- oder eine Nebenleistung handelt, drei idealtypische **Erlössystematiken** identifizieren (*Kollmann* 2011a, S. 53; *Kollmann* 2011b, S. 265). Die konkrete Ausgestaltung ist dabei abhängig von der elektronischen Plattform und dem eigentlichen Leistungsgegenstand (*Kollmann* 2011b, S. 265; *Skiera/Spann* 2002, S. 691 ff.; *Wirtz* 2001):

- **Margenmodell:** Diese Form findet meistens Anwendung, wenn eine eigene Leistung direkt an den Kunden verkauft wird. Die für die Leistungserstellung entstehenden Kosten werden errechnet und um eine Gewinnmarge erweitert. Der daraus entstehende Betrag repräsentiert den Preis, den es für das elektronische „Produkt" zu zahlen gilt. Die Gewinnmarge ist dabei so zu wählen, dass neben den variablen Kosten auch die Fixkosten gewinnbringend gedeckt werden. Typisches Beispiel hierfür ist ein E-Shop.

- **Provisionsmodell**: Werden über die elektronische Plattform insbesondere Fremdleistungen an den Kunden vermittelt, erfolgt für die Leistungsvermittlung eine erfolgsabhängige Provisionszahlung. Gerade bei den Affiliate-Programmen wird diese Form der transaktionsabhängigen Vergütung sehr häufig eingesetzt. Typisches Beispiel hierfür ist ein E-Marketplace.
- **Grundgebührmodell**: Beim Angebot von transaktionsunabhängigen elektronischen Leistungen wird in der Regel ein Entgelt in Form einer Gebühr erhoben (z. B. Zugangsgebühr, Bereitstellungsgebühr oder Aufnahmegebühr). Sie kann als einzige Erlösform verwendet werden oder in Kombination mit weiteren transaktionsabhängigen Leistungen Anwendung finden. Typisches Beispiel hierfür ist eine E-Community oder ein E-Marketplace.

Als vierzehnte zusammenfassende **Konsequenz für das Online-Marketing** machen die weiteren Ausführungen dieses Kapitels deutlich, dass mit den verschiedenen Online-Geschäfts- und Erlösmodellen innovative Themenfelder entstanden sind, auf die der Austausch von marketingbezogenen Informationen im Rahmen der Produkt-, Preis-, Vertriebs- und Kommunikationspolitik im weltweiten Datennetz zwischen Kommunikationspartner angepasst werden sollten.

1.4.3 Online-Akzeptanzmodell

Bei der Vermarktung der Informationstechnologien und den zugehörigen Plattformen der Net Economy kann im Hinblick auf deren Akzeptanz ein entscheidender Unterschied gegenüber den meisten Angeboten in der Real Economy beobachtet werden: Der Markterfolg wird nicht allein von dem Verkauf eines Objektes bzw. dem Anschluss von Teilnehmern an eine Plattform, sondern primär durch die **Art und Weise der Nutzung** durch die Nachfrager bestimmt (*Kollmann* 1998a). Erst mit dem permanenten Einsatz einer E-Plattform auf der Nachfrager- bzw. Verwenderseite ergibt sich ein vom Anbieter beabsichtigtes, ökonomisches Gewinnpotenzial. Der Grund dafür ist darin zu sehen, dass gerade die **variablen Nutzungskosten bzw. -einnahmen** oftmals den Großteil der Erlöse eines E-Angebotes bestimmen. Dies soll nachfolgend anhand von drei **Beispielen für Akzeptanz** verdeutlicht werden (*Kollmann* 2011a, S. 54 f.):

- **Akzeptanz im Internet**: Für den Erfolg einer E-Community ist nicht die (zum Teil kostenlose) Anmeldung durch den Teilnehmer entscheidend, sondern die anschließend stattfindende intensive Nutzung der Kommunikationsmöglichkeiten. Das gilt sowohl für die Quantität als auch die Qualität der Eingaben der Nutzer. Das gleiche gilt für einen E-Marketplace oder eine E-Procurement-Plattform, bei denen ebenfalls nicht nur die Anzahl der angeschlossenen Teilnehmer alleine ausschlaggebend ist, sondern die intensive Inanspruchnahme des Matching-Angebotes bzw. der Koordinationsleistung (Anzahl und Qualität der eingestellten Objekte und der abgewickelten Transaktionen). Dies gilt insbesondere dann, wenn ein Provisionsmodell gewählt wird. Auch bei einem E-Shop wie bspw. *amazon.com* zählt nicht nur die Kaufentscheidung hinsichtlich des Objektes „Buch", sondern die Häufigkeit der Inanspruchnahme des Online-Vertriebsweges.

- **Akzeptanz im Mobilfunk:** Neben der fixen monatlichen Grundgebühr werden teilweise über nur bedingt gedeckelte Flatrates (z. B. 200 Frei-SMS pro Monat oder Reduktion der Bandbreite ab einem gewissen Download-Volumen) immer noch auch tarif- und uhrzeitabhängige variable Nutzungsgebühren für einzelne Gesprächsminuten, SMS-Versendungen oder Datennutzungen berechnet. Ferner sind mobile Endgeräte inzwischen auch Musik- und Videoplayer geworden, für die der Download von Titeln ebenfalls variabel berechnet wird (z. B. *iTunes* bei *Apple*). Auch der kostenpflichtige Download von mobilen Applikationen führt zu einer besonderen Berücksichtigung von variablen Nutzungsgebühren (z. B. *Apple App Store, In-App-Käufe*). Der ökonomische Erfolg ergibt sich vor diesem Hintergrund nicht aus dem Kauf bzw. Verkauf des Endgerätes (Handy), sondern vielmehr aus der intensiven Nutzung heraus.

- **Akzeptanz im ITV:** Für den Erfolg im interaktiven Fernsehen wird nicht der Verkauf von Set-Top-Boxen, der Kauf von SmartTV-Geräten oder die Installation von Second-Screen-Apps als Zugangstechnologie alleine entscheidend sein, sondern vielmehr auch hier die variable Inanspruchnahme von digitalen Serviceleistungen und Angeboten des T-Commerce (*Kollmann* 1996). Schon heute hofft der Pay-TV-Sender *Sky*, dass die Kunden nicht nur das Standardangebot in Anspruch nehmen, sondern darüber hinaus auch die kostenpflichtigen Premium-Angebote von S*ky Select* häufig nutzen. Das gleiche gilt für die Buchung von Filmen bei *Apple TV*. Auch die variablen Gebühren für die Nutzung von T-Commerce-Impulsen aus dem laufenden TV-Programm heraus wird ein wachsendes Thema werden.

Aspekte der Nutzung kommen in der Net Economy somit von vornherein als Entscheidungskriterium auf der Nachfrager- und als Erfolgskriterium auf der Anbieterseite zum Tragen. Dies bedingt eine Zweidimensionalität hinsichtlich der **Erfolgsmessung**: Nicht nur der Kauf-/Teilnahmeakt, bzw. die Kauf/Teilnahmephase, ist für den Markterfolg entscheidend, sondern auch insbesondere der Nutzungsakt bzw. die Nutzungsphase, d. h. die wiederkehrende Entscheidung zur intensiven Verwendung. Im negativen Extremfall ist bspw. eine Mehrheit der potenziellen Teilnehmer technisch an einen E-Marketplace angeschlossen, aber nur eine Minderheit dieser Teilnehmer nutzt die Plattform auch tatsächlich (Abruf der Matching-Leistung). Dies bedeutet, dass sich eine Messung bzw. Prognose des Erfolgs von Angeboten in der Net Economy nicht auf den Verkauf bzw. die Teilnehmerzahlen beschränken darf, sondern aufgrund des zeitlichen Verlaufs auch auf Art und Ausmaß der Nutzung eingehen muss. Entsprechend kann man hier auch von **Nutzungsgütern** (*Kollmann* 1998a) sprechen, für deren Erfolgsmessung nicht die Adoptions- bzw. Kaufakte alleine, sondern vielmehr die Akzeptanztheorie (Nutzungsakt) zum Einsatz kommen muss (*Kollmann* 1998a).

Die marketingorientierte Frage nach der **Akzeptanz** beinhaltete schon immer die Betrachtung der **Nutzung bzw. Nutzungsbedingungen**, während die verwandten Theorieansätze der Einstellungsforschung lediglich die innere Begutachtung eines Objektes zum Gegenstand haben, ohne jedoch direkt mit einer konkreten Handlung verbunden zu sein, und die der Adoptionsforschung auf den Übernahmezeitpunkt bzw. Kaufakt abstellen, ohne jedoch die Phase eines konkreten Einsatzes der Innovation zu analysieren (*Rogers* 2003, S. 155 ff.; *Meffert* 1976, *Kroeber-Riel/ Weinberg/Gröppel-Klein* 2009, S. 677 f.). Nur wenn es aber gelingt, die Akzeptanz bei den Nachfragern anhand von Kauf- (im Sinne einer erstmaligen Teilnahme bzw. eines Anschlusses) und Nutzungsbedingungen zu erfassen, ist eine wirkungsvolle Erfolgsmessung und -prognose für Angebote in der Net Economy möglich. Benötigt wird daher eine Akzeptanzforschung, die Kauf- (Teilnahme-/Anschluss-) und Nutzungsbedingungen berücksichtigt und insbesondere letztere nach Art und Ausmaß analysiert (*Kollmann 2000b*, S. 68 ff.; *Kollmann/Stöckmann* 2007; *Kollmann/Stöckmann/Schröer* 2009).

Aufgrund einer umfangreichen Kritik an den klassischen Akzeptanzansätzen zur Erfassung der Vermarktungsbesonderheiten bei Angeboten der Net Economy wurde von *Kollmann* (1998a) ein alternatives **Akzeptanzmodell** entwickelt, an welchem sich seitdem diverse andere Modelle orientiert haben (z. B. *Amberg/Hirschmeier/Wehrmann* mit dem „DART-Modell" 2003 und dem „Compass-Modell" 2004, sowie die Akzeptanz-Modelle von *Simon* 2001 und *Frenzel* 2003). Dieses Modell zeichnet sich insbesondere durch folgende Gegebenheiten aus (s. Abb. 15): Es handelt sich erstens um eine dynamische Akzeptanzbetrachtung über verschiedene Phasen hinweg. Akzeptanz wird zweitens als Nutzungskontinuum (zwischen hoher Akzeptanz = tendenziell hohe Nutzungshäufigkeit/Nutzungsintensität und niedriger Akzeptanz = tendenziell geringe Nutzungshäufigkeit/Nutzungsintensität) interpretiert. Die Intensität der Nutzung ist drittens entgegen der zeitpunktbezogenen Kauf- bzw. Teilnahme-/Anschlussentscheidung eine variable Größe, die zeitlichen Veränderungen unterliegt. Akzeptanz wird viertens als multidimensionales Konstrukt interpretiert. Letzterer Punkt führt zu der Abhängigkeit des Begriffes der „Akzeptanz" von drei **Erklärungsebenen** (*Kollmann* 1998a):

- Der **Einstellungsebene**, bei der eine Verknüpfung von Wert- und Zielvorstellungen mit einer rationalen Handlungsbereitschaft hinsichtlich Kauf- und Nutzungsentscheidung gebildet wird. Die Handlungsbereitschaft formt sich anhand einer inneren Begutachtung von Vor- und Nachteilen aus kognitivem Wissen heraus und bestimmt den Willen zum Kauf und die Vorstellung über eine geplante Nutzungsintensität.
- Der **Handlungsebene**, bei der die aktive Umsetzung der rationalen Bereitschaft und der vorgegebenen Handlungstendenzen in Form einer freiwilligen Übernahme (Teilnahme/Anschluss) bzw. eines freiwilligen Kaufs (konkrete Handlung) des Produkts erfolgt. Die Handlungsebene beinhaltet auch eventuell modifizierte Überlegungen zur geplanten Nutzungsintensität.
- Der **Nutzungsebene**, bei der die durchgeführte Handlung des Kaufes bzw. Übernahme eines Produktes auch in eine freiwillige, konkrete, aufgabenbezogene bzw. problemorientierte Nutzung (Verhalten) umgesetzt wird. Die geplante Nutzungsintensität wird real umgesetzt oder den realen Gegebenheiten angepasst.

Die hergeleiteten Erklärungs- bzw. Akzeptanzebenen stehen in den ersten beiden Punkten in enger Verbindung zu den klassischen Konstrukten der Einstellung

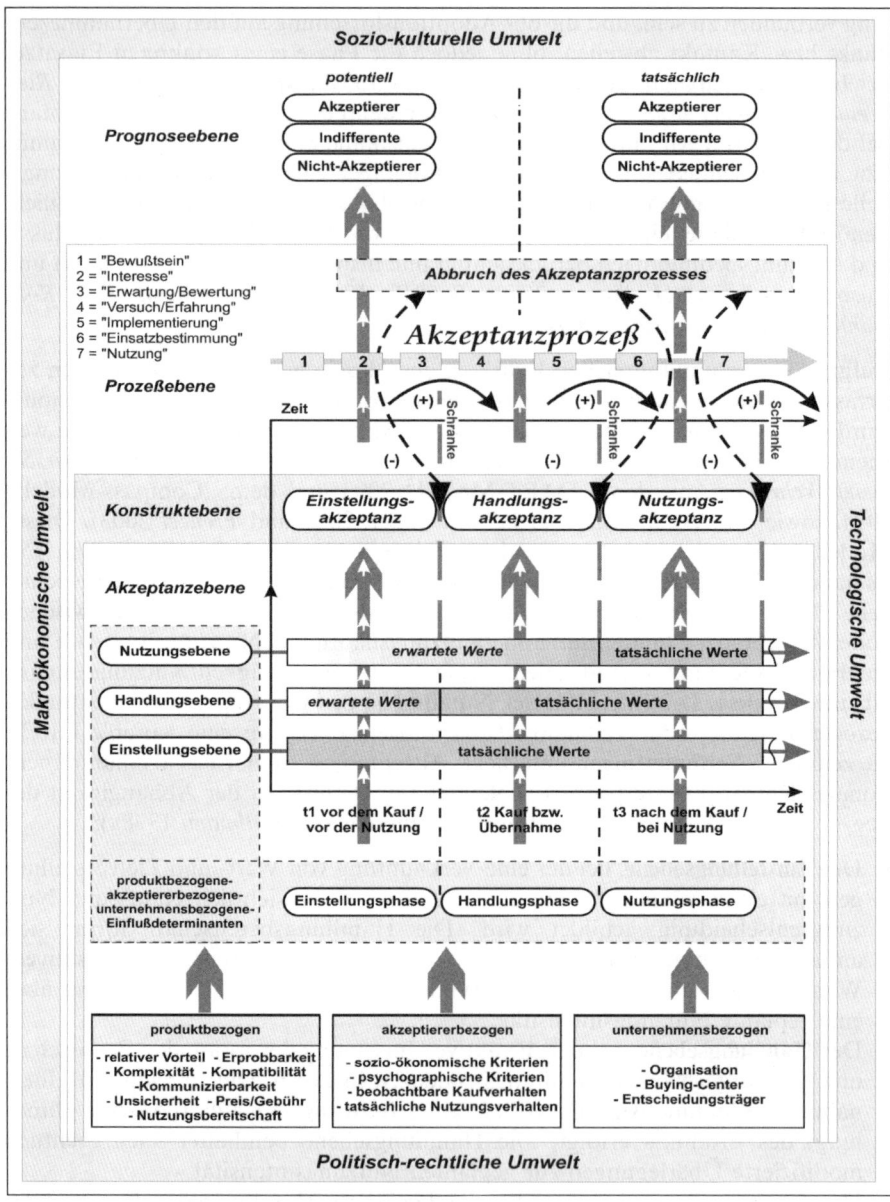

Abb. 15: Ein Akzeptanzmodell für Angebote in der Net Economy
Quelle: *Kollmann* 1998a, S. 135.

und Adoption, da diese nicht ersetzt, sondern nur durch das Konstrukt der Akzeptanz ergänzt werden sollen. Entscheidend ist, dass nun zu jedem Zeitpunkt Überlegungen zum **quantitativen und qualitativen Nutzungsakt** eingeschlossen werden. In ihrer unterschiedlichen zeitlichen Ausprägung begleiten die Ebenen den **Akzeptanzprozess**, der drei zentrale zeitliche Eckpunkte umspannt (s. Abb. 15): Eine Phase der Einstellungsbildung vor dem Kauf bzw. der Teilnahme oder dem Anschluss an eine E-Plattform (Einstellungsphase), dem Kauf-/Teilnahme-/ Anschluss- bzw. dem Übernahmezeitpunkt (Adoption) mit seiner spezifischen Übernahmesituation (Handlungsphase) und eine Phase nach dem Kauf bzw. Anschluss, in der das elektronische Produkt zum Einsatz kommt, d. h. genutzt wird (Nutzungsphase).

Eine Besonderheit des resultierenden Akzeptanzprozesses ist darin zu sehen, dass innerhalb der zeitabhängigen Phasen jeweils unterschiedliche **Akzeptanzkonstrukte** gebildet werden können. Diese Konstrukte repräsentieren die entsprechenden Zwischenstadien der Akzeptanzbildung des Nachfragers und geben Aufschluss über den weiteren Verlauf des Prozesses. Das Konstrukt „**Einstellungsakzeptanz**" umfasst hierbei die gegenwärtige Bewertungsebene, die erwartete Handlungsebene und die erwartete Nutzungsebene (s. Abb. 15). Es beinhaltet die Möglichkeit der Prognose über den zukünftigen Kauf bzw. Anschluss und die Nutzung eines Produktes (Einstellungsphase). Das Konstrukt „**Handlungsakzeptanz**" (s. Abb. 15) umfasst dagegen die konkrete Kauf- bzw. Anschlussentscheidung und die hier gegebene Produktbewertung, sowie eine Prognose auf die zukünftige Nutzung (Handlungsphase). Das Konstrukt „**Nutzungsakzeptanz**" gibt innerhalb der Nutzungsphase einen Eindruck zur gegenwärtigen Bewertung des Produktes, zur rückwirkenden Betrachtung der Kauf- bzw. Anschlussentscheidung (Dissonanzen) und zur aktuellen **Nutzungshäufigkeit bzw. -intensität** (s. Abb. 15). Entscheidend ist die Tatsache, dass bei allen Konstrukten konkrete Aspekte der Nutzung zum Tragen kommen.

Durch Messungen dieser Konstrukte in den einzelnen Phasen kann damit auf eine positive Fortsetzung bzw. einen negativen Abbruch des Akzeptanzprozesses geschlossen werden. Durch die Feststellung eines tatsächlichen Akzeptanzergebnisses hinsichtlich Nutzungshäufigkeit und -intensität in der Nutzungsphase kann darauf aufbauend eine vorläufige **Aussage zum Markterfolg** in der Net Economy formuliert werden. Der Markterfolg ist z. B. dann gegeben, wenn der Median der Nutzungsintensitäten über dem mathematischen Durchschnitt liegt. Die Interpretation des Markterfolgs kann sich aber auch an Vorgaben der Unternehmen richten (z. B. durchschnittlich 20 Beiträge pro Monat pro Teilnehmer als Zielgröße einer E-Community), sodass allgemein unter dem Begriff „**Akzeptanz**" folgender Zusammenhang verstanden werden kann (*Kollmann* 1998a, S. 69): „Akzeptanz ist die generelle Verknüpfung einer inneren Begutachtung und Erwartungsbildung (Einstellungsebene), einer Übernahme bzw. eines Kaufs (Anschluss) des Produktes (Handlungsebene) und einer freiwilligen – gemessen am Nutzungsverhalten aller Teilnehmer – überdurchschnittlich intensiven Nutzung (Nutzungsebene) bis zum Ende des gesamten Akzeptanzprozesses (System wird vom Markt genommen oder ersetzt)."

Als fünfzehnte zusammenfassende **Konsequenz für das Online-Marketing** machen die Ausführungen dieses Kapitels deutlich, dass mit der Herausstellung der Nutzungsebene bzw. Nutzungsakzeptanz bei Online-Medien ein Perspektivenwechsel entstanden ist, auf die der Austausch von marketingbezogenen Informationen im Rahmen der Produkt-, Preis-, Vertriebs- und Kommunikationspolitik im weltweiten Datennetz zwischen Kommunikationspartner angepasst werden sollten.

1.4.4 Online-Marketing

Nachdem nun sowohl die technischen als auch kommunikations- und wettbewerbsbezogenen Entwicklungen im Hinblick auf die aus der Informationstechnologie herausgehenden Online-Medien diskutiert wurden, ist es für den weiteren Verlauf sinnvoll, die Begrifflichkeiten und Anwendungsbereiche des Online-Marketings näher zu betrachten. Dabei helfen die hergeleiteten **15 Konsequenzen für das Online-Marketing** grundsätzlich weiter. Das Online-Marketing wird nämlich in der Regel für vielerlei Bereiche netzbasierter Marketingaktivitäten, meist aber weitgehend unreflektiert verwendet. Zur Erreichung eines angemessenen Grundverständnisses der Materie ist es jedoch notwendig, den Begriff differenziert zu betrachten und die unterschiedlichen Definitionen zu erläutern. Dieses Vorgehen ermöglicht es, die Thematik aus unterschiedlichen Perspektiven zu betrachten. Als Ausgangspunkt soll anhand der bisherigen Ausführungen der **Begriff „Online-Marketing"** wie folgt definiert werden:

Unter „Online-Marketing" wird die absatzpolitische Verwendung elektronisch vernetzter Informationstechnologien (Internet, Mobilfunk, interaktives Fernsehen) verstanden, um unter deren technischen Rahmenbedingungen (Rechnerleistung, Vernetzung, Digitalisierung, Datentransfer), die Produkt-, Preis-, Vertriebs- und Kommunikationspolitik mit Hilfe der innovativen Möglichkeiten der Online-Kommunikation (Virtualität, Multimedia, Interaktivität und Individualität) marktgerecht zu gestalten.

Der Begriff „Online-Marketing" beinhaltet dabei kein neues Marketingverständnis im Vergleich zur traditionellen Definition von Marketing, da auch hier das Marketing „als Führung des Unternehmens vom Markt her" verstanden wird (*Tiedke* 2000, S. 80). Daher steht auch hier die Befriedigung der Bedürfnisse und Wünsche der Konsumenten im Vordergrund (*Kotler* 1995, S. 7). Ziel ist es, die Kunden so anzusprechen, dass sie einen komparativen Vorteil für sich erkennen und eine Kaufhandlung vollziehen, die es möglichst oft zu wiederholen gilt. Dadurch kann der so genannte Customer-Lifetime-Value (CLV) abgeschöpft werden. Der Unterschied zum traditionellen Marketing besteht jedoch im Hinblick auf die **eingesetzten Technologien** und deren **Rahmenbedingungen**. Die Marketing-Instrumente nutzen hier die neuen Möglichkeiten der Online-Kommunikation über elektronisch vernetzte Informationstechnologien. Dadurch können bekannte Anwendungen effizienter und effektiver angewendet werden und neue Verfahren kommen hinzu, wobei sich das Attribut „neu" auch auf die nun erstmals technisch sinnvolle Realisierung „alter" Denkansätze beziehen kann (z. B. elektronische Auktionsmarktplätze zur Preisermittlung im C2C- oder B2C-Bereich). Einen zusammenfassenden Überblick über das aus der Definition und den 15 Konsequenzen abgeleitete Grundverständnis bietet auch das **Schalenmodell des Online-Marketings** (s. Abb. 16).

Auch *Oenicke* (1996, S. 13) definiert das Online-Marketing vor diesem Hintergrund als eine Form der interaktiven, kommerziellen Kommunikation, die mittels vernetzter Informationssysteme kommuniziert. Es stellt sich also die Frage, wie die bestehenden Marketing-Grundsätze auf diese neuen Medien übertragen werden können. Generell lässt sich jedoch vorab schon feststellen, dass die Ansätze der traditionellen Kommunikationsformen den neuen Möglichkeiten des Internets nicht vollständig gerecht werden (*Tiedke* 2000, S. 90). Daher fällt unter Online-Marketing nicht nur „die **Übertragung** des herkömmlichen Marketings auf Online-Medien", sondern auch „die **Entwicklung** neuer Techniken und Prinzipien zur Arbeit mit dem Kunden, die ausschließlich auf Online-Dienste gestützt sind" (*Krause* 2000, S. 337). Jüngere Publikationen in diesem Bereich halten sich dagegen gar nicht lange bei einer Definition des Begriffes oder seiner Herkunft auf, sondern rücken direkt die Techniken, Tools und Instrumente sowie deren Ausprägungen anwendungsorientiert in den Mittelpunkt (*Alpar/Wojcik* 2012, *Düwekel/Rabsch* 2012).

Insbesondere hinsichtlich des Marketing-Mix lassen diese Entwicklungen die eindeutige Abgrenzung der Teilbereiche im Internet nicht mehr zu, was eine definitive Zuordnung der Aktivitäten im Internet unmöglich macht. Die Teilbereiche nähern sich insbesondere durch die neu entstandenen Möglichkeiten der Virtualität, Multimedialität, Interaktivität und Individualität immer mehr an. Die zunehmende Konvergenz bzw. Überlappung der Teilbereiche wird auch durch die synonyme Verwendung des Begriffs Online-Marketing unterstrichen. Einerseits wird der Begriff häufig mit reiner **Online-Werbung** im kommerziellen Kontext gleichgesetzt, wodurch das Online-Marketing als Bezeichnung für eine spezielle Art der Kommunikation verwendet wird und sich daher den kommunikationspolitischen Aspekt des Marketing-Mix beschränkt.

Dieser Gebrauch im engeren Sinne wird jedoch zunehmend von dem Gebrauch im weiteren Sinne abgelöst, da das Verschwimmen der Grenzen zwischen den Teilbereichen nicht mehr nur die Betrachtung der Kommunikation zulässt, sondern vielmehr den gesamten **Marketing-Mix** berücksichtigt. Daher muss das Online-Marketing immer im Zusammenhang mit allen vier Elementen des Marketing-Mix analysiert werden (Produkt, Preis, Vertrieb, Kommunikation), damit ein umfassendes und ubiquitäres Bild entsteht, dass den tatsächlichen Gegebenheiten im Internet eher gerecht wird, als eine begrenzende Sichtweise der reinen Kommunikationspolitik.

Nachdem der Begriff definiert wurde, ist nun eine Betrachtung der **Ziele des Online-Marketings** sinnvoll. Durch den Einsatz von Online-Medien wird es den Unternehmen ermöglicht, Marketingmaßnahmen zielgruppengerechter anzupassen und Streuverluste zu reduzieren (*Rengelshausen* 2000, S. 35). Die Herausforderung dabei liegt in der sensiblen Einbindung kommerzieller Angebote in vorhandene Online-Strukturen (*Kinnebrock* 1994, S. 151). Das Ziel des Unternehmens sollte nicht darin liegen, die Aufmerksamkeit des Nutzers zu erreichen, sondern vielmehr in der Übereinstimmung der angebotenen Inhalte mit den Nutzerinteres-

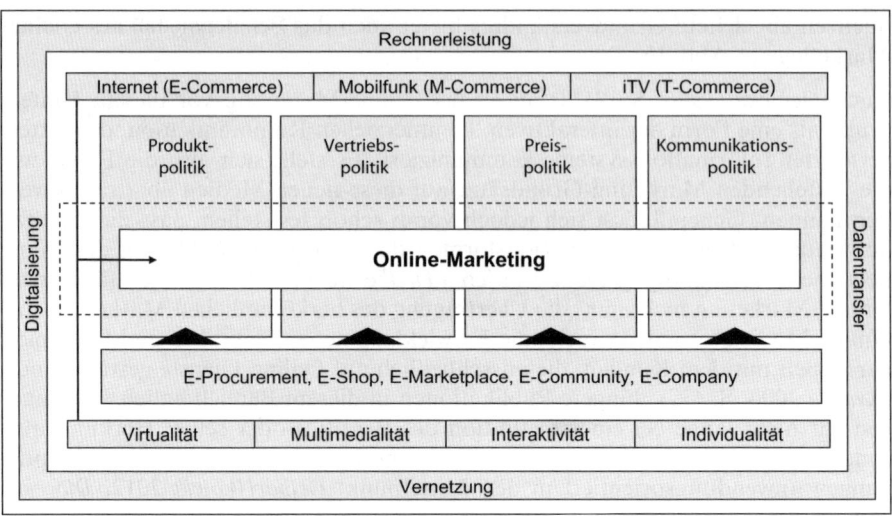

Abb. 16: Schalenmodell des Online-Marketings

sen (*Schwartz* 1997, S. 46), da viele Online-Märkte nur über den Filter des freiwilligen Kundeninteresses erreichbar sind. Unerwünschte oder einschränkende Kommunikation wirkt sich dabei kontraproduktiv auf die angestrebten langfristigen Konsumentenbeziehungen aus (*Rengelshausen* 2000, S. 35). Eine weitere Herausforderung des Online-Marketings ist die wachsende Dynamik und Weiterentwicklung der Online-Medien und Technologien einerseits und die sich ständig verändernden Bedürfnisse und Interessen der „hybriden" Konsumenten andererseits. „Aktualität ist eine wesentliche Triebfeder der Online-Kommunikation" (*Rengelshausen* 2000, S. 35), was dazu führt, dass sich viele Unternehmen der Net Economy zum Ziel setzen sollten, selbst zum Teil dieser Innovationsdynamik zu werden (*Hoffman/Novak* 1996, S. 65). An diesen genannten Herausforderungen orientieren sich die Zielformulierungen zweier grundlegenden Online-Marketingziele (*Meffert* 2012, S. 21; *Hoffmann* 1998, S. 76):

• **Ökonomische Ziele**: Unter die ökonomischen Ziele fallen sämtliche Größen, wie Umsatz, Marktanteil, Gewinn und Rendite, die sich in erster Linie durch Markttransaktionen erreichen lassen. Diese übergeordneten Ziele müssen jedoch präzisiert werden und in Subziele heruntergebrochen werden. Dabei wird in der Regel hinsichtlich der Elemente des Marketing-Mix differenziert. Daher werden Kommunikationsziele (z. B. Aufbau langfristiger Kundenbeziehungen), und Distributionsziele (z. B. Aufbau neuer Absatzkanäle), Produktziele (z. B. individuelle Leistungsangebote) und Preisziele (z. B. Verringerung des Preiswettbewerbs durch Kooperationen) definiert.

• **Psychographische Ziele**: Die psychographischen Ziele knüpfen an die Persönlichkeitsmerkmale und mentalen Prozesse der Online-Nutzer an und sind daher nur schwer beurteilbar und messbar. Die Zielformulierung bezieht sich dabei insbesondere auf den Zusammenhang zwischen Information, Einstellung und Verhalten und versucht, die ökonomischen Ziele weitestgehend zu unterstützen. Beispiel für solche Ziele sind die Erhöhung des Bekanntheitsgrades durch Kontakte mit der Website, die Verbesserung der Kenntnisse der Kunden über das Leistungsangebot und die Verstärkung von positiven Einstellungen und Aufbau von Präferenzen.

Zur Überprüfung der formulierten Ziele des Online-Marketings ist es notwendig, neben der inhaltlichen Definition auch den zeitlichen Rahmen, in dem die Ziele erfüllt werden sollen, festzulegen. Anschließend sollten die Ziele in geeignete Strategien überführt werden, die Weg und Vorgehensweise zu deren Erreichung vorgeben.

1.5   Aufbau des Buches

Auch das Online-Marketing und die hier vorliegenden Besonderheiten können mit Hilfe des in der Marketing-Literatur weit verbreiteten Ansatzes des **Marketing-Mix** erklärt werden. Der Marketing-Mix definiert das gesamte Marketing-Konzept eines Unternehmens hinsichtlich der vier typischen Marketinginstrumente, die zur Erreichung der Marketingstrategie eingesetzt werden. Zu den vier **Marketinginstrumenten** zählen die Produkt-, Preis-, Vertriebs- und Kommunikationspolitik. Dementsprechend baut sich das vorliegende Buch entlang dieser Instrumente auf, wobei jeweils die Besonderheiten der Verwendung elektronischer Informationstechnologien mit ihren technischen Rahmenbedingungen berücksichtigt werden sollen:

- **Produktpolitik**: Je nach Anzahl der im Internet zu verkaufenden Produkte spricht man mit zunehmender Komplexität auch von einem Sortiment, das hauptsächlich zwar alle beweglichen Waren (Sachgüter) umfasst, aber durchaus auch selbständig verwertbare Dienstleistungen beinhalten kann (*Müller-Hagedorn* 2011, S. 235 ff.). Insbesondere im Internet ist eine enge Verknüpfung von Produktverkauf und Zusatzleistung zu beobachten, da hier Erfolg nicht nur durch reinen Produktabverkauf angestrebt wird, sondern vielmehr die Information als eigenes Gut verstanden wird, mit dessen Nutzung Zusatzleistungen angeboten werden können, um dadurch den wesentlichen Vorteil des Internets auszuschöpfen. Das erste Kapitel beschreibt zunächst die generelle Eignung verschiedener Produkte für den elektronischen Absatz und die Möglichkeiten, die das Internet bietet, diese darzustellen. Wichtig ist jedoch nicht ausschließlich die generelle Eignung der zu verkaufenden Produkte (bzw. Informationen), sondern auch die Zielgruppe, die später diese kaufen soll. Je nachdem, welches Marktsegment angestrebt wird, entscheidet sich auch, welche Produkte auf welche Art und Weise verkauft werden, um daraus eine umfassende und langfristige Strategie ableiten und festlegen zu können. Prinzipiell geht es dabei in der Regel auch um die Zusatzleistungen, die mit Hilfe der Informationsverarbeitung angeboten werden können, um das Angebot abzurunden und die Vorteilhaftigkeit des Internets auszuschöpfen.

- **Preispolitik**: Aufgabe der Preispolitik ist die Festlegung des monetären Wertes, den Käufer im Gegenzug für die Ware bereit sein sollen, zu zahlen. Je nach Marktsituation können die Spielräume hinsichtlich der Preisgestaltung dabei sehr divergieren. Grundsätzlich wird jedoch davon ausgegangen, dass durch die wesentlich kostengünstigere und schnellere Abwicklung von Transaktionen im Internet, die Preise vieler Waren auf elektronischen Märkten sehr viel günstiger ausfallen als im realen Handel. Der reine Produktverkauf ist daher im Internet bei vielen Produktbereichen mit sehr geringen Margen verbunden, weshalb immer mehr Wert auf den angebotenen Zusatznutzen durch die Informationswertschöpfung gelegt wird. Dieser Zusatznutzen erlaubt es Unternehmen in der Net Economy, den Kunden einen Mehrwert anzubieten, der nicht allein durch den Verkauf des physischen Produktes erzeugt wird, sondern durch die Bereitstellung von verarbeiteten Informationen, für die der Kunde bereit ist, zu zahlen. Weiterhin ist zu untersuchen, welche Möglichkeiten im Online-Marketing hinsichtlich dynamischer und statischer Preisstrategien nutzbar sind.
- **Vertriebspolitik**: Innerhalb der Vertriebspolitik müssen in der Regel drei grundsätzliche Fragen beantwortet werden (*Rüggeberg* 2003, S. 157). Zuerst stellt sich die Frage, welche Absatzwege insgesamt genutzt werden können, um das Leistungsangebot zum Kunden zu übermitteln. Folglich muss geklärt werden, wie der Kontakt zum Kunden hergestellt werden kann, damit das Leistungsangebot von potenziellen Käufern wahrgenommen wird. Und zu guter Letzt muss der tatsächliche Weg der Leistungsauslieferung – also der (physische) Transport der Ware zum Kunden – definiert werden (Distribution oder Logistik). Insgesamt betrachtet ist es jedoch wichtig, die Qualität der angebotenen Leistungen auch im elektronischen Absatzkanal zu wahren und durch ein gewisses Maß an Kontrolle sicherzustellen (*Benkenstein* 2002, S. 225). Hierbei spielt die eigentliche Auftragsabwicklung mitsamt allen Abwicklungsprozessen eine genauso bedeutende Rolle, wie die Lagerhaltung und der Transport der Ware. Im Onlinebereich sind hier jedoch einige Besonderheiten zu beachten, die u. U. dazu führen können, dass der gesamte Ablauf anders aussieht, als im realen Handel. Der wichtigste Aspekt hinsichtlich dieser Überlegungen ist die durch das Internet möglich gewordene digitale Distribution, die sämtliche physische Prozesse umgehen kann und hier somit besondere Bedingungen für das Online-Marketing vorliegen.
- **Kommunikationspolitik**: Die Kommunikationspolitik beschäftigt sich eingehend mit der Frage der einzusetzenden Kommunikationsinstrumente und deren Effektivität hinsichtlich der elektronischen Absatzförderung. Der Kundengewinnung und -bindung kommt zudem gerade im Internet eine besondere Bedeutung zu, da es den Kunden nicht nur durch den verstärkten internationalen Wettbewerb und die Möglichkeiten des unmittelbaren Preisvergleichs, sondern auch durch die technischen Voraussetzungen an sich leicht gemacht wird, innerhalb weniger Sekunden zu einem anderen Anbieter zu wechseln. Die Hinzunahme verschiedener Online-Marketinginstrumente und deren technische Möglichkeiten erlauben allerdings im Gegenzug auch eine wesentlich effizientere und zielgerichtetere Kundenbewertung und -analyse, die langfristig diesen veränderten Rahmenbedingungen entgegenwirken kann.

Aus diesen vier Elementen des nun titulierbaren „**Online-Marketing-Mix**" ergibt sich auch der weitere Aufbau des Buches (s. Abb. 17). Dabei wird jedem Element im Online-Marketing ein eigenes Kapitel gewidmet innerhalb dessen einzelne Handlungsbausteine in einem eigenständigen Unterkapitel behandelt werden. Somit werden nach den Grundlagen im einführenden Kapitel nun die spezifischen Besonderheiten der einzelnen Elemente bezogen auf das Online-Marketing im Detail behandelt. Insgesamt wird dabei häufig auf den Verkauf von Konsumgütern verwiesen (B2C), da es so leichter wird die umfangreichen Facetten des Online-Marketings zu beschreiben. Andere Formen, wie z. B. traditionelle Unternehmen, die ihrer Internetpräsenz dazu nutzen, den realen Handel anzukurbeln, werden dadurch implizit mit einbezogen. Die Kapitel können dabei in Reihenfolge oder aber auch nach Belieben durchgearbeitet werden, da die Inhalte thematisch in sich geschlossen sind.

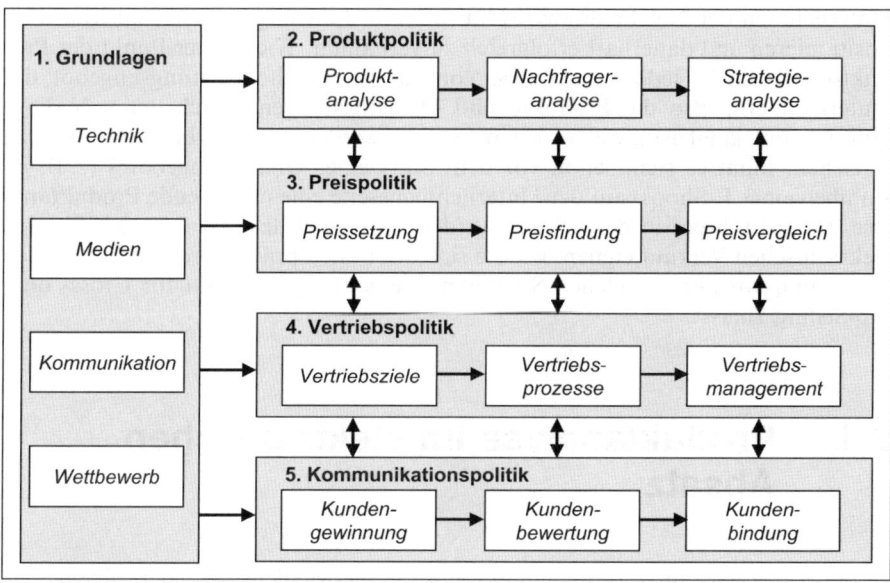

Abb. 17: Aufbau des Buches

2 Produktpolitik im Online-Marketing

Der erste Bereich innerhalb der Marketing-Instrumente ist die Produktpolitik, die sich in Bezug auf den elektronischen Absatz nicht nur auf das eigentliche **Produktangebot** beschränkt, sondern auch alle dazugehörigen strategischen Fragestellungen beantworten muss. Dazu gehören zunächst die anvisierten Online-Zielgruppen, die mittels einer eingehenden **Nachfrageranalyse** definiert und möglichst detailliert untersucht werden müssen (Online-Zufriedenheit, Online-Verhalten, Online-Erwartungen etc.), als auch die langfristige **Produktstrategie**, die ein Unternehmen der Net Economy wählt, um sein Leistungsangebot am Markt zu positionieren und dauerhaft erfolgreich zu verkaufen. Wichtigster Punkt der Produktpolitik bleibt jedoch nach wie vor das eigentliche Leistungsangebot des Unternehmens, also die Produkte und Dienstleistungen, durch deren Verkauf Umsatz und langfristig auch Gewinn erzielt werden sollen. Um dieses Ziel zu erreichen, lohnt es sich, schon vor dem Start eines Online-Angebotes (z. B. im Rahmen eines E-Shops) auf der Unternehmensseite eine umfassende Produktanalyse durchzuführen, in der geklärt werden muss, welche Produkte sich für den elektronischen Verkauf eignen, wie sie sich am besten präsentieren und darstellen lassen und vor allem, welchen Spielraum das jeweilige Produkt für Cross- oder Up-Selling zulässt.

2.1 Produktanalyse im elektronischen Absatz

In der Regel wird im Zusammenhang mit Online-Medien von einer allgemeinen Vorteilhaftigkeit des Einkaufs und Verkaufs über das Internet gesprochen. Dabei wird der Aspekt vernachlässigt, dass sich der Online-Verkauf keineswegs pauschal für alle Güter und Dienstleistungen eignet. Vielmehr sollte der Einsatz des Internets nur für diejenigen Produkte erfolgen, bei denen über den elektronischen Verkauf substantielle Verbesserungen hinsichtlich **Prozesskosten** und/oder **Prozesszeit** bzw. **Prozessbequemlichkeit** zu erwarten sind. Darüber hinaus gilt auch für den elektronischen Einkauf, dass nur die Produkte als geeignet erscheinen, die sich einerseits durch ihre Digitalisierbarkeit auszeichnen, aber andererseits auch durch eine geringe Erklärungsbedürftigkeit. Denn nur bei diesen Produkten erscheint auf den ersten Blick eine Einkaufsentscheidung, die nur auf digitalen Informationen und nicht auf eine physische Prüfung („Touch-and-Feel") basiert, durchführbar. Der Entscheidung über den Einsatz des Internets im Absatzbereich muss demnach eine umfangreiche Produktanalyse vorausgehen. Dabei steht zunächst die Frage nach der grundsätzlichen Eignung der zu verkaufenden Güter im Mittelpunkt, um daraus im Anschluss die Art der Vermarktung und die daraus resultierenden Potenziale ableiten zu können.

2.1.1 Online-Produkteignung

Ob sich ein ausgesuchtes Produkt zum Verkauf über das Internet eignet, hängt in der Regel von mehreren verschiedenen Faktoren ab. Jeder einzelne dieser Faktoren muss bei der Produktwahl sorgfältig überdacht werden, damit eine optimale Online-Vermarktung dieses Produktes stattfinden kann. Diese Faktoren lassen sich zu dem sog. „**E-Potenzial**" eines Produktes zusammenfassen (*Bliemel/Fassott* 2000, S. 193). Das E-Potenzial beschreibt dabei den Grad zu dem Produkte bei gegebenen Eigenschaften über ein Online-Medium verkauft werden können. Zuallererst muss dabei die generelle **Digitalisierbarkeit** des Produktes an sich überprüft werden. Erst wenn sich ein Produkt in digitale Informationen (Nullen und Einsen) umwandeln lässt, so wird auch eine digitale Distribution (z. B. Download) ermöglicht. Musikstücke lassen sich durch die Umwandlung ihrer inhärenten Informationen in digitale MP3-Dateien umwandeln, wodurch der physische Bestand und damit auch der Verkauf dieser Musikstücke in realer Form überflüssig werden. Sicherlich ist die Nutzung solcher Möglichkeiten jedoch auch davon abhängig, inwieweit die potenziellen Kunden in der Lage sind, die digitalen Informationen zu empfangen und zu entschlüsseln ohne bspw. Qualitätsverluste in Kauf nehmen zu müssen.

Produkte, die also vollständig digitalisierbar sind, eignen sich somit in der Regel am besten für den Vertrieb über das Internet (Musik, Software, Video on Demand, E-Books etc.). Für die Produkte, die nicht digitalisierbar sind, muss bewertet werden, inwiefern sich zumindest Produkteigenschaften – und damit Informationen über das zu verkaufende Produkt – digitalisieren lassen, sodass der Verkauf trotz physischer Bestandteile über das Internet stattfinden kann. Wie schon erwähnt, kann bei diesen Produkten nur auf die physische Auslieferung zurückgegriffen werden, wobei jedoch alle weiteren Verkaufsprozesse online und in elektronischer Form stattfinden können. Produkte, die sich sehr gut beschreiben lassen und durch den Einsatz von **Multimedia-Elementen** (Bilder, Texte, Animationen, Videos etc.) während des Verkaufsprozesses unterstützt werden können, eignen sich somit fast gleichermaßen gut für den Online-Verkauf, wie rein digitale Produkte. Bei Autos ist es bspw. möglich, sämtliche Informationen in digitaler Form bereitzustellen (Marke, Modell, Jahrgang, Motorisierung, Extras, Kilometerstand etc.). Einzig stehen hier die Nachteile der physischen Auslieferung (keine sofortige Mitnahme möglich) und damit ein unter Umständen sehr relevanter Zeitaspekt gegenüber, welche ihrerseits die Vorteile des Online-Kaufs wieder relativieren können. Neben der Digitalisierbarkeit des Produktes gibt es allerdings auch noch weitere Bewertungskriterien für die Ermittlung der Online-Produkteignung, die zur Beurteilung von nicht vollständig digitalisierbaren Produkten herangezogen werden können. Zu diesem Zweck bieten sich insbesondere die nachfolgenden **Bewertungskriterien** an (*Kollmann* 2011a, S. 266):

- **Digitale Beschreibbarkeit**: Dieses Kriterium beurteilt die Möglichkeit der digitalen Informationsdarstellung (Produktsicht). Dabei geht es um die Frage, inwiefern sich die Eigenschaften des Produktes dazu eignen, das Produkt für den Kunden ausreichend und ansprechend zu beschreiben, um eine zufriedenstellende Kaufentscheidung zu ermöglichen. Beispiele für Produkte, die sich sehr gut digital beschreiben lassen, sind Autos und Hardware-Komponenten.
- **Digitale Beurteilbarkeit**: Dieses Kriterium beurteilt die physische Prüfmöglichkeit eines Produktes durch den Kunden (Kundensicht). In diesem Zusammenhang wird oft auch von dem Selbstbedienungspotenzial eines Produktes gesprochen, da der Kunde allein über das Online-Medium beurteilen muss, ob er das Produkt, ohne vorher eine reale Prüfung durchführen zu können, kaufen möchte oder nicht. Als Beispiel können hier Lebensmittel genannt werden, die Kunden gerne anfassen und auf ihre Frische hin prüfen möchten, die somit nicht digital umfassend beurteilbar sind. Diese Produkte sind so genannte „Touch-and-Feel" Produkte und eignen sich nur bedingt für den elektronischen Absatz.
- **Digitaler Beratungsaufwand**: Dieses Kriterium beurteilt den Informationsumfang eines Produktes. Einige Produkte können mit nur wenigen Informationen sehr gut beschrieben werden, andere hingegen benötigen umfassendere Informationen, die zum Teil nicht ohne weiteres digitalisierbar sind. Darunter fallen insbesondere Produkte, die erst durch eine Beratungsleistung von Seiten des Anbieters (Anbietersicht) umfassend dargestellt werden können, um danach vom Kunden adäquat bewertet werden zu können. Beispiele dafür sind Versicherungen oder Industrieanlagen, die in der Regel nur mittels intensiver Beratung verkauft werden können.

Unter Berücksichtigung dieser Faktoren hat Musik zum Beispiel ein hohes E-Potenzial, da ein Musikstück klar beschreibbar (z. B. Titel, Interpret, Stilrichtung) und über eine Online-Hörprobe auch beurteilbar ist. Lebensmittel haben dagegen ein eher niedriges E-Potenzial, da sie nur eingeschränkt durch digitale 0/1-Informationen elektronisch beschreibbar und beurteilbar sind (z. B. Frischebeschreibung und -prüfung) und keine generelle Digitalisierungsmöglichkeit aufweisen, da sie Offline geliefert werden müssen (*Fritz* 2004, S. 187). Es gibt jedoch auch Produkte, die trotz eines geringeren E-Potenzials doch für den Online-Vertrieb geeignet wären. Dazu zählen bspw. Markenartikel oder sonst schwer erhältliche Güter (*Bliemel/Theobald* 1997, S. 7; *Altobelli/Fittkau* 1997, S. 400). In der Zusammensetzung der drei Eignungskriterien, die zusätzlich zur Digitalisierbarkeit herangezogen werden sollten, ergibt sich das **3-B-Modell** (*Kollmann* 2011a, S. 268) zur Eignung von Produkten für den Online-Verkauf (s. Abb. 18). Entscheidend ist dabei jedoch immer der subjektive Betrachtungswinkel des Konsumenten, der je nach eigener Online-Neigung die Eignung für sich persönlich anders gewichten kann. So sollen finanziell sehr gut ausgestattete Nachfrager auch schon komplette millionenschwere Segelyachten ohne Beratung über das Internet bestellt haben. Die Regel ist das aber sicherlich nicht.

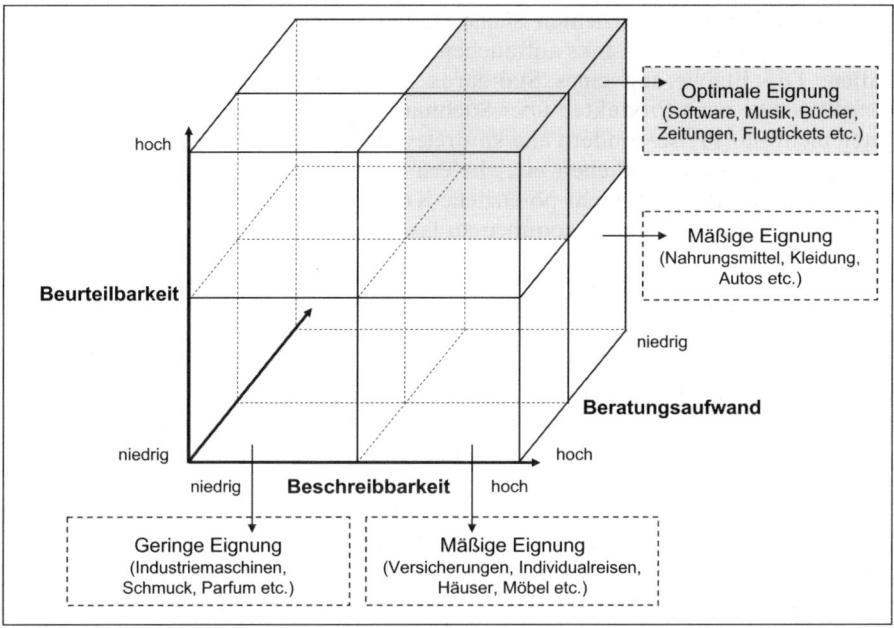

hoch

Beurteilbarkeit

niedrig

niedrig   Beschreibbarkeit   hoch

niedrig   hoch

Beratungsaufwand

Optimale Eignung
(Software, Musik, Bücher,
Zeitungen, Flugtickets etc.)

Mäßige Eignung
(Nahrungsmittel, Kleidung,
Autos etc.)

Geringe Eignung
(Industriemaschinen,
Schmuck, Parfum etc.)

Mäßige Eignung
(Versicherungen, Individualreisen,
Häuser, Möbel etc.)

Abb. 18: Produkteignungsmatrix im Online-Marketing (3-B-Modell)
Quelle: *Kollmann* 2011a, S. 268.

2.1.2 Online-Produktbeschreibung

Im Rahmen der Produktanalyse spielte die Standardisierung von Online-Produkten zunächst eine eher geringe Rolle, die jedoch mit zunehmender Komplexität des Internets und dem damit verbundenen Online-Marketing immer mehr Beachtung findet. Besonders hinsichtlich eines professionellen Online-Marketings sind Produktbeschreibungsstandards wichtig, da sie z. B. eine **Produktrecherche über Suchmaschinen** erleichtern und die angebotenen Produkte so von potenziellen Kunden leichter gefunden werden können (*Brown* 2009, S. 53). Unter Standardisierung versteht man im Allgemeinen die Vereinheitlichung bestimmter Techniken oder Methoden. Geschaffene Standards ermöglichen das reibungslose Funktionieren komplexer Systeme durch die Vereinheitlichung von Schnittstellen oder Produkten. Die Standardisierung von Produktbeschreibungen ermöglicht nicht nur die unternehmensübergreifende, sondern auch die marktübergreifende Beschreibung und Klassifizierung von Produkten und Produkteigenschaften.

Produktbeschreibungsstandards erlauben somit allgemeingültige Darstellungen von Produktkatalogen (*Hausen* 2005, S. 49). Allgemeingültige Kataloge vereinfachen den Datenaustausch zum Beispiel zwischen Produktsuchmaschinen und Shopping-Plattformen. Diese Art der Vereinheitlichung würde im Prinzip Online-Shoppern dabei helfen, eine effiziente Produktsuche über Suchmaschinen zu tätigen. Bisher sind die herkömmlichen Suchmaschinen jedoch noch keine große Hilfe bei dieser effizienten Suche, da in der Ergebnisliste immer noch eine Vielzahl ungewünschter Links auftauchen, die das gesuchte Wort ansatzweise enthalten. Die Etablierung eines Standards für Produktbeschreibung würde die gezielte Suche nach Produkten über Suchmaschinen erleichtern, da die Ergebnislisten nicht nur Preise, sondern alle kaufrelevanten Daten (Versandkosten, Lieferzeiten, Zahlungsmöglichkeiten etc.) liefern könnten. Unternehmen im Internet wären dann in der Lage, mehr potenzielle Kunden zu erreichen und diesen zielgerichteteren Informationen zukommen zu lassen.

Im Moment müssen viele Online-Unternehmen ihre Produktinformationen noch mit viel Handarbeit bei den Suchmaschinen eingeben. Da **Informationsanforderungen** und Beschreibung zum Teil sehr hoch divergieren, haben es besonders kleinere Unternehmen schwer, sich in den Suchmaschinen zu behaupten, da sie meist auch nicht über die nötigen Ressourcen für eine Platzierung in mehreren Suchmaschinen haben. Außerdem sind fast die Hälfte aller Produktbeschreibungen, die bei Suchmaschinen eingehen, fehlerhaft, was dazu führt, dass das Unternehmen nur schwer gefunden werden kann und die Suchmaschinen keine Werbeeinnahmen generieren. Ein weiteres Problemfeld ist die Einordnung der Suchbegriffe in ein **Kategoriensystem**, da ein Händler zum Beispiel „Strümpfe" verkauft und unter diesem Stichwort gefunden werden will, ein anderer aber das Stichwort „Socken" bevorzugt. Ein einheitlicher Standard für die Bezeichnung von Kategorien wäre dafür hilfreich und könnte durch die Etablierung von Produktbeschreibungsstandards ermöglicht werden. Des Weiteren haben unterschiedliche Produktkategorien unterschiedliche Anforderungen, was zum Beispiel die Vereinheitlichung von Farbdefinitionen oder die Einbeziehung von mengenabhängigen Preisen erschwert.

Daher schlugen Experten in den USA vor nun schon einigen Jahren die Verwendung von **ORDS (Online Retail Datafeed Standardization)** vor. Dieser Standard konnte sich jedoch nicht durchsetzen, da die Ausgestaltung und Festlegung der Inhalte und deren Formate (Artikelnummer, Farbcodes, Produkttext, Preis, verfügbarer Bestand,etc.) nicht klar definiert werden konnten. In Deutschland hingegen gab es verschiedene Initiativen zur Standardisierung von Online-Produkten in Shoppingportalen und in Produktkatalogen. Zu den bekanntesten zählt das Projekt **elm@r** der Universität Mannheim, das die Verbreitung von **shopinfo.xml** als Standard in Gang setzen sollte. Dieser Standard hilft dabei, den Datenaustausch komplett zu automatisieren, um so etwa vergleichbare Darstellungen verschiedener Produkte (z. B. Preis, Modell, Ausstattung etc.) zu ermöglichen und die Anbindung an (Preis-)Suchmaschinen zu vereinfachen (*Angeli/Kundler* 2011, S. 638 f.). Module zur Erstellung der entsprechenden **XML-Datei** sind für verschiedene Shopsysteme erhältlich. Bis heute haben zwar einige vorrangig deutsche Online-Shops den Standard implementiert, jedoch konnte er sich nicht durchsetzen. Der in Deutschland am weitesten verbreitete Standard zur Beschreibung und Übertragung von Produktkatalogen ist **BMEcat**, der ebenfalls auf XML basiert, sich jedoch primär auf industrielle Produkte und Dienstleistungen fokussiert und somit vor allem im E-Procurement Einsatz findet (*Nekolar* 2003, S. 71 f.). Neben produktbezogenen Daten (z. B. Preise, Bestellinformationen, Bilder etc.) enthält ein Katalog im BMEcat-Format einen Kopfbereich mit

(Meta-)Informationen zur Identifikation und Gültigkeit, sowie das zugrunde liegende Datenmodell. Als weiteres Beispiel für einen Standard zur elektronischen Beschreibung von Gütern kann noch **eCl@ss** herangezogen werden. Wie die beiden zuvor genannten Standards basiert eCl@ss auf XML, wobei Produkte hierarchisch auf bis zu vier Stufen (Gruppen) beschrieben werden. Im Gegensatz zur BMEcat-Klassifizierung enthalten eCl@ss-Daten jedoch nur reine Produktinformationen (*Leukel* 2004, S. 270 ff.). International konnte sich bisher kein Standard durchsetzen, wodurch noch Optimierungsmöglichkeiten im Bereich der Suchmaschinenanbindung und dem (automatisierten) Datenaustausch zwischen Systemen bestehen. Es bleibt daher abzuwarten, welcher Standard sich etabliert und eine Professionalisierung und Optimierung der Produktsuche in Zukunft gewährleistet und zudem als übergreifender Standard die vereinzelten schon vorhandenen Branchenstandards ablösen oder integrieren kann.

Neben dem Interesse an Produktbeschreibungsstandards wird auch die Entwicklung von **Transaktionsstandards** aufmerksam von Unternehmen im Netz verfolgt. Diese Art von Standards konzentriert sich auf technologische Aspekte, welche die Vernetzung und Interoperabilität von elektronischen Handelssystemen fördern sollen. Diese Standards unterstützen zum Beispiel das Codieren, Speichern, Verarbeiten und Übermitteln von Informationen (*Hausen* 2005, S. 49). Somit wird die Bedeutung von Standards in Bezug auf die zukünftige Entwicklung des Internets besonders unter dem Aspekt der Integration und Vernetzung offensichtlich. Schließlich ist die Etablierung von Standards Voraussetzung für das Zusammenwachsen unterschiedlicher Technologien und unterschiedlicher Funktionen, sowie der Vernetzung der gesamten Net Economy (*Picot/Neuburger* 2000, S. 387).

Auf der anderen Seite haben sich jedoch auch Standards entwickelt, die durch ihre **Allgemeingültigkeit** und **Benutzerfreundlichkeit** Zuspruch vieler Online-Shops gefunden haben. Darunter fällt z. B. die Möglichkeit, bei der Buchsuche das Bild des Buchdeckels eines gefundenen Buches anzuklicken, damit dieses vergrößert dargestellt werden kann. Dieser „Standard" hat sich bei Buchhändlern im Internet durchgesetzt, da so die Kunden das Buch besser beurteilen können. Ähnlich erlauben Internet-Händler, die z. B. Kleidung auf ihren Shop-Seiten verkaufen, das Heranzoomen von Produktabbildungen, um so ein detaillierteres Bild von Stoffen und Farben zu ermöglichen. Dadurch lässt sich die Eignung von Kleidung für den Online-Verkauf erhöhen, da Kunden das Gefühl haben, das Produkt besser beurteilen zu können. Innerhalb dieser Standardisierungsentwicklungen von Produktbeschreibungen sind es aber auch insbesondere die Möglichkeiten der visuellen Online-Produktdarstellung, die die Eignungskriterien „Beschreibbarkeit", „Beratungsaufwand" und „Beurteilbarkeit" positiv beeinflussen können.

2.1.3 Online-Produktdarstellung

Im Zuge eines professionellen Online-Marketings sind die Möglichkeiten der Angebotspräsentation auf elektronischem Wege und damit die Online-Produktdarstellung von großer Bedeutung und bergen z. B. im Vergleich zu traditionellen, papierbasierten Produktkatalogen einige Vorteile. Hierzu gehört die multimediale

Darstellung von Produkten, das Angebot detaillierter Informationen, Suchhilfen, Konfigurationshilfen, Dialogangebote und die Möglichkeit, interaktive Unterhaltungselemente anzubieten (*Silberer* 2000, S. 568). So kann die vermarktungsgerechte Online-Darstellung der Produkte durch die Zusammenstellung verschiedener Multimedia-Komponenten, wie zum Beispiel Text, Bild, Grafik, Ton, Video, Animation, aufbereitet werden. Der Einsatz von **Multimedia-Elementen** erlaubt eine erlebnisorientierte Präsentation der Produkte, welche die Suche und Auswahl für den Nachfrager erleichtern und angenehmer gestalten können (*Silberer* 2002, S. 718). Werden diese Elemente professionell und kundenorientiert eingesetzt, können sie sogar die Inszenierung von Erlebniswelten, die das Einkaufen per Internet zum kundenbindenden Erlebnis machen können, ermöglichen. Da diese **Erlebniswelten** in der Regel über die einfache Produktdarstellung hinausgehen, gilt es die Multimedia-Elemente vorsichtig einzusetzen, um den potenziellen Kunden nicht zu überfordern und ihm/ihr das Suchen und Finden der Produkte nicht durch eine Reizüberflutung unnötig zu erschweren. Generell muss sowohl die einfache Produktdarstellung als auch die Inszenierung von Erlebniswelten immer in Übereinstimmung mit der Kommunikationspolitik des Unternehmens geschehen (*Weinberg/Diehl* 2005, S. 272). Die einzelnen **Darstellungselemente**, die für eine Produktdarstellung genutzt werden können, werden kurz näher erläutert:

- **Texte**: Bei vielen Produktdarstellungen sind Texte unabdingbar, da sie die wichtigsten Informationen zu einem Produkt beinhalten, wie z. B. Preis, Beschreibung, Größe etc. Allerdings sollte darauf geachtet werden, dass die Texte nicht zu überladen sind und den Betrachter überfordern. Vielmehr sollten nur Schlüsselinformationen bereitgestellt werden, die dann nach Bedarf durch weitere Klicks (z. B. auf Links, Bilder, Videos etc.) angereichert werden können. Am Beispiel von *amazon.de* lässt sich aufzeigen, dass zunächst nur Schlüsselinformationen über das Produkt angezeigt werden, die durch entsprechende Links weiter ausgeführt werden. Beispiele sind hier die Hinweise auf gebrauchte, günstigere Bücher oder die Unterstreichung der Autoren, die einen Hinweis auf einen entsprechenden Link für weitere Informationen über den Autor und dessen andere Werke darstellen.
- **Bilder**: Um das fehlende „Touch-and-Feel"-Gefühl zu kompensieren, wird heute in der Regel nicht mehr auf Bilder oder Fotos der Produkte in ihrer Darstellung verzichtet. Da im Distanzhandel z. B. besonders die haptische Prüfung der Produkte nicht möglich ist, wollen viele Kunden zumindest eine ausreichend visuelle Prüfung des Angebots ermöglicht bekommen. Bei rein digitalen Produkten kommt dem Bild-Element allerdings eine eher untergeordnete Rolle zu, vielmehr zählt hier die Bereitstellung von Testversionen (z. B. von Software) oder Proben (z. B. Hörproben von MP3-Files), die das Produkt besser beurteilbar machen. Des Weiteren ist zu überlegen, ob das Produkt durch die reine Vorstellungskraft des Kunden verbildlicht werden kann. Bei Büchern wäre es prinzipiell nicht unbedingt notwendig, Bilder der Bücher für die Produktbeschreibung darzustellen, da Bücher in der Regel immer gleich aussehen und der Kunde sich somit das gesuchte Buch gut vorstellen kann. Bei Kleidung oder Kunst jedoch ist die Beschreibbarkeit relativ gering, wodurch die Zuhilfenahme von Bildern oder Fotos sinnvoll erscheint, damit der Kunde eine realis-

tische Vorstellung des Produktes bekommt. In Anbetracht der Tatsache, dass durch den heutigen Technologiefortschritt die Einstellung von Bildern ins Netz nicht mehr allzu aufwendig ist, werden Bilder oder Fotos fast immer zur Produktdarstellung verwendet.

- **Grafiken**: Grafische Elemente werden oft dazu genutzt, dem Kunden Orientierungs- und Navigationshilfe zu geben. Auswahlleisten oder Statusinformationen werden bei vielen Produktkatalogen grafisch durch Pfaddiagramme dargestellt, um dem Besucher anzuzeigen, wo er sich gerade bei der Produktsuche befindet. Auf der Beispielseite von *esprit.de* in Abbildung 19 sind verschiedene grafische Elemente eingebunden. Unter anderem wird der Kunde durch eine Lupe dazu aufgefordert, das Bild des Produktes heran zu zoomen, damit Einzelheiten besser zu erkennen sind. Ein weiteres Beispiel ist der Warenkorb des Online-Shops, der symbolisch mit einer Einkaufstüte dargestellt wird.

- **Video**: Vor allem bei komplexen oder beratungsintensiven Produkten bietet sich der Einsatz von Videos an, da in dieser Form Produkte bei ihrem Einsatz (z. B. Maschinen, Geräte etc.) gezeigt werden, während eine Stimme gleichzeitig das Produkt erklärt. Mit Hilfe von Videos lassen sich Produkte mit hohem Informationsbedarf darstellen, ohne dem Kunden z. B. Unmengen von Texten und Bildern zumuten zu müssen. Die Erstellung von Videos zur Produktdarstellung sollte allerdings immer in Relation zu den Erstellungskosten gesetzt werden. Nur professionell wirkende Videos animieren den Kunden zum Kauf und ermöglichen den Besuchern, sich eine realistische Vorstellung des Produktes zu machen.

- **Sound**: Manche Unternehmen untermalen ihren Web-Auftritt mit Musik, die den Besucher in eine angenehmen Einkaufsatmosphäre versetzen soll und im Zusammenhang mit weiteren Elementen eine Art multisensorische Erlebniswelt schaffen soll (*Weinberg/Diehl* 2005, S. 272). Bei einigen Produkttypen ist dadurch das Fehlen des physischen Kontaktes nicht mehr so entscheidend. Des Weiteren kann die Produktdarstellung bei bestimmten Produkten durch akustische Elemente unterstützt werden. Dies ist wie schon beschrieben häufig bei Musikdownloads der Fall. Der Kunde hat die Möglichkeit das Produkt (MP3-File) nach einer Hörprobe zu beurteilen und sich für oder gegen den Kauf zu entscheiden.

- **Animationen**: Als Animationen werden bewegte Bilder bezeichnet, die anders als Videos oftmals keine reelle Darstellung eines Gegenstandes beinhalten, sondern sich lediglich grafischer Zeichnungen bedienen. Bewegte Bilder werden eher selten dazu genutzt, Produkte zu präsentieren, da wahrheitsgetreue Bilder eine bessere Beurteilungsgrundlage bilden. Trotzdem wird diese Art von Multimedia-Elementen von einigen Unternehmen genutzt, um z. B. den Unterhaltungswert einer Seite zu erhöhen. Als Beispiel kann hier Audi City (*www.audi.com*) genannt werden. Auf dieser Seite werden die einzelnen Funktionen der angebotenen Automodelle durch Animationen verdeutlicht.

- **Interaktive Elemente**: Durch den Einsatz interaktiver Elemente können Kunden dazu animiert werden, sich intensiv mit einem Produkt auseinanderzusetzen. Beispielhaft ist in diesem Zusammenhang die Bewegungsfunktion bei *vodafone.de*, die es erlaubt, das ausgesuchte Mobiltelefon von allen Seiten dreidimensional zu betrachten. Der Besucher kann das dargestellte Telefon beliebig hin- und herschieben und den Bildausschnitt in alle Richtungen bewegen. Teilweise ist es sogar möglich, einzelne Bedienungsfunktionen virtuell auszuprobieren. Dazu verwendete Flash-Elemente können jedoch nicht nur für dreidimensionale Bilddarstellungen benutzt werden, sondern auch für einfaches Heranzoomen eines Produktes, um z. B. eine Stoffstruktur bei angebotenen Kleidungsstücken erkennen zu können. Auf *esprit.de* können Besucher sich ein beliebiges Kleidungsstück auswählen und heranzoomen, um die Qualität und die Stoffstruktur besser beurteilen zu können.

Abb. 19: Der Einsatz von Multimedia-Elementen bei *esprit*
Quelle: *esprit.de.*

Diese Vielzahl von nutzbaren Multimedia-Elementen erweist sich als wesentlicher Vorteil des Mediums Internet und eignet sich somit für den gezielten Einsatz im Online-Marketing. Dabei ist sicherlich die **Simultanität** und **Flexibilität**, mit der einzelne Multimedia-Elemente miteinander verknüpft werden können, hervorzuheben. Das Online-Marketing kann so auf ganz individuelle Weise ein Angebot im Internet präsentieren und durch Ausnutzung der Vielfältigkeit des Multimedia-Angebots dem Kunden eine echte Alternative zum realen Handel bieten.

2.1.4 Online-Cross-/Up-Selling

Eine Möglichkeit, über das eigentliche Produkt hinaus auch noch weitere Produkte oder Produkterweiterungen anzubieten bzw. darzustellen, ist das Cross-

Selling bzw. das Up-Selling. Diese Art der aktiven Absatzförderung kann entweder mit Angeboten anderer Anbieter (evtl. über Kooperationen, s. Kapitel 2.3.4) oder innerhalb des eigenen Produktsortiments stattfinden. Beim **Cross-Selling** („Überkreuz-Verkauf") werden Kunden, zusätzlich zu den bisher bezogenen Leistungen oder Produkten, gezielt weitere Produkte des Unternehmens oder anderer Anbieter angeboten (*Homburg/Bruhn* 2003, S. 9 ff.). Dieses zusätzliche Angebot kann dabei direkt während des initialen Verkaufsprozesses erfolgen (Sales-Phase) oder im zeitlichen Versatz zu der ursprünglichen Kauf- oder Nutzungsentscheidung (After-Sales-Phase). Demnach zielt das Cross-Selling gerade auf die Realisierung und Erschließung von produktübergreifenden Verkaufschancen ab (*Schulz* 1995, S. 259; *Cornelsen* 2000, S. 185). Die übergeordnete Zielsetzung ist hier also die Ausschöpfung des Umsatzsteigerungspotenzials, das in erster Linie über eine Erweiterung der aktuellen Geschäftsbeziehung erfolgen soll (*Schäfer* 2002, S. 1 ff.).

Cross-Selling Potenziale kommen vor allem in dem Moment in Frage, wenn gerade eine Kauf- oder Nutzungsentscheidung gefällt wurde oder ein Service-Kontakt zustande gekommen ist (*Preißner* 2001, S. 266; *Brandstetter/Fries* 2002, S. 195). Der Fokus liegt hierbei auf **Komplementärprodukten**, die in einem logischen Zusammenhang zum Produkt stehen. Die Besonderheit des Cross-Selling liegt darin, dass das zusätzliche Angebot mit einem selbstbestimmten Kaufvorgang verbunden ist und somit ein Interesse an einem verwandten Produkt sicher ist. Ein Beispiel ist *beautynet.de*, ein Beauty- und Care-Shop im Internet, der Produkte in den Sparten Pflege, Düfte, Kosmetik für Frauen und Männer anbietet. So wird einem Online-Kunden, der Interesse an einem bestimmten Parfüm bekundet, automatisch das komplementäre Duschgel etc. angeboten. Das Cross-Selling-Potenzial nach dem Kaufvorgang kann darin gesehen werden, dass auch die Neuheiten einer anderen exklusiven Kosmetik-Marke über eine zeitverzögerte E-Mail angeboten werden können.

Durch die Weiterentwicklung technologischer Konzepte wird das Cross-Selling z. B. durch das Data-Mining und das Database Marketing erleichtert und ermöglicht dem Unternehmen, seinen Kunden individualisierte Angebote zu unterbreiten (*Strauß/Schoder* 2001, S. 115). Die Benutzerspuren, die jeder Kunde auf einer Webseite hinterlässt können mit Hilfe dieser Methoden analysiert und zur Bewertung und Erstellung von Kundenprofilen herangezogen werden. Das wohl prominenteste Beispiel für Cross-Selling ist die Handhabung bei *amazon.de*: Dem Käufer werden bereits nach seinem ersten Klick auf ein ausgewähltes Buch verwandte Vorschläge in folgender Form unterbreitet: „Kunden, die dieses Buch gekauft haben, haben auch diese Bücher gekauft...". Des Weiteren werden einem Surfer aufgrund seines Click-Verhaltens kombinierte Angebote zusammengestellt, bspw. eine Kombination aus Büchern zur Geburtsvorbereitung und Bücher über Säuglingsernährung. Nach dem Kauf besteht schließlich die Möglichkeit die gekauften Produkte zu bewerten und eine Rezension für nachfolgende Kunden zu schreiben.

Up-Selling-Potenziale können vor allem dann generiert werden, wenn das Unternehmen seinen Kunden den Verkauf **höherwertiger Produkte** oder **Serviceleistungen** als ursprünglich vom Kunden erwünscht anbietet, um dadurch eine Gewinnsteigerung zu erzielen. (*Preißner* 2001, S. 266; *Brandstetter/Fries* 2002, S. 195). Diese abweichende Empfehlung sollte das Unternehmen besonders vorsichtig und nur unter Angaben von validen Argumenten einsetzen. Beispielsweise könnte ein Hinweis auf die nächstteureren Produkte direkt im Kaufprozess unter dem Hinweis auf deren weiteren Vorteile eingerichtet werden. So kann bspw. einem Kunden beim Buchen eines Fluges auch eine passende jedoch teurere Pauschalurlaubsreise samt Flug, Hotel und Mietwagen angeboten werden. Darüber hinaus können bestehende Kunden über personalisierte E-Mails oder Newsletter auf ausgesuchte Angebote einer gehobeneren Produktkategorie aufmerksam gemacht werden.

Diese Form der Absatzsteigerung hat nicht nur Auswirkungen auf die Nachfragerseite, sondern birgt auch unternehmensinterne Implikationen. So können Unternehmen durch den Zusammenschluss von **Vertriebsressourcen** gemeinsam mit anderen Anbietern **Marktsynergien** erzielen, die kostensparend oder gewinnbringend sind. So können verschiedene Anbieter ihre Produkte zusammen anbieten und vertreiben, damit weniger Vertriebsressourcen eingesetzt werden müssen (*Rüggeberg* 2003, S. 131). Online-Unternehmen wären somit in der Lage, ihren Kunden eine komplette Angebotspalette anzubieten, die sich positiv auf das Unternehmensimage, die langfristige Kundenbindung und den Mehrwert für den Kunden auswirken kann (*Hettich/Hippner/Wilde* 2000, S. 1352 ff.). Weiterhin können Bemühungen zur Erweiterung der Produktpalette unter Umständen auch das weitere Wachstum des Unternehmens bestimmen. So kann eine gezielte Unternehmensakquisition zu einer Verbesserung der Cross- und Up-Selling Potenziale führen (*Schäfer* 2002, S. 2 ff.). Berücksichtigt man die Tatsache, dass es gerade im Internet wesentlich einfacher ist, diese Form der Absatzförderung zu realisieren, so sollte Cross- und Up-Selling in das unternehmensübergreifende Online-Marketing integriert werden, um nicht nur den Verkauf weiterer Produkte zu ermöglichen, sondern den Verkauf an den Kunden auch tatsächlich zu erzielen.

2.1.5 Online-Produktkonfiguration

Die grundsätzlichen Möglichkeiten der Interaktivität und Individualität kommen auch bei Online-Shops zunehmend zum Tragen. Im Rahmen der Online-Produktkonfiguration wird entsprechend versucht, dem Kunden bestimmte **Online-Individualisierungsmöglichkeiten** hinsichtlich des Produktes anzubieten (vgl. hierzu und im Folgenden *Kollmann* 2011a, S. 274 ff.). Zu diesem Zweck werden bestimmte Produkteigenschaften oder -zusammensetzungen mit Hilfe von Optionsmenüs durch den Kunden wählbar. Bei diesen sog. **E-Customization-Systemen** werden dem Kunden Wahlmöglichkeiten hinsichtlich eines vorgegebenen Sets an Produktvariationen vorgegeben, auf deren Basis der Kunde sein eigenes Individualprodukt zusammenstellen kann.

Der Gewinn ergibt sich bei der E-Customization von Produkten aus der Differenz des Preises des individualisierten Produktes und den Kosten für die individuelle Zusammenstellung. Da in der Offline-Welt in der Vergangenheit ein individualisiertes Produkt, durch die geringe Stückzahl und den höheren administrativen

Aufwand, im Allgemeinen höhere Kosten verursachte, konnte ein solches Produkt nur über einen höheren Preis angeboten werden, der den Preis eines standardisierten Produktes deutlich überstieg. Die Net Economy bietet verschiedene Möglichkeiten, die Transaktionskosten bzw. **Gesamtkosten** für bestimmte individualisierte Produkte zu senken, um sie somit Produkte annähernd zu dem Preis eines Standarderzeugnisses anbieten zu können (*Rebstock* 2000, S. 9 f.). So kann durch einen E-Shop eine größere Anzahl an potenziellen Kunden angesprochen werden als über einen stationären Einkaufsladen. Hierdurch können höhere Stückzahlen des individualisierten Produktes resp. einzelner Produktkomponenten ver- und somit auch eingekauft werden, wodurch sich die Einkaufskonditionen verbessern und die entsprechenden Kosten sinken. Zusätzlich bietet das Internet die Möglichkeit durch automatisierte Prozesse Kosten zu sparen. Beispielsweise können Geschäftsprozesse durch Integration des E-Shops und des Warenwirtschaftssystems eines Unternehmens automatisiert verbunden werden, um eine kostengünstigere Bearbeitung von Bestellungen zu ermöglichen.

Vorteile der **Selbstselektion im E-Shop** sind sowohl auf Kunden- als auch auf Betreiberseite vorhanden. Ein offensichtlicher Vorteil für den Kunden besteht in der vergrößerten Auswahl an Endprodukten auf der Basis verschiedener Kombinationsmöglichkeiten von Produktbestandteilen (*Scheer/Hansen/Loos* 2003, S. 7). Neben diesem quantitativen entsteht für den Kunden auch ein qualitativer Vorteil. So muss er – eine entsprechend große Auswahl an Komponenten im Angebot vorausgesetzt – keine Kompromisslösung erwerben, sondern kann sich ein Produkt zusammenstellen, das seinen individuellen Bedürfnissen entspricht (*Riemer/Klein* 2001, S. 141 ff.). Es ist davon auszugehen, dass der Kunde für dieses individuelle Produkt eine höhere Zahlungsbereitschaft aufweist, als für ein oftmals nicht vollends befriedigendes Standarderzeugnis. In dieser **erhöhten Zahlungsbereitschaft** besteht der erste Vorteil für die Betreiber, die somit einen höheren **Preis** für ihr Angebot verlangen können. Für den Shopbetreiber besteht dabei die Herausforderung, auf der Basis der Komponentenpreise für die Zusammenstellung einen Gesamtpreis zu kalkulieren, der den Mehraufwand für die individuelle Zusammenstellung und ggf. erhöhte Lagerkosten durch selten nachgefragte Komponenten berücksichtigt, aber dennoch nicht die Zahlungsbereitschaft des Kunden für die explizite Personalisierung übersteigt. Dabei ist zu berücksichtigen, dass dem Betreiber kaum Beratungs- und Opportunitätskosten hinsichtlich der Selektion der Bestandteile durch den Kunden entstehen, da dieser die Komponentenauswahl auf der Basis einmalig erstellter Menüs selbst durchführt und erst die letztendliche Bestellung eine Aktivität auf der Betreiberseite auslöst (*Stormer* 2007, S. 322 ff.). Neben dem entstehenden Vorteil einer potenziell höheren Gewinnmarge resultiert ein weiterer Vorteil für den anbietenden E-Shop in einer **höheren Kundenbindung**, die auf der erhöhten Interaktivität des Bestellprozesses einerseits und der Individualität des Erzeugnisses andererseits entsteht. Gelingt es dem Betreiber, bspw. durch das Angebot exklusiver Komponenten, dem Kunden ein Angebot fernab der üblichen Standardprodukte zu offerieren, ist davon auszugehen, dass sich der Kunde auch weiterhin an die Plattform wendet.

Nicht zuletzt vor einem ökonomischen Hintergrund ist die **Selektionsfähigkeit des Produktes** zu berücksichtigen. So eignet sich nicht jedes Produkt für eine indivi-

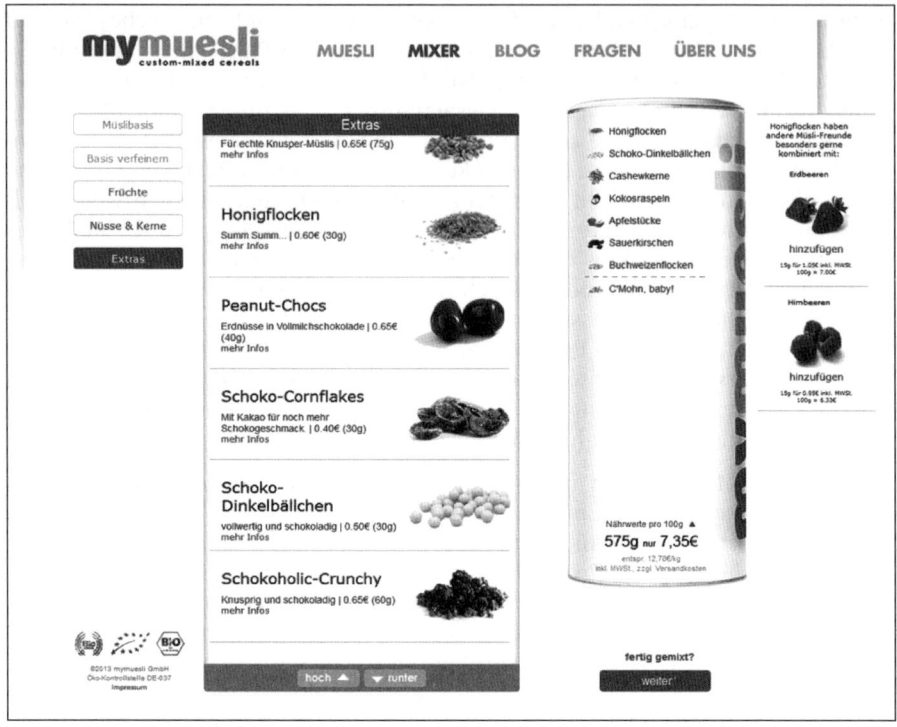

Abb. 20: Die Online-Produktkonfiguration am Beispiel von *mymuesli.de*

duelle Selektion (*Bliemel/Fassott* 2000, S. 193). Ein Grund dafür liegt darin, dass Kunden in der Regel über kein Expertenwissen hinsichtlich des Produktes verfügen und ihnen auch nicht zugemutet werden kann, sich dieses zeitaufwendig anzueignen. Vor diesem Hintergrund ist zunächst festzuhalten, dass sich – mit explizitem Bezug zu der Produkteignungsmatrix (s. Kapitel 2.1.1) – vorrangig solche Produkte für die Selbstselektion eignen, die sowohl durch einen geringen Beratungsaufwand und eine hohe Beschreibbarkeit, vor allem aber durch eine hohe Beurteilbarkeit der Komponenten und der Gesamtzusammenstellung charakterisiert sind. So kann ein Kunde zweifelsohne seine Armlänge und seinen Halsumfang durch entsprechende Messungen beurteilen und sich auf diese Weise ein passendes Hemd bestellen. Fraglich erscheint es allerdings, ob ein Laie in der Lage ist, aus der Vielzahl an Duftstoffen ein ansprechendes Parfüm zusammenzustellen. Besonders problematisch erscheint der Umstand, dass Kunden zwar den Geruch oder auch den Geschmack einzelner Inhaltsstoffe kennen, diese aber in Kombination nicht zwingend den Präferenzen des Kunden entsprechen müssen. Jedoch können derartige Probleme mit Hilfe eines Produktkonfigurators (*Scheer* et al. 2003, S. 7) überwunden werden, indem dem Kunden nicht alle individuellen Komponenten, sondern per Vorauswahl nur verschiedene **sinnvolle Kombinationsmöglichkeiten** angeboten werden. Ein weiteres Kriterium für die Selektionsfähigkeit des Produktes stellt die Wahrscheinlichkeit dar, mit der sich Geschmäcker

voneinander unterscheiden und verschiedene Ergebnisse als gleichwertig anzusehen sind. So sind im Nahrungsmittelbereich verschiedenste Zusammenstellungen
möglich und die Geschmäcker unterscheiden sich höchst individuell, weshalb hier
von einer hohen Selektionsfähigkeit auszugehen ist. Bestehen jedoch eindeutige
Ideallösungen – bspw. auf der Basis anatomischer Voraussetzungen des Kunden
oder gesellschaftlicher Konventionen – erscheint eine Selbstselektion wenig sinnvoll. Weiterhin spielen die Kosten und damit der Preisanstieg für die individuelle
Zusammenstellung eine große Rolle. So eignen sich vorrangig Produkte, die
unkompliziert und relativ kostengünstig individualisierbar sind (z. B. Müsli) sehr
gut, während aufwendige und kostenintensive Individualisierungen (z. B. Kunst)
wenig geeignet erscheinen.

Dies ist bspw. bei *mymuesli.de* zu beobachten, die am Markt damit werben, dass
die Kunden die Möglichkeit haben, aus verschiedenen Zutaten ihre eigene Müsli-
mischung zusammenzustellen (s. Abb. 20).

2.2 Nachfrageranalyse im elektronischen Absatz

Zusätzlich zu der Analyse der zu verkaufenden Produkte bzw. des Online-Angebots spielt die Analyse der potenziellen Online-Nachfrager der ausgewählten Produkte eine entscheidende Rolle für die Produktpolitik im elektronischen Absatz.
Produktanbieter sollten ihre Verkaufstätigkeit grundsätzlich am Kunden ausrichten und somit den Nachfrager in den Mittelpunkt aller Überlegungen stellen. Im
E-Business gibt es jedoch besondere Herausforderungen, die sich gerade für das
Online-Marketing hinsichtlich der Zielgruppe ergeben und die in sämtliche
absatzfördernden Maßnahmen miteinbezogen werden sollten. Da der elektronische Absatz durch einen **fehlenden persönlichen Kontakt** zwischen Käufer und
Verkäufer geprägt ist, sind die Unternehmen besonders darauf angewiesen, möglichst schnell und mit wenig Aufwand Wissen über ihre Kunden zu sammeln, um
die angebotenen Produkte besser an den Bedürfnissen der Kunden ausrichten zu
können. Die zielführende Ausrichtung marketingspezifischer Aktivitäten kann
erst dann erfolgen, wenn eine genaue Bestimmung der Zielgruppe durchgeführt
wird. Da im Optimalfall jede Person dieser Zielgruppe erkannt und adäquat angesprochen werden muss, ist es absolut notwendig, die gesammelten Informationen
über das spezielle Online-Kaufverhalten, über Vorlieben, Bedürfnisse, Erfahrungen usw. der Kunden in Wissen umzuwandeln, um daraus ein detailliertes Bild
der Nachfrager zu erstellen und ihnen personalisierte Angebote unterbreiten zu
können. Bevor diese Profilierung in Kapitel 5.2.5 im Rahmen einer umfassenden
Kommunikationspolitik genauer analysiert wird, stellt sich im folgenden Kapitel
zunächst die Frage, wie Zielgruppen selektiert werden und wie deren Erwartungen
bzw. Zufriedenheit und Verhalten gegenüber einem potenziellen Produktangebot
aussehen können, damit daraus im Anschluss ein größtmöglicher Nutzen für die
Produktpolitik abgeleitet werden kann.

2.2.1 Online-Marktsegmentierung

Eine Unterteilung des Absatzmarktes in homogene Käufersegmente ist in elektronischen Märkten ebenso notwendig wie in traditionellen Märkten, da auch hier die komplette Bearbeitung des gesamten Marktes kaum möglich ist. Die Einteilung in Untergruppen und die Strukturierung des gesamten Nutzerpotenzials werden zu **Online-Käufergruppen** bzw. **Online-Zielgruppen** zusammengefasst. Diese Ein- bzw. Abgrenzung der Zielkundschaft kann auf unterschiedliche Art und Weise erfolgen. Grundsätzlich ist bei der Marktsegmentierung darauf zu achten, dass die ausgewählten Unterscheidungskriterien für die unterschiedlichen Zielgruppen trennbar, messbar, substantiell und erreichbar sind (*Kotler/Bliemel* 2001). Dies gilt insbesondere vor dem Hintergrund, dass sich durch die Möglichkeiten der elektronischen Kunden- bzw. Zielgruppenansprache die generellen Vorteile des interaktiven und individuellen Informationsaustausches entfalten sollen.

Zur Einteilung des Online-Marktes können sehr unterschiedliche Kriterien herangezogen werden. Zu den klassischen **Segmentierungsansätzen** gehören insbesondere geografische und demografische Merkmale, die oftmals ohne großen Aufwand in Erfahrung gebracht werden können, aber auch soziokulturelle und verhaltensorientiert Merkmale (*Peter/Olson* 2001, S. 382):

- **Geografische Segmentierung**: Region, Stadt, Bundesland, Land, Bevölkerungsdichte, Klima etc.
- **Demografische Segmentierung**: Alter, Geschlecht, Familiengröße, Familienstand, Einkommen, Beruf, Ausbildung etc.
- **Soziokulturelle Segmentierung**: Kultur, Subkultur, Religion, Rasse, Nationalität, soziale Schicht etc.
- **Affektive und kognitive Segmentierung**: Wissen, Involvement, Einstellung, gesuchter Nutzen, Innovatoren, Adoptoren, Aufmerksamkeit, Risikowahrnehmung etc.
- **Verhaltensorientierte Segmentierung**: Mediennutzung, Loyalitätsstatus, Nutzungsgrad, Nutzungssituation etc.

Durch den eher geringen Aufwand werden gerne geografische und demographische Kriterien zur Einteilung verwendet, die sich allerdings nur für eine erste, grobe Einteilung der Zielgruppen eignen. Diese Kriterien werden jedoch im Hinblick auf die wachsende Komplexität und Unvorhersagbarkeit der Verhaltensweisen vieler Kunden zunehmend auch von **verhaltensorientierten Merkmalen** abgelöst (*Kollmann* 1998a; *Wiedmann/Frenzel/Buxel* 2001). Dies ermöglicht zumindest eine annähernde Typisierung der Zielgruppe, da die Einteilung in klassische Verbrauchergruppen (nach Alter, Geschlecht, Einkommen) im Online-Marketing nicht mehr hinreichend ist. Diese Verlagerung ist u. a. auch durch das Wachstum und die zunehmende Akzeptanz des Internets als Handelsmedium begründet, da beim elektronischen Geschäftsverkehr keine räumlichen Distanzen für den Bezug von Gütern überwunden werden müssen. Viele Kunden werden in ihrem Verhalten sehr wechselhaft und unbeständig, da sämtliche Angebote der Konkurrenz nur einen Mausklick entfernt sind. Aus diesem Grund wird heutzutage auch oft von **hybriden Konsumenten** gesprochen, die je nach Situation unterschiedliche

Bedürfnisse haben und ihr Kaufverhalten dementsprechend häufig ändern. Das führt zu der Notwendigkeit, die Kunden durch komplexe Analysen in verhaltenstypische Zielgruppen einzuteilen, da demographische und soziökonomische Merkmale nicht mehr in der Lage sind, dieser Komplexität Rechnung zu tragen (*Wedel/Kamakura* 2000) und die Neigung zum Online-Kauf nicht realistisch einschätzen können (*Vellido* 2000). Auch wenn diese Art der Zielgruppenanalyse (verhaltensorientierte Segmentierung) sehr aufwendig ist, muss sich das Unternehmen auf rein elektronische Informationen beschränken, die die Kunden bei jeder Transaktion und Interaktion mit dem Internet wie Spuren auf der Seite hinterlassen. Aus den gesammelten Informationen können dann Kundenprofile erstellt werden, die eine kundenindividuelle Marktbearbeitung ermöglichen und gleichzeitig kostengünstig und in Echtzeit realisierbar sind. Vorstufe dieser Profilerstellung ist allerdings zunächst die Definition der Zielgruppe, die generell mit der angebotenen Leistung angesprochen werden soll.

Zu den Verfahren, die auf verhaltensorientierte Merkmale zurückgreifen zählen insbesondere so genannte **Typencluster**, bei denen Kunden mit verschiedenen Merkmalsausprägungen (Nutzungsverhalten, Risikobereitschaft, Zufriedenheit mit realem Handel etc.) zu Gruppen zusammengeführt werden, die sich trotz einzelner Abweichungen in der Gesamtheit sehr ähneln. Generell wird jedoch davon ausgegangen, dass z. B. diejenigen im Internet kaufen, die a) das Internet schon längere Zeit nutzen (*Dahlén* 1999; *Novak/Hoffman/Yung* 2000), b) das Internet häufiger nutzen (*Hoffman/Karlsbeck/Novak* 1996) oder c) tendenziell auch mehr Zeit dort verbringen (*Rangaswarmy/Gupta* 2000).

Ein Beispiel für eine derartige Typenclusterung ist die sehr praxisorientierte **Zielgruppendefinition** von *Loevenich/Lingenfelder* (2004), die in einer Studie über 500 zufällig ausgewählte Online-Käufer in entsprechende Gruppen zusammengefasst haben. Kriterien zur Einteilung der Cluster/Gruppen waren u. a. Markenorientierung, Convenienceorientierung, Preisorientierung, Erlebnisorientierung, Einkaufsflexibilität und das wahrgenommene Risiko. Diese Kriterien wurden von den Befragten selbst bewertet und führten im Ergebnis zu einer Einteilung von sechs **Online-Käufergruppen**, die sich signifikant voneinander unterschieden haben (*Loevenich/Lingenfelder* 2004, S. 53 ff.):

- „Zeitknappe Conveniencekäufer": Diese Käufer sind mit dem stationären Einzelhandel unzufrieden und messen der persönlichen Bedienung wenig Gewicht bei. Sie nehmen beim Online-Shopping ein geringes Kaufrisiko wahr und schätzen besonders den Komfort und die Flexibilität beim Einkaufen.
- „Risikoscheue Markenmuffel": Diese Käufer sind mit dem stationären Handel sehr zufrieden. Sie empfinden beim Online-Shopping ein hohes Kaufrisiko und orientieren sich weniger an Marken. Komfort und Flexibilität sind unwichtig.
- „Preisorientierte Conveniencekäufer": Bei diesen Käufern stehen Preis und Komfort im Vordergrund. Die Zufriedenheit mit dem stationären Einzelhandel ist genauso gering, wie das empfundene Risiko beim Online-Shopping. Diese Gruppe verzeichnet eine hohe Affinität zum Distanzhandel.
- „Bedienungsorientierte Einkaufsmuffel": Diese Käufer haben eine geringe Erlebnis- und Markenorientierung, aber eine hohe Bedienungsorientierung. Sie

schätzen die Einkaufsflexibilität, sind aber eher rationale Versorgungskäufer, die dem Einkaufen und Marken generell distanziert gegenüberstehen.

- **„Allesforderer"**: Diese Käufer bewerten alle Merkmale hoch, was sich mit der Beschreibung des multioptionalen Konsumenten (*Liebmann/Zentes* 2001, S. 135) deckt. Sie stehen dem Online-Shopping positiv gegenüber, haben die höchste Preisorientierung und nutzen das Internet als Substitution des stationären Handels.
- **„Zahlungswillige Erlebniskäufer"**: Diese Käufer weisen eine sehr geringe Preisorientierung auf, dafür aber eine sehr hohe Marken- und Erlebnisorientierung. Sie sind mit dem stationären Handel zufrieden und legen nicht viel Wert auf Komfort und Einkaufsflexibilität. Sie unterliegen dem geringsten Zeitdruck beim Online-Kauf.

Eine weitere Typologisierung von Online-Shoppern ist die **Zielgruppendefinition** von *Rohm/Swaminathan* (2004), die in ihrer Studie 412 Shopper zu ihrer Motivation befragten, im Internet einzukaufen. Ausgangspunkt waren sechs verschiedene, in der Literatur bestätigte Einkaufsmotive anhand derer die Typologisierung vorgenommen wurde. Dazu zählen vor allem Einkaufskomfort, durch den sich besonders Zeit und Aufwand reduzieren lassen, die Informationssuche, die besonders im Internet erleichtert und individualisiert werden kann, der unmittelbare Besitz des Produktes, der im Internet nur bedingt möglich ist und die soziale Interaktion, die durch den Kontakt zu anderen Menschen während des Einkaufens stattfindet. Außerdem wird noch das Shoppingerlebnis und Wechselneigung miteinbezogen. Auch hier wurden die Teilnehmer mittels einer Cluster-Analyse gruppiert, um gewisse Ähnlichkeiten aufzudecken. Im Ergebnis standen vier unterschiedliche **Einkaufstypen** (*Rohm/Swaminathan* 2004, S. 752 ff.):

- **„Convenience-Shopper"**: Dieser Gruppe ist es sehr wichtig, den Aufwand des Einkaufes so gering wie möglich zu halten. Ihnen sind das Einkaufserlebnis und die soziale Interaktion nicht wichtig und sie neigen auch nicht dazu, häufig das Produkt zu wechseln.
- **„Variety Seeker"**: Diese Gruppe neigt dazu, die Vielfalt des Angebots auszukosten und Produkte/Marken häufig zu wechseln. Sie müssen das Produkt nicht unbedingt sofort in den Händen halten und legen ein bisschen Wert auf den Einkaufskomfort.
- **„Balanced Buyer"**: Diese Einkäufer bewerten alle Motive als wichtig, finden aber keins dieser Motive als besonders ausschlaggebend. Dieser Gruppe ist eher die Ausgewogenheit zwischen Komfort, Abwechslung, Shoppingerlebnis und Informationssuche wichtig.
- **„Store-Oriented Shopper"**: Dies Gruppe bewertet das Einkaufserlebnis und die soziale Interaktion als sehr wichtig. Außerdem legen sie viel Wert darauf, die Produkte physisch zu prüfen und sie gegebenenfalls sofort mitzunehmen.
- Die **Zielgruppendefinition** von *Brengman* et al. (2005) fokussiert sich auf Values und Lifestyles der Internet Shopper, um darauf aufbauend eine Segmentierung vorzunehmen. Sie machen bei ihrer Typologisierung eine Unterscheidung zwischen Käufern und Nicht-Käufern, um daraus ableiten zu können, welche „Typen" die Nicht-Käufer sind und wie man sie effektiver ansprechen und ihnen den Kauf schmackhaft machen kann. Unter Käufer fallen all diejenigen,

die innerhalb der letzten zwei Monate vor Befragung im Internet gekauft haben. Im Ergebnis waren die Käufer folgende „**Typen**" (*Brengman* et al. 2005, S. 84 f.):

- „**Tentative Shoppers**": Zu dieser Gruppe gehören die zaghaften und zögernden Käufer, die das Einkaufen nicht unbedingt genießen. Sie haben zwar kaum Bedenken bezüglich der Sicherheitsrisiken im Internet, sie sehen das Online-Shoppen aber auch nicht als wesentlich komfortabler oder günstiger.
- „**Suspicious Learners**": In dieser Gruppe sind überwiegend die Käufer, die in der Regel eher wenig Internet-Affinität aufweisen und daher ängstlich und nur mit großen Bedenken einkaufen. Insgesamt stehen sie dem Online-Shoppen recht negativ gegenüber und erwarten daher, dass das Kaufen sehr einfach und kundenfreundlich ist, um den Bedenken entgegenzuwirken.
- „**Shopping Lovers**": Diese Käufer sind begeisterte Online-Shopper. Sie schätzen das Internet in all seinen Facetten und nutzen es nicht nur für regelmäßige Einkäufe, sondern auch für Unterhaltungs- und Businessaktivitäten. Sie sind in der Regel sehr neugierig und stöbern gerne neue Seite auf.
- „**Business Users**": Zu dieser Gruppe gehören die Käufer, die das Internet hauptsächlich im Rahmen geschäftlicher Aktivitäten nutzen. Sie sehen das Internet als wertvollen Zusatz zu ihrem Leben und entdecken gerne neue Möglichkeiten, wie ihnen das Internet das Leben erleichtern kann.

Die **Nicht-Käufer** konnten folgendermaßen typologisiert werden (*Brengman* et al. 2005, S. 86 f.):

- „**Fearful Browsers**": Zu dieser Gruppe gehören die gut ausgebildeten und neugierigen Surfern, die sich gerne und viel im Internet aufhalten. Allerdings hält sie ihr starkes Misstrauen bezüglich der Sicherheit und der allgemeinen Vorteilhaftigkeit des Internets in Fragen des Online-Shoppings von tatsächlichen Einkäufen ab.
- „**Positive Technology Muddlers**": In dieser Gruppe sind diejenigen Nicht-Käufer, die absolut unsicher im Umgang mit Technik und daher dem Internet sind und daher das Online-Shopping als große und schwierige Aufgabe ansehen. Generell sind sie dem Online-Shopping jedoch positiv gestimmt und haben (auch aus Unwissenheit) wenig Angst vor Sicherheitslücken und Datenmissbrauch.
- „**Negative Technology Muddlers**": Diese Nicht-Käufer sind ebenfalls absolut unsicher im Umgang mit technischen Dingen, haben aber insgesamt auch eine sehr negative Einstellung dem Internet gegenüber. Sie sind überzeugte Nicht-Käufer und lassen sich auch nicht durch Freunde und Bekannte von ihrer Meinung abbringen.
- „**Adventurous Browsers**": Diese Surfer stehen dem Internet sehr positiv gegenüber und sind von den Möglichkeiten bezüglich des Online-Shopping begeistert. Sie sind diejenigen, die kurz vor einem tatsächlichen Kauf stehen und im Anschluss mit großer Wahrscheinlichkeit zu „Shopping Lovers" werden. Bisher konnten sie sich jedoch nicht überwinden, etwas zu kaufen.

Eine weitere Klassifikation kann in der aktuellen Studie „Digital Shopper Relevancy" von *Capgemini* (2012) gefunden werden. Hier wurde untersucht, wie

Shopper die digitalen Kanäle nutzen um ihre Kaufentscheidungen zu treffen und welche Produkte über welche Kanäle in der Regel gekauft werden. Dazu wurden 16.000 Interviews in 16 Ländern in Bezug auf die Produktkategorien Lebensmittel, Gesundheit & Körperpflege, Fashion, Heimwerkerprodukte (DYI) und Elektronik durchgeführt. Im Ergebnis standen folgende **Online-Käufertypen** (*Capgemini* 2012):

- **„Techno Shy Shoppers"** (13,3%): Sind nicht an neuen Technologien interessiert und nutzen selten digitale Kanäle, um einzukaufen oder sich über Produkte zu informieren.
- **„Occasional Online Shopper"** (16,1%): Sind eher weiblich und kaufen nur sehr wenig online und nutzen das Internet eher zum Produktvergleich. Mobile Apps oder Social-Media-Netzwerke werden eher selten genutzt durch diesen Online-Käufertyp.
- **„Value Seekers"** (13,5%): Haben geringes Interesse an digitalem Shopping und mobilen Apps. Sie sind sehr preisbewusst und kaufen hauptsächlich Fashion & Gesundheitsprodukte und sind eher weiblich.
- **„Rational Online Shoppers"** (14,7%): Kaufen hauptsächlich Produkte im Bereich Fashion & Elektronik und sehen das Internet als bevorzugten Shopping-Kanal. Sie haben aber dennoch wenig Interesse an Social Media und mobilen Apps. Die geschlechtsspezifische Ausprägung ist in etwa ausgeglichen.
- **„Digital Shopaholics"** (17,6%): Sind Early Adopters, die mit Online-Händlern interagieren und Meinungen zu Produkten abgeben. Sie nutzen Social Media Netzwerke intensiver und sind eher männlich ausgeprägt.
- **„Social Digital Shoppers"** (24,8%): Sind sehr Internet- und Social Media-orientiert und nutzen alle Online-Kanäle für Produktbewertungen usw. Sie sind in der Regel eher jünger und haben eine geringere Kaufkraft.

Berücksichtigt wurde dabei, in welcher konkreten Phase des Kaufprozesses sich der Befragte befand, welcher Werbekanal genutzt wurde und von welchem Gerät (Internet/Mobile) aus die Aktion stattfand.

Je nach Untersuchungsdesign können auch andere Typen aus der Analyse resultieren. Wichtig für das Online-Marketing ist jedoch, dass sich bewusst für oder gegen eine Zielgruppe entschieden wird, damit im Anschluss eine präzise und zielgerichtete Verkaufsstrategie erarbeitet werden kann. Die Bearbeitung der Online-Zielgruppe(n) erfolgt durch **verschiedene Verkaufsstrategien**, die mit Hilfe unterschiedlicher Zusammensetzung der Marketing-Instrumente definiert werden. Je heterogener die Zielgruppen untereinander sind, desto eher lohnt sich die Verfolgung unterschiedlicher Strategien zur Bearbeitung der unterschiedlichen Segmente. Zu viele verschiedene Marktbearbeitungsstrategien können sich jedoch auch nachteilig auf den Unternehmenserfolg in der Net Economy auswirken, da sie zu erhöhten Ausgaben führen und unter Umständen die Kunden irritieren, sofern sie nicht eindeutig trennbar sind. Daher lohnt sich die Konzentration auf einige wenige, aber eindeutig identifizierbare und trennbare Zielgruppen, die im weiteren Verlauf der Unternehmung bearbeitet werden.

2.2.2   Online-Netto-Nutzen-Analyse

Neben den allgemeinen Voraussetzungen bezüglich der Produkteignung und den Möglichkeiten der Produktdarstellung geht es innerhalb der Produktpolitik auch darum, das Produktangebot so bereitzustellen, dass der **Gesamtnutzen des Online-Einkaufens** größer ist als der Aufwand, den potenzielle Kunden aufbringen müssen, um im Internet ihren Produktwünschen nachzukommen. Dies kann im Prinzip als notwendige, aber nicht hinreichende Bedingung für den Erfolg eine Unternehmens gesehen werden, da der Nutzen nicht nur größer als der Aufwand sein muss, sondern der Nettonutzen des Online-Einkaufs auch größer sein muss als derjenige des traditionellen Handels. Erst wenn der wesentliche Vorteil des Internets von Unternehmen voll ausgeschöpft wird, kann dieses Unternehmen dazu beitragen, dass das Online-Shopping im direkten Vergleich zum traditionellen Shopping in den Augen der Kunden mehr Nutzen stiftet. Warum sollten Kunden sonst das Internet als Vertriebskanal dem realen Handel bevorzugen? Die Frage des Nettonutzens ist somit nicht allein ein Thema innerhalb der Produktpolitik, sondern steht auch in enger Verbindung mit den anderen Bereichen des Marketing-Mix. Zunächst ist hierbei zu berücksichtigen, dass der Nettonutzen in erster Linie vom Produkt- bzw. Leistungsangebot abhängt, das vorteilig über das Internet zu beschaffen sein muss. Allerdings lässt sich das Nettonutzen-Konzept nicht allein auf die Vorteilhaftigkeit des Angebotes zurückführen, vielmehr geht es darum, den Gesamtnutzen (also auch den Preis, oder die Einkaufsbedingungen) zu erhöhen. Erst das Zusammenspiel mehrerer Faktoren begünstigt oder erschwert die Erhöhung des Gesamtnutzens (s. Abb. 21).

Bei der Abbildung 21 des Nettonutzen-Konzeptes wird deutlich, dass Aufwand und Nutzen von erhöhenden und vermindernden Faktoren abhängen und diese in ihrer Gesamtheit gegeneinander aufgewogen werden. Dabei wird auf der einen Seite mit dem Online-Produktkauf ein Nutzen, auf der anderen Seite aber auch ein Aufwand verbunden. Diese beiden Seiten werden im **Nettonutzen-Konzept** (s. Abb. 21) zusammengefasst, anhand dessen eine Online-Produktbewertung (Vorteilhaftigkeit des Angebotes) ermöglicht wird (*Billen* 2004, S. 343; *Gareis/Kortel/Deutsch* 2000, S. 147). Hintergrund ist dabei die Tatsache, dass Angebote im Online-Bereich nicht nur als eigenständiges Produkt wahrgenommen werden, sondern auch die Art und Weise des elektronischen Einkaufs damit verbunden wird. Als Beispiel könnte man das Produkt „Konzert-Ticket" nennen. Auch wenn das E-Potenzial anhand der Bewertungskriterien relativ hoch ist, würde ein tatsächlicher Online-Kauf z. B. nicht stattfinden, wenn nicht auch die Begleitumstände als akzeptabel eingestuft werden würden (z. B. Lieferzeit, Datenschutz). Das hängt damit zusammen, dass Produkte in der Regel sowohl Offline als auch Online erworben werden können. Während aber die Begleitumstände des Offline-Kaufs (z. B. Benzinverbrauch für Stadtfahrt) stillschweigend akzeptiert und über jahrzehntelange Gewöhnungseffekte aus der Produktbewertung quasi verschwunden sind, muss sich das Produkt beim Online-Kauf über ein neues Verkaufsmedium wie dem Internet auch anhand der neuen bzw. ungewohnten Begleitumstände messen lassen. Diese werden zusätzlich noch mit den bisherigen, bekannten und lange erlernten Begleitumständen verglichen, wodurch die Online-

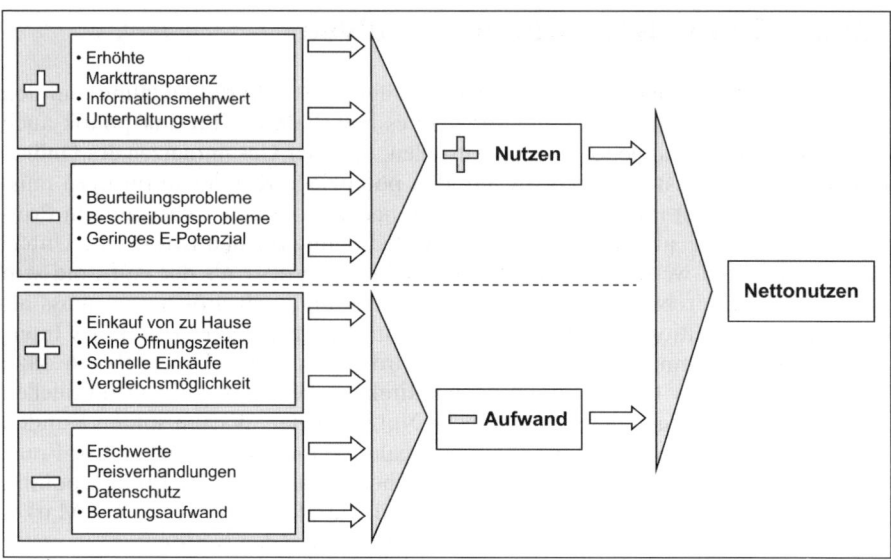

Abb. 21: Das Nettonutzen-Konzept
  Quelle: in Anlehnung an *Billen* 2004, S. 343.

und Offline-Bedingungen verschmelzen und sich auch gegenseitig beeinflussen können.

Die Entstehung des Netto-Nutzen-Konzepts ist auf den **Uses-and-Gratifications-Ansatz** zurückzuführen (*Elliot* 1974, S. 253 ff.). Dieser Ansatz besagt, dass die wahrgenommene Belohnung, die aufgrund der Handlung (Kauf) vom Kunden erwartet wird, ausschlaggebendes Motiv für die Kaufentscheidung ist. Das Netto-Nutzen-Konzept versteht diese Gratifikation nun als (Netto-)Nutzen (*Billen* 2004, S. 339). Der Netto-Nutzen ist dabei die Differenz aus Nutzensumme und der Aufwandssumme. Um den Netto-Nutzen zu steigern, muss sich entweder der Nutzen für den Kunden erhöhen oder der Aufwand verringern. Beeinflusst werden können die Nutzen- und Aufwandssumme sowohl durch die Vorteile, die das Online-Produkt mit sich bringt, als auch durch eine Abschwächung gewisser Nachteile. Je positiver die Vorteile (+) und je schwächer die Nachteile (–), desto höher die Nutzensumme bzw. geringer die Aufwandssumme. Je höher dann die Nutzen- (+) bzw. je geringer die Aufwandssumme (–), desto größer ist am Ende der Gesamtnutzen (oder Netto-Nutzen), der dann darüber entscheidet, ob die Online-Produktbewertung positiv ausfällt und der Online-Kauf durchgeführt wird.

Jedes Unternehmen im Internet muss nun im Rahmen seiner beeinflussbaren Möglichkeiten dafür sorgen, dass die Information und Kommunikation der Vorteile den resultierenden Nutzen erhöht bzw. den wahrgenommenen Aufwand reduziert. Dazu gehört bspw. die Auswahl von Produkten mit einem hohen „**E-Potenzial**", die offene Darstellung von Datenschutzaspekten und Sicherheitsmaßnahmen für den Zahlungsverkehr bzw. die umfangreiche und hilfreiche Online-Produktdarstellung. Auch verschiedene prozessuale Automatisierungs-möglichkeiten helfen dabei, die wahrgenommenen Vorteile so zu erhöhen, dass die Aufwandsumme möglichst gering gehalten wird (s. Abb. 21).

2.2.3 Online-Risikowahrnehmung

Bevor nun das Kaufverhalten, die Käufererwartungen und die Kundenzufrieden-heit analysiert werden, lohnt es sich, die Aufmerksamkeit auf die Faktoren zu lenken, die generell über Kauf oder Nicht-Kauf beim Online-Kunden entschei-den. Kaufabbrüche werden häufig mit der fehlenden Möglichkeit zur physischen Produktbeurteilung vor dem Kauf, der Angst vor Datenmissbrauch und Unsi-cherheit über die Abwicklung finanzieller Transaktionen erklärt (*Herrmann/Sulz-meier* 2001; *Pohl/Litfin/Wilger* 2000), was im Ergebnis zu einem negativen Netto-nutzen führen kann. Folglich wird dann der Online-Kauf mit vergleichsweise höheren Risiken verbunden als der Kauf im realen Handel (*Bauer/Sauer/Becker* 2003). Somit ist das wahrgenommene Risiko eines Online-Kaufs ein entscheiden-der Bestimmungsparameter des Online-Käuferverhaltens. Als Risiko wird hierbei der potenzielle Verlust betrachtet, der als Konsequenz einer Handlung (Online-Kauf) eintreten kann. Wahrgenommenes Risiko ist somit nicht das faktische oder objektive Risiko, sondern das **subjektive, individuell empfundene Risiko** (*Bauer* 1960). Grundsätzlich wird dabei zwischen drei Einflussgrößen unterschieden (*Bauer/Sauer/Becker* 2003, S. 186 ff.; *Bänsch* 1998, S. 70 ff.; s. Abb. 22):

Bei den **personenbezogenen Einflussgrößen** spielen in erster Linien die **Kauferfah-rungen**, die Käufer im Internet gemacht haben, eine wichtige Rolle, da prinzipiell davon ausgegangen wird, „dass Erfahrungen bestimmte Lernprozesse in Indivi-duen auslösen, die Verhaltensänderungen nach sich ziehen" (*Bauer/Sauer/Becker* 2003, S. 189). Somit kann das wahrgenommene Risiko eines Online-Kaufes im Laufe der Zeit variieren und sich dynamisch verändern. Zwar erhöht sich durch mehr Erfahrung die Beurteilungssicherheit, wodurch das Risiko minimiert wird (*Panne* 1977), allerdings kann teilweise auch eine Risikosensibilisierung stattfin-den, die wiederum das Bewusstsein hinsichtlich möglicher Gefahren schärft und damit das wahrgenommen Risiko wieder erhöht. Die Kauferfahrung im Internet wird somit hauptsächlich von der Kaufhäufigkeit und der Zufriedenheit mit den getätigten Käufen bestimmt. Dabei geht es jedoch nicht um getätigte Käufe bei einem bestimmten Unternehmen, sondern vielmehr um die Gesamtzufriedenheit mit dem Medium Internet als alternative Einkaufstätte.

Der zweite Faktor ist die **Internet-Affinität** des Käufers, die sich u. a. in der Nut-zungsintensität und Nutzungsdauer des Mediums widerspiegelt und sich auch wiederum positiv auf den Lerneffekt auswirkt. Hierbei geht es um die im Internet durchschnittlich verbrachte Zeit und die Dauer, in der das Internet überhaupt genutzt wird. Je intensiver und länger das Internet genutzt wird, desto geringen sind die Akzeptanzbarrieren bezüglich des Online-Kaufes (*Bauer/Fischer/Sauer* 1999; *Lohse/Bellman/Johnson* 2000) und desto höher ist die Kaufwahrscheinlich-keit. Der dritte Faktor ist das **Selbstvertrauen** des Käufers, das einerseits auf allge-

meiner Ebene (situationsunabhängig) aber auch auf spezifischer Ebene (kontext-
bezogen) evaluiert werden kann. Diese psychologischen Merkmale werden in der
Regel zu den Einflussgrößen gezählt, obwohl sie jedoch auf der allgemeinen
Ebene eher Randgrößen für das wahrgenommene Risiko darstellen. Wichtiger ist
dafür das spezifische Selbstvertrauen, das sich auf die Beurteilung einer bestimm-
ten Entscheidungssituation beschränkt und sich z. B. in der Bewertung einer Pro-
duktmarke widerspiegelt. Als letzter Faktor können Soziodemographika, wie z. B.
Alter, Geschlecht und Einkommen genannt werden. Besonders über geschlechter-
spezifisches Risikoverhalten und altersabhängige Verhaltensweisen wird in der
Literatur viel diskutiert (*Mitchell/Vassos* 1997; *Jungwirth* 1997). Demnach sind
Frauen generell treuer und weniger experimentierfreudig als Männer, und ältere
Menschen stabiler und habitueller in ihren Verhaltensweisen, was sich insgesamt
wiederum auf das wahrgenommene Risiko auswirkt. Auch hinsichtlich des Einkommens der Kunden herrscht noch keine wissenschaftlich akzeptierte Meinung.
Trotzdem wird allgemein davon ausgegangen, dass die Höhe des Einkommens
negativ mit der Markentreue korreliert aber positiv mit der Abwechslungsnei-
gung.

Unter die **produktbezogenen Einflussgrößen** fallen hauptsächlich die Neuartigkeit,
der Wert oder Preis und die Komplexität des angebotenen Produktes (*Bänsch*
1998, S. 82). Insbesondere im Internet angebotene Waren oder Zusatzleistungen
haben oftmals einen innovativen Charakter. Kunden müssen erst lernen, diese
neuartigen Produkte zu gebrauchen, damit das Produkt an Akzeptanz gewinnen
kann. Wenn der Kunde also ein Produkt kauft, das er noch nicht kennt bzw.
Funktion und Nutzen noch nicht abschätzen kann, so wirkt sich dies auf das
empfundene Risiko eines Kaufes aus. Sicherlich hängt dies auch stark von dem
Wert eines Produktes ab. Je nach Preislage variiert auch die Intensität, mit der
sich der Kunde mit der Kaufentscheidung auseinandersetzt. Das heißt also, dass
der Kauf von Produkten, bei denen der finanzielle Wert eher gering ist, nicht als
riskant empfunden wird und die Kaufentscheidung relativ schnell fällt, da die
Konsequenz des finanziellen Verlustes unerheblich ist.

Der Wert eines Produktes muss jedoch nicht unbedingt auf seinen finanziellen
Wert reduziert werden, auch der soziale Signalwert kann hier entscheidend sein.
Handelt es sich z. B. um ein Markenprodukt, das der Kunde haben möchte, um
seinen Status nach außen hin zu unterstreichen (Statussymbol) oder wodurch er
sich in seinem sozialen Umfeld mehr Anerkennung und Akzeptanz erhofft, so
muss das wahrgenommene Risiko nicht ausschließlich finanzieller Natur sein. Ein
weiterer produktbezogener Aspekt ist die Komplexität des Produktes, die sich mit
zunehmendem Grad auch stärker auf das wahrgenommene Kaufrisiko auswirkt.
Eine Möglichkeit, Produkte nach ihrem Komplexitätsgrad einzuteilen, ist die
Gruppierung in Convenience Goods, Shopping Goods und Specialty Goods
(*Copeland* 1925). **Convenience Goods** werden z. B. ohne großen Aufwand gekauft,
da sie regelmäßig und schnell gekauft werden (Lebensmittel, Haushaltswaren
etc.). Convenience Güter werden allerdings eher selten im Internet gekauft, sondern vielmehr im Supermarkt um die Ecke. Bei **Shopping Goods** hingegen betreibt
der Käufer typischerweise mehr Aufwand, um z. B. Qualität und Preise zu vergleichen, da es sich hier um langlebigere Güter handelt, die meist auch einen nicht

unerheblichen finanziellen und sozialen Wert für den Kunden haben. Hierunter fallen z. B. Elektrogeräte, größere Haushaltsgeräte oder Reisen. Diese Produktgruppe wird heutzutage überwiegend im Internet gekauft, da die technischen Voraussetzungen einen relativ leichten und schnellen Vergleich von Produkten verschiedenster Anbieter ermöglichen, wodurch der wesentliche Informationsvorteil bei der Internetnutzung zum Tragen kommt. **Specialty Goods** weisen einen noch komplexeren Charakter auf, da diese vom Kunden „aufgrund seiner spezifisch ausgeprägten Anspruchshaltung unter Hinnahme erheblichen Aufwandes" (*Bänsch* 1998, S. 82) ausgewählt werden. Hierunter fallen z. B. Häuser, Fotoausrüstungen oder Schmuck. Zum Kauf dieser Produkte wird das Internet eher seltener genutzt, vielmehr lohnt es sich Informationen zu diesen Produkten über das Internet zu beschaffen, um eine noch bessere Entscheidungsgrundlage für den nicht-elektronischen Kauf zu generieren. Das Risiko, das in Verbindung mit dem Kauf der Specialty Goods steht, ist unverhältnismäßig hoch und wirkt sich daher abschreckend auf einen Online-Kauf aus.

Bei den **situationsbezogenen Einflussgrößen** geht es in der Regel um Rahmenbedingungen, die den Kauf und die Nutzung des Produktes bestimmen. Beispiele hierfür sind **zeitliche Restriktionen**, **sozialer Druck**, der **Verwendungszweck** oder aber auch **lokalitätsbezogene Faktoren**. In manchen Situationen unterliegt der Kunde beim Produktkauf einem gewissen Zeitdruck, da er z. B. ein schnelles Geschenk oder ein nur kurzfristig gültiges Angebot haben möchte. Teilweise unterliegt der Kunde mit seiner Kaufentscheidung auch einem sozialen Druck, da das Erreichen bestimmter Ziele manchmal durch den Kauf eines Prestigeproduktes (oder Markenartikels) an die Außenwelt symbolisiert werden soll. Je nachdem in welcher sozialen Situation und zu welchem Zweck das Produkt gekauft werden soll, wird auch das wahrgenommene Risiko beeinflusst. Unter diesen Gesichtspunkt fallen auch Reaktionen auf emotionale Reize (*Lieven/Tomczak* 2012, S. 73), wie sie z. B. aufdringliche Verkäufer auslösen können bzw. dass besonders attraktive Verkäufer die Wahrscheinlichkeit eines Spontankaufs erhöhen. Diese emotionalen Reize können im Internet ohne weiteres ausgeblendet werden, da die persönlichen Interaktionen zwischen Käufer und Verkäufer, die diesen Situationen oft zu Grunde liegen, nicht oder nur eingeschränkt stattfinden. Ein anderer Aspekt bei den situationsbezogenen Einflussgrößen ist der Verwendungszweck des Produktes und die damit verbundene Nutzenstiftung bzw. **Nutzungssituation**. Je nachdem für welchen Zweck das Produkt gekauft wird oder in welcher Umgebung/Situation es konsumiert/genutzt wird, verändert sich auch das wahrgenommene Risiko des Kaufes. Ist das Produkt z. B. nur für den persönlichen Gebrauch zu Hause gedacht, so ist das Kaufrisiko sicherlich anders zu bewerten, als bei Geschenken für sehr enge Freunde oder festliche Anlässe. Außerdem ist bei persönlicher Verwendung eine Unterscheidung hinsichtlich der Nutzungsintensität und der Außenwirkung zu machen, da z. B. Produkte für den täglichen Gebrauch (Convenience Goods) eher selten teure Markenprodukte sind und als risikoarm betrachtet werden, da sie häufig eher aus Zweckmäßigkeit gekauft werden, wohingegen Produkte, die nach außen hin sichtbar sind und damit bestimmte Signale an die Umwelt senden, teilweise auch unter Berücksichtigung ihrer Außenwirksamkeit bewertet und gekauft werden.

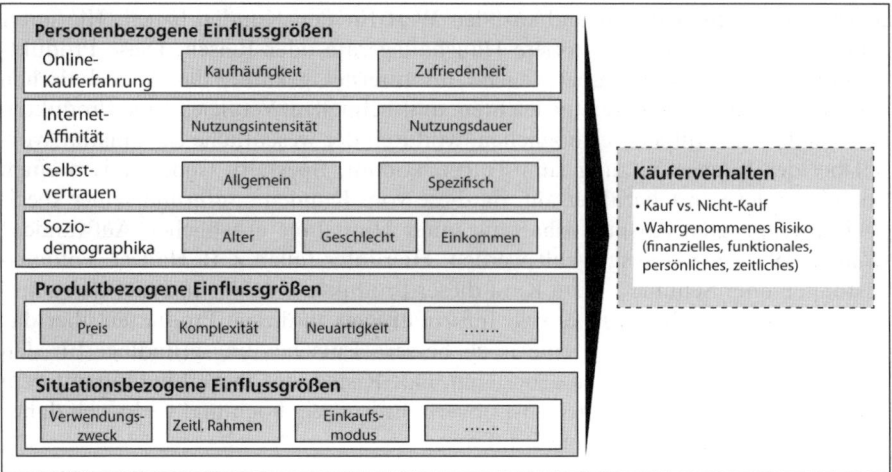

Abb. 22: Einflussgrößen auf das wahrgenommene Risiko bei Internetkäufen
Quelle: *Bauer/Sauer/Becker* 2003, S. 187.

Insgesamt sollte man berücksichtigen, dass die Einflussgrößen nicht abgegrenzt voneinander betrachtet werden dürfen, da sie teilweise eng miteinander verknüpft sind und sich unter Umständen sogar gegenseitig beeinflussen. Das resultierende, wahrgenommene Risiko, dass von den einzelnen Faktoren bestimmt wird, kann dabei jedoch ganz unterschiedliche Ausprägungen annehmen. Bei *Bauer/Sauer/ Becker* (2003) wird zwischen funktionalem, finanziellem, persönlichem und zeitlichem Risiko unterschieden. Das **funktionale Risiko** bezieht sich hierbei auf die Tatsache, dass im Internet die physische Überprüfbarkeit der Qualität und Funktionalität eines Produktes nicht stattfinden kann. Daher muss der Kunde ein Informationsdefizit in Kauf nehmen und riskiert damit, dass das gekaufte Produkt nicht die Funktionalitäten aufweist, die es zur ursprünglichen Bedürfnisbefriedigung haben sollte (*Jarvenpaa/Todd* 1996). Das **finanzielle Risiko** hingegen bezieht sich auf den monetären Verlust, der im Falle einer Rücksendung oder Reklamation entsteht oder durch Datenmissbrauch während der Übertragung der Transaktionsdaten. Insbesondere bei der Übertragung der Kreditkartennummern ist das empfundene Risiko besonders groß (*Peet* 2000), obwohl es heutzutage bereits ausgereifte Verfahren zur Erhöhung der Sicherheit gibt (*Fochler* 2000). Das **persönliche Risiko** bezieht sich in erster Linie auf den Missbrauch persönlicher Angaben, die Kunden bei Transaktionen im Internet machen müssen. Das wahrgenommene Risiko erhöht sich dadurch, dass u. U. die Privatsphäre des Kunden gestört wird, wenn ein unautorisierter Zugriff der Daten (z. B. E-Mail-Adresse) stattfinden kann und dadurch Dritte die Möglichkeit haben, der Person in irgendeiner Form zu schaden. Wahrung der Privatsphäre und Gewährleistung von Anonymität sind hier also die ausschlaggebenden Parameter auf das empfundene, persönliche Risiko. Die vierte und letzte Ausprägung des Risikos ist das **zeitliche Risiko**. Im Internet kann eine direkte Lieferung nur bei sog. Informationsprodukten (bestehend aus 0/1 Informationen) stattfinden. In den meisten Fällen ist jedoch eine zeitliche Verzögerung hinzunehmen, mit der das Produkt letzten Endes beim Kunden ankommt. Der Zeitverlust der physischen Lieferung wird durch eventuell notwendige Rücksendungen oder Umtauschaktivitäten noch weiter erhöht, wodurch sich das wahrgenommen Risiko weiter verstärkt.

Das in Abbildung 22 vorgestellte Modell von *Bauer/Sauer/Becker* (2003) zeigt auf, in welcher Beziehung Einflussgrößen, Risikowahrnehmung und Kauf/Nicht-Kauf zueinander stehen. Es wird deutlich, dass die oben beschriebenen Einflussgrößen (Person, Produkt, Situation) einerseits direkt das Kaufverhalten determinieren, aber auch indirekt über das wahrgenommene Risiko Einfluss auf die Entscheidung über Kauf oder Nicht-Kauf nehmen. Die empirischen Ergebnisse zu dieser Studie zeigen, dass zunächst das persönliche Risiko weniger zum Gesamtrisiko beiträgt, als die anderen Risikoausprägungen und eher latent über Kauf/Nicht-Kauf entscheidet. Das finanzielle Risiko hingegen hat den stärksten Einfluss auf die Kaufentscheidung. Des Weiteren wurde festgestellt, dass die Faktoren der Einflussgrößen unterschiedliche Bedeutung für die Kaufentscheidung haben. Insbesondere die Faktoren Kaufhäufigkeit, Zufriedenheit und spezifisches Selbstvertrauen haben den größten Einfluss auf das wahrgenommene Risiko, wohingegen Soziodemographika und Internet-Affinität eher unbedeutend sind.

2.2.4 Online-Käuferverhalten

Wie auch die langfristige Zielsetzung eines Unternehmens hinsichtlich eines Gebrauchs von Online-Marketing aussehen mag, der Grundsatz der Kundenorientierung muss immer dahinterstehen. Eine eingehende Käuferanalyse ist deshalb für die Einschätzung der Kundenbedürfnisse unerlässlich. Erst wenn die Bedürfnisse klar definiert werden können, kann sich das Angebot an den Kunden orientieren und entsprechend aufgebaut und kommuniziert werden. Das Internet ermöglicht es, **Kundenbedürfnisse** auf ganz andere Art und Weise herauszufiltern, die einerseits sehr vorteilhaft (durch die Automatisierung der Datenerfassung), andererseits aber auch schwieriger (durch die restriktive Verwendung elektronischer Daten) werden als im realen Handel. In den meisten Fällen bleibt dem Unternehmen nur, die Bewegungen der Kunden festzuhalten und zu skizzieren, um daraus allgemeingültige Bedürfnisse aufgrund des Verhaltens abzuleiten. Klicken z. B. *amazon.com*-Kunden mehrmals auf Seiten von bestimmten MP3-Playern, so kann man daraus ableiten, dass der Kunde möglicherweise in naher Zukunft einen MP3-Player kaufen oder verschenken möchte. Schlussfolgernd kann ihm dann ein spezielles Angebot aufgrund seines Verhaltens gemacht werden. Gezielte Werbemaßnahmen können mittels sehr unterschiedlicher Methoden eingesetzt werden, allerdings bauen sie fast immer auf der Interaktion des Kunden mit der Webseite auf (s. hierzu auch One-to-One-Marketing, Kap. 5.1.6).

Die Daten über das Verhalten der Kunden können vom Unternehmen einerseits direkt über die eigene Seite durch die Speicherung der sog. **Nutzerspuren** generiert und gesammelt werden, andererseits aber auch durch Eigenrecherche aus der externen Umgebung herausgefiltert werden. Eine Analyse der Konkurrenzseiten kann zum Beispiel Aufschluss darüber geben, wie Kunden auf die Seiten der

Wettbewerber gelangen. Ein Blick in den Quellcode der Konkurrenten zeigt die Verwendung der Metatags, die für das Auffinden der Seite in Suchmaschinen benutzt werden. Außerdem können die Eintragungen in Branchenverzeichnissen und Platzierung der Werbung herausgefunden werden. Durch einen Testkauf wird die Abfrage von Kundendaten ersichtlich, die Benutzung von Cookies kann nachvollzogen werden und das Angebot an Zusatzleistungen kann getestet werden. Auch eine Analyse der Konkurrenz hinsichtlich der Verwendung von Kundendaten kann zu einem gewissen Maß durchgeführt werden. Bietet das Unternehmen bei einem weiteren Besuch nach der Testbestellung individuelle Informationen an? Gibt es Kaufempfehlungen, die an Hand der Erstbestellung gemacht werden? Durch eine solche umfassende Analyse der Konkurrenten können wichtige Informationen für die eigene Seite gewonnen werden (*Ifsen* 2001, S. 262 ff.). Eine weitere Möglichkeit bietet die Auswertung vorhandener Studien, die jedoch meist nicht genau auf die Spezifika des Unternehmens ausgerichtet und damit nur bedingt brauchbar sind. Möchte das Unternehmen eine gezielte und umfassende Käuferanalyse durchführen, bietet sich die Beauftragung einer externen Agentur an, die eine Studie zu allen relevanten Fragestellungen der Seite anfertigt (*Ifsen* 2001).

Die Käuferanalyse im externen Umfeld dient allerdings nur als Ausgangsbasis oder Zusatz für weitere Analysen des Kundenverhaltens. Kundendaten werden im zeitlichen Verlauf des Seitenbetriebs permanent gesammelt und sollten einer ständigen Kontrolle und Auswertung unterliegen, damit das Wissen über die eigenen Kunden nachhaltig als Wettbewerbsvorteil genutzt werden kann. Erst durch die konsequente Ausnutzung aufeinander abgestimmter Analyseverfahren (Data-Mining etc.) kommen Kundenbindungstools vollständig zum Tragen. In diesem Zusammenhang wird auch von **Web Analytics** (auch Traffic-Analyse, Web-Controlling, Datenverkehrsanalyse, Clickstream-Analyse oder Webtracking) gesprochen. Bei diesen Analyseverfahren muss jedoch hinsichtlich des Detaillierungsgrades unterschieden werden. Viele Analysen befassen sich mit den aggregierten Daten der Nutzergesamtheit (s. dazu Data-Mining etc. in Kapitel 5.2.3), wohingegen andere Analysen den Pfad des einzelnen Users auf einer Seite betrachten, wie z. B. die Clickstream-Analyse.

Clickstreams sind Daten, die den Navigationspfad eines Users auf einer Seite speichern (*Montgomery* 2001). Da die Aufzeichnung des individuellen Pfades eines Users unter Umständen Informationen über Ziele, Wissen und Interessen des Kunden hervorbringen kann, trägt diese Analysemethode dazu bei, dass Konsumentenverhalten im Internet besser vorhersagen zu können (*Montgomery* et al. 2004). Die Besonderheit der **Clickstream-Analyse** besteht in der Möglichkeit, eine ganze Sequenz an Ereignissen zu kodieren, und damit das Verhalten des Kunden bis hin zum Kauf zu ermitteln und nicht nur den Kaufakt selbst zu analysieren. Diese Sequenzinformationen gehen bei den Analysen aggregierter Daten verloren und sind daher besonders in Bezug auf die dynamische Interaktion mit dem Kunden weniger geeignet, als die Clickstream-Analyse. Zur Vereinfachung der Analyse werden die einzelnen Seiten häufig in bestimmte Gruppen klassifiziert. So können einzelne Seiten z. B. in folgende Kategorien eingeteilt werden (*Montgomery* et al. 2004): Home, Account, Category, Product, Information, Shopping

Cart, Order und Exit/Entry. Für eine umfassende und professionelle Analyse des Kundenverhaltens durch **Clickstreams**, ist die Sammlung folgender Daten unerlässlich (*Ifsen* 2001, S. 264 ff.):

- **Visits, Page-Impressions etc.**: Die Anzahl der Besucher und deren Verweildauer auf der Internetseite sollte ein gutes Verhältnis aufweisen. Ist dieses Verhältnis gering, so verlassen die Besucher die Seite schon kurz nach dem Einstieg. Unter Visits versteht man den Gesamtbesuch der Unternehmensseite eines Kunden, wohingegen die Page-Impressions die einzelnen, besuchten Seiten innerhalb der Unternehmensseite zählt. Bei einem Visit werden also meistens mehrere Page-Impressions gezählt.
- **Zeitfaktor**: Anhand der Logfiles kann festgestellt werden, wann die Kunden die Seite bevorzugt besuchen oder ob sie sich in bestimmten Bereichen länger aufhalten als in anderen. Daraus kann dann abgeleitet werden, welche Seiten länger angeschaut wurden und welche weniger, um entsprechend die Pfadnavigation zu optimieren oder auch das Seitenangebot zu reduzieren oder zu vergrößern.
- **Ein- und Ausstiegsseiten**: Diese Seiten verraten dem Shop-Betreiber wie die User auf seine Seite gelangt sind, also entweder über die Startseite, über konkrete Deeplinks (eine direkte Verlinkung auf eine tiefergelegte Webseite) oder über Suchmaschinen. Eine Auflistung der „Referersites" zeigt nicht nur, wie die User auf die Webseite gelangt sind, sondern eventuell auch welche anderen Interessen die Kunden noch haben.
- **Auswertung der IP-Adresse**: Die Herkunft der User kann sehr einfach über die Auswertung der IP-Adresse oder der Domain entschlüsselt werden. So lassen sich die Gebiete bestimmen, aus denen die Kunden kommen. Diese Verfahren nennt man auch „Geolocation" oder „IP-Mapping".
- **Logfiles**: Logfiles registrieren nicht nur den verwendeten Browsertypen, sondern auch viele weitere technische Daten der Besucher, wie zum Beispiel das verwendete Betriebssystem oder die benutzte Internetanbindung. Durch die Vielzahl der Spuren, die jeder User beim Surfen hinterlässt, können nahezu alle Daten durch Logfiles analysiert werden. Zusätzlich kann so die Kapazitätenauslastung, also die Errechnung des Datenvolumens zu Höchstzeiten, für die Bewertung der Servertechnologie und -leistung Auskunft für die Belastbarkeit des Systems geben.

2.2.5 Online-Käufererwartungen

Für die Realisierung eines professionellen und ergebnisorientierten Online-Marketings spielt die Einschätzung der Käufererwartungen eine wesentliche Rolle. Neben den Grundanforderungen an den Transaktionsprozess werden auch noch weitere Erwartungen an das Online-Shopping gestellt, damit das Einkaufen im Internet als realistische Alternative zum realen Handel wahrgenommen werden kann. Die anspruchsvolle Aufgabe der Unternehmen, den Erwartungen ihrer Kunden gerecht zu werden, beginnt mit der Herausforderung, die Kunden zu identifizieren und deren Erwartungen in Erfahrung zu bringen. Versuche, den

Erfüllungsgrad dieser Erwartungen zu messen, wie z. B. mit der **Conversion Rate** (Verhältnis von getätigten Bestellungen zu Anzahl der Shop-Visits), sind dabei nur Ergebniskontrollen. Sie messen also die Effizienz der Erwartungserfüllung, geben aber keinerlei Aufschluss über die Ausprägung der Käufer- bzw. Kundenerwartungen. Bei der Beschreibung der Käufererwartungen können generell zwei Erwartungsausprägungen unterschieden werden. Zum einen gibt es dabei die Erwartungen, die Kunden allgemein an das Online-Shopping haben. Dazu zählen die oben genannten Grundanforderungen bezüglich des Transaktionsprozesse, zum anderen gibt es aber auch Spezialanforderungen, die Online-Kunden gegenüber einem bestimmten Unternehmen oder einer Branche (z. B. Online-Buchhandel) erwarten. Diese speziellen Erwartungen können z. B. mit den bisherigen Kauferfahrungen des Kunden mit einem bestimmten Online-Shop zusammenhängen. Wenn z. B. der Käufer bei der Nutzung von *amazon.de* das Feature der Wunschlisten-Erstellung kennen und schätzen gelernt hat, so wird er in Zukunft nicht mehr darauf verzichten wollen und erwartet dieses Feature auch bei anderen Online-Marktplätzen. Somit sind die Erwartungen der Kunden eng mit den Erfahrungen verbunden, die sie beim Online-Shopping gemacht haben. Bei der täglichen Nutzung des Internets und den sich ständig ändernden technischen Möglichkeiten, ist die Gefahr groß, dass sich die Erwartungen quasi permanent ändern können und die einmal gewonnen Informationen über die Kundenerwartungen schnell veraltet sind. Daher sollten eine ständige Überprüfung des Kundenverhaltens und die Analyse der speziellen Erwartungen gewährleistet sein.

Unabhängig davon, ob nun Grund- oder Spezialanforderungen bzw. eigene oder „erlernte Erwartungen" adressiert werden, gibt es basierend auf den bisherigen, allgemeinen Erkenntnissen der Internet-Nutzung einen umfangreichen **Erwartungskatalog**, an dem sich Unternehmen orientieren können (*Franke* 2002, S. 88 ff.; *Spohrer/Blackert* 2001, S. 82):

- **Präsentation**: Das Internet muss als visuelles Medium die Darstellung von Informationen ansprechend und funktional transportieren, nicht nur um den Gesamtnutzen zu erhöhen, sondern auch um die Verkaufsförderung durch eine ästhetische Komponente zu unterstützen. Werden zu viele visuelle Elemente von Unternehmen genutzt, so besteht die Gefahr, dass sie als Spielerei abgetan werden oder schlimmstenfalls den potenziellen Kunden mit visuellen Reizen überfordern. Allerdings sollte nicht gänzlich darauf verzichtet werden, da gerade bei der Angebotsvielfalt im Internet schon der erste Eindruck für viele Kunden ausschlaggebend ist. Wenn die Seite nicht ansprechend ist, kostet es keinerlei Mühe mit einem Mausklick die Seite des nächsten Anbieters aufzusuchen und gegebenenfalls nie wieder zu kommen. Wichtig sind also die Ausgewogenheit der Elemente und der stilsichere Einsatz unter Berücksichtigung der gewählten Corporate Identity.
- **Performanz**: Ladezeiten und Übertragungszeiten müssen einen reibungslosen Einkauf ermöglichen. Muss der potenzielle Kunde trotz Highspeed DSL-Verbindung ewig lange auf den Aufbau einer Seite warten oder den Abschluss eines Download-Vorgangs abwarten, so wird sich dies negativ für das Unternehmen auswirken. Bei den heutigen technischen Möglichkeiten sind die meisten Unternehmen in der Lage, geringe Lade- und Übertragungszeiten zu

garantieren (vorausgesetzt der Kunde hat eine gute Internet-Verbindung), was wiederum von den Kunden inzwischen als selbstverständlich wahrgenommen wird. Das heißt also, dass das Fehlen einer guten technischen Performanz der Webseite den Kunden vertreiben kann. Die Performanz der Webseite hängt zudem oft mit dem Einsatz der Multimedia-Elemente zusammen. Werden z. B. unzählige Videos und interaktive Tools auf der Seite angeboten, kann dies die Ladezeiten unnötig verlängern.

- **Navigation**: Die Informationsbeschaffung muss mit wenig Zeit- und Suchaufwand und somit benutzerfreundlich möglich sein. Eine intuitive Navigation ermöglicht es dem Kunden, sich ohne Hilfe auf einer Webseite oder in einem E-Shop zurechtzufinden. Natürlich sollten trotzdem ausreichend Navigationshilfen zur Verfügung stehen, allerdings sollte die gesamte Strukturierung und Navigation der Seite gründlich überdacht werden, wenn die Hilfe zu oft von den Kunden in Anspruch genommen wird. Clickstream-Analysen sind eine Möglichkeit das Verhalten der Besucher zu analysieren, um eventuelle Hindernisse oder Problemen bei der Informationsbeschaffung zu beheben. So kann z. B. festgestellt werden, dass der „zur Kasse"-Button nicht gut sichtbar platziert worden ist, da an dieser Stelle viele Besucher den Kaufvorgang abbrechen.
- **Eingabefelder**: Formulare müssen intuitiv verständlich sein. Erst wenn die Eingabefelder intuitiv ausfüllbar sind, ist der Kunde bereit, Formulare vollständig auszufüllen. Als Beispiel können hier Zahlungsformulare genannt werden. Muss der Kunde z. B. bei einer Kreditkartenzahlung die Prüfnummer seiner Kreditkarte angeben, so sollte einerseits ein Hinweis darauf gegeben werden, wo diese Prüfnummer zu finden ist (evtl. durch einen Link), andererseits sollte auch das Eingabefeld schon so gestaltet sein, dass der Kunde nicht verwirrt wird. Ist das Eingabefeld z. B. sehr lang, die Nummer aber nur 3-stellig, so fühlt sich der Kunde eventuell verunsichert, da er denkt, hier eine noch höherstellige Nummer eingeben zu müssen. Gerade bei sensiblen Informationen (wie z. B. Zahlungsdaten oder persönliche Daten) kann schon die kleinste Unsicherheit dazu führen, dass der gesamte Vorgang abgebrochen wird und der Kunde woanders oder sogar gar nicht im Internet einkauft.
- **Kommunikation**: Verschiedene Kommunikationsmöglichkeiten wie E-Mail, Forum, Community, Webseite, Call Center, Hotline, Avatare etc. müssen für An- oder Rückfragen schnell und unkompliziert verfügbar sein. Sollten sich Besucher trotz einfacher und intuitiver Navigation und Hilfestellung bei der Formulareingabe auf einer Seite nicht zurechtfinden, so sollten zumindest eine Kontaktadresse mit E-Mail, Ansprechpartner und Telefonnummer hinterlegt sein, um dem Besucher die Chance zu geben, sich mit seinem Problem oder seiner Frage direkt an den Anbieter zu wenden. Muss der Besucher jedoch zuerst aufwendig nach einer Möglichkeit suchen, mit einer entsprechenden Person zu kommunizieren, so ist es sehr wahrscheinlich, dass er sofort die Seite verlässt. Gerade bei Reklamationen, Beschwerden oder Produktanfrage kommt es darauf an, dass die Reaktionszeit des Unternehmens der Dringlichkeit der Fragen angemessen sein.
- **Produktinformationen**: Der fehlende physische Kontakt zum Anbieter und zum Produkt muss durch ausführliche und hilfreiche Produktinformationen ersetzt werden, damit das Leistungsangebot über elektronische Informationen ausrei-

chend beurteilt werden kann. Das heißt in der Regel, dass sämtliche Informationen, die für eine Kaufentscheidung relevant sein könnten auch bereitgestellt werden müssen. Dabei geht es nicht darum, direkt das ganze Informationspaket eines Produktes schon auf der Übersichtsseite darzustellen, sondern vielmehr darum, dem Kunden anzuzeigen, dass er/sie bei Bedarf weitere Informationen (z. B. durch einen Link auf Größentabellen) über das Produkt bekommt. Je nach Art des Produktes können auch noch weitergehende Informationen zur Verfügung gestellt werden (Testberichte, Rezension anderer Kunden, Branchenberichte, Herstellernachweise etc.). Je umfangreicher das Informationsangebot ist, desto besser lassen sich zwar einerseits die Angebote beurteilen, desto mehr Aufwand und u. U. auch Verwirrung kann das jedoch für den Kunden bedeuten, der eventuell nur eine gezielte Information sucht und vor lauter Hinweisen die Orientierung verliert. Also auch hier gilt es, das richtige Maß zu finden, zwischen Angebotsvielfalt der bereitgestellten Informationen und Übersichtlichkeit der Orientierungshinweise.

- **Zeitungebundenheit**: Die uneingeschränkte räumliche und zeitliche Verfügung des Internets und damit die Möglichkeit 24 Stunden am Tag auf der ganzen Welt einzukaufen, ist einer der wesentlichen Vorteile des Online-Shoppings. Diese Eigenschaft ist in der heutigen Zeit, wo das Internet von vielen Menschen täglich genutzt wird, schon fast zu einer Selbstverständlichkeit geworden. Meistens wird jedoch die zeitlich versetzte Lieferung als Argument benutzt, diese Zeitungebundenheit zu relativieren, da zwar das Einkaufen jederzeit möglich ist, aber die eigentliche Lieferung erst Tage später erfolgt (sofern es sich nicht um ein digitales Produkt handelt). Die Zeitungebundenheit nimmt je nach Produkt/Bedürfnis einen sehr unterschiedlichen Stellenwert bei der Kaufentscheidung ein und muss entsprechend differenziert betrachtet werden.

- **Angebotsvielfalt**: Durch das Wegfallen zeitlicher und räumlicher Restriktionen erwartet der Kunde eine Angebotsvielfalt, welche die Produktpalette eines lokalen, realen Shops weit übersteigt. Diese Angebotsvielfalt bezieht sich nicht nur auf die Sortimentstiefe, sondern auch auf die Sortimentsbreite. Suchen Kunden ein bestimmtes Produkt, so stehen mehrere Optionen der Produktsuche zur Verfügung (Suchmaschinen, Webadresse, Preissuchmaschinen). Somit ist der Kunde in der Lage, binnen weniger Sekunden verschiedene Angebote zu bekommen. Daher wird es immer wichtiger für Unternehmen, dass der eigene Name in den Köpfen der Nachfrager verankert wird. Erst dann kann dieses Potenzial dazu genutzt werden, das Angebot auf weitere Produkte auszuweiten, um letztendlich die breite Masse an Nachfragern zu erreichen. Hier kann erneut das Beispiel von *amazon.de* genannt werden. *Amazon* hat seine Kompetenzen von Anfang an im Online-Buchhandel gesehen, sich allerdings bis heute zu einem Marktplatz mit diversen Produktangeboten weiterentwickelt. Erst als der Name *Amazon* im Laufe der Zeit als erste Adresse bei der Buchsuche im Internet etabliert war, konnte das Unternehmen die Produktpalette erweitern um den guten Ruf auch auf CDs, Elektrogeräte, Spielzeug auszudehnen, um so ein „All-in-One"-Shop anzubieten. Wichtig dabei ist, dass die Angebotsvielfalt nicht den Kernbereich und damit die Kernkompetenz eines Internet-Unternehmens verwässert.

- **Bezahlungssicherheit**: Die Bezahlungssicherheit zählt für viele Kunden als absolute Voraussetzung überhaupt im Internet zu kaufen. Diese Anforderung sollte bei jeder Transaktion gewährleistet sein, damit z. B. die Eingabe der Zahlungsdaten (Kreditkartennummer etc.) nicht als Risiko angesehen wird und die Kunden daher eine Abneigung oder negative Einstellung zum Online-Shopping verspüren. Im realen Handel ist es möglich direkt mit Bargeld zu bezahlen, um so die Gefahr des Datenmissbrauchs zu vermeiden. Bei größeren Summen wird jedoch häufig auf die Kartenzahlung (Kreditkarte, Scheckkarte) zurückgegriffen, wodurch prinzipiell ähnliche Gefahren des Datenmissbrauchs entstehen können, wie bei Bezahlvorgängen im Internet. In den letzten Jahren wurden immer komplexere Sicherheitssysteme und Verschlüsselungsverfahren entwickelt, die das elektronische Bezahlen (ePayment) zwar sicherer machen, die aber immer noch keine Garantie geben, dass niemand die Daten einsehen oder verändern kann. Somit bleibt immer ein gewisses Restrisiko vorhanden, das Unternehmen durch umfangreiche Informationen über Sicherheitsvorkehrungen und vertrauensbildende Maßnahmen minimieren können.

- **Lieferflexibilität**: Eine zuverlässige Lieferung der über das Internet bestellten Ware muss die Nachteile der zeitlich versetzten Zustellung minimieren. Im realen Handel ist es in der Regel möglich, das gewünschte Produkt sofort mitzunehmen und zu konsumieren bzw. zu nutzen. Kauft man ein Produkt online, so erfolgt der physische Transport des Produktes vom Hersteller/Vertreiber/ Händler zum Kunden meistens zeitlich versetzt, da die räumliche Distanz zwischen beiden Parteien überwunden werden muss. Dies kann im Hinblick auf dringende Bedürfnisse problematisch werden, da z. B. Hygieneartikel unter Umständen sofort benötigt werden oder Geschenke nicht in letzter Sekunde gekauft werden können. Viele Online-Shops bieten für diesen Fall einen Schnell- oder 24-Stunden-Lieferservice gegen Aufpreis an, um diesen Nachteil so weit wie möglich einzudämmen. Gänzlich unproblematisch ist dieser Aspekt beim Vertrieb von digitalen Produkten, da diese sofort nach dem Kauf heruntergeladen und genutzt werden können. Insgesamt sind jedoch Flexibilität und Zuverlässigkeit die Eigenschaften, die bei der Warenlieferung oberste Priorität besitzen sollten.

- **Preissetzung**: In der Regel erlauben die Voraussetzungen und Vorteile des Internets, dass Unternehmen sämtliche Transaktionen elektronisch durchführen können. Dadurch werden die einzelnen Prozesse nicht nur schneller, sondern vor allem auch günstiger, was sich wiederum oftmals in niedrigeren Preisen widerspiegelt. Diese Differenz zum realen Handel muss aber nicht unverhältnismäßig groß ausfallen (z. B. 50 %). Ausschlaggebend ist vielmehr die Angemessenheit des Preises im Vergleich zum Leistungsangebot, das auch mehr als nur das Produkt selber (z. B. zusätzliche Dienstleistungen) umfassen kann. Hierbei spielt insbesondere auch der Mehrwert des Angebotes für den Kunden eine Rolle und die Frage, ob dieser dazu bereit ist, für den Mehrwert monetär aufzukommen.

- **Reklamation**: Ähnlich wie im realen Handel sind Online-Shops dazu verpflichtet, verkaufte Ware umzutauschen oder zurückzunehmen. Die Bedingungen dafür und der Umfang der Reklamation oder Rückgabe sind jedoch meistens nicht offensichtlich und explizit formuliert. Generell sind Unternehmen dazu verpflichtet, diese Informationen in den AGBs (allgemeinen Geschäftsbedingungen) zu formulieren und einsehbar zu machen. Viele Kunden sparen sich allerdings die Zeit der aufwendigen Recherche nach diesen Informationen in den meistens sehr umfangreichen AGBs. Das anbietende Unternehmen steht zwar weitestgehend in der Informationspflicht, der Käufer ist jedoch dazu aufgefordert, sich selber ausreichend zu informieren. Wird nämlich eine Bestellung ausgelöst, geht dies immer mit der Akzeptanz der Geschäftsbedingungen einher, wodurch beide Partner einen rechtsgültigen Vertrag, unter den in den AGBs festgehaltenen Bedingungen, eingehen. Somit wird von den Kunden häufig erwartet, dass Informationen zu Rückgabe- und Umtauschrechten eindeutig und schnell ersichtlich werden, damit das wahrgenommene Risiko des Kaufs und möglichen Reklamationen reduziert werden (*Schirmbacher* 2011). Generell sind Reklamationen insbesondere dann problematisch, wenn es sich um geringwertige Güter handelt (die unter den Mindestbestellwert für einen kostenlosen Versand fallen), bei denen der Kunde meistens auf den Versandgebühren sitzen bleibt und der Umtausch somit zu weiteren Kosten für den Kunden führen würde. Ein Entgegenkommen von Seiten des Anbieters würde zwar in erster Linie kostspieliger sein, es würde sich aber möglicherweise vertrauensbildend und damit absatzfördernd auf den Gesamterfolg des Unternehmens auswirken.

Dieser Erwartungskatalog ist zwar sehr umfassend, aber durchaus realisierbar. Langfristig gesehen wachsen diese Erwartungen jedoch in dem Maße, in dem der Kunde über das Unternehmen und das Einkaufen im Internet allgemein in Bezug auf dessen Möglichkeiten zur Bedürfnisbefriedigung lernt. Internet-Unternehmen sind daher ständig angehalten, nicht nur von sich aus das eigene Angebot und den bereitgestellten Service ständig zu verbessern, sondern auch die direkte oder indirekte Konkurrenz zu beobachten, um die dort erkennbaren und wahrgenommenen Verbesserungen ins eigene Konzept zu integrieren.

2.2.6 Online-Kundenzufriedenheit

Kundenzufriedenheit ergibt sich in der Regel dann, wenn die Erwartungen der Kunden im Hinblick auf das Angebot erfüllt werden und das Bedürfnis optimal befriedigt wird. Generell wird bei der Kundenzufriedenheit jedoch hauptsächlich zwischen eindimensionalen und mehrdimensionalen Ansätzen unterschieden. Eindimensionale Ansätze fassen Zufriedenheit und Unzufriedenheit als Kontinuum auf. Beide „Extreme" werden von den gleichen Faktoren beeinflusst. Das bekannteste Beispiel eines eindimensionalen Ansatzes ist das **Expectancy/Disconfirmation-Paradigma**. Diesem Paradigma zufolge entsteht Zufriedenheit aufgrund eines Vergleichsprozesses (s. Abb. 23). Der Kunde hat gewisse Erwartungen an einen Kauf bei einem Händler, die er als eine Art Vergleichsstandard in den Prozess hineinbringt (Expectancy). Dieser Soll-Zustand wird mit dem wahrgenommen Ist-Zustand beim Kauf oder Konsum eines Produktes verglichen. Entspricht der Ist-Zustand dem Soll-Zustand, so ist der Kunde zufrieden (Confirmation). Je mehr der Ist-Zustand den Soll-Zustand übertrifft, desto zufriedener der Kunde (positive Disconfirmation), je mehr der Ist-Zustand den Soll-Zustand unterschreitet, desto unzufriedener ist der Kunde (negative Disconfirmation). Zufriedenheit kann also vereinfacht als permanente Bewertung des Überraschungsfaktors (Übertreffung der Erwartungen) innerhalb des Produktkaufes oder des Produktkonsums gesehen werden (*Anderson/Srinivasan* 2003). Im Zuge dieser permanenten Beurteilung der gemachten Erfahrungen kann sich durch eine sich wiederholende Zufriedenheit ein gewisses Maß an Vertrauen beim Kunden entwickeln, das sich insbesondere im Hinblick auf den vom Unternehmen gewünschten Wiederkauf des Kunden positiv auswirkt und damit zur Kundengewinnung und Kundenbindung beiträgt (*Kollmann* 2003).

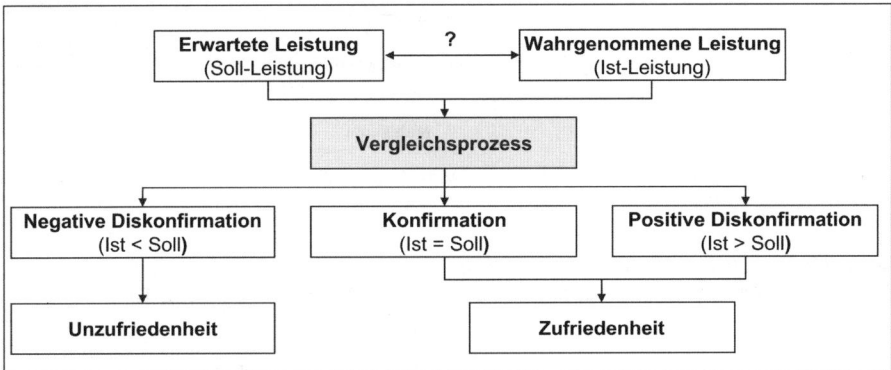

Abb. 23: Grundprinzip des Expectancy/Disconfirmation-Paradigma
Quelle: *Foscht/Swoboda* 2004, S. 209.

Mehrdimensionale Ansätze gehen davon aus, dass Zufriedenheit und Unzufriedenheit von verschiedenen Faktoren beeinflusst werden. Diese Unabhängigkeit der Faktoren führt zu zwei unterschiedlichen Bewertungsschemata. Das bekannteste Beispiel dafür ist die **Zwei-Faktoren-Theorie** von *Herzberg* und Kollegen (*Herzberg/Mausner/Snyderman* 1959; 1993). Da jedoch das Expectancy/Disconfirmation-Paradigma durch seine theoretische und empirische Fundierung die größte Akzeptanz in der Forschung gefunden hat, dient es in den ersten Studien zur Online-Zufriedenheit als Ausgangspunkt weiterer Untersuchungen. *Szymanski/Hirse* (2000) haben zum Beispiel ein erstes Modell zur „**E-Satisfaction**" erstellt, das von *Ahlert/Evanschintzky/Hesse* (2004) weitergeführt wurde.

In Zusammenhang mit dem in Kapitel 2.2.5 vorgestellten Erwartungskatalog haben *Szymanski* und *Hirse* (2000) in einer explorativen Studie diejenigen Faktoren herausgefiltert, welche die Kundenzufriedenheit bei E-Shops direkt beeinflussen. Dazu zählen vor allem Benutzerfreundlichkeit, Qualität und Quantität des Produktangebotes, Seitendesign und -funktionalität sowie die empfundene Sicherheit über finanzielle Transaktionen. Spätere Studien zeigten dann, dass diese Faktoren erster Ordnung zu den Faktoren zweiter Ordnung, nämlich Kundenorientierung (Benutzerfreundlichkeit, Produktangebot und Design/Funktionalität) und Sicherheit, verdichtet werden können und durch den Zusatz eines

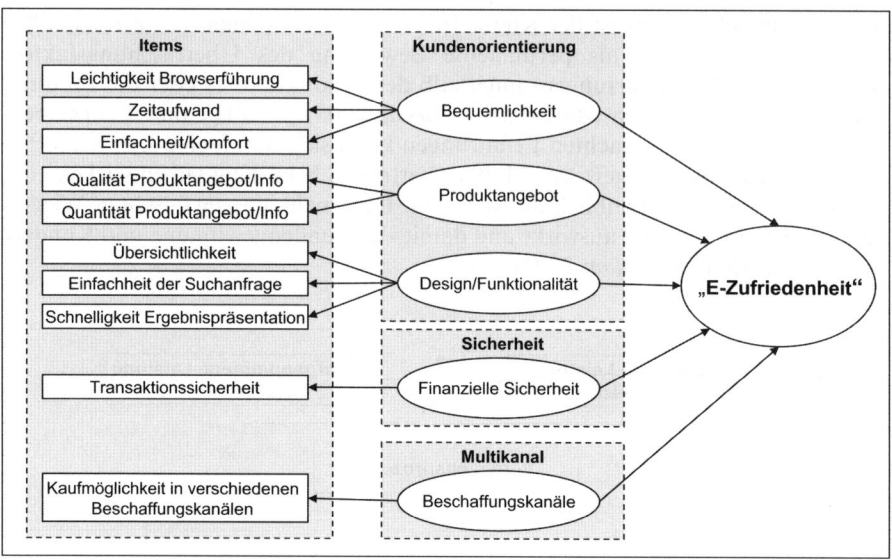

Abb. 24: Die Online-Käuferzufriedenheit bei einem E-Shop
Quelle: in Anlehnung an *Ahlert/Evanschintzky/Hesse* 2004, S. 131.

weiteren Faktors (Multikanal-Strategie: Benutzungsmöglichkeit verschiedener Beschaffungskanäle beim Kauf eines Produktes) als gutes **Erklärungsmodell zur Online-Käuferzufriedenheit** bei einem E-Shop dienen (*Ahlert/Evanschintzky/Hesse* 2004, s. Abb. 24):

- **Bequemlichkeit**: Dieser Faktor bezieht sich auf die Möglichkeit des Convenience-Shoppings, das heißt, der Online-Kunde kann zu jeder Zeit, schnell und ohne großen Aufwand einkaufen, muss also keine zeitlichen, räumlichen, sicherheitstechnischen oder sonstigen Einschränkungen hinnehmen.
- **Produktangebot**: Dieser Faktor bezieht sich sowohl auf die Sortimentstiefe (Anzahl angebotener Produkte innerhalb einer Warengruppe) als auch die Sortimentsbreite (Anzahl der angebotenen Warengruppen) und den Umfang bzw. Qualität der bereitgestellten Informationen.
- **Seitendesign/-funktionalität**: Da im Distanzhandel das Touch-and-Feel nicht möglich ist, bietet die Gestaltung und Funktionalität der E-Shop-Seite eine der wenigen Möglichkeiten den Anbieter und seinen Shop zu beurteilen. Dazu zählen z. B. die Geschwindigkeit des Seitenaufbaus, Such- und Auswahlfunktionen, Verständlichkeit der Menüführung oder die Komplexität des Bestellvorgangs.
- **Sicherheit**: Dieser Faktor bezieht sich in erster Linie auf die Transaktionssicherheit, die einerseits von der Vertrautheit im Umgang mit dem Medium und andererseits von strukturellen Risiken des offenen Mediums Internet beeinflusst wird. Mit zunehmendem Gebrauch des Internets wächst auch die Vertrautheit mit dem Medium; die Transaktionsunsicherheit allerdings nimmt mit zunehmender Informationssensibilität der Käufer zu.

- **Multikanal-Strategie**: Dieser Faktor beinhaltet die Bereitstellung verschiedener Beschaffungskanäle, die zur Befriedigung des Kundenwunsches herangezogen werden können, um damit den Kundennutzen zu erhöhen. Konsumenten entwickeln sich zunehmend zu „Channel-Hoppern", d. h. sie nutzen die kanalübergreifende Verknüpfung des Vertriebs während des Kaufprozesses.

Die Ergebnisse des vorgestellten Kausalmodells bestätigen die Vermutung, dass die multiplen Kanäle eines E-Shops zur **E-Zufriedenheit** beitragen. Als weiterer Faktor der zweiten Ordnung wurde nur noch die Kundenorientierung als signifikant identifiziert, die Sicherheit hingegen wird eher als grundsätzliche Voraussetzung gesehen, überhaupt über das Internet einzukaufen. Die Überprüfung der Faktoren erster Ordnung unterstützt dieses Resultat. Außer Produktangebot und Sicherheit lassen sich alle anderen Faktoren erster Ordnung (Bequemlichkeit, Design/Funktionalität, Beschaffungskanäle) zur Erklärung der E-Zufriedenheit heranziehen, wobei Bequemlichkeit weitaus am meisten Einfluss auf das Ergebnis hat.

2.3 Strategieanalyse im elektronischen Absatz

In der Strategieanalyse geht es in erster Linie um die Positionierung des eigenen Online-Produktangebotes im Vergleich zu konkurrierenden Unternehmen. Dafür ist die eingehende Betrachtung aller im Markt beteiligten Akteure eine Grundvoraussetzung für die Entwicklung der eigenen Strategie. Erst wenn sich das Unternehmen ein detailliertes Bild über die aktuelle Marktsituation gemacht hat, kann es seine eigene **Position im E-Wettbewerb** definieren und das Sortiment anhand der von ihm gewählten Strategie aufbauen, bzw. betreiben (vgl. hierzu und im Folgenden *Kollmann* 2011a, S. 285 ff.). Vor diesem Hintergrund spielt nicht nur die Eintrittsstrategie eine wichtige Rolle, sondern auch die Wachstums- und Marktbearbeitungsstrategie. Die beeinflussenden Faktoren dafür müssten aber eigentlich schon vor dem Online-Start eines Unternehmens erkannt und antizipiert werden. So kann z. B. das spätere Wachstum durch Kooperationen ermöglicht werden, was aber durchaus eine frühzeitige strategische Positionierung voraussetzt, um dann überhaupt geeignete Kooperationspartner zu finden.

2.3.1 Online-Wettbewerbsanalyse und -vorteile

Die hohe Attraktivität eines Online-Marktes bzw. ein hohes **Online-Marktpotenzial** ist in der Regel die Folge des Zusammentreffens einer hohen Online-Produkteignung und einer attraktiven Online-Käufergruppe. Diese Situation bedingt in den meisten Fällen einen bereits bestehenden bzw. sich schnell entwickelnden **Online-Wettbewerb**. Kernaspekt der diesbezüglichen Online-Wettbewerbsanalyse ist nun die Identifikation und Betrachtung der relevanten Konkurrenten – Unternehmen also, die durch ihr Leistungsangebot die gleichen Bedürfnisse zu befriedigen versuchen wie das eigene Unternehmen (*Hungenberg* 2012, S. 103 ff.). Darüber hinaus kann der eigene Wettbewerbsvorteil, den ein Unternehmen gegenüber der Konkurrenz realisieren will, entweder aus den Ergebnissen dieser Analysen abgeleitet werden oder aber auch im umgekehrten Falle nach Klärung und Definition des Wettbewerbsvorteils erfolgen. In der Regel wird also danach entschieden, ob ein Unternehmen aus Gründen der Bedarfserkennung an den Online-Markt geht, so wie z. B. die Bedarfserkennung für eine Überblicksfunktion im Internet, welche die Entwicklung von Suchmaschinen begründet hat, oder ob ein Unternehmen aus Gründen der Produktneuentwicklung an den Markt geht, wenn es z. B. eine neue Technologie entwickelt hat, welche die Entwicklung eines neuen Marktsegmentes zur Folge haben kann oder eventuell neue Funktionen ermöglichen, mit denen neue Geschäftsmodelle realisiert werden können. Diese Differenzierung erfordert demnach eine variable Herangehensweise, die jedoch insgesamt immer auf einer **Marktanalyse** (Wettbewerb) und einer **Produktanalyse** (Wettbewerbsvorteil) basieren sollte.

Im Folgenden wird zunächst auf die Wettbewerbsanalyse eingegangen (vgl. hierzu und im Folgenden *Kollmann* 2011a, S. 286 ff.). Bei der **Wettbewerbsanalyse** stehen sowohl bereits vorhandene als auch potenzielle (zukünftige) Konkurrenten und mögliche Ersatzprodukte (Substitute) im Mittelpunkt der Betrachtung. Insbesondere die letzten beiden Aspekte bestimmen den Grad des zukünftigen bzw. zu erwartenden Wettbewerbsdrucks (*Wöhe/Döring* 2010, S. 416 f). Die Kenntnis um die am Zielmarkt bestehende Situation ist bedeutsam für einen erfolgreichen und vor allem nachhaltigen Markteintritt. Gerade für ein Unternehmen, bei dem sich der Schutz einer Geschäftsidee bzw. Produktangebotes schwierig gestaltet, ist eine Wettbewerbsanalyse somit unverzichtbar (*Timmons* 1999; *Rayport/Jaworski* 2002). Auf den ersten Blick mag die Identifikation der relevanten Wettbewerber unproblematisch erscheinen, zumal dafür neben der eigenen Expertise auf zahlreiche Publikationen oder Branchenberichte zurückgegriffen werden kann (*Hisrich/Peters* 2002, S. 234). Speziell innerhalb der Net Economy erstrecken sich die möglichen Wettbewerber jedoch über die traditionellen Branchengrenzen hinweg (*Rayport/Jaworski* 2002, S. 124 f.), was bedeutet, dass neben den direkten Online-Konkurrenten (z. B. andere E-Shops für Produktgruppe X) auch die indirekten bzw. potenziellen Online-Wettbewerber (z. B. E-Shops für verwandte Produktgruppe Y) sowie die (noch) Offline-Wettbewerber zu berücksichtigen sind (z. B. Hersteller eines Produktes aus Gruppe X). Während dabei die unmittelbaren Wettbewerber ein ähnliches Online-Angebot anbieten, ist das Bedrohungspotenzial der indirekten Wettbewerbsunternehmen nur schwer zu identifizieren. Hinsichtlich der **indirekten Wettbewerber** kann zwischen drei Arten unterschieden werden (*Kollmann* 2011b, S. 217 f.; s. Abb. 25):

- **Expandierender Wettbewerber**: Unternehmen dieser Kategorie erweitern ihr bisheriges Angebotsspektrum und werden somit zu einem neuen Konkurrenten. Für ein Unternehmen, das Uhren über das Internet verkaufen wollte, war dies bspw. der Fall, als *amazon.de* anfing, neben Büchern auch Uhren verschiedener Hersteller anzubieten (Objektbezug). Die Expansion erfolgt hier unter Beibehaltung bzw. Übertragung des elektronischen Mehrwertes.

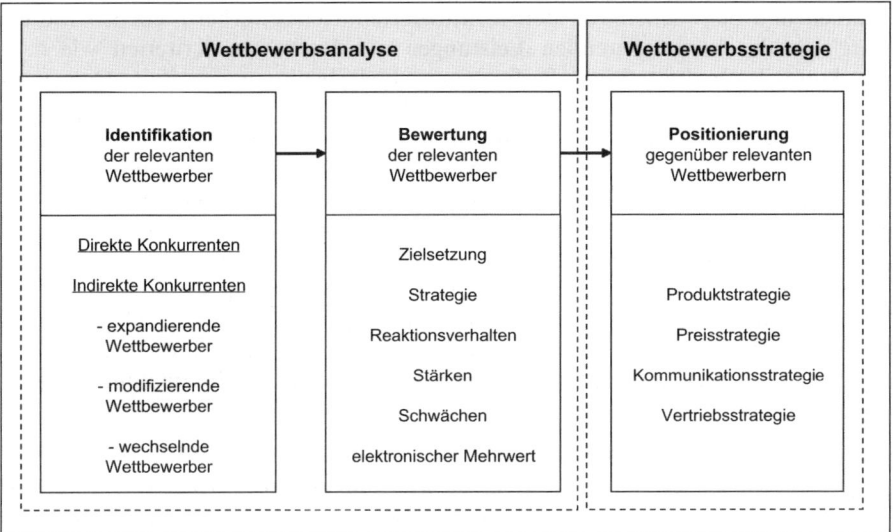

Abb. 25: Die Wettbewerbsanalyse in der Net Economy
Quelle: *Kollmann* 2011b, S. 218.

- **Modifizierender Wettbewerber**: Unternehmen dieser Kategorie ändern ihr bisheriges Angebotsspektrum und werden somit zum Konkurrenten. Als Beispiel kann eine E-Community für Oldtimer angeführt werden (Kommunikationsfokus), die nun auch Transaktionen (Oldtimer-Vermittlung) anbietet und somit zu einem Konkurrenten von *autoscout24.de* oder *mobile.de* wird. Die Modifikation erfolgt hier aufgrund einer Erweiterung des elektronischen Mehrwertes.
- **Wechselnder Wettbewerber**: Unternehmen dieser Kategorie verlagern ihr bisheriges Angebotsspektrum von der Real Economy in die Net Economy und werden somit zu einem neuen Konkurrenten. Für *dell.de* würde bspw. *Aldi* diese Position einnehmen, wenn der Discount-Markt seine Computer online verkaufen würde. Der Wechsel erfolgt hier auf der Basis einer Verlagerung des realen Geschäftsmodells auf die elektronische Handelsebene.

Hinsichtlich der Bewertung der in der Net Economy vorhandenen Wettbewerbsstruktur kann auf eine Reihe von internetbasierten Tools zurückgegriffen werden (*Shankar/Sharda* 1997). Im Rahmen der sog. **Competitive Intelligence** (Sammlung von Daten für die Wettbewerbsbeobachtung) können dabei z. B. Communities (Meinungs- und Erfahrungsaustausch der Kunden), Homepage-Analysen der Konkurrenten und Unternehmenskennzahlen (bei Publikation der Geschäftsberichte) zum Einsatz kommen. Weiterhin gibt es auch noch die Möglichkeit, direkte Kundenbefragungen durchzuführen, oder Informationslieferdienste in Anspruch zu nehmen oder zu beauftragen (*Turban* et al. 2002, S. 684).

Auf Basis der gefundenen Informationen kann nun eine einzelfallbezogene Bewertung für die relevanten Wettbewerber erfolgen (s. Abb. 25). Dabei kommen verschiedene Aspekte zum Tragen, wie z. B. die Identifikation und Bewertung der

Stärken und Schwächen von den identifizierten Wettbewerbern, ebenso wie ein Vergleich der konkurrierenden Leistungen auf Basis von Kriterien wie z. B. Marktanteil, Qualität, Preis, Performance, Lieferbedingungen, Zeit, Dienstleistung oder Garantie (*Kollmann* 2011b, S. 217 ff.). Ferner stellt sich die Frage nach der Vergleichbarkeit und Ausgestaltung des elektronischen Mehrwertes. Hierzu zählt eine Diskussion der Vor- und Nachteile, die von der **elektronischen Wertschöpfung** ausgeht (*Kollmann* 2011a, S. 38 ff.). Ein weiterer Punkt kann die Bewertung des Know-hows der Wettbewerber sein, um aus Defiziten Vorteile für sich abzuleiten. Die Ergebnisse aus der Online-Wettbewerbsanalyse können in einem Stärken-Schwächen-Profil bewertet werden, welches dann die Grundlage für eine tiefergehende Analyse sein kann (*Kotler/Bliemel* 1999, S. 414 ff.; *Meffert 2012*, S. 238 ff.; s. Abb. 25). Dabei lassen sich auch die Stärken und Schwächen der Konkurrenten sowohl untereinander als auch mit dem eigenen Unternehmen vergleichen.

Eine intensivere Auseinandersetzung mit bereits etablierten Marktteilnehmern birgt die Möglichkeit, effiziente **elektronische Prozesse als Vorlage** für das eigene Unternehmen zu ermitteln. Zu diesem Zweck lassen sich Instrumente wie das Benchmarking sehr wirkungsvoll einsetzen. Ziel dieser entwickelten Methode ist die Identifikation von Verbesserungspotenzialen im eigenen Unternehmen, um ein Defizit im Wettbewerb nicht nur auszugleichen, sondern durch innovative Adaption von Best Practices einen Vorteil zu erlangen (*Simmelsdorf* 2000). Als mögliche **Benchmark-Partner** können sowohl brancheninterne wie auch branchenexterne Unternehmen herangezogen werden. Wichtig ist, dass durch den Vergleich mit einem anderen Unternehmen bzw. Wettbewerber die Verbesserungspotenziale im eigenen Unternehmen realisiert werden können. Prinzipiell handelt es sich dabei um einen kontinuierlichen Prozess. Im Rahmen der Wettbewerbsanalyse genügt es jedoch, sich auf die Ermittlung der Leistungsunterschiede zu konzentrieren und Marktpotenziale daraus abzuleiten.

Das Ziel der Wettbewerbsanalyse ist es, ein Verständnis darüber zu erlangen, in welchen Bereichen Bedrohungen (Threats) seitens der Konkurrenten am Markt zu erwarten sind und wo die Chancen für einen erfolgreichen Marktauftritt liegen. Auf diesen Erkenntnissen aufbauend, können dann die eigenen Stärken (Strenghts) und Schwächen (Weaknesses) charakterisiert werden, um im Anschluss eine **SWOT-Analyse** (Strengths, Weaknesses, Opportunities, Threats) durchführen zu können (*Turban* et al. 2002, S. 682 ff.). Im Ergebnis steht die (zukünftige) Positionierung des Unternehmens, die sich insbesondere im Rahmen der Produkt-, Preis, Vertriebs- und Kommunikationspolitik definieren muss (s. Abb. 26).

Allgemein werden vorhandene oder angestrebte **Online-Wettbewerbsvorteile** als Voraussetzung für die Sicherung der eigenen Position am Markt charakterisiert. Darunter versteht man einerseits die Vorteile, welche die Online-Kunden aufgrund eines überlegeneren Preis-/Leistungs-Verhältnisses (bzw. Kosten-/Nutzen-Verhältnisses) im Vergleich zum Angebot anderer Wettbewerber wahrnehmen (*Wamser* 2001, S. 60), andererseits aber auch die Vorteile, die sich aus der Senkung der Transaktionskosten ergeben. Somit sind die Differenzierungspotenziale

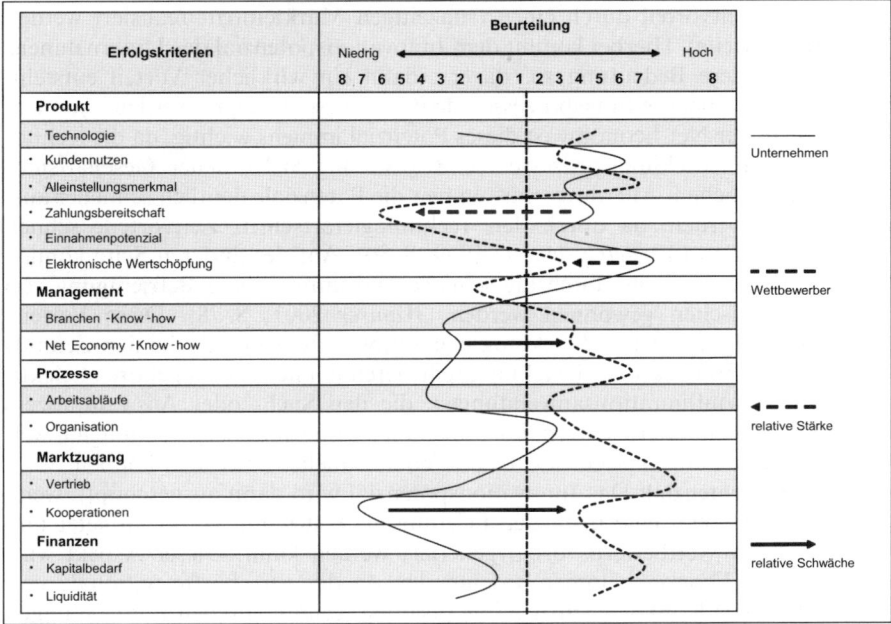

Abb. 26: Die Stärken-Schwächen-Analyse für die Online-Wettbewerbsanalyse
Quelle: *Kollmann* 2011b, S. 219.

hauptsächlich in der Erhöhung des Kundennutzens und die Kostenführerschafts-
potenziale in der Senkung der Transaktionskosten zu sehen (s. Abb. 27). **Zur
Erhöhung des Kundennutzens** können folgende **Online-Potenziale** ausgeschöpft
werden (*Wamser* 2001, S. 71 ff.):

- **Individualisierungspotenzial**: Die zunehmende Diversifizierung und Fragmen-
  tierung der Kundenmärkte führt dazu, dass die Individualisierung der Angebote zur Notwendigkeit wird, damit Unternehmen überhaupt in der Lage sind,
  den spezifischen Kundenwünschen gerecht zu werden (*Rapp/Collins* 1991,
  S. 54 ff.). Diese generelle Entwicklung ist auch zunehmend auf Online-Märkten
  zu finden, was durch die Möglichkeiten der Informationsbearbeitung und
  -bereitstellung durch die immer schneller und besser werdenden technologischen Fortschritte noch weiter verstärkt wird. Hinzu kommt die Zunahme von
  scheinbar widersprüchlichen Verhaltensweisen der Kunden, wie z. B. die Kombination von sehr teuren mit sehr günstigen Produkten. Diese sog. „hybriden
  Kunden" sind im Internet teilweise schon daran gewöhnt, durch professionelle
  One-to-One-Marketing-Maßnahmen sehr individuelle und auf sie zugeschnittene Produktangebote zu bekommen. Erst wenn ein Unternehmen in der Lage
  ist, mit diesem Maßstab mitzuhalten bzw. diesen soweit zu verbessern und
  fortzuführen, dass ein echter Kundennutzen daraus entsteht, kann ein Wettbewerbsvorteil entstehen bzw. gehalten werden.
- **Schnelligkeitspotenzial**: Das Schnelligkeitspotenzial kann hinsichtlich zweier
  Betrachtungsweisen unterschieden werden (*Meffert* 2012, S. 286). Zum einen

kann ein Zeitvorteil durch einen frühzeitigen Markteintritt realisiert werden (Pioniervorteile). Hierbei kommt dem Innovationspotenzial des Unternehmens eine besondere Bedeutung zu, da erst dann ein wirklicher Vorteil entsteht, wenn Marktbearbeitungsprozesse deutlich beschleunigt werden können. Gerade in der Net Economy ist dieses Potenzial immens wichtig, da die technologischen Entwicklungsprozesse die Realisierung vieler neuer Geschäftsmodelle ermöglichen. Allerdings müssen hier die Potenziale deutlich schneller ausgeschöpft werden, da durch den Technologiefortschritt Zeitvorteile schnell obsolet werden (*Yoffie/Cusumano* 1999, S. 80). Auf der anderen Seite können aber auch Zeitvorteile durch die schnelle und unmittelbare Befriedigung von Kundenwünschen gewonnen werden (*Wamser* 2001, S. 78). Diese Vorteile bauen häufig auf der Entwicklung neuer Anwendungen auf, die den Zeitaufwand einer Transaktionsabwicklung reduzieren können. Dazu gehören Selektions- und Konfigurationsanwendungen, die den Such- oder Auswahlprozess beim Produktkauf erleichtern, oder aber auch Transaktionsanwendungen, welche die Bestellung zeitlich flexibel und/oder schneller abwickeln können.

- **Innovationspotenzial**: Das Innovationspotenzial wird dann ausgeschöpft, wenn ein Unternehmen eine neuartige Leistung als erstes am Markt anbietet und dadurch ein Wettbewerbsvorteil generiert werden kann. Dieser Aspekt wird in der Net Economy immer bedeutender, da der verschärfte nationale und internationale Konkurrenzdruck, die rasanten technologischen Entwicklungen und die sich ständig verändernden Kundenbedürfnisse zu einer Intensivierung des Innovationswettbewerbs im Internet beitragen. Die resultierende Komplexität der Marktsituation erfordert daher innovative Problemlösungen, die in der Regel technologiebestimmt sind und anderen Wettbewerbern gegenüber einen Leistungsvorteil ermöglichen. Auch hier geht es wieder um die oben genannten Pioniervorteile, wodurch die enge Verbindung zwischen Innovationspotenzial und Schnelligkeitspotenzial erkennbar wird.

- **Reputationspotenzial**: Reputationsvorteile können dann zum Tragen kommen, wenn die wachsende Unsicherheit der Kunden bezüglich Informationsasymmetrien in eine allgemeine Verhaltensunsicherheit übergeht und das fehlende Vertrauen in das Medium Internet den Kunden von einem Kauf abhält. Ist jedoch ein Unternehmen in der Lage, seinen vielleicht schon vorher erlangten guten Ruf auch auf das Internet zu übertragen, so kann das zu einem Vertrauensvorteil bei den Kunden führen. Die Reputation eines Unternehmens kann z. B. dazu führen dass keine Transaktionsunsicherheit oder Gefahr vor opportunistischem Verhalten vom Kunden wahrgenommen wird und der Kunde dieses eine Unternehmen allen anderen Anbietern bevorzugt, da das Vertrauen hier am größten ist.

Zur Senkung der Transaktionskosten können folgende Potenziale ausgeschöpft werden:

- **Anbieterspezifische Potenziale**: Auf der Anbieterseite lassen sich vor allem Potenziale ausnutzen, welche die entstehenden Informations- und Kommunikationskosten des verkaufenden Unternehmens reduzieren können, die sich dann zum Teil auch in niedrigeren Preisen widerspiegeln. Die Senkung der Transaktionskosten lässt sich durch die Reduzierung der Anbahnungskosten

(z. B. Informationsbereitstellung zum Angebot), der Vereinbarungskosten (z. B. Beratung und Auftragserfassung) oder der Abwicklungskosten (Auslieferung und Bezahlung) ermöglichen.

• **Abnehmerspezifische Potenziale**: Auf der Kundenseite kommt es zu einem Kostensenkungspotenzial, wenn nicht nur der Preis der Leistung wird, sondern auch alle anfallenden Such- und Informationskosten so gering wie möglich gehalten werden. Unternehmen können hier z. B. Wettbewerbsvorteile durch das Anbieten bestimmter Dienstleistungen erwerben, die es dem Kunden ermöglichen sich schneller, flexibler und umfangreicher über das Produktangebot im Internet zu informieren (z. B. Preissuchmaschinen) oder eine effektive und unkomplizierte Bestellung bei verschiedenen Anbietern ermöglichen (z. B. *verivox.de*).

Somit kann der Online-Wettbewerbsvorteil eines Unternehmens immer nur in Relation zu anderen Marktteilnehmern gesehen werden. Zur Erreichung eines „echten" Online-Wettbewerbsvorteils muss dieser allerdings auch drei strategisch relevante Kriterien erfüllen (*Simon* 1988, S. 464; *Wamser* 2001, S. 61). Zuerst muss der vermeintliche Wettbewerbsvorteil eine hohe **Relevanz** bei der Zielgruppe aufweisen, damit das Produkt oder die Leistung überhaupt bei der Kaufentscheidung berücksichtigt wird. Der Online-Wettbewerbsvorteil muss sich also auf die Merkmale beziehen, die bei einer Online-Kaufentscheidung für den Kunden wichtig und tatsächlich relevant sind. Ein weiteres Kriterium ist die **Wahrnehmbarkeit** der Vorteilhaftigkeit des Leistungsangebotes für den Kunden, da das Angebot auch gefunden und daher erst einmal wahrgenommen werden muss. Das Unternehmen muss also darauf achten, dass durch eine aktive Kommunikation das eigene Angebot zumindest in das *Awareness Set* des Kunden gelangt und dort verankert wird (s. dazu auch *Lambin* 2000, S. 197). Dabei geht es weniger um die objektiven

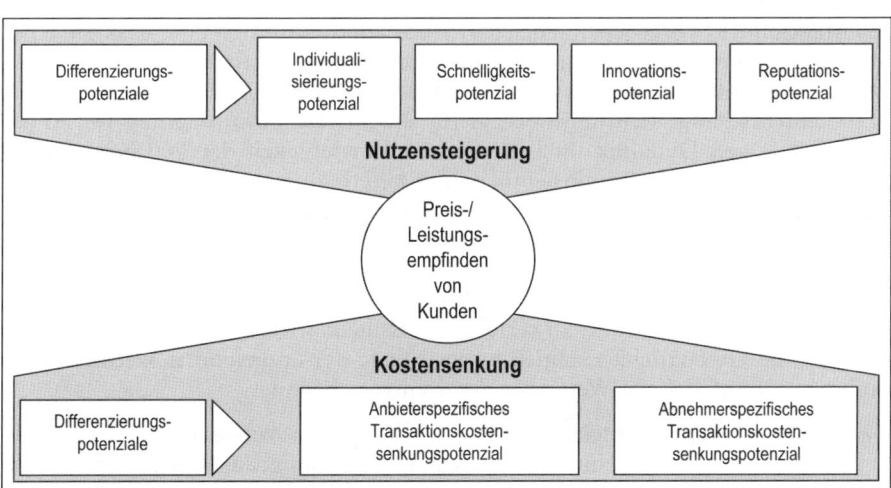

Abb. 27: Online-Wettbewerbspotenziale
Quelle: in Anlehnung an *Wamser* 2001, S. 99.

Vorteile als um die subjektiv vom Kunden wahrgenommene Leistungsfähigkeit des Online-Angebotes. Für den langfristigen Erfolg des Unternehmens sollte der strategische Online-Wettbewerbsvorteil eine gewisse **Dauerhaftigkeit** aufweisen, damit er bei der strategischen Unternehmensführung eingeplant werden kann und alle daraus resultierenden Handlungen zur Realisierung des Wettbewerbsvorteils gesteuert werden können.

Grundsätzlich ist eine gewisse Dauerhaftigkeit des Wettbewerbsvorteils ratsam. Die Net Economy mit ihren besonderen Eigenschaften und der erhöhten Wettbewerbsintensität bietet jedoch eine Umgebung, in der Wettbewerbsvorteile manchmal über Nacht eliminiert werden können. Somit muss das Unternehmen schneller als die Konkurrenz lernen, damit neue Kompetenzen auf- und ausgebaut werden können, um den Aufbau neuer bzw. die Verteidigung bestehender Vorteile zu realisieren (*Wamser* 2001, S. 61). Dementsprechend ist die **Lernfähigkeit** des Unternehmens eine wesentliche Voraussetzung, um überhaupt ein überlegeneres Angebot anbieten zu können (Konzept des lernenden Unternehmens; *Senge* 1990). Vor diesem Hintergrund stellt sich nun die Frage, wie auf einem grundlegenden Wettbewerbsvorteil eine entsprechende Wettbewerbspositionierung aufgebaut werden kann.

2.3.2 Online-Markteintritt und -positionierung

Erst wenn der grundsätzliche Wettbewerbsvorteil definiert ist, können der Eintritt und die Positionierung am Markt erfolgen. Dabei sind die Wechselbeziehungen zwischen Markteintritt und Marktpositionierung zu berücksichtigen, die in gegenseitiger Einflussnahme den Unternehmensverlauf lenken können. Wird nämlich eine bestimmte spätere Positionierung am Markt angestrebt, so werden die ersten grundlegenden und richtungsweisenden Entscheidungen schon durch den Markteintritt vorgegeben. Gleichermaßen gilt dies für den Fall, dass zunächst keine genaue Positionierung am Markt angestrebt wird, sondern in erster Linie nur der erkannte Wettbewerbsvorteil realisiert werden soll und der Verlauf des Markteintritts somit richtungsweisend für die spätere Positionierung ist. Angesichts der hohen Dynamik im Internet und Kurzlebigkeit der Wettbewerbsvorteile, sollten Unternehmen hinsichtlich ihres langfristigen Erfolges schon vor dem Markteintritt sehr genau überlegen, wie sie ihren Wettbewerbsvorteil auch dauerhaft halten können. Somit ist es für Unternehmen der Net Economy nicht ratsam, ohne konkrete Vorstellung der späteren Marktpositionierung in den Markt einzusteigen, da es Unternehmen in der Regel sehr schwer fällt, den wertvollen Wettbewerbsvorteil lange am Markt zu verteidigen. Ohne klare Richtungsanweisung verliert sich die Geschäftsidee schnell in der Masse der kopierenden Wettbewerber, wodurch der anfängliche Wettbewerbsvorteil verschwindet.

Unter dem **Online-Markteintritt** wird der Zeitpunkt verstanden, zu dem die Leistungen eines Unternehmens den Kunden erstmalig angeboten werden. Im Gegensatz zu bereits etablierten Unternehmen, die über einen bestehenden Kundenstamm und ein umfangreiches Produktportfolio verfügen, müssen neue Marktteilnehmer zuerst das zukünftig zu bedienende Segment definieren, um dadurch den angestrebten Zielmarkt zu erschließen. Dabei gilt es drei wesentliche Aspekte zu berücksichtigen (*Hutzschenreuter* 2000, S. 212 ff.): Zuerst muss sich das Unternehmen bemühen, einen Wettbewerbsvorteil zu schaffen, mit dem es ein Alleinstellungsmerkmal am Markt begründen und dadurch den späteren Erfolg sichern kann. Danach kommen Überlegungen zum optimalen Zeitpunkt des Marktzugangs. Denn, „a crucial strategic choice for competing in emerging industries is the appropriate timing of entry" (*Porter* 1980, S. 232). Hierbei stellt sich die Frage, ob das Unternehmen eher Pionier oder eher Folger ist, um daraus das weitere Vorgehen abzuleiten. Dies steht natürlich in enger Verbindung zum definierten Wettbewerbsvorteil. Im Anschluss daran muss die Geschwindigkeit der Markteroberung und die spätere Position überdacht werden, damit eventuelle Wettbewerbsvorteile optimal ausgeschöpft werden können und bspw. der Zeitvorteil so lang wie möglich ausgenutzt werden kann.

Die Vorteile eines frühen oder späten Markteintritts können in Abhängigkeit der unternehmensinternen und -externen Situation betrachtet werden (*Boersch/Elschen* 2002, S. 283 ff.). Im Speziellen lassen sich dabei das Unternehmenspotenzial, die Kundenbeziehung, die Konkurrenzbeziehung und die meist staatlich oder technisch vorgegebenen Regulierungsbedingungen nennen (s. Abb. 28). Der Zeitpunkt des Markteintritts ist nicht nur von der eigenen Technologieentwicklung (Unternehmenspotenzial) abhängig, sondern auch von bereits bestehenden Marktlösungen. Ein früher Einritt (**Innovator**) mit einem innovativen Konzept, kann zur „Leadposition" in einem neu zu entwickelndem Markt führen. So hatte bspw. *docmorris.com* in Deutschland als erstes Unternehmen den Vertrieb von Medikamenten virtualisiert, woraus sich Wettbewerbsvorteile durch frühzeitige Partnerbindungen und der Markenbekanntheit ergeben haben. Der Aufbau eines effizienten Vertriebsnetzes schafft dann Kostenvorteile, die Nachzügler (**Imitatoren**) in der Regel nicht von Beginn an realisieren können, wenn diese nicht über eine noch innovativere und bessere Lösung verfügen. Je eher der Marktauftritt eines Unternehmens erfolgt, desto frühzeitiger können Kundenbeziehungen aufgebaut werden, insbesondere wenn sich der Markt noch in der Entwicklung befindet. Der Online-Markt an sich unterliegt dynamischen Veränderungen, die sich durch Markt- bzw. Branchenlebenszyklen beschreiben lassen (*Hungenberg* 2012, S. 101 f.), die auch eine Anpassung an die Kundenerwartungen erfordern. Sind am Markt existente Anbieter dazu nicht in der Lage, ergeben sich daraus Chancen für andere, neue Anbieter.

Der frühe Marktzugang ermöglicht die Verankerung von Standards und definiert somit den State-of-the-Art des Angebotes. Darüber hinaus können Markteintrittsbarrieren aufgebaut werden, die potenzielle Wettbewerber zunächst am Markteintritt hindern. Derartige Vormachtstellungen in der Konkurrenzbeziehung sind im Umfeld der Net Economy nicht selten durch technologische Neuentwicklungen bedingt. Ergibt sich durch die Marktentwicklung ein sehr hoher Kostenaufwand, können die Reserven für eine Marktbehauptung sehr gering ausfallen. Darin bestehen die Chancen für einen späteren Markteintritt durch neue Unternehmen. Einen nur schwer beeinflussbaren Faktor bilden die institutionellen Rahmenbedingungen. Gesetzliche Verordnungen bzw. Reglementierungen definieren unter anderem die Regulierungsbedingungen. Als Pionier ergibt sich die Möglichkeit, aktiv Regulierungen zu schaffen, z. B. über die Anmeldung einer Technologie zum Patent. Mit einer einstweiligen Verfügung wurde bspw. dem Online-Buchhändler *barnesandnoble.com* untersagt, weiterhin die von dem internationalen Mitbewerber *amazon.com* patentierte „**1-Click**"-**Kauftechnik** zu verwenden. Diese ermöglicht es registrierten Kunden, mit nur einem Mausklick eine Bestellung aufzugeben. Pionieren obliegt aber auch oft die Aufgabe, Regularien zu ändern, um ein Geschäftsmodell am Markt erfolgreich umzusetzen. Das Unternehmen *docmorris.com* musste innerhalb des deutschen Marktes für Arzneimittel zahlreiche Hindernisse überwinden, bis der Verkauf von pharmazeutischen Produkten über das Internet gesetzlich geklärt wurde. Nachfolgende Unternehmen brauchen diesen zeit- und kostenintensiven Prozess nicht zu durchlaufen.

Aspekte	Pro früher Markteintritt	Pro später Markteintritt
Unternehmenspotential	Pionier schafft sich hohe Reputation, nachhaltiges Lernen und frühe Lieferanten- und Vertriebsbindung, Kostenvorteile	Kosten der „Markteröffnung" sind hoch und werden von Nachfolgern eingespart, technologischer Fortschritt macht Erstlösung obsolet
Kundenbeziehung	Hohe erwartete Kundenbindung, hohe Effizienz beim Einsatz der Marketinginstrumente	Frühe Marktsituation völlig anders als spätere bei hohen Anpassungskosten an die veränderten Bedürfnisse
Konkurrenzbeziehung	Schwierige Imitation	Relativ kostenträchtiger Wettbewerb mit anderen Start-up-Unternehmen, geschwächte Pioniere werden durch Nachfolger verdrängt
Regulierungsbedingungen	Keine Regulierungswiderstände	Regulierungswiderstände werden durch Pioniere ausgeräumt

Abb. 28: Aspekte eines frühen bzw. eines späteren Markteintritts
Quelle: *Boersch/Elschen* 2002, S. 286.

Bei der **Online-Marktentwicklung** geht es in erste Linie um die Möglichkeit, die anfänglich zum Markteintritt angebotene Leistung auch auf andere Bereiche/ Branchen zu übertragen und damit die Nutzungs- und Vermarktungsmöglichkeiten zu intensivieren. Im Mittelpunkt der Überlegungen steht die Frage, wie und wo man mit dem Angebot noch aktiv werden kann. Eine entsprechende Darstellung der verschiedenen Online- Wettbewerbsstrategien kann mit Hilfe der Produkt-Markt-Matrix (*Ansoff* 1966, S. 132) erfolgen. Ausgehend von einer generellen Strategie, im Rahmen des Online-Markteintritts den anvisierten Markt zu durchdringen (Marktdurchdringung), lassen sich dann grundsätzlich drei Bereiche identifizieren, die das **Entwicklungspotenzial eines E-Shops** hinreichend beschreiben können:

• **Marktentwicklung**: Bei der Marktentwicklung wird versucht, das Angebot auf andere Märkte, Segmente bzw. Branchen zu übertragen (s. Abb. 29). Die neuen Märkte oder Segmente können sich dabei bspw. auf die Internationalisierung oder die Erschließung neuer Kundengruppen beziehen. Als Beispiel kann hier *openBC.de* genannt werden. Diese Plattform war zunächst nur auf dem deutschen Markt tätig und hat – nach erfolgreicher Etablierung im Inland – ihre Leistung auf das Ausland übertragen und ist nun auch international erreichbar. Diese Marktentwicklung fand unter Änderung des Namens (zu *xing.com*) statt, da die Betreiber der Ansicht waren, somit die Internationalität besser unterstreichen zu können und die Plattform einer größeren Kundengruppe zugänglich zu machen, die sich nicht mehr von der ursprünglichen und schon im Namen offensichtlichen Fokussierung auf Business Kontakte abschrecken lässt.

- **Produktentwicklung**: Bei der Produktentwicklung geht es darum, über eine Weiterentwicklung bzw. Ergänzung des Angebotes die bestehenden Märkte, Segmente oder Branchen noch besser bzw. weiter zu erobern (s. Abb. 29). Diese Form der Entwicklungsfähigkeit zielt entsprechend auf die Erweiterung der Leistungsfunktionen ab. Als ein Beispiel kann hier *amazon.de* genannt werden. Anfangs war das Geschäftsmodell nur darauf basiert, Bücher online zu verkaufen. Nachdem aber eine gewisse Masse an Kunden erreicht wurde und sich der E-Shop zum Marktführer entwickelt hatte, wurden zu dem Buchverkauf noch weitere Produktgruppen ins Sortiment aufgenommen, wie z. B. Elektrogeräte, CDs, Software oder Spielwaren.
- **Diversifikation**: Die Diversifikation bietet eine Möglichkeit, über eine Weiterentwicklung bzw. Ergänzung des Angebotes neue Märkte, Segmente oder Branchen zu erobern (s. Abb. 29). Dabei lassen sich drei unterschiedliche Formen unterscheiden: Bei der horizontalen Diversifikation stehen die neuen Produkte/Leistungen im Zusammenhang mit den bereits bestehenden Produkt- bzw. Leistungsangeboten. Bei einer vertikalen Diversifikation erweitert das Angebot sein bestehendes Angebot um Leistungen, die bis dahin vor (Rückwärtsintegration) oder nach (Vorwärtsintegration) von anderen Unternehmen angeboten wurden. Bei der lateralen Diversifikation besteht kein Zusammenhang zwischen der Weiterentwicklung des Angebots und den ursprünglich hieraus resultierenden Produkten oder Märkten. Es wird in einen völlig neuen Bereich expandiert.

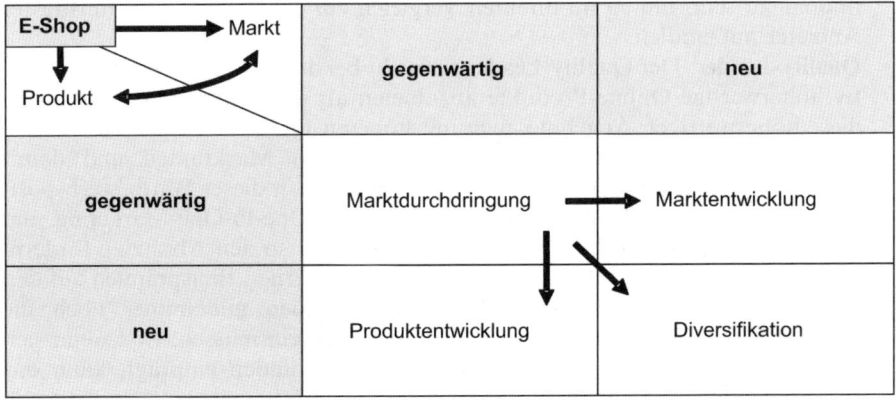

Abb. 29: Die Produkt-Markt-Matrix zur Darstellung des Entwicklungspotenzials
Quelle: in Anlehnung an *Ansoff* 1966, S. 132.

2.3.3 Online-Wettbewerbsstrategien

Im Anschluss an die beschriebenen Möglichkeiten des Markteintritts und der Marktbearbeitung, können nun im Rahmen der **Wettbewerbspositionierung** vier grundsätzliche Richtungen identifiziert werden. Zwei stammen dabei aus den klassischen Überlegungen zur Real Economy (Kosten- und Qualitätsführerschaft), während die anderen beiden auf neuere Überlegungen zur Net Economy zurückgehen (*Porter* 1999; *Weiber/Kollmann* 2000; *Kollmann* 2011b) und sich sowohl auf die angebotenen Produkte als auch auf die angebotenen Informationen zu den Produkten beziehen können (Informations- und Zeit-, bzw. Verfügbarkeitsführerschaft). Aus diesen Positionierungen resultieren somit der Cost-Leader, der Quality-Leader, der Topical-Leader und der Speed-Leader, die allesamt sehr unterschiedliche Schwerpunkte bei der Marktbearbeitung und Realisierung des Wettbewerbsvorteils legen und daher sehr unterschiedliche **Strategien** verfolgen (*Kollmann* 2011a, S. 293):

- **Cost-Leader**: Der Cost-Leader versucht bei dieser Positionierung seine Produkte deutlich günstiger anzubieten als die bestehende Konkurrenz. Ziel ist es, über günstige Preise einen hohen (relativen) Marktanteil zu generieren und über den Mengeneffekt Gewinne zu realisieren (s. Abb. 30). Dies kann sich zum einen direkt aus dem Produktpreis (z. B. bessere Einkaufskonditionen), zum anderen aus den niedrigeren Transaktionskosten ergeben (z. B. Prozessautomatisierung), die dann im Resultat zu niedrigeren Endpreisen für die Online-Produkte führen. Dies kann sich aber auch auf niedrigere Lieferkosten beziehen. Unternehmen mit dieser Wettbewerbspositionierung setzen sehr stark auf den Vertriebsweg durch Preissuchmaschinen (z. B. *billiger.de*). Kunden, bei denen der Preis das wichtigste Kaufargument und damit Hauptentscheidungskriterium ist, wenden sich oft bei ihrer Informations- und Angebotssuche an Preissuchmaschinen oder an sonstige Anbieter, die es ermöglichen, Preise und andere Attribute eines Angebotes effizient zu vergleichen. Daher verwenden diese Unternehmen sehr viele Mühen darauf, besonders auf diesen Seiten auffindbar zu sein, um so im direkten Vergleich zur Konkurrenz als günstigster Anbieter aufzufallen.
- **Quality-Leader**: Der Quality-Leader versucht bei dieser Positionierung qualitativ höherwertige Online-Produkte anzubieten als die Konkurrenz. Ziel ist es, diese höherwertigen Angebote auch mit höheren Preisen versehen zu können, um über Mageneffekte einen hohen (relativen) Marktanteil und damit Gewinne zu realisieren (s. Abb. 30). Unternehmen mit dieser Wettbewerbspositionierung setzen sehr stark auf eBranding und One-to-One-Marketing, um die Qualität ihres Angebotes zu unterstreichen und so den Absatz zu fördern. Professionelle Markenführung erlaubt auch im Internet, Preisprämien auf den regulären Preis aufzuschlagen. Bei vielen Kunden gilt immer noch die Annahme, dass Produkte die teuer sind auch gut sein müssen. Erst wenn sich dieser Qualitätsvorteil auch dauerhaft bei den Kunden einprägt, kann das Unternehmen sich als Quality-Leader positionieren. Bei vielen hochwertigeren Produkten ist es heutzutage schon fast selbstverständlich, durch One-to-One-Marketing-Maßnahmen diese Hochwertigkeit zu untermauern und den Kun-

den durch personalisierte Angebote ein noch stärkeres Gefühl der Angebots-
qualität zu vermitteln.

- **Topical-Leader**: Der Topical-Leader versucht bei dieser Positionierung die
  Informationen zu seinen Produkten auf einem höheren qualitativen Niveau
  anzubieten als die Konkurrenz, da nicht nur die Übertragung von Informationseinheiten eine wichtige Rolle in der Net Economy spielt, sondern ganz
  besonders der Informationsinhalt (*Weiber/Kollmann* 2000). Daher entsteht die
  Möglichkeit neben der reinen Informationsübertragung über die Art und Qualität der Informationen einen zusätzlichen Mehrwert für den Nachfrager zu
  erzeugen (*Kollmann* 2011b, S. 348). Der geforderte **Qualitätsgehalt der Informationsinhalte** hängt dabei sehr stark vom Verwendungszweck ab, für den der
  Nachfrager die Information benötigt. So interessiert sich ein Segelflieger vor
  dem Start nicht nur für die allgemeinen Wetterbedingungen, sondern er
  braucht zur Einschätzung des Risikos möglichst genaue Daten zur Thermik,
  Temperatur und den Windverhältnissen, sowie Prognosen für den Tagesver-
  lauf. Ziel der Unternehmen, die diese Wettbewerbsstrategie verfolgen, ist es,
  über die hochwertigen Informationen eine geringere Preissensibilität bei den
  Online-Kunden zu erreichen, sodass diese bereit sind, die Informationsqualität
  über etwas höhere Produktpreise quasi mit zu bezahlen und damit erneut über
  Margeneffekte einen hohen (relativen) Marktanteil und Gewinne zu realisieren
  (s. Abb. 30). Neben der schnellen Verfügbarkeit von Produktinformationen spielt
  nämlich auch der Informationsgehalt im Rahmen der Produktdarstellung eine
  bedeutende Rolle. Unternehmen mit dieser Wettbewerbspositionierung setzen
  sehr stark auf den Vertriebsweg einer hohen Reputation z. B. in Verbraucher-
  oder Meinungsportalen und Viral-Marketing (*Kollmann* 2001c).
- **Speed-Leader**: Wird die Information als eigenständiges Differenzierungsmerk-
  mal genutzt, kann nicht nur der Qualitätsgehalt der Information in manchen
  Situationen entscheidend sein, sondern auch der **Zeitpunkt der Informationsbereitstellung** (*Weiber/Kollmann* 2000). Der Speed-Leader versucht bei dieser
  Positionierung die Informationen schneller anzubieten als die Konkurrenz. Ziel
  ist es, über den zeitlichen Vorsprung der Informationsverfügbarkeit mehr Kunden zu erreichen und damit einen hohen (relativen) Marktanteil zu generieren
  und über den Mengeneffekt Gewinne zu realisieren (s. Abb. 30). Diese
  Geschwindigkeit kann sich zum einen „technisch" auf die Informationssuche
  und/oder den -aufruf beziehen (z. B. Ladezeiten), zum anderen „operativ" auf
  die Informationsverfügbarkeit (z. B. zeitliche Exklusivität) oder die Informationsübermittlung zum Kunden (z. B. E-Mail) beziehen. Unternehmen mit dieser Wettbewerbspositionierung setzen sehr stark auf den Vertriebsweg einer
  schnellen und gezielten Informationsübermittlung z. B. über eCustomer Relationship Management und Newsletter- bzw. E-Mail-Marketing.

In der möglichen Kombination verschiedener Wettbewerbspositionierungen ergeben sich anhand der Zusammenführung von Aspekten zum eigentlichen Produkt
(Quality/Cost) und der Informationsbehandlung zum Produkt (Topical/Speed)
idealtypische Doppelstrategien aus Quality- und Topical-Leader bzw. aus Cost-
und Speed-Leader (s. Abb. 30).

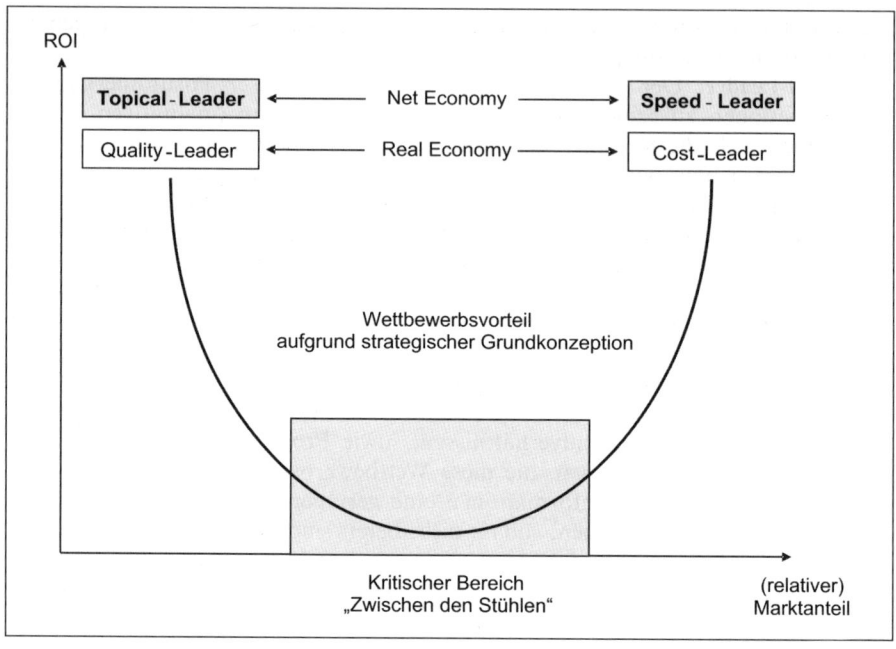

Abb. 30: Die Online-Wettbewerbspositionierung für E-Shops
Quelle: *Kollmann* 2011b, S. 348.

2.3.4 Online-Marketing-Kooperationen

Unabhängig von der eigenen Stärke und Ausstattung des Unternehmens kann es vorteilhaft sein, **Online-Kooperationen** einzugehen, um bspw. die technische Umsetzung des Angebotes von einem Partner durchführen zu lassen oder aber die Internetseiten eines Online-Partners für den Vertrieb der eigenen Produkte mit zu nutzen (*Richard* 2003, S. 469 ff.). Die Grundlage dieser rein operativen Kooperation (Zieltyp I) ist ein für beide Seiten klar erkennbarer Nutzen im Tagesgeschäft. Dieser kann in der Erweiterung des eigenen Angebotes liegen, wobei mit Hilfe des Partners den eigenen Kunden ein erweiterter Service bzw. ein größeres Produktspektrum angeboten werden kann. Es kann aber auch darum gehen, über die komplette Zusammenführung von Produkten einen höheren Marktpreis zu realisieren. Eine andere Intention hat die strategische Kooperation (Zieltyp II), bei der versucht wird, bestimmte Signale (z. B. Renommee, Vertrauen, Glaubwürdigkeit) den Marktteilnehmern (z. B. Kunden, Wettbewerber oder Investoren) zu senden (z. B. über Logopartnerschaft). Beide Zieltypen der Online-Kooperation wirken sich vorteilhaft auf die Wettbewerbsstrategien aus. Erfahrungen und Kompetenzen lassen sich komplementär ersetzen, wodurch die Schwächen des Unternehmens ausgeglichen werden. Dies wirkt sich über Kostenreduktion bzw. Einnahmesteigerung positiv auf die Stabilität des Unternehmens aus.

In Bezug auf die Ausgestaltung der Kooperationshandlung und damit die Spezifikation des Kooperationsinhaltes geht es um das Erreichen eines bestimmten Wettbewerbsvorteils. Hierbei kann zwischen vier **grundlegenden theoretischen Denkmustern** unterschieden werden, wobei diese nicht in Reinform umgesetzt werden müssen, sondern in einer individuellen Ausgestaltung der Partnerschaft auch als Mischform verfolgt werden können. Zu den vier Varianten zählen dabei der ressourcenorientierte, der nachfrageorientierte, der wettbewerbsorientierte und der vertriebsorientierte Ansatz (*Kollmann/Herr* 2003; *Kollmann* 2011b, S. 284 ff.):

- **Der ressourcenorientierte Ansatz**: Der ressourcenorientierte Ansatz (Kooperationen aus Ressourcensicht) konzentriert sich auf die vorhandenen Kompetenzen und Ressourcen, die für den Wettbewerbserfolg verantwortlich sind. Diese Überlegung geht auf *Wernerfelt* (1984) und *Penrose* (1959) zurück, die einen langfristigen Erfolg des Unternehmens auf die Einzigartigkeit von spezifischen Ressourcen zurückführen. Für eine erfolgreiche Wettbewerbsstrategie sind bei manchen Unternehmen nicht immer alle notwendigen Ressourcen in ausreichendem Maße vorhanden. Kooperationen können hier in erster Linie eine Ergänzung von nicht vorhandenen Kernleistungen ermöglichen, wodurch dann eine Wettbewerbsfähigkeit sichergestellt werden kann. Ebenso lassen sich durch Partnerschaften Ressourcen kombinieren (komplementär oder homogen), um aus einzelnen, nicht einzigartigen Kernleistungen eine nur schwer zu imitierende Kombinationsleistung zu erbringen (das sog. Bundling).
- **Der nachfrageorientierte Ansatz**: Der nachfrageorientierte Ansatz (Kooperationen aus Kundensicht) setzt an den Erwartungen der Kunden bezüglich des Angebots an. Hierbei geht es darum, neben der vorhandenen Basisleistung weitere Serviceleistungen im Produktumfeld anzubieten, um ein positives Gesamtbild zu erzeugen. Das Produkt bzw. die Leistung besteht vor diesem Hintergrund aus mehreren Ebenen (*Kotler/Bliemel* 1999, S. 671). Der Kernnutzen beschreibt dabei zunächst die eigentliche Bedürfniserfüllung seitens des Online-Kunden, welche durch das bzw. die angebotene(n) Online-Produkt(e) als Kernleistung definiert wird bzw. werden. Die Erwartungen der Kunden werden dabei mit den Prozessanforderungen zusammengefasst. Schon hier können Kooperationen eingegangen werden, um das Online-Angebot aus Nachfragersicht besser zu gestalten. So verbindet der Reise-E-Shop *travelchannel.de* von Anfang an verschiedene Quellen von zentralen Produktkomponenten im Reisebereich. Hierzu zählen Kooperationen mit Datenbanken von Mietwagenfirmen oder Ticketanbietern im Eventbereich. Wird das Basisprodukt in Eigenregie angeboten, so besteht ferner im Produktumfeld (augmentierter Bereich) die Möglichkeit, über Kooperationen die Erwartungen des Kunden zu übertreffen.
- **Der wettbewerbsorientierte Ansatz**: Der wettbewerbsorientierte Ansatz (Kooperationen aus Wettbewerbssicht) setzt an dem Gedanken „if you can't beat them, join them" an und postuliert in Anlehnung an *Brandenburge/Nalebuff* (1996) einen kooperativen Zusammenschluss von Wettbewerbern (Co-opetition). Im Mittelpunkt steht hier die Kombination von Ressourcen, um hierüber weitere Vorteile in einem Marktumfeld zu erlangen oder gemeinsam einen neuen Online-Markt zu erobern. Kooperationen sollen hier demnach in erster

Linie die Markt- und Machtstellung der beteiligten Partner ausbauen, wobei die Kooperationspartner die Partnerschaft mit einem Wettbewerber vorziehen. Im Mai 2002 haben *edel music*, Europas größtes unabhängiges Musikunternehmen und *soundbuzz.com*, führender asiatischer Anbieter für den Vertrieb digitaler Musik, eine Partnerschaft für die digitale Distribution von Musiktiteln im Internet vereinbart. Im Rahmen dieser Zusammenarbeit übernimmt *soundbuzz.com* in der asiatisch-pazifischen Region (Asien, Australien/Neuseeland) das Repertoire aus dem Katalog von *edel music* und vertreibt dieses über eine sichere, kommerzielle und digitale Distribution. Über sein weit verzweigtes Netzwerk an Partnern in Südostasien, Indien, Australien, Korea, Taiwan und Hong Kong stellt *soundbuzz.com* außerdem Marketing- und Promotionmöglichkeiten für die Künstler und Produkte von *edel music* zur Verfügung. Die Kenntnisse über den neuen Absatzmarkt, die ohne die Kooperation über einen eigenen E-Shop hätten selbst erarbeitet werden müssen, sicherten den dortigen Markteintritt von *edel music*.

- **Der vertriebsorientierte Ansatz**: Der vertriebsorientierte Ansatz (Kooperationen aus Marketingsicht) konzentriert sich auf die Gewinnung von Neukunden über Online-Partner, da diese meist sehr kostspielig und mühsam für einen einzelnen bzw. neuen Anbieter ist. Mit Hilfe verschiedener Kooperationspartner erschließen sich jedoch neue Wege, bisher unerreichte Kunden direkt und kosteneffizient auf den Webseiten des Partners ansprechen zu können. Die Vorteile einer Zusammenarbeit mit Kooperationspartnern liegen dabei insbesondere in der erfolgsabhängigen Vergütung für die Kundenweiterleitung und der zielgruppengenauen Ansprache (*Albers/Jochims* 2003, S. 17). Zu den Zielen von vertriebsorientierten Online-Kooperationen gehören größtenteils die Kundengewinnung, Umsatzsteigerung und Steigerung des Bekanntheitsgrades oder z. B. auch ein beschleunigter Online-Markteintritt. Aus Sicht des Partners geht es jedoch eher um zusätzlichen Umsatz und ein zusätzliches Angebot, dass er den Kunden anbieten kann und dadurch seine Webseite aufwertet. Die Gestaltung von Online-Kooperationen richtet sich vor allem nach der Größe und der strategischen Bedeutung des Partners. Bei strategisch wichtigen Partnern werden individuelle Verträge ausgehandelt, da sie bei knapp einem Viertel aller Unternehmen einen Umsatzanteil von mehr als 10% ausmachen. Bei kleineren Kooperationen werden oftmals sog. Affiliate-Programme (s. Kapitel 5.1.5) eingesetzt, die den Kooperationsprozess standardisieren (*Albers/Jochims* 2003, S. 18 ff.).

Neben reinen Online-Kooperationen bieten sich zudem auch Partnerschaften an, die Online-Kanäle mit Offline-Kanälen kombinieren. Dabei unterscheiden sich die verschiedenen Kanäle hinsichtlich ihrer Stärken in den einzelnen Phasen des Kundenlebenszyklus bzw. ihrer funktionellen Eignung für die Bereiche Kommunikation, Distribution und Kundendienst. Online-Kanäle wie das Internet sind stets medial, während Offline-Kanäle sowohl medial (wie Prospekte oder Zeitschriften) oder institutionell (wie Warenhäuser oder Verkaufsaußendienste) sein können. Online- und Offline-Kanäle werden daher zunehmend komplementär genutzt. Änderungen im Kundenverhalten, insbesondere bezüglich ihrer Erwartungen und Bedürfnisse, führen auf Kundenseite zunehmend zu einer komplementären Nutzung von Internet und realer Welt: Zum einen werden verschiedene Produkte über verschiedene Kanäle erworben, zum anderen erwarten die Kunden, dass sie frei wählen können, über welchen Kanal sie sich über ein Produkt informieren, den Händler kontaktieren, das Produkt kaufen sowie es gegebenenfalls wieder umtauschen. Solch hybride Kunden stellen sich für jede Kaufentscheidung einen individuellen **Kanalmix** zusammen (*Bachem* 2002, S. 264). Um ihren Kunden genau dies zu ermöglichen, müssen sich Unternehmen aus Real und Net Economy unweigerlich einander annähern.

Das sog. Phänomen der **Cross-Channel-Kooperation** basiert auf der kollaborativen Integration von Online- und Offline-Geschäftsmodellen mit dem Ziel, durch ein Komplement von Kompetenzen positive synergetische Effekte für die beteiligten Partner zu erzielen (*Kollmann/Häsel* 2006, S. 3). Die Cross-Channel-Kooperation von *amazon.de* und *Wal Mart* bspw. ermöglichte *amazon.de* eine Offline-Präsenz in den Warenhäusern von *Wal Mart*, während die Website der Warenhaus-Kette von der Kundenakzeptanz des Online-Marktplatzes profitierte. Basierend auf den von den Partnern eingebrachten Ressourcen lassen sich verschiedene Cross-Channel-Kooperationsformen ableiten. Die im Folgenden beschriebenen **Kooperationsformen** sind in Abbildung 31 zusammenfassend dargestellt. Zusätzlich zu den Stärken der Partner zeigt die Abbildung, inwiefern die verschiedenen Kooperationsformen die Kanalfunktionen Kommunikation, Distribution und Kundenservice verbessern können. Durch Hinzunahme der Faktoren Produkt und Preis wird gleichzeitig deutlich, welche Bausteine des Marketing Mix der Partner durch die Zusammenarbeit beeinflusst werden.

- **Cross-Media-Kommunikation**: Cross-Media-Kommunikation ermöglicht die Optimierung der Werbewirkung. Während digitale Medien schnelle und umfangreiche Möglichkeiten zur Interaktion und Markenbildung mit sich bringen, erzeugen Offline-Medien Aufmerksamkeit und wecken Interesse. Im Rahmen einer Kooperation können die Partner dabei zudem wichtige, auch außerhalb der eigenen Kanalreichweite liegende Zielgruppen erreichen. Interessant ist eine derartige Zusammenarbeit insbesondere für Unternehmen, die ihre Werbemaßnahmen verbessern können, ohne dabei mit den hohen Werbekosten traditioneller Massenmedien konfrontiert zu sein.
- **Produkt- und Servicebündelung**: Durch Bündelung komplementärer Online- und Offline-Leistungen verfolgen die Partner das Ziel, die Qualität der Bedürfnisbefriedigung auf Kundenseite zu erhöhen, insbesondere bezüglich Verbraucherfreundlichkeit und Geschwindigkeit der Auftragsabwicklung. Produkt- und Servicebündel stellen zudem oft zusätzliche Distributionskanäle dar, die zu einer Rentabilitätssteigerung und Kostenreduktion führen. Beispiele sind durch den Online-Partner unterstützte Internetdienste oder durch den Offline-Partner übernommene Dienstleistungen im Logistikbereich, auf die Online-Shops wie *amazon.de* trotz ihrer rein internetbasierten Geschäftsmodelle angewiesen sind.
- **Markenallianzen**: Um ihren gemeinsamen Produktbündeln eine einzigartige Marktpositionierung zu verschaffen, können etablierte Online- und Offline-Marken gemeinsam auftreten. Gerade junge Unternehmen können über Produktbündel, die durch Cross-Channel-Markenallianzen gestützt werden, eine

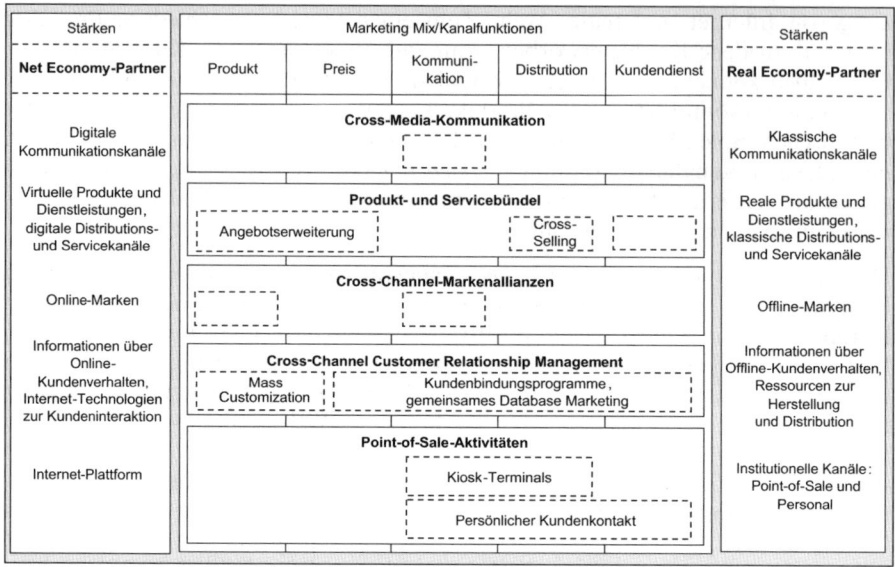

Abb. 31: Formen der Cross-Channel-Kooperation
Quelle: *Kollmann/Häsel* 2006, S. 57.

Präferenz für ihr Basisprodukt erzeugen. Da eine Markenkommunikation über traditionelle Massenmedien aus Kostengründen nicht in Frage kommt, stellen Markenallianzen eine Chance dar, die Unternehmensmarke und das damit verbundene Leistungsangebot auch Offline-Marktsegmenten vorzustellen.

- **Cross-Channel CRM**: Bei der Bildung von Wettbewerbsvorteilen spielen zunehmend die Informationen eine Rolle, die ein Unternehmen zum Markt und seinen (potenziellen) Kunden besitzt. Sowohl operative als auch strategische Marketing-Entscheidungen sind zunehmend datenbankgestützt. Während Unternehmen im Internet über ihre Plattformen die dafür benötigten Kunden- und Nutzungsdaten mit nahezu keinem zusätzlichen Aufwand sammeln können, muss der traditionelle Einzelhandel für die Sammlung kundenindividueller Daten die Mediendiskontinuität zwischen virtueller und realer Welt überwinden. Dies kann bspw. durch kartenbasierte Kundenbindungsprogramme á la *Payback* oder *Happy Digits* geschehen. Durch die damit verbundene Möglichkeit der Kundenidentifikation kann das Kundenverhalten dann sowohl im realen Einzelhandel als auch in Internet aufgezeichnet werden. Werden die sich ergänzenden Informationsressourcen der Kooperationspartner nun im Sinne eines Cross-Channel Customer Relationship Management (Cross-Channel CRM) zu einer gemeinsamen Datenbasis kombiniert, kann mit Hilfe des daraus gewonnenen kanalübergreifenden Wissens ein wesentlich effektiveres kundenindividuelles Marketing (One-to-One) erfolgen.

- **Point-of-Sales-Aktivitäten**: Neben Kommunikation, Distribution, Kundenservice und Preis kann im Rahmen eines Cross-Channel CRM auch das Produkt selbst kundenindividuell gestaltet werden. Das Konzept der Mass Customization bzw. Customer Integration impliziert, dass der Kunde signifikanten Einfluss auf den Wertschöpfungsprozesses nimmt; Produkte bzw. Dienstleistungen werden dabei unter Einbeziehung der individuellen Kundenbedürfnisse, aber gleichzeitig kosteneffizient produziert. Durch die auf Internet-Technologien basierenden Möglichkeiten zur Interaktion mit dem Kunden ergeben sich im Bereich der Mass Customization neue Potenziale (*Piller/Schoder* 1999). Im Rahmen einer Cross-Channel-Kooperation kann bspw. ein Portalbetreiber die interaktive Kundenschnittstelle bilden, über die der Kunde das Produkt (so zum Beispiel ein T-Shirt mit individuellem Aufdruck) konfigurieren bzw. zusammenstellen kann, während der traditionelle Produkthersteller über die für die Produktion und Distribution benötigten materiellen Ressourcen verfügt (*Kollmann/Häsel* 2006, S. 73 f.).

3 Preispolitik im Online-Marketing

Die Preispolitik stellt eine weitere Komponente im Online-Marketing-Mix dar. Oftmals wird der Einfluss der Preispolitik auf den langfristigen Unternehmenserfolg nur peripher betrachtet, da die Preisfestlegung häufig nur als unterstützender **Mechanismus zur Absatzsteigerung** gesehen wird. Viele Unternehmen sehen sich aufgrund ihrer eigenen Positionierung und den Rahmenbedingungen in der Net Economy im Zwang, ihre Produkte möglichst günstig anzubieten, da der Verkauf über das Internet nur dann Sinn macht, wenn die Angebote wirklich günstiger als im realen Handel sind und dadurch die Nachteile der physischen Zustellung aufgewogen werden können. Viele Unternehmen sehen sich daher dazu aufgefordert, die Senkung der Transaktionskosten durch den Einsatz elektronischer Datennetze auch an die Kunden weiterzugeben, und auf Basis des Preises mit den Wettbewerbern zu konkurrieren. Günstige Preise sind zwar in der Tat ein wesentliches **Verkaufsargument im Online-Marketing**, es wird allerdings immer wieder vergessen, dass das Internet auch andere Preisstrategien zulässt, die sich die spezifischen Charakteristika des Internets zu eigen machen. Ein Überblick über die Spezifika des Internets und deren Implikationen für die Preispolitik ist in Abbildung 32 gegeben:

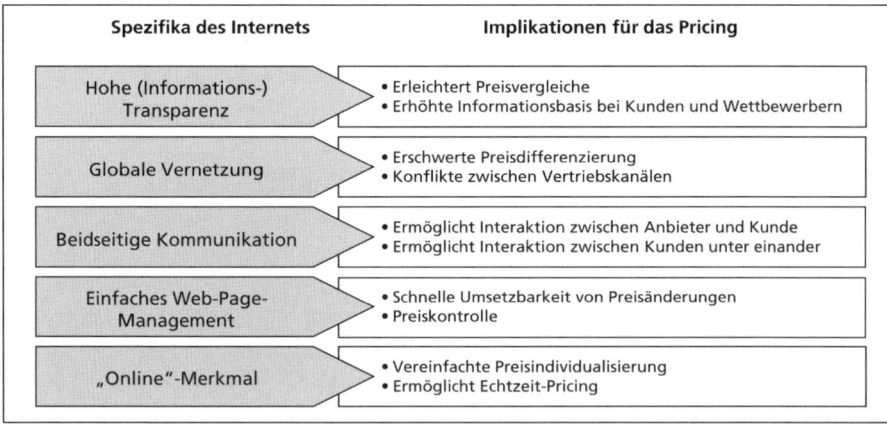

Abb. 32: Spezifika des Internets und deren Implikationen für das ePricing
Quelle: *Pohl/Kluge* 2001, S. 134.

Die Preisstrategien im Internet (**ePricing**) folgen prinzipiell denselben Regeln wie traditionelle Märkte. Auch im Internet findet sich der optimale Preis in Abhängigkeit vom wahrgenommenen Nutzen, Preis-Absatz-Beziehungen, Kostenstrukturen, Wettbewerb und Preiselastizitäten. Trotzdem haben die Besonderheiten des elektronischen Absatzes bestimmte Implikationen für das Pricing im Internet (s. Abb. 32). Dazu zählt vor allem der Aspekt der **dynamischen Preisfindung** (variable Preise), die im Gegensatz zur Preisfestsetzung (fixe Preise) durch die Eigenschaften des Internets ermöglicht und erleichtert wird (*Bliemel/Eggert/Adolphs* 2000). Da die in der Abbildung genannten Spezifika des Internets das ePricing zu einem sehr komplexen Teil des Online-Marketings machen, sollten die Ziele des ePricings vor der Auswahl der geeigneten Strategie definiert und in dem gesamten Marketing-Mix integriert werden. Erst wenn die Zielsetzung erfolgt ist, werden die einzelnen Determinanten der Preisstrategie berücksichtigt. Zu den **Determinanten** zählen zum Beispiel die Art des Produktes, die Preisbereitschaft der Kunden, die Preisstruktur der Wettbewerber, die Risikoaffinität der Kunden, die eigene Kostenstruktur und die Segmentierungsmöglichkeiten der Kunden. Trotz der hohen Transparenz im Internet sind die Preise für physisch identische Produkte nicht immer gleich, sondern können sogar bei CDs und Büchern bis zu 50% variieren (*Pohl/Kluge* 2001, S. 143). Diese Unterschiede in der Preisgestaltung hängen zwar auch von dem Produkt und seinen Eigenschaften selber ab, die Preisbereitschaft der Kunden wird jedoch zu einem zunehmend wichtigeren Faktor. Manche Kunden legen besonderen Wert auf intangible Produktmerkmale, wie zum Beispiel die zeitliche und lokale Verfügbarkeit des Produktes, die zusätzlichen Serviceleistungen, Werbung, die öffentliche Wahrnehmung oder die Kauferfahrung und das dadurch entstandene Vertrauen. Diese Merkmale bilden für manche Zielgruppen die Basis der Preisbereitschaft und machen die Findung einer geeigneten Pricingstrategie zu einem komplexen Vorgang. Wichtig ist jedoch die Anmerkung, dass die Preispolitik keinesfalls isoliert betrachtet werden darf, sondern immer im Einklang mit dem restlichen Marketinginstrumentarium betrachtet werden muss, um dort möglichst effektiv eingeordnet werden zu können (*Simon* 1995).

3.1 Preissetzung im elektronischen Absatz

Aufgrund der technologischen Möglichkeiten im Internet stehen E-Business-Unternehmen verschiedene Pricing-Modelle zur Verfügung, die sich in Preisfestsetzung und Preisfindung unterteilen lassen. Bei der **Preisfestsetzung** bestimmt entweder das Unternehmen oder der Kunde im Vorfeld den Preis. Der Preis muss jedoch nicht grundsätzlich für alle Käufergruppen gleich sein, allerdings kann die variable Preisgestaltung nur in dem vordefinierten Rahmen stattfinden und muss somit vorher festgelegt werden. Anders sieht es hingegen mit der **Preisfindung** aus, die einen wesentlich größeren Rahmen für die variable Preisgestaltung zulässt und besonders bei elektronischen Marktplätzen zum Einsatz kommt. Die Preisfindung beschreibt den Vorgang einer meist schrittweisen Annäherung beider Vertragspartner auf einen für beide Seiten akzeptablen Preis. Dabei ist der Preis

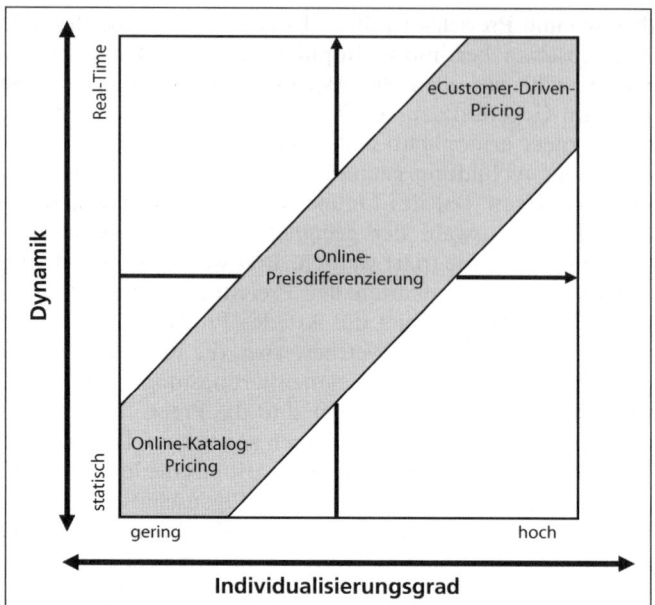

Abb. 33: Die verschiedenen Modelle der Preisfestsetzung
Quelle: in Anlehnung an *Pohl/Kluge* 2001, S. 150.

keinesfalls vorher festgelegt, sondern wird z. B. mit Hilfe verschiedener Auktionsmechanismen „gefunden". Bei der Preissetzung jedoch, gibt es drei grundsätzliche Gestaltungsmodelle, die sich durch ihren Individualisierungsgrad und ihre Dynamik kategorisieren lassen (*Pohl/Kluge* 2001, S. 148) (s. Abb. 33).

3.1.1 Online-Katalog-Pricing

Katalogpreise sind in der Regel für jedes verkaufte Produkt gleich hoch, deshalb werden diese Preise auch als uniform oder statisch bezeichnet. Da keine dynamische Anpassung oder Differenzierung vorgesehen ist, werden Katalogpreise oft als Einstiegsmethoden im E-Business benutzt. Somit können auch undifferenzierte Preise anderer Absatzkanäle (z. B. aus dem Versandhandel) ins Internet übertragen werden und verhindern dadurch die Kannibalisierung verschiedenen Kanäle aufgrund unterschiedlicher Preisstrategien. Zudem kann zwischen Preisfixierung durch den Anbieter und Preisfixierung durch den Nachfrager unterschieden werden. Üblicherweise werden Preise durch den Anbieter festgelegt, es gibt aber auch die Möglichkeit für Nachfrager den Maximalpreis für eine Leistung vorzugeben. Ein Vermittler, wie zum Beispiel *priceline.com*, vermittelt den Nachfrager dann zu einem geeigneten Anbieter, der bereit ist, die Leistung für den vorgegeben Preis zu erbringen. Diese Art der Preisfindung wird in Kapitel 3.2 noch ausführlich behandelt. Da aber der Name schon darauf hindeutet, spricht man in der Regel von einer Preisfixierung durch den Anbieter. Der Anbieter wählt Katalogpreise, um so einerseits den Mehraufwand differenzierter Preise zu umgehen, aber auch andererseits, um so unter Umständen den Markteinstieg zunächst zu erleichtern.

In diesem Zusammenhang muss zwischen Preisstrategien bereits bestehender Unternehmen, die nun zusätzlich zu ihrem Kerngeschäft in die Net Economy eintreten wollen und solchen Unternehmen, die sich ausschließlich auf elektronische Absatzkanäle konzentrieren, unterschieden werden. Bei den Ersteren steht sicherlich die kanal**übergreifende Vereinheitlichung** der Preise im Vordergrund, um die bereits bestehenden Absatzkanäle nicht zu kannibalisieren. Außerdem ist es möglich, dass Unternehmen mit dieser Strategie ihr Markenverständnis untermauern wollen. So lassen Premiummarken in der Regel keinerlei Rabatte oder Vergünstigen zu, da die Marke sonst verwässert wird und ihrem Premium-Anspruch nicht mehr gerecht wird. Dieser Aspekt ist jedoch in den meisten Fällen eher sekundärer Natur. Bei Neugründungen ausschließlich im Internet agierender Unternehmen wird diese Form der Preisstrategie dazu verwendet, um zunächst den Markteintritt zu erleichtern und die Kosten einer Preisdiskriminierung einzusparen. Erst wenn sich das Unternehmen mit seinen Produkten am Markt etabliert hat, ist die Individualisierung der Preise sinnvoll. Daher wird die uniforme Preisgestaltung vielfach als Einstiegsmethode in den elektronischen Handel genutzt (*Pohl/Kluge* 2001, S. 150). Aber auch bei Unternehmen mit einem enorm großen Produktsortiment ist der Einsatz von statischen Preisen unumgänglich, da dies anderenfalls z. B. für virtuelle Warenhäuser (wie z. B. *quelle.de*) einen ökonomisch nicht vertretbaren Mehraufwand bedeuten würde (*Klietmann* 2001, S. 156).

Generell ist der Preis eines Produktes von dem Wert des Produktes abhängig. Da der Wert eines Produktes jedoch stark von der Wahrnehmung des Kunden abhängt, erscheint die **Verwendung von Katalog-Preisen** in den meisten Fällen nicht besonders sinnvoll. Dies trifft nicht nur bei realen Gütern zu, sondern auch bei digitalen Gütern. Im Internet kann der Wert eines Produktes zum Beispiel durch die geringeren Transaktionskosten steigen. Zudem ist der Kaufvorgang unabhängig von Öffnungszeiten und Anfahrtswegen, wodurch der Kunde dem Internet-Kauf potenziell einen höheren Wert beimessen würde. Wägt man jedoch die Nachteile der physischen Distribution ab, so wird deutlich, dass jeder Kunde je nach eigenen Präferenzen einem Produkt einen ganz unterschiedlichen Wert zusprechen kann. Besteht also die Möglichkeit durch die vereinfachte Informationssammlung im Internet die Wahrnehmung des Kunden hinsichtlich des Produktwertes zu beurteilen, so würden Unternehmen bestimmter Branchen bei Nicht-Inanspruchnahme der Preisdifferenzierung Zusatzgewinne verschenken. Es gibt jedoch Branchen, die selber die Preise nicht beeinflussen können, und daher angehalten sind, Katalog-Preise zu benutzen. Bestes Beispiel dafür ist die Buchpreisbindung, die es Unternehmen der Net sowie der Real Economy untersagt, selber den Preis der Bücher festzulegen. Was bleibt, ist lediglich der Versuch, über besondere Serviceleistungen und dem Aufbau von Vertrauen eine intensive und andauernde Beziehung zum Kunden aufzubauen, um dann den Kunden an das eigene Unternehmen zu binden und so den sog. *Customer-Lifetime-Value* des Kunden auszuschöpfen.

3.1.2   Online-Preisdifferenzierung

Eine Preisdifferenzierung liegt vor, wenn ein Unternehmen Produkte und Dienstleistungen gleicher Art zu unterschiedlichen Preisen verkauft (*Wöhe* 1995). Bei
diesem Pricing-Modell steht also die **Individualisierung des Angebots** im Vordergrund, da eine **Preisdifferenzierung** nur dadurch möglich ist, dass Kunden
gleichartigen Gütern unterschiedliche Fähigkeiten hinsichtlich der Bedürfnisbefriedigung zusprechen (*Brandtweiner* 2001, S. 74). Dies heißt, dass die Nachfrager-
struktur aufgrund unterschiedlicher Präferenzen und Bedürfnisse sehr homogen
ist und Anbieter daher auch unterschiedliche Preise verlangen können. Je nach
Individualisierungsgrad des Angebots kann ein Unternehmen einzelnen Kunden
oder Kundengruppen unterschiedliche Preise anbieten. Der allgemeinen Preis-
Absatz-Funktion zufolge wäre eine Gewinnoptimierung somit möglich, wenn
jedem einzelnen Kunden ein auf ihn individuell zugeschnittener Preis offeriert
wird (s. Abb. 34) und Kunden, die nicht bereit sind, die untere Preisgrenze einzu-
halten, nicht bedient werden (*Pohl/Kluge* 2001).

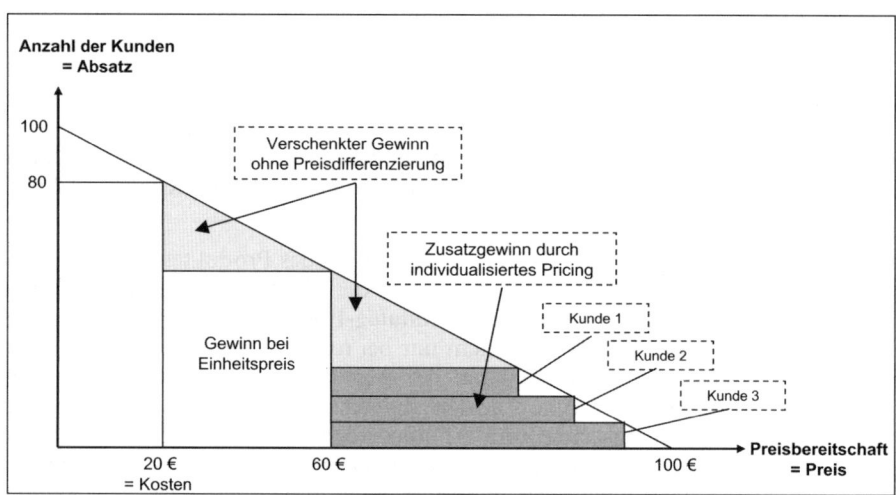

Abb. 34: Gewinnoptimierung durch Preisdifferenzierung
Quelle: *Pohl/Kluge* 2001, S. 151.

Die theoretische Grundlage der Preisdifferenzierung liegt demnach in der **Aufspal-
tung der Absatzmärkte** in einzelne Segmente. Die Aufteilung des Marktes wird
schon im Bereich der Nachfrageranalyse in der Produktpolitik vorgenommen,
wodurch die enge Einbindung der einzelnen Marketing-Mix Elemente und deren
Abhängigkeit untereinander verdeutlicht wird. Preistechnisch kann die Unterteilung zum Beispiel aufgrund unterschiedlicher Preis-Mengen-Kombinationen
erfolgen oder durch die Bereitstellung verschiedener Produktvarianten (*Pohl/
Kluge* 2001). Die Aufwendungen, die hinsichtlich der Marktunterteilung gemacht
werden, müssen jedoch deutlich in Relation zu der dadurch möglichen Gewinn-

steigerung stehen. Zusätzlich zu diesen Überlegungen müssen sich die Anbieter auch im Klaren darüber sein, dass höhere Preise immer begründet und gerechtfertigt werden müssen. Dies geschieht in den meisten Fällen über die Produktdifferenzierung (*Ekelund* 1970), was zwar bis zu einem gewissen Grad sinnvoll erscheint, aber bei zu weit auseinanderklaffenden Preisen eher zu einer Arbitrage führen kann. Arbitrage entsteht dann, wenn es für einen Dritten lohnenswert erscheint, das günstigere Produkt zu kaufen und selber in höherpreisigen Segmenten zum Verkauf anzubieten, um die Differenz als Gewinn zu verbuchen. Dies geht natürlich nur, wenn die entstehenden Transaktionskosten den Gewinn nicht überschreiten.

Hinsichtlich der Differenzierung gibt es unterschiedliche Ansätze, die sich anhand ihrer Objektbereiche klassifizieren lassen. Dabei lassen sich folgende **Formen der Differenzierung** identifizieren und auf die Net Economy übertragen (*Brandtweiner* 2001, S. 73 ff.; *Wirtz* 2001, S. 434; *Diller* 2008):

- **Persönliche Preisdifferenzierung**: Bei der persönlichen Differenzierung wird ein gleiches Produkt zu unterschiedlichen Preisen verkauft. Die Unterteilung der verschiedenen Preisgruppen erfolgt über die Hinzunahme z. B. von soziodemographischen oder sozialen Merkmalen. Gerade im Internet ist diese Art der Preisdifferenzierung jedoch sehr schwierig, da in der Regel kaum auf solche Daten und Merkmale zurückgegriffen werden kann. Daher werden meist nur eindeutig beobachtbare Attribute, die auch über elektronische Wege nachvollziehbar sind, im Internet zur Differenzierung herangezogen. Hauptproblem bleibt jedoch in den meisten Fällen die Begründung, warum ein Käufer einen anderen Preis zahlen muss als andere Käufer. Daher erscheint es einfacher, anstatt individualisierter Preissetzung eine gruppenspezifische Preissetzung zu realisieren. Beispiele wären hier spezielle Angebote für Studenten oder Rentner.
- **Regionale Preisdifferenzierung**: Bei der regionalen Preisdifferenzierung wird das Produkt je nach Verkaufsort zu unterschiedlichen Preisen angeboten. Verkaufsorte beziehen sich in diesem Zusammenhang nicht auf geographische Regionen, sondern vielmehr auf verschiedene Anbieter oder Plattformen in der Net Economy. Diese Art der Preisdiskriminierung bietet sich zum Beispiel sehr gut bei international tätigen Unternehmen an, die durch die eindeutige Separation ihrer Märkte unterschiedliche Preise verlangen können. Ein gutes Beispiel dafür ist *ikea.de*. Zwar gab es auch schon länderspezifische Preisunterschiede bevor der Online-Shop eröffnet wurde, aber diese Differenzierung lässt sich problemlos auch auf das Internet übertragen. Einziges Problem hier ist die leichtere Vergleichbarkeit der Preise, da die Kunden mit nur einem Klick z. B. auf die Seite *ikea.nl* gelangen und sehen, dass dort bestimmte Produkte wesentlich günstiger angeboten werden. Sicherlich stellt sich dann aber auch die Frage, ob die erhöhten Versandgebühren diesen Unterschied wieder aufwiegen und ob Unternehmen überhaupt eine Bestellung aus dem Ausland annehmen, wenn sie in diesem Land sowieso auch mit einer eigenen Seite vertreten sind.
- **Zeitliche Preisdifferenzierung**: Bei der zeitlichen Preisdifferenzierung werden temporär differierende Nachfragersituationen ausgenutzt. Dies heißt also, dass dasselbe Gut je nach Zeit zu unterschiedlichen Preisen angeboten wird. Im

Vordergrund steht hier die Möglichkeit, in Zeiten intensiver Nachfrage die hohe Zahlungsbereitschaft der Kunden auszuschöpfen und in Zeiten geringer Nachfrage, diese z. B. durch Sonderangebote zu stimulieren. Beispiele für die zeitliche Preisdifferenzierung sind Karnevals- oder Faschings-Artikel, die eine besonders hohe Nachfrage Anfang Februar erfahren oder Weihnachtsartikel, die kurz vor Weihnachten wesentlich teurer verkauft werden, als kurz danach. Im Rahmen von Produktneueinführung wird die Ansprache einkommensstarker Kunden zu Beginn und die Preissenkung zur Neukundenansprache im weiteren Verlauf, auch **Price-Skimming** oder Abschöpfungsstrategie genannt. Der umgekehrte Fall, wo durch einen niedrigen Einführungspreis die Absatzvolumina erhöht werden, um dann nach und nach den Preis zu erhöhen, wird **Penetrations-Strategie** oder Marktdurchdringungsstrategie genannt. Zusätzlich gibt es noch die Möglichkeit einer saisonalen Preisdifferenzierung, die zwar oftmals im realen Handel (z. B. bei Obst und Gemüse), aber auch im Internet (z. B. bei Reiseanbietern) verwendet wird.

- **Quantitative Preisdifferenzierung**: Bei der quantitativen Preisdifferenzierung wird dasselbe Gut je nach Absatzmenge zu unterschiedlichen Preisen verkauft. Das heißt, dass verschiedenen Packungsgrößen oder Bestellmengen negativ mit den Stückkosten korrelieren und daher auch als nichtlineare Preisdifferenzierung bezeichnet wird. Mengenrabatte sind die häufigste Form dieser Art der Preisdiskriminierung, obwohl in einigen Fällen auch zweiteilige Tarife (fixe Grundgebühr plus variable Nutzungsgebühr) dazu gezählt werden können. Der mengenabhängige Preisnachlass steht in engem Zusammenhang mit dem sog. Powershopping, auf das im letzten Abschnitt noch einmal näher eingegangen wird.
- **Qualitative Preisdifferenzierung**: Bei der qualitativen Preisdifferenzierung geht es in erster Linie um die vorher erwähnte Produktdifferenzierung. Dabei wird das im Kern identische Gut je nach Ausstattung oder Funktionalität zu unterschiedlichen Preisen verkauft. Durch diese Form sollen unterschiedliche Kundengruppen angesprochen werden, wo z. B. eine Gruppe viel Wert auf umfassende Produktfeatures legt und dafür auch bereit ist, einen höheren Preis zu bezahlen, während eine andere Gruppe darauf bedacht ist, möglichst wenig Geld auszugeben und sich dafür mit der „Spar-Version" zufrieden geben. Bei diesem Beispiel wird der enge Zusammenhang zu der persönlichen Preisdifferenzierung deutlich. Bei der qualitativen Preisdifferenzierung liegt der prägnante Unterschied jedoch in den unterschiedlichen Qualitätsstufen der Produktvariationen. Jeder Kunde teilt durch die Wahl der Produktvariation seine maximale Zahlungsbereitschaft für das Produkt mit, wodurch die Bearbeitung heterogene Marktstrukturen vereinfacht wird. Allerdings muss auch hier wieder der Aufwand berücksichtigt werden, den die Anfertigung unterschiedlicher Produktvariationen gegebenenfalls mit sich bringt.

Unterschiede bei der Preisdifferenzierung gibt es noch hinsichtlich der Selbstselektion (s. Abb. 35). Bei **Preisdifferenzierung mit Selbstselektion** werden dem Kunden verschiedene Varianten eines Produktes angeboten, die mit zeit- oder mengenbezogene Preisen versehen werden. Der Kunde kann also selber wählen, welche Variante (also z. B. wie viel oder wann) er kauft und kann somit den

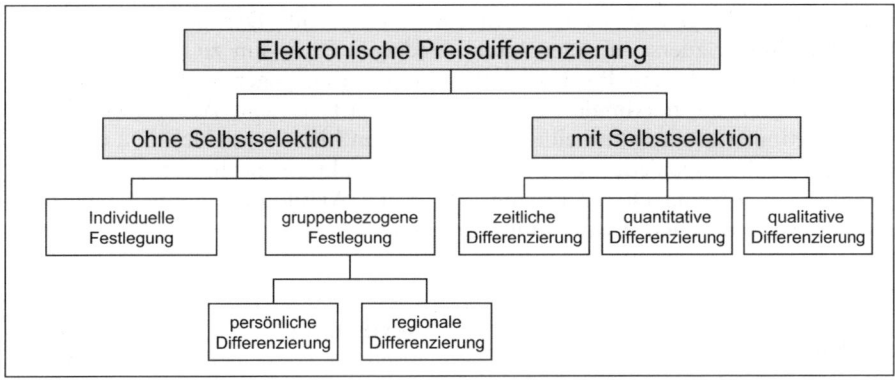

Abb. 35: Möglichkeiten der elektronischen Preisdifferenzierung
Quelle: in Anlehnung an *Skiera* 1999, S. 287.

Preis beeinflussen. Bei der Preisdifferenzierung ohne Selbstselektion werden die Kunden in unterschiedliche Gruppen eingeteilt, die unterschiedliche Preise zahlen. Die Unterteilung hängt dabei stark vom Produkt und dem Kundenkreis ab. Zum Beispiel fallen die oben genannten Studentenrabatte unter diese Kategorie.

Zusammenfassend kann also festgehalten werden, dass einige Faktoren die Preisdiskriminierung begünstigen, wohingegen andere Faktoren diese eher behindern. Positiv wirken sich z. B. Unterschiede im Nutzwert des Gutes aus, die sich durch den subjektiv wahrgenommenen Nutzen im Preis manifestieren. Außerdem lässt sich die Preisdifferenzierung besonders gut in Märkten einsetzen, die leicht zu segmentieren oder isolierbar sind, was in der Regel im Internet eher schwieriger ist. Da auch der **Wettbewerbsdruck im Internet** wesentlich größer als im realen Handel ist, trägt dies nur bedingt positiv zum Einsatz einer differenzierten Preisstrategie bei. Da zudem die Vergleichbarkeit der Produktangebote inklusive ihrer Preise sehr viel einfacher im Internet ist, die technischen Möglichkeiten jedoch stark zu einer vereinfachten Operationalisierung beitragen, ist der Einsatz dieser Strategie immer in Zusammenhang mit den Rahmenbedingungen (z. B. Marktsituation, Kosten, Segmentierbarkeit etc.) des E-Business-Unternehmens zu betrachten.

3.1.3 eCustomer-Driven-Pricing

Wie dem Namen zu entnehmen ist, bestimmt bei diesem Pricing-Modell der Online-Kunde den Preis. Er legt offen dar, wie viel er bereit ist, für ein bestimmtes Angebot zu bezahlen. Dies bedeutet, dass er dem Anbieter seine **maximale Zahlungsbereitschaft** mitteilen muss, damit der Anbieter sich daraufhin überlegen kann, ob er sein Produkt für den gebotenen Preis verkaufen möchte, oder nicht. Dieses Modell ist in abgewandelter Form auch als **Preisfindungsmechanismus** zu interpretieren, da zum Beispiel bei elektronischen Marktplätzen der Preis in vielen Fällen von der Zahlungsbereitschaft der Kunden abhängt. Allerdings wird die maximale Zahlungsbereitschaft nicht sofort mitgeteilt. Der potenzielle Kunde beginnt nämlich zuerst mit einem sehr niedrigen Preis, um zu testen, wie groß das Interesse an diesem Produkt insgesamt ist. Erst gegen Auktionsende wird dann eventuell die maximale Zahlungsbereitschaft erreicht. Aus diesem Grund sind Auktionen generell zu beiden Preisstrategien hinzu zu zählen. Da es jedoch auch große Unterschiede zwischen einzelnen Auktionsmechanismen und dem „wahren" eCustomer-Driven-Pricing gibt, bietet Abbildung 36 einen Überblick über die verschiedenen Ausprägungsmöglichkeiten.

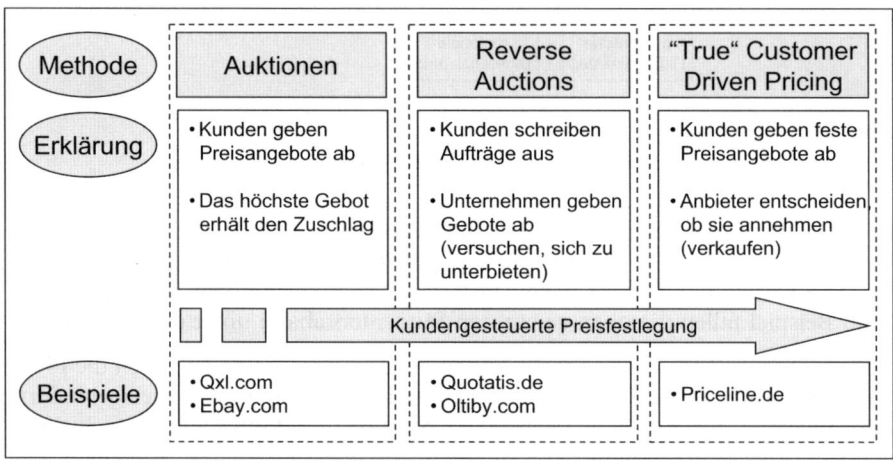

Abb. 36: Formen des eCustomer Driven Pricing
Quelle: in Anlehnung an *Pohl/Kluge* 2001, S. 153.

Wie zuvor beschrieben können einfache **Auktionen** durchaus als einfache Form des eCustomer-Driven-Pricing verstanden werden. Dies gilt insbesondere dann, wenn man davon ausgeht, dass der Kunden nur einmal sein Preisangebot abgibt und daher direkt seine maximale Zahlungsbereitschaft darlegt. Aber in den meisten Fällen ist es eher sinnvoll, zunächst vorsichtig zu bieten, da unter Umständen keine anderen oder nur wenige Mitbieter vorhanden sind. Gibt der Kunde also vorschnell einen zu hohen Preis ein, dann kann es sein, dass er mehr bezahlt, als nötig. Aus diesem Grund haben viele Marktplatzbetreiber die Funktion des Maximalgebotes eingeführt. Der Kunden gibt das Höchstgebot ein, das er zu zahlen bereit wäre und das System kann für ihn immer dann bieten, wenn er von anderen überboten wurde. Gibt es keine Mitbieter, so bleibt der Preis niedrig; gibt es jedoch großes Interesse an dem Produkt, so schnellt der Preis schon kurz nach Auktionsbeginn in die Höhe. Da es auch hier wieder unterschiedliche Mechanismen gibt, werden Auktionen im nächsten Kapitel ausführlicher betrachtet.

Anders als bei traditionellen Auktionen sieht es bei sog. **Reverse Auctions** aus. Hier ist es tatsächlich so, dass der Kunde seine maximale Zahlungsbereitschaft preisgibt und die Anbieter bzw. Unternehmen versuchen, diesen Preis gegenseitig zu unterbieten. Dadurch wird der Preis schrittweise heruntergeschraubt und der Kunde bekommt ein Angebot womöglich sehr viel günstiger, als er sonst zu zahlen bereit gewesen wäre. Auch hier ist wieder die enge Verknüpfung mit dem Preisfindungsmechanismus zu erkennen. Der Kunde setzt durch seine Preisgrenze keinesfalls den Preis fest, sondern gibt lediglich den Ausgangpreis bekannt, der dann unter Umständen unterboten wird. Besonders im Dienstleistungsbereich werden Reverse Auctions angeboten, da es hier um eine schwer zu definierende Leistungserbringung von Seiten der Unternehmen geht, die eher nur subjektiv beurteilbar ist. Beispiele dafür sind Plattformen wie z. B. *quotatis.de* oder *myhammer.de* die nach dem Marktplatzprinzip Auftragsausschreiber und Auftragserfüller in dem Bereich Dienstleistungen (Maler, Maurer, Heizungsbauer, Umzugshilfen etc.) zusammenbringen wollen (s. dazu auch *Kollmann/Häsel* 2007).

Die reinste Form des eCustomer-Driven-Pricing wird nur dann erreicht, wenn der Kunde den Preis tatsächlich bestimmt und die Anbieter darauf hin reagieren und dem Preis zustimmen. Die Gefahr besteht jedoch, dass der Kunde dadurch einen so niedrigen Preis festlegt, dass kein Anbieter reagiert. Andersherum ist es aber auch möglich, dass der Kunde einen höheren Preis angibt, als nötig. Das Risiko liegt also ganz bei dem Kunden selbst und ist daher eine nicht allzu verbreitete Form der Preissetzung. Viel eher steigt die Beliebtheit von Auktionsmodellen und damit auch die Entstehung von elektronischen Marktplätzen, da so der Preisbildungsprozess noch wesentlich dynamischer und individualisierter stattfinden kann. Durch den immer selbstverständlicher werdenden Umgang vieler User mit elektronischen Auktionen und den vielen Vorteilen, die gerade das Internet zur Umsetzung dieser Auktionen bietet, ist also die Preisfindung eine ernstzunehmende Alternative für die Preisfestsetzung. Insgesamt hängt es jedoch sehr stark von der Produktkategorie ab, welche Preisstrategie eingesetzt werden soll.

3.2 Preisfindung im elektronischen Absatz

Die Preisfindung bezieht sich immer auf den Einsatz **dynamischer Preisstrategien**, da hier die Bildung zum direkten Ausgleich von Angebot und Nachfrage herangezogen wird. Bei der Preisfestsetzung werden die Preise hingegen festgelegt und erst nach einer gewissen Zeit an die Marktsituation angepasst. Die Bildung des optimalen Marktpreises findet also nach und nach statt. Gerade die internetbasierte Preisfindung ermöglicht jedoch die relative zeitnahe Bildung eines von Angebot und Nachfrage bestimmten – in der Regel optimalen – Preises. Da die Zusammenführung von Anbietern und Nachfrager die Hauptaufgabe elektronischer Märkte ist, werden verschiedene Preisfindungsmechanismen gerade dort sehr häufig vorgefunden. Generell wird der Preisbildungsprozess in diesen Fällen maßgeblich davon bestimmt, welche Rolle Anbieter und Nachfrager und welche Rolle die Dynamik bei der Preisfindung spielen (*Franke* 2002, S. 9). Hinsichtlich dieser Aspekte muss zwischen **einseitiger und zweiseitiger Preisbildung** sowie zwischen dynamischen und statischen Preisen unterschieden werden. Einseitige Preisbildung liegt vor, wenn nur einer der beiden Akteure den Preis bestimmen kann. Dies ist zum Beispiel beim traditionellen E-Commerce oder auch bei einigen Auktionen zu finden. Tragen jedoch beide Seiten zur Preisbildung bei, wird der gesamte Prozess wesentlich dynamischer. Die zunehmende Zahl an Auktionsplattformen im Internet lässt vermuten, dass Auktionen als direkte Absatzform im Internet an Bedeutung gewinnen. Dies gilt wohl insbesondere für Unternehmen in der Net Economy, aber auch für einzelne Privatpersonen. Heutzutage ist es mit wenigen Mitteln möglich, eine eigene Auktionsplattform zu errichten, da z. B. die Kosten und die räumliche Eingrenzung traditioneller Auktionen im Internet deutlich geringer ausfallen. Die wesentlichen Vorteile elektronischer Marktplätze liegen in der effektiven Zusammenführung von Angebot und Nachfrage, wodurch das ökonomische Grundprinzip zur Bestimmung des Preises (Angebot und Nachfrage bestimmen den Preis) hier besonders zum Tragen kommt.

3.2.1 Online-Customization-Prinzip

Wie bereits im Rahmen der Ausführungen zur Produktpolitik im Online-Marketing dargestellt (s. Kapitel 2.1.5) wird bei der **Produktkonfiguration** versucht, dem Kunden bei der Spezifikation seines Produktwunsches bestimmte Individualisierungsmöglichkeiten anzubieten. Zu diesem Zweck werden bestimmte Produkteigenschaften oder -zusammensetzungen mit Hilfe von Optionsmenüs durch den Kunden wählbar. Die Wahloptionen bieten dabei dem Kunden die Möglichkeit, aus einem vorgegebenen Set an Produktvariationen sein eigenes Individualprodukt zu wählen (zur Gestaltung von Angebotsalternativen siehe *Weiber/Mühlhaus/Hörstrup* 2010b; *Weiber/Mühlhaus/Hörstrup/Wolf* 2010c), während der Anbieter durch die Einbindung des Kunden im Rahmen seiner Produktanalyse zusätzlich wertvolle Hinweise auf die vom Markt nachgefragten Produktmerkmale erhält. Speziell im Rahmen möglicher Produktkonfigurationsangebote wird die Individualisierung bzw. Personalisierung dabei immer öfter auch selbst zu einem wesentlichen Bestandteil des elek-tronischen Geschäftsmodells (*Kollmann* 2011a, S. 79 ff.). Im Sinne der Preispolitik kann nun diese Systematik mit der **dynamischen Preisfindung** zum sog. Customization-Prinzip verbunden werden. Dabei entsteht eine **Kopplung** zwischen der Auswahlentscheidung im Hinblick auf Produktinhalte bzw. -komponenten und dem daraus resultierenden Endpreis für das persönliche Ergebnis.

Gerade wenn Kunden die Möglichkeit haben, selbst ein Produkt zu konfigurieren, so muss die Auswirkung eines jeden Schrittes (z. B. Auswahl einer Sorte oder Veränderung des Anteils am Endprodukt) inhaltlich und wirtschaftlich transparent gemacht werden. Bei *sonntagmorgen.com* bspw. werden die Anteile der einzelnen Kaffeesorten automatisch unter den ausgewählten Sorten gleichmäßig verteilt. Der Kunde kann jedoch den Anteil erhöhen oder verringern und sieht sofort, wie sich der Endpreis dadurch verändert. Bei *mymuesli.de* bestimmt sich dagegen der Endpreis über die Basismischung hinaus auch über die Hinzunahme einzelner Cerealien wie Früchte, Nüssen und Kernen oder anderen Zutaten (s. Abb. 20).

3.2.2 Online-Request-Prinzip

Den Ausgangspunkt von Online-Request-Prozessen bildet eine **aggregierte Nachfrageerfassung**, die sich aus den Anfragen verschiedener Produktnachfrager zusammensetzt (*Kollmann* 2011a, S. 384 f.; *Kollmann* 2001b, S. 86). Die Rollenverteilung von Anbietern und Nachfragern ist bei Request-Prozessen ebenfalls eindeutig definiert: Die Nachfrager zeigen an, ein Objekt kaufen zu wollen, wobei die Kaufwünsche mit Mindestvorstellungen über den Preis und Angaben über die Produktmerkmale versehen werden. Der potenzielle Nachfrager setzt sich jedoch nicht direkt mit der jeweils anderen Marktpartei in Verbindung, sondern richtet sich mit seiner Nachfrage in der Regel an einen Vermittler (z. B. Marktplatzbetreiber), der anschließend die Angaben prüft und sie in anonymisierter Form an geeignete Transaktionspartner auf der Anbieterseite weiterleitet (das sog. **Request for Proposal**). Diese entscheiden dann, eventuell nach Rückfragen bezüglich bestimmter Konditionen, ob er ein auf die Nachfrage passendes Angebot formuliert. Dadurch wird der Nachfrager in die Lage versetzt, sowohl Preise, als auch Qualitäten und Konditionen zu seiner individuellen Suchanfrage zu vergleichen und mit dem möglichen Anbieter in Verbindung zu treten.

Kennzeichnend für Online-Request-Prozesse ist eine **zweiseitig dynamische Produkt- und Preisbildung** (*Kollmann* 2011a, S. 384 ff.). In den Requests for Proposal sind lediglich Mindestvorstellungen über die Produktbeschaffenheiten und Preise und weitere Konditionen enthalten. Werden diese von der anderen Marktpartei so jedoch nicht angeboten bzw. akzeptiert, können Anpassungen bzw. Nachverhandlungen zu einem beide Seiten befriedigenden Abschluss führen. Request-Prozesse sind somit für Güter geeignet, die volatile Preise aufweisen bzw. bei denen ein höherer Beratungsaufwand zu vermuten ist. Ebenso charakteristisch ist der Handel von Objekten, deren Beschaffung zeitunkritisch ist und die eine geringe Transaktionshäufigkeit erfordern. Ferner ist klar, dass der Nachfrager als Ausgangspunkt dieses Pricing-Modells angesehen werden kann. Als Beispiel für ein auf dem Online-Request-Prozess basierenden System kann *kwizzme.com* genannt werden, bei dem die Nachfrager ihre individuellen Gesuche nach einer Urlaubsreise und ihre Preisvorstellungen einstellen können, die dann durch potenzielle Anbieter beantwortet werden (s. Abb. 37).

Eine Spielart der Online-Request-Prozesse besteht darin, dass der Kaufvertrag über ein bestimmtes Produkt nicht zwischen einem Anbieter und Nachfrager abgeschlossen wird, sondern dass der Marktplatzbetreiber als Zwischenhändler auftritt. In diesem Falle bleiben die Anbieter und Nachfrager im Hintergrund völlig anonym und treten nicht miteinander in Kontakt. Sie erfahren allerdings auch nicht, welchen Preis der Marktplatzbetreiber mit der jeweils anderen Marktseite ausgehandelt hat. Diese **Anonymisierung** der Anbieter und Nachfrager stellt die Grundlage für weitere viel versprechende Mehrwertdienste dar. So können bspw. **Ausschreibungen** vorgenommen werden, ohne dass derjenige, der die Aus-

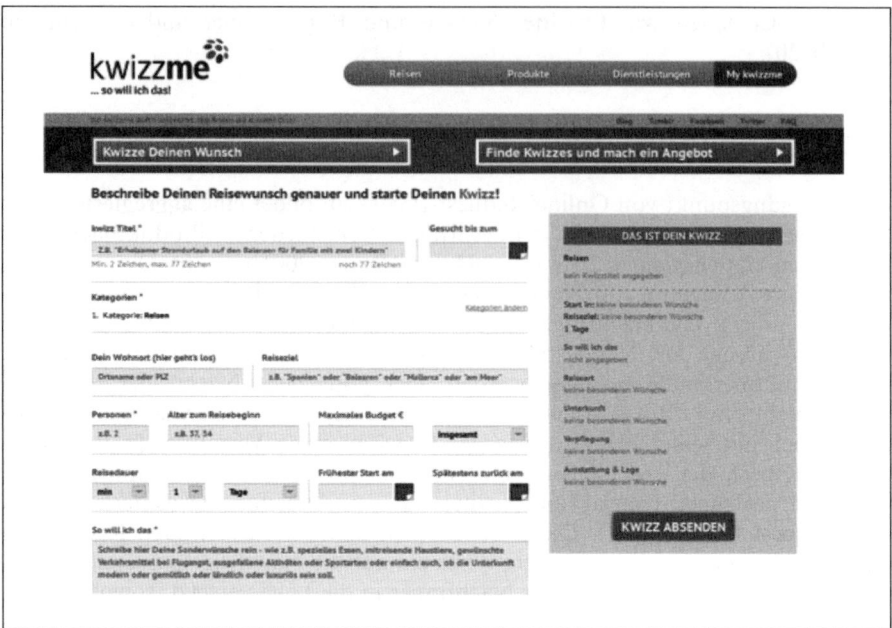

Abb. 37: Das Online-Request-Prinzip bei *kwizzme*
Quelle: kwizzme.com.

schreibung durchführt, seine Identität preisgeben muss. Diese Möglichkeit ist insbesondere dann wünschenswert, wenn ansonsten das Wissen um den Ausschreibenden unerwünschte Rückschlüsse auf dessen Zahlungsbereitschaft zuließe oder dessen Konkurrenten vielleicht sogar Einblicke in seine strategischen Planungen erhalten würden. Darüber hinaus lassen sich z. B. auch Überschussmengen an produzierten Gütern oder überschüssige Produktionskapazitäten vermarkten, ohne dass die bestehenden Absatzkanäle gefährdet werden.

Somit bieten sich sowohl für Anbieter als auch für Nachfrager entscheidende Vorteile bei der Inanspruchnahme von Online-Request-Prozessen, da einerseits die Nachfrager ihre **individuellen Anfragen** unabhängig von bereits fixierten Produktspezifikationen in Datenbanken einstellen können und andererseits die Anbieter ihre **individuelle Preis- und Produktleistung** anbieten können. Dadurch ergeben sich Alternativen zu den regulären statischen Absatzwegen. Neben der Anonymisierung kann der Marktplatzbetreiber bei diesem Matching-Modell noch weitergehende Leistungen anbieten. So kann er zum Zwecke einer effizienteren Koordination eine Selektion von Anbietern und Nachfragern durchführen und zwar entweder generell für alle Transaktionen, nur für bestimmte Verkaufsangebote oder für Ausschreibungen. Auf diese Weise kann der Marktplatzbetreiber zusätzlich die **Bonitätsprüfung** übernehmen, sodass an dem Request-Verfahren nur diejenigen Anbieter und/oder Nachfrager teilnehmen können, die diese Prüfung bestanden haben. Darüber hinaus bietet es sich bei diesem Matching-Modell insbesondere an, den Marktteilnehmern mehr oder weniger aufwendige Computer gestützte Funktionen zur Verfügung zu stellen, mit denen der gesamte Request-Prozess auf dem E-Marketplace sowie die jeweils eigenen Aktivitäten analysiert werden können (*Berlecon* 2000, S. 13 f.). Der Umfang der angebotenen Mehrwertdienste auf elektronischen Börsen hängt entscheidend von den Wünschen der Teilnehmer sowie deren Zahlungsbereitschaften für transaktionsbegleitende Prozesse ab.

3.2.3 Online-Auction-Prinzip

Aus betriebswirtschaftlicher Sicht ist es für Anbieter von Produkten und Dienstleistungen von Vorteil, wenn sie die **exakte Zahlungsbereitschaft** ihrer potenziellen Käufer kennen (*Zinnbauer/Bakay* 2001). In diesem Fall wäre dieses Wissen die Grundlage einer höchst effektiven Preisdifferenzierungsstrategie, die für Unternehmen in der Net Economy eine Gewinnmaximierung bedeuten könnte. Der Ausdruck der maximalen Zahlungsbereitschaft des Kunden in Geldeinheiten wird auch als **Reservationspreis** bezeichnet (*Brösse* 1997). Dieser subjektive Tauschwert (Preis) orientiert sich an dem Grenznutzen, den der potenzielle Käufer dem Produkt zuschreibt (persönliches Nutzenniveau). Dass der zugeschriebene Grenznutzen nicht nur von Person zu Person sehr unterschiedlich sein kann, sondern auch bei einer Person z. B. zu unterschiedlichen Zeiten stark divergieren kann, wurde bereits in Kapitel 3.1.2 (Preisdifferenzierung) näher erläutert. Auch andere Aspekte müssen bezüglich des Reservationspreises berücksichtigt werden, da z. B. das Einkommensniveau des Käufers, die Kaufsituation, das Image des Produktes oder ganz einfach die Bedeutung des Produktes den subjektiven Tauschwert immens beeinflussen können (*Suckow* 2011). Folglich kann der Reservationspreis eines Gutes also je nach Zahlungsbereitschaft vom konkreten Marktpreis abweichen und wird somit zum Gegenstand vieler Preisstrategien.

Die Problematik dieser Strategien liegt darin, dass die Zahlungsbereitschaft der potenziellen Kunden nur in den seltensten Fällen bekannt ist, da es kaum Möglichkeiten für Unternehmen gibt, diese im Vorfeld des Verkaufs in Erfahrung zu bringen. Zwar gibt es gerade im Internet verschiedene Methoden Präferenz- und Käuferdaten zu ermitteln, sie sind jedoch trotz der technischen Möglichkeiten äußerst aufwendig und in der Regel nicht sehr präzise, um daraus Aussagen zur tatsächlichen Zahlungsbereitschaft abzuleiten. Aufgrund dieser Tatsache versuchen viele Unternehmen durch andere Methoden – bspw. durch den **Einsatz verschiedener Auktionsformen** – den individuellen Nutzen und die persönliche Zahlungsbereitschaft des Käufers zu quantifizieren (*Zinnbauer/Bakay* 2001, S. 9). Da sich jedoch viele Märkte im Internet zu Käufermärkten entwickeln und sich die Marktmacht von den Anbietern zu den Käufern verschiebt, ist die Ausreizung der maximalen Preisbereitschaft nicht unbedingt zielführend. Die verbesserte Markttransparenz auf Seiten der Kunden führt nämlich häufig zu einem intensiven Preiswettbewerb auf Seiten der Unternehmen (*Gerth* 2000, S. 186). Vielmehr geht es um die **Flexibilisierung der Preisstrategien**, die es beiden Partnern einer Transaktion erlaubt, sich den eigenen Bedürfnissen angemessen zu verhalten und entsprechend im Markt zu agieren. Hintergrund dafür ist die wachsende Dynamik elektronischer Märkte, die viele geltende Regeln des traditionellen Handels außer Gefecht setzt. Galten zum Beispiel „Auktionen" traditionell nur im Bereich des Kunst- und Antiquitätenhandels als sinnvoll, da es sich hier um Einzelstücke handelt, deren Tauschwert kaum durch einen konkreten Marktwert ermittelbar ist, so sind im Bereich E-Business durchaus auch andere Güter Gegenstand von elektronisch arrangierten Auktionen. Für eine detailliertere Betrachtung der dahinter liegenden Funktionsweisen elektronischer Auktionen lohnt sich die Betrachtung möglicher Funktionsmechanismen und Auktionsformen.

Beim sog. Online-Auction-Prinzip kommt ein **offener Preismechanismus** zum Tragen (*Kollmann* 2011a, S. 386 ff.). Das heißt, der Kaufpreis eines Produktes entwickelt sich nach der Angabe eines Startpreises seitens des Anbieters durch immer höhere Gebote verschiedener Nachfrager auf dasselbe angebotene Gut (**einseitig dynamische Preisbildung**). Dies impliziert, dass das Produktangebot und die Konditionen im Vorfeld genau festgelegt sind und nach Angebotseinstellung nicht mehr verändert werden können. Resultierend müssen die Merkmale und Eigenschaften des zur Versteigerung angebotenen Produktes eindeutig und explizit beschrieben bzw. überhaupt beschreibbar sein, sodass der Preis als alleiniges Entscheidungskriterium ausreichend ist. Die Auktion wird also mittels eines offenen Preismechanismus durchgeführt, d. h. die abgegebenen Kauf- oder Verkaufsgebote können von den Marktteilnehmern gegenseitig überboten werden, wobei das höchste Gebot anschließend vom Anbieter akzeptiert werden muss. Die Laufzeit einer Auktion ist in der Regel zeitlich begrenzt. Nach diesem Prinzip funktioniert bspw. der elektronische Marktplatz *ebay.de*. Auktionen eignen sich insbesondere für den Handel von Objekten, deren Marktpreis im Vorfeld schwer zu bestimmen ist, da lediglich ein relativ niedriger Preis als Startpreis angegeben wird, der sich dann mit jedem abgegebenen Gebot erhöht bis die maximale Zahlungsbereitschaft der Bieter erreicht und somit ein marktorientierter Preis gefunden ist. Aufgrund der mitunter mehrere Tage laufenden Auktionen ist diese Preisstrategie vorrangig für Objekte geeignet, deren Beschaffung weniger zeitkritisch ist (*Kollmann* 2011a, S. 386; *Kollmann* 2001b, S. 88).

Online-Auktionen können grundsätzlich nach verschiedenen Regeln durchgeführt werden. Zur Erklärung der Funktionsweisen erscheint es sinnvoll, auf die bekannten Standardauktionsformen zurückzugreifen. Die bekanntesten **Auktionsformen** sind demnach die Englische Auktion, die Holländische Auktion, die verdeckte Erstpreisauktion (Höchstpreisauktion) und die verdeckte Zweitpreisauktion (Vickrey-Auktion). Neben diesen Grundformen (s. dazu auch *Cassady* 1967; *McAfee/McMillan* 1987, S. 699 ff.) gibt es allerdings noch eine Reihe anderer Auktionsformen, die auf ganz unterschiedliche Weise versuchen, Anbieter und Nachfrager preislich möglichst optimal zusammen zu bringen.

Die **Englische Auktion** ist die bekannteste aufsteigende Auktionsform. Hierbei werden von den Bietern unterschiedliche Gebote abgegeben, die für alle anderen Auktionsteilnehmer öffentlich einsichtig sind. Die Gebote beginnen beim Einstellungspreis (oder dem Mindestpreis des Anbieters) und werden so lange erhöht, bis die Auktion entweder zeitlich zu Ende ist oder kein Bieter mehr den bestehende Preis überbieten möchte (*Brandtweiner* 2001, S. 124). Charakteristisch für diese Auktionsform ist das relativ geringe Risiko der Bieter, da die Anzahl der Mitbieter und deren Gebote bekannt sind und der Bieter damit jederzeit aus dem Prozess aussteigen kann (solange er nicht Höchstbietender ist). Bekanntestes Beispiel ist hier *ebay.de*, wo Anbieter und Nachfrager mittels dieses Auktionsmechanismus zusammenkommen. Da gerade das Internet und die technischen Möglichkeiten elektronischer Marktplätze die Implementierung nicht nur vereinfachen, sondern auch erst dadurch wirklich effizient werden, beteiligen sich auch immer mehr Privatpersonen an solchen Auktionen. Somit konkurrieren die Anbieter, die sich bei solchen Auktionen beteiligen, nicht mehr nur mit anderen Anbietern, sondern zunehmend auch mit Privatpersonen, die mit relativ wenigen Mitteln selber zu Anbietern werden können.

Die **Holländische Auktion** ist eine Auktionsform mit dem Prinzip absteigender Preise. Der Auktionator beginnt in der Regel mit einem überhöhten Preis, der kontinuierlich gesenkt wird. Hierbei fällt der Preis in zuvor festgelegten Intervallen um einen bestimmten Geldbetrag. Der Auktionsteilnehmer, der zuerst mit dem ausgerufenen Geldbetrag einverstanden ist und dementsprechend die Auktion unterbricht, erhält den Zuschlag. Diese Auktionsform orientiert sich daher an der Zahlungsbereitschaft der Kunden. Sie können entweder offen ablaufen, wobei die Identität der Auktionsteilnehmer als auch die Höhe der Gebote allen bekannt ist. Sie können aber auch vollständig anonym und geschlossen oder in jeder Kombinationsform zwischen diesen beiden Extremen durchgeführt werden. Ein wichtiger Aspekt der Holländischen Auktionsform ist die Geschwindigkeit, mit der die Auktion durchgeführt wird. Bei relativ niedrigpreisigen Gütern findet die Auktion normalerweise sehr schnell statt. Traditionell wurde dafür eine Auktionsuhr benutzt, die sehr schnell rückwärts läuft und von dem Bietenden gedrückt bzw. angehalten werden muss, wie es ursprünglich bei den Blumenversteigerungen in Holland geschah (daher auch der Name). Die Übertragung dieser Auktionsform auf das Internet ist jedoch ohne weiteres möglich, da der Preis in Echtzeit für alle Mitbietenden über eine Plattform (meist ein Marktplatz) sichtbar gemacht werden kann und somit jeder die gleiche Chance erhält, den Zuschlag zu bekommen.

Die **verdeckte Höchstpreis-Auktion** erfordert absolute Geheimhaltung der Gebote. Die Mitbieter können jeweils nur ein verschlossenes Gebot an den Auktionator schicken, ohne jedoch zu wissen, welchen Preis die Mitbieter zu zahlen bereit sind. Nach Ablauf der vorher festgelegten Frist werden die verschlossenen Gebote geöffnet und das höchste Gebot erhält den Zuschlag. Im Internet wird diese Form eher selten angeboten, allerdings lassen sich auch hier einige Beispiele erkennen. Bei *auction-air.com* können registrierte Kunden sog. *Bids* kaufen, um damit auf verschiedene Angebote zu bieten. Es wird also ein *Bid* pro Angebot eingesetzt, bei dem der Kunde mitbieten möchte. Die Auktion läuft absolut verdeckt ab und der Höchstbietende bekommt am Ende der Auktion den Zuschlag. Gibt es mehrere Höchstbietende, so bekommt derjenige den Zuschlag, dessen *Bid* als erstes bei *auction-air.com* angekommen ist. In der Regel geben Bieter bei dieser Auktionsform höhere Gebote ab als z. B. bei der Englischen Auktion, da sie weder die Anzahl noch die Risikobereitschaft der Mitbieter kennen. Durch diese fehlende

Orientierung an Wettbewerbern (z. B. wenn viele der Mitbieter ab einem bestimmten Preis aussteigen) reflektieren die Gebote auch hier die maximale Zahlungsbereitschaft der Kunden.

Die **Vickrey-Auktion** funktioniert vom Prinzip her genauso wie die Höchstpreis-Auktion. Auch hier kann jeder nur ein Gebot abgeben und die Gebote werden verdeckt abgegeben. Ist der vorher definierte Auktionszeitraum abgelaufen, gewinnt zwar der Höchstbietende, er muss allerdings nur den Preis des Zweithöchstbietenden bezahlen. Daher wird diese Auktionsform auch Zweitpreis-Auktion genannt. Aufgrund dieser veränderten Bedingungen kann der potenzielle Käufer den End- bzw. Kaufpreis selber nicht direkt bestimmen (*Zinnbauer/Bakay* 2001, S. 7). Die beste Strategie für den Nachfrager besteht also darin, sein Preisgebot genau in Höhe seiner persönlichen Zahlungsbereitschaft abzugeben, da er so im Falle des Zuschlags sichergehen kann, das der Preis nicht *über* seiner maximalen Zahlungsbereitschaft liegt.

Reverse Auctions funktionieren mit dem Prinzip der Umkehrungen der ursprünglichen Auktionsformen. Bei diesen Auktions-Prozessen ist der Ausgangspunkt nicht mehr das zu verkaufende Produkt, sondern die Absicht eine Leistung oder ein Produkt einzukaufen. Hierbei initiiert also der Nachfrager den Auktionsprozess und nicht der Anbieter, wie in den oben beschriebenen Auktionsformen (*Brandtweiner* 2001, S. 135). Der Marktplatzbetreiber versucht dann, dem Nachfrager seine Leistungsanfrage zumindest zum genannten Maximalpreis an einen Anbieter zu vermitteln. Gibt es mehrere konkurrierende Anbieter wird der Verkaufspreis normalerweise deutlich niedriger ausfallen, als Anfangspreis. Nach diesem Prinzip funktionieren bspw. die schon beschriebenen Marktplätze für Dienstleistungsauktionen, wie z. B. *my-hammer.de*. Hier kann der Nachfrager einen Auftrag ausschreiben (z. B. Umzugshilfe oder Wohnung streichen) und seinen maximalen Preis, den er zu bezahlen bereit ist angeben. Dienstleister versuchen dann dem Nachfrager ein Angebot zu machen. In der Regel versuchen sich die Dienstleister gegenseitig zu unterbieten, da der Kunde oftmals danach den Zuschlag vergibt, der den niedrigsten Preis bietet. Allerdings ist gerade bei solchen qualitativ nicht vorher überprüfbaren Angeboten nicht nur der Preis ausschlaggebend, was wiederum manchmal den Kunden dazu veranlasst, nicht den günstigsten Anbieter auszuwählen.

Aufgrund der Vielzahl möglicher Auktionsvarianten kommt dem Marktplatzbetreiber zunächst die wichtige Aufgabe zu, den geeigneten **Auktionsrahmen** und insbesondere den **Anonymitätsgrad der Auktionsteilnehmer** zu bestimmen. Gerade die Bestimmung des „richtigen" Umfanges an zur Verfügung gestellten Informationen determiniert die Akzeptanz resp. den Mehrwert der angebotenen Vermittlungsleistung, den die Teilnehmer auch zu vergüten bereit sind. So könnte etwa ein Zuviel an Informationen über ein Versteigerungsobjekt Rückschlüsse auf die wirtschaftliche Situation eines Bieters erlauben, weshalb dieser Bieter auch auf die Auktionsteilnahme verzichten könnte. Andererseits aber kann gerade das Wissen um die Mitbieterschaft eines wichtigen Konkurrenten die Einschätzung der angebotenen Objekte beeinflussen. Die für die Anbieter und Nachfrager durch die Inanspruchnahme von Online-Auktionen entstehenden Vorteile entsprechen

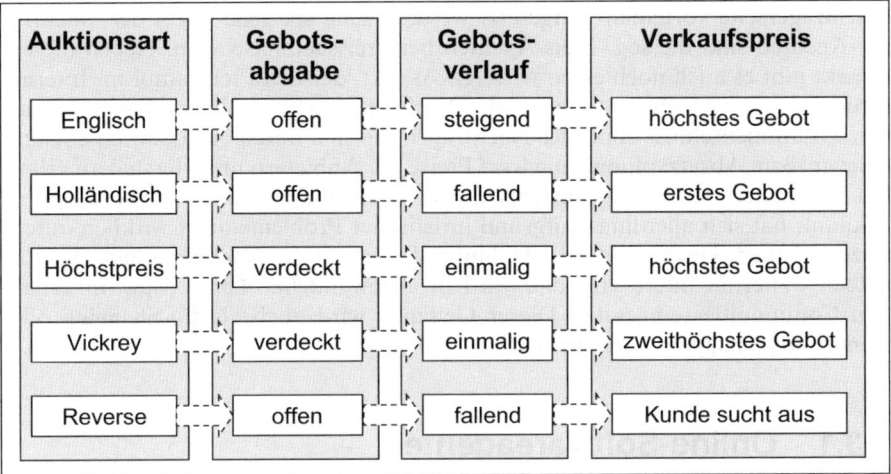

Auktionsart	Gebots-abgabe	Gebots-verlauf	Verkaufspreis
Englisch	offen	steigend	höchstes Gebot
Holländisch	offen	fallend	erstes Gebot
Höchstpreis	verdeckt	einmalig	höchstes Gebot
Vickrey	verdeckt	einmalig	zweithöchstes Gebot
Reverse	offen	fallend	Kunde sucht aus

Abb. 38: Auktionsformen im Internet

im Wesentlichen denjenigen des Request-Prinzips. Darüber hinaus können die Auktions-Prozesse jedoch auch zur Preisfindung für die eigenen Produkte bzw. zur Feststellung des tatsächlichen Marktwertes herangezogen werden, indem das gleiche Produkt einmal unter dem Markennamen und ein weiteres Mal anonym zur Versteigerung angeboten wird (*Berlecon* 2000, S. 15 f.).

3.3 Preisvergleich im elektronischen Absatz

Neben der Preisfestsetzung und der Preisfindung im elektronischen Absatz gibt es hinsichtlich der Preispolitik einen weiteren Aspekt, der zum Verständnis der **Preismechanismen im Internet** berücksichtigt werden muss: den Preisvergleich. Nicht nur die Art und Weise wie Anbieter ihre Preise festlegen oder wie sich Anbieter und Nachfrager auf einen Preis im gegenseitigen Einverständnis einigen hat sich durch die Entwicklung und den damit entstandenen Möglichkeiten des Internets verändert, sondern auch die Transparenz und das Verhalten der Kunden. Die einfache elektronische Informationsbereitstellung und -abfrage von allen Seiten des Marktes führt zu einer Markttransparenz, die sich ganz besonders in günstigen Preisen widerspiegelt. Anbieter im Internet erfahren einen Preisdruck, dem sie nur Individualisierung und Personalisierung ihrer Angebote standhalten können. Ein Entwicklungsbereich, der diese Tendenz beschleunigt, ist die fortschreitende Professionalisierung sog. Software-Agenten, die den Kunden z. B. die automatische Suche nach Produkten zu günstigen Preisen erlaubt. Die Funktionsweise dieser Software-Agenten kann jedoch sowohl auf Anbieter als auch auf

Nachfragerseite vorteilhaft eingesetzt werden. Eine spezielle Form der Nachfrager-Agenten sind die sog. Preis-Agenten bei Preissuchmaschinen. Neben diesem Aspekt gibt es auch noch einen weiteren Aspekt, der den Preiskampf im Internet fördert und die Macht zu Gunsten der Nachfrager erhöht. Dieser Aspekt betrifft den Zusammenschluss einzelner Nachfrager, die sich durch das dadurch entstandene größere Absatzvolumen niedrige Preise bei Anbietern und Herstellern erhoffen. Zu Zeiten des Internet-Booms wurde dieses Phänomen als Powershopping bekannt, hat sich allerdings aufgrund juristischer Probleme nicht wirklich durchsetzen können. Der Grundgedanke hinter dieser Art der **Nachfragerbündelung** ist jedoch weiterhin interessant und wird in abgewandelter Form bspw. innerhalb von Communities eingesetzt. Dieser Gedanke wird auch als **Co-Shopping** oder **Community Shopping** bezeichnet (*Grabs/Bannour* 2012, S. 332).

3.3.1 Online-Softwareagenten

Einhergehend mit der schier endlos erscheinenden Informationsflut im Internet und der dadurch implizierten schweren Auffindbarkeit passender Angebote für den Konsumenten, wächst aber auch die Transparenz der relevanten Märkte, da der einfache Zugang und die entstandene Vielfalt der Informationsangebote prinzipiell erlauben, sämtliche Anbieter und Produkte zu vergleichen. Wie zuvor schon beschrieben, ist es durchaus möglich, für das gleiche Gut unterschiedliche Preise zu fordern. Da viele Kunden jedoch durch die Informationsflut eher verunsichert sind und deshalb viel Mühe aufwenden müssen, um z. B. den günstigsten Anbieter zu finden, schnellen die **Suchkosten** und damit die für das Internet so vorteilhaften Transaktionskosten in die Höhe und machen diesen Wettbewerbsvorteil zunichte. Diese Unsicherheit über die Preishöhe ist mit der Anzahl der Anbieter positiv korreliert, d. h., da im Internet mehr Anbieter auftreten als auf einem für den Nachfrager überschaubaren realen Konkurrenzmarkt, ist die Preisunsicherheit im Internet für die Nachfrager höher als auf realen Märkten. Zur Vermeidung dieser dargestellten Entwicklung, erfreuen sich sog. **Online-Softwareagenten** immer größerer Beliebtheit. Die diesen Agenten zugrunde liegenden Agentensysteme bauen auf Transaktionskosten reduzierende Mechanismen auf, die das Auffinden von bestimmten Produkten oder Informationen vereinfachen und somit einen gewissen Grad an **Markttransparenz** erzielen (*Brandtweiner* 2001, S. 28).

Softwareagenten sind sozusagen Programme, die selbständig Aufgaben für ihren Benutzer erledigen (*Brenner/Zarnekow/Wittig* 1998, S. 20). Hierbei ist der **Agent** in der Lage im Auftrag von Dritten zu handeln (*Caglayan/Harrison* 1998, S. 9) und durch den Einsatz von **Software** an die individuellen Präferenzen des Auftraggebers anpassbar (*Clement/Runte* 2000, S. 18). Softwareagenten weisen verschiedene Charakteristika auf. Der Agent muss von einem Auftraggeber einen Auftrag erteilt bekommen, der sowohl von einer Person als auch von übergeordneten Softwareagenten stammen kann. Daher sind Schnittstellen für die Eingabe von Daten und Parametern zur **Spezifizierung der Aufgaben** erforderlich. Der Agent muss außerdem autonom, d. h. ohne Eingreifen des Auftraggebers handlungsfähig sein

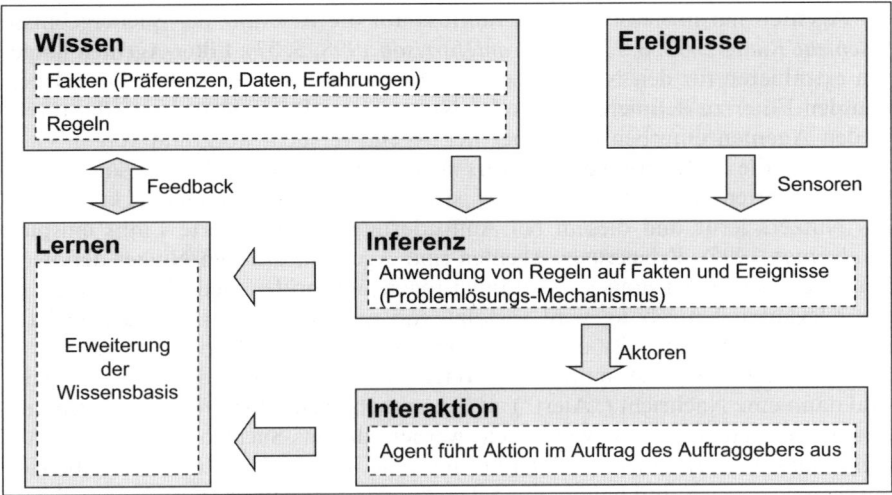

Abb. 39: Funktionsweise von Online-Softwareagenten
Quelle: *Clement/Runte* 2000, S. 20.

und zudem Ereignisse in der Umgebung wahrnehmen können. Um diese Ereignisse zu interpretieren, verfügen viele Softwareagenten über **künstliche Intelligenz** (*Clement/Runte* 2000, S. 19). Die Funktionsweise von Softwareagenten ist in Abbildung 39 dargestellt.

Die eingesetzte Technologie eines Softwareagenten wird im Rahmen seiner Problemlösungskompetenz (Inferenz) analysiert und in die Bereiche Wissen (Fakten und Regeln), Lernen und Inferenz-Mechanismus unterteilt. Die Fakten beschreiben dabei Informationen hinsichtlich der Benutzerpräferenz oder der Produktdaten. Regeln hingegen sind „Wenn-Dann"-Folgerungen, die z. B. oft Anwendung in sog. semantischen Netzen finden. Hierbei werden Knoten (Objekte), wie z. B. Lieferanten, Produkte oder Präferenzen, mit Verknüpfungen (Kanten), wie z. B. „hat ein", „ist ein" oder „besteht aus" verbunden (*Clement/Runte* 2000, S. 20). Weiterhin lässt sich die Wissensbasis des Agenten in Vorwissen (z. B. vorgegebene Regeln) und erlerntes Wissen (durch Interaktion mit der Umgebung) unterteilen. Das durch die Interaktion mit der Umgebung durch den Inferenz-Mechanismus erlernte Wissen wird nach und nach dem Vorwissen hinzugefügt, um so die Datenbasis kontinuierlich zu erweitern und den Einsatz des Software-Agenten effektiver zu gestalten. Dieser **Lernprozess** macht Softwareagenten im Internet zu kompetenten Vermittlern, die den Vorteil der Individualisierung und Informationsvielfalt im Internet optimal für den Anwender nutzen können. Typische Anwendungen für Softwareagenten sind z. B. Web-Suchagenten, Filter-Agenten oder Erinnerungs-Agenten (*Clement/Runte* 2000, S. 22). **Web-Suchagenten** sind bei den bekannten Suchmaschinen zu finden, wobei die reine Suchabfrage hier nicht unter Anwendung der Agententechnologie erfolgt (da nur reine Datenbankabfrage), sondern eher die Suchmaschinen ihrerseits durch Web-Suchagenten (Crawler) Angebote im Internet erfassen und Inhalte registrieren. Die Effizienz der Agenten hat hier also starken Einfluss auf die Relevanz der Suchergebnisse (*Clement/Runte* 2000, S. 22; *Caglayan/Harrison* 1998, S. 57). **Filter-Agenten** hingegen extrahieren für den Nutzer relevante Teildaten aus einer großen Datenbasis. Um den Filter zu definieren, muss der Nutzer seine Präferenzen entweder direkt in den Agenten eingeben oder aber der Agent versucht aufgrund vergangenen Verhaltens die Präferenzen des Nutzers abzuleiten. Ein Beispiel dieser sog. verhaltensorientierten Agenten (*Maes* 1994) ist *Letizia*, die aus den angeklickten Links des Nutzers lernt und diesem bei Aufforderung personalisierte Links einspielt (*Lieberman* 1995). **Erinnerungs-Agenten** sind Agenten, die vom Nutzer definierte Bereiche überwachen und auf Veränderungen überprüfen. Jede Veränderung in der relevanten Umgebung wird verfolgt und aufgezeichnet. Bestes Beispiel für einen solchen Agenten ist die Anwendung Google-Alerts (*google.de/alerts*), bei der der Nutzer ein bestimmtes Wort oder eine Seite definieren kann, um jedes Mal dann eine Nachricht („Alert") zu bekommen, wenn dort Veränderungen auftreten oder Seiten neu ins Web gestellt werden, die das Suchwort beinhalten. Auf diese Weise können Nutzer sich zu bestimmten, ihnen relevanten Themenbereich auf dem neuesten Stand halten, ohne den Aufwand zu betreiben, das ganze World Wide Web selber manuell zu durchsuchen.

Ein weiterer Aspekt hinsichtlich der Einbindung von Softwareagenten ist die Frage, wer letztendlich den Agenten einsetzt, da Agenten sowohl von Anbietern als auch Nachfragern gleichermaßen eingesetzt werden können. Aus dieser Fragestellung resultieren drei unterschiedliche Anwendungssituation: Entweder nur der Anbieter nutzt einen Agenten oder nur der Nachfrager, oder eben beide Seiten. Im letzteren Fall würde eine vollständige **Automatisierung der Interaktionsprozesse** stattfinden, die keinerlei menschliches Eingreifen erfordert.

Nachfrager-Agenten können in der Regel ganze Transaktionen autonom durchführen und mit den Anbietern selbständig „verhandeln". Allerdings werden Agenten meistens nur für Teilbereiche des Kaufprozesses genutzt, wie z. B. der Produkt- oder Anbietersuche (*Clement/Runte* 2000, S. 22). In allen Bereichen unterstützen Agenten den Nachfrager bei der Reduzierung der Suchkosten durch eine wesentlich effizientere Suche im Internet. Bei der Produktsuche legen viele Internetuser z. B. viel Wert auf günstige Preise, weshalb immer mehr **Preis-Agenten** (auch Preissuchmaschinen) eingesetzt werden (mehr dazu in Kapitel 3.3.2). Um die Verdrängung aus dem Markt lediglich aufgrund zu hoher Preise zu umgehen, nutzen immer mehr Anbieter die Individualisierungsmöglichkeiten des Internets dazu, jedem Kunden ein persönliches Angebote zu unterbreiten, dass sich von anderen Angeboten unterscheidet und somit nicht ohne weiteres mit diesen verglichen werden. Folglich können individualisierte Angebote nicht auf den Preis als Vergleichskriterium reduziert werden, weshalb diese Anbieter die preisgünstigere Konkurrenz weniger fürchten müssen. Dies gilt allerdings nur für Güter und Dienstleistungen, die sich individualisieren lassen. Bei Büchern und CDs fällt es schwer, einen individuellen Nutzen für den Kunden zu generieren, da am Produkt selber nichts verändert werden kann. Einzelne Anbieter versuchen deshalb durch Zusatzservices, wie z. B. Über-Nacht-Lieferung oder personalisierte Produktempfehlungen, das Angebot von der Konkurrenz zu differenzieren (*Fink* 1998). Daher gewinnen Agenten, die mehrere Eigenschaften berücksichtigen können, zuneh-

Abb. 40: Multiattributive Produktvergleiche bei *dpreview*
           Quelle: dpreview.com.

mend an Bedeutung (*Clement/Runte* 2000). Ein Beispiel dafür wäre der Anbieter *dpreview.com*, der es dem Kunden ermöglicht, nach ganz spezifischen Eigenschaften einer Digitalkamera zu suchen, um den passenden Anbieter zu finden (s. Abb. 40).

Der Einsatz von **Anbieter-Agenten** lohnt sich in der Regel zur Optimierung des Marketing-Mix (*Clement/Runte* 2000, S. 27). Dies trifft insbesondere auf Aktivitäten im Bereich des One-to-One-Marketings oder auch der Individualisierung und Personalisierung allgemein zu. Unterstützt werden nämlich einzelne Kundenbeziehungen, bei denen der Einsatz von Agenten z. B. in der Produktauswahl oder bei der Preisfindung stattfinden kann. Voraussetzung dafür muss jedoch die Speicherung der Kundendaten und Kundenpräferenzen sein (*Clement/Runte* 2000, S. 28), anhand derer die Agenten mit zunehmender Interaktion Dinge über den Kunden lernen, die sie dann für Individualisierungszwecke im weiteren Verlauf der Kundenbeziehung nutzen können. So ist es möglich durch den Einsatz von **Werbe-Agenten** die Streuverluste der Werbemaßnahmen zu reduzieren. Dies kann z. B. im Zusammenhang mit der Produktsuche über Suchmaschinen geschehen, wo ein spezieller Banner des Anbieters nur bei bestimmten Suchbegriffen gezeigt wird. Ein weiteres Beispiel eines Anbieter-Agenten findet man bei *amazon.de*. Dort macht der Agent aufgrund der gespeicherten Transaktions- und Bewegungsdaten des Kunden, diesem einen ganz individuellen Produktvorschlag. Außerdem können durch das in Kapitel 5.2.3 beschriebene Data-Mining gewisse Strukturen und Zusammenhänge zwischen verschiedenen Käufertypen analysiert werden, die mit Hilfe des Agenten dem Kunden zeigen, welche anderen Bücher von ähnlichen Kundentypen gekauft wurden, um so zusätzlichen Umsatz zu generieren. Die Methode auf der solche Empfehlungssysteme basieren, wird auch als **Collaborative Filtering** bezeichnet (*Clement/Runte* 2000, S. 28). Natürlich lassen sich auch sog. **Komplementaritätsbeziehungen** (Zusammengehörigkeit bestimmter Produktpaare) aufdecken, die dem Kunden bei Interesse an einem dieser Produkte dann sofort als Zusatzangebot unterbreitet werden können (z. B. zum Kleid einen passenden Hut).

Neben den oben beschriebenen einfachen Agenten, gibt es auch sog. **Multi-Agenten-Systeme**, die häufig in weitaus komplexeren Strukturen und Sachverhalten als den Kaufprozess eingesetzt werden. Hierbei handelt es sich um unterschiedlich agierende Agenten, die jedoch ein gemeinsames Ziel verfolgen. Anders sieht es jedoch aus, wenn auf beiden Seiten (Anbieter und Nachfrager) Agenten genutzt werden – egal ob einfache Agenten oder Multi-Agenten-Systeme – da somit die menschliche Komponente der Interaktion auf ein Minimum reduziert wird. Diese Situation ist häufig bei Online-Auktionen vorzufinden, da hier trotz der technischen Möglichkeiten der Auktionszeitraum immer noch eine Rolle spielt. Bieter müssen sich gegebenenfalls über den gesamten Zeitraum einer Auktion am Auktionsprozess beteiligen und z. B. ein höheres Gebot abgeben, falls sie überboten wurden. Theoretisch müsste der Bieter somit den Auktionsprozess tagelang verfolgen, um für sein eigenes Kaufinteresse möglichst optimal agieren zu können. Werden nun Softwareagenten von beiden Seiten eingesetzt, die autonom im Namen ihrer Auftraggeber miteinander verhandeln, resultiert ein fast **vollständig automatisierter Auktionsprozess**. Im Unterschied zu Multi-Agenten-Systemen werden in dieser Situation also nicht gemeinsame Ziele verfolgt, sondern unterschiedliche, in der Regel diametral konträre Ziele (*Clement/Runte* 2000, S. 29).

3.3.2 Online-Preissuchmaschinen

Wie im vorherigen Kapitel schon ansatzweise beschrieben, sind Preissuchmaschinen oder auch Preis-Agenten eine spezielle Form von intelligenten Softwareagenten. Gerade im Hinblick auf die Preispolitik eines E-Business-Unternehmens lohnt sich ein genauerer Blick auf die Funktionsweise von Preissuchmaschinen, da hier enorme Potenziale und Gestaltungsmöglichkeiten für die strategische Ausrichtung liegen. Grundsätzlich erleichtern Preissuchmaschinen dem Kunden die Produktsuche, indem sie Produkte und Preise verschiedener Anbieter gegenüberstellen und dem Kunden somit die Suche nach dem passenden Produkt erleichtern. Die Strukturierung der Masse von Angeboten steht also im Vordergrund, da einzelne und besonders unerfahrene Internetuser schnell den Überblick verlieren können. Suchmaschinen basieren ihren elektronischen Mehrwert auf einer Überblicksfunktion (*Kollmann* 2011a, S. 29 ff.), die es erlaubt die Informationsvielfalt effizient zu nutzen. Die verringerten Suchkosten sind dabei der wesentliche Bestandteil der Vorteile solcher **Preis-Agenten**, da der potentielle Kunde nicht mehr selber sämtliche Seiten durchforsten muss, sondern alle notwendigen Informationen bezüglich seiner Produktsuche auf einer einzigen Plattform zur Verfügung gestellt bekommt.

Je besser der Kunde nun sein Bedürfnis spezifizieren kann, desto genauere Ergebnisse liefern diese Suchmaschinen. Weiß der Kunde genau, was er will, so spielt letztendlich nur noch der Preis eine entscheidende Rolle. Der Nutzen liegt also darin, die unüberschaubare Menge an vorhandenen Produktangeboten im Internet so zu dezimieren, dass nur diejenigen selektiert und gezeigt werden, die genau den Vorstellungen des Kunden entsprechen. Dabei werden alle Produkteigenschaften genauestens vom Kunden festgelegt, **einzig der Preis bleibt variabel**. Insbesondere gilt dies natürlich nur bei objektiv beschreibbaren Gütern (Bücher, CDs etc.), da der Preis sonst nicht eins-zu-eins mit den Preisen anderer Anbieter verglichen werden kann. Weiß der Kunde noch nicht genau, was er will, muss er sich zunächst informieren und daher eventuell entsprechende Bewertungs- oder Meinungsportale aufsuchen, die ihm bei der Produktsuche behilflich sein können. Befindet der Kunde sich jedoch auf der Seite einer Preissuchmaschine, bekommt er die günstigsten Anbieter übersichtlich in einer Ergebnisliste dargestellt. Durch einen Link kann er dann direkt auf die Seite des von ihm ausgesuchten Anbieters weitergeleitet werden und seinen Einkauf fortsetzen. Die Nutzung von Suchmaschinen ist für den Nutzer in der Regel kostenlos und finanziert sich durch die Einblendung von Werbung und Anzeigen (z. B. bei *froogle.com*) und die erfolgreiche Weiterleitung der Kunden auf die Anbieterseiten. Heutzutage haben sich schon viele Preissuchmaschinen im Internet etabliert, z. B. *guenstiger.de, billiger.de* oder *wowowo.de*. Dies spiegelt die wachsende Bedeutung solcher Softwareagenten und die steigende Notwendigkeit, dem Kunden Informationen zu strukturieren, wider. Dass der Preis in vielen Transaktionen immer noch das ausschlaggebende Kriterium ist, ist schlussendlich das Ergebnis wachsender Transparenz.

Die langfristigen Auswirkungen dieser Preissuchmaschinen auf elektronische Märkte könnten insbesondere für Anbieter homogener Güter und Leistungen, deren Produkte objektiv beschreibbar sind, sehr gravierend sein. Veränderungen der Branche diesbezüglich sind schon heute z. B. bei CDs, Büchern oder DVDs zu beobachten, da diese Produkte bei allen Anbietern gleich sind und prinzipiell nur der Preis die Wahl des Anbieters beeinflusst. Aus Anbietersicht müssen daher Überlegungen hinsichtlich der **Teilnahmen an solchen Preissuchmaschinen** gemacht werden. Manche Anbieter blockieren bestimmten Preissuchmaschine den Zugang zu ihren Produktinformationen, da sie befürchten, im Vergleich zur Konkurrenz nicht einer der günstigen Anbieter zu sein. Allerdings verschließen sich diese Anbieter dadurch einem enormen Potenzial an möglichen Käufern, die allein über Preissuchmaschinen ihren Einkauf im Internet starten. Somit lohnt sich die Einbindung des eigenen Produktangebotes in solche Preissuchmaschinen bzw. das Zulassen von Eingriffen der Preis-Agenten insbesondere dann, wenn der Anbieter zu den günstigsten in der Branche gehört (*Crowston* 2001). Gehört er nicht dazu, kann die Entwicklung im Bereich der Preissuchmaschinen dazu führen, dass diese Anbieter aus dem Markt gedrängt werden. Betont werden muss aber noch einmal, dass es sich hierbei lediglich um Anbieter sehr homogener Güter und Leistungen handelt.

Abb. 41: Die Preissuchmaschine *guenstiger.de*

Für eine optimale Ausschöpfung der **Funktionsfähigkeit von Preissuchmaschinen** lohnt es sich für den Anbieter, die allgemeinen Standards, z. B. hinsichtlich der Produktbeschreibung zu berücksichtigen und in die eigenen Produktbeschreibungen zu integrieren. Dadurch wird den Agenten das Indexieren und Durchsuchen von relevanten Informationen wesentlich erleichtert und erhöht die Chance, mit den eigenen Angeboten in möglichst vielen Ergebnislisten aufzutauchen.

3.3.3 Online-Powershopping

Neben dem Aspekt der Preissuchmaschinen gibt es auch noch einen weiteren Aspekt, der den Preiskampf im Internet fördert und die Macht zu Gunsten der Nachfrager erhöht. Dieser Aspekt betrifft den **Zusammenschluss einzelner Nachfrager**, die durch das entstandene größere Absatzvolumen den Preis drücken wollen. Die Idee dahinter ist im Prinzip recht simpel: Kauft man nur ein einziges Stück eines Produkt, bezahlt man normalerweise mehr, als wenn man 10, 20 oder 100 Stück desselben Produktes kauft. *Süme* (2001, S. 121) formuliert das dahinterstehende Prinzip als organisierte Bündelung der Verbrauchermacht, um Großkundenrabatte für Endverbraucher zu ermöglichen. Durch die Einrichtung einer entsprechenden Webseite, die als „Vermittler" fungiert, können die interes-

sierten Käufer zusammengeführt werden und günstige Preise erzielen. Die teilnehmenden Anbieter einer solchen Verkaufsplattform staffeln die Preise ihrer Angebote in bestimmten Volumeneinheiten, wodurch die Preisbildung nicht mehr
linear verläuft. Der innovative Gedanke daran ist, dass einzelne Kunden in den
Genuss eines Mengenrabattes kommen, auch wenn sie nur ein Stück des Produktes kaufen (*Brandtweiner* 2001, S. 142).

Zu Zeiten des Internet-Booms wurde dieses Phänomen als **Powershopping**
bekannt, hat sich allerdings aufgrund juristischer Probleme nicht wirklich durchsetzen können. Diese Form des Warenverkaufs verstieß nach Meinung der Recht-
sprechung gegen § 1 Abs. 1 und § 12 des Rabattgesetzes, da die entstehenden Mengenrabatte unzulässig waren. Nach der **Abschaffung des Rabattgesetzes** blieb diese
Art der Nachfragerbündelung im Internet jedoch Gegenstand verschiedener
Kontroversen. Das Landgericht Köln hat z. B. mit einem Urteil (AZ 33 O 180/
00) einer Kölner-Online-Handelsfirma verboten, Mengenrabatte für Gemein-
schaftskäufe im Internet anzubieten. Die Richter sahen in dem Powershopping
einen **Wettbewerbsverstoß** der den allgemeinen Wettbewerb unlauter beeinflusse.
Die Problematik der Nachfragerbündelung im Internet wurde zwar durch die
Abschaffung des Rabattgesetzes vor einigen Jahren größtenteils eingeschränkt,
allerdings bieten die Vorschriften gegen unlauteren Wettbewerb (UWG) immer
noch eine recht große wettbewerbsrechtliche Angriffsfläche. Neben diesen rechtlichen Problemen, ist auch das Überleben solcher Anbieter aufgrund ökonomischer
Aspekte bis heute zweifelhaft. So konnten nach der rechtlichen Auseinandersetzung, die beiden bekanntesten **Beispiele des Powershoppings**, die Plattform *mer-
cata.com* in den USA und das niederländische Unternehmen *letsbuyit.com*, nicht
im Markt überleben.

Die ursprüngliche Idee wurde zwar in dieser Form von keiner Plattform mehr
weiterverfolgt, da aber der **Grundgedanke der Nachfragerbündelung** durchaus luk-
rativ erscheint, entstehen zunehmend Angebote, die in ähnlicher Form versuchen,
durch Mengenrabatte günstigere Preise anbieten zu können. Bekanntestes Beispiel
ist der Aufbau spezieller **Online-Communities**, innerhalb derer den Mitgliedern
besondere Angebote gemacht werden. Dazu zählt zum Beispiel *buyvip.de*. Laut
Firmenhomepage ist „*BuyVip* eine geschlossene Gemeinschaft, die ausschließlich
durch persönliche Patenschaften und Empfehlungen wächst. Die Mitglieder dieser exklusiven Gemeinschaft haben die Möglichkeit, auf persönliche Einladung
an zeit- und volumenlimitierten Verkaufskampagnen teilzunehmen. In diesen
Kampagnen werden ausgewählte Produkte und Brands aus dem Bereich Life-
Style und Fashion angeboten. (...) Es handelt sich dabei um Produkte bzw. Kol-
lektionen, die limitiert oder nicht im deutschen Fachhandel erhältlich sind sowie
um off-season-Produkte/StockOvers, welche die Mitglieder zu attraktiven Konditionen (30–70 % unter Ladenpreis) erwerben können. Darüber hinaus dient *Buy-
Vip* als Plattform zur Einführung neuer Marken und Produkte. Die registrierten
Mitglieder erhalten vor dem offiziellen Produktlaunch die Möglichkeit, neue Produkte zu testen und Feedback an die Unternehmen zu geben.“ Da hier der Com-
munity-Gedanke im Vordergrund steht und als Hauptargument zur Rechtferti-
gung günstiger Preise herangezogen wird, nennt man diese Form auch **Co-
Shopping** oder **Community-Shopping**.

Wie einige andere ehemalige Powershopping-Anbieter ist z. B. auch *letsbuyit.com* trotz des zeitlichen Verschwindens vom Markt inzwischen wieder online; nicht mit dem ursprünglichen Geschäftsmodell, aber mit einer ähnlichen Geschäftsidee. Dort werden Produkte innerhalb von Co-Shopping-Aktionen verkauft. Das heißt, dass der Verkaufszeitraum begrenzt ist und die **Menge an Bestellungen** zum Schluss den Preis bestimmt. Zunächst suchen die potenziellen Kunden nach sog. Co-Shopping-Produkten und entscheiden sich dann, zu welchem Preis sie dieses Produkt kaufen möchten. Dafür stehen ihnen drei verschiedene Preisoptionen zur Verfügung. Sie können entweder den aktuellen Preis bezahlen, den Schlusspreis, der am Ende der Co-Shopping-Aktion erzielt wurde oder den Bestpreis, der nur dann bezahlt wird, wenn der zu Beginn der Aktion geforderte Bestpreis erzielt wurde. Ansonsten wir die Bestellung storniert und der Kunde hat keinerlei Verbindlichkeiten. Der Ausgangspreis wird immer vom durchschnittlichen Einzelhandelspreis bestimmt. Je nach Anzahl der Teilnehmer der Aktion kann *letsbuyit.com* dann bessere Konditionen bei den Anbietern erzielen und seinen Kunden eventuell einen sehr günstigen Preis bieten.

4 Vertriebspolitik im Online-Marketing

Die Vertriebspolitik beschäftigt sich hauptsächlich mit den spezifischen Anforderungen an **elektronische Verkaufs- bzw. Absatzprozesse** und ihrer besonderen Gestaltung. Hierbei kommt dem reibungslosen Ablauf sämtlicher Arbeitsschritte eine große Bedeutung zu, da erst so die störungsfreie Durchführung von Transaktionen im E-Business gewährleistet werden kann. Jeder Prozess muss einen „Teilbaustein" im Gesamtkonzept des Unternehmens darstellen, der dann durch eine effektive und optimale Zusammensetzung mit den anderen Bausteinen die schnelle, kostengünstige und kundenorientierte Verarbeitung der Transaktionsdaten ermöglicht. Die reine Durchführung einer Transaktion ist jedoch nur das operative Ziel der Vertriebspolitik, vielmehr gilt es den Vertrieb zum größtmöglichen Nutzen des Kunden auszurichten und damit nicht nur taktische, sondern auch strategische Ziele der Vertriebspolitik zu realisieren.

4.1 Vertriebsziele im elektronischen Absatz

Die konkreten Prozessanforderungen eines im Internet tätigen Unternehmens ergeben sich aus der Übertragung des realen in einen internetbasierten elektronischen Verkaufsprozess. Dieser muss grundsätzlich so gestaltet sein, dass das Einkaufen im Internet im Vergleich zum realen Handel vorteilhafter ist. Hinsichtlich der Prozessanforderungen bzw. den Vertriebszielen bedeutet dies insbesondere eine Verbesserung der Einkaufskosten und -zeit bei gleichzeitig hoher Sicherheit und Qualität für die Einkaufsabwicklung. Diese Kernziele müssen zusätzlich zu den folgenden, allgemeinen **elektronischen Anforderungen** im Hinblick auf den Kundennutzen angestrebt werden (*Kollmann* 2011a, S. 237):

- **Bedienbarkeit**: Die Nutzung einer Webseite und der damit zusammenhängenden Prozesse sollte so einfach wie möglich gehalten werden, damit der Nachfrager seine Kaufentscheidung im virtuellen Verkaufsraum nur mit Hilfe der Maussteuerung treffen kann.
- **Zuverlässigkeit**: Der Einkaufsprozess sollte basierend auf der Funktionalität der dahinterstehenden Systemarchitektur technisch zuverlässig und damit stabil ablaufen. Nur so können die richtigen Webinhalte an den richtigen Stellen jederzeit aufgerufen werden.
- **Verfügbarkeit:** Die Webseite und der damit in manchen Fällen verbundene Einkaufsprozess sollte 24 Stunden am Tag, 7 Tage die Woche, 52 Wochen im Jahr

und damit ohne technische Unterbrechung erreichbar sein. Dies kann nur durch eine entsprechend hohe Verfügbarkeit des dahinterstehenden Servers geschehen. Nur so können Kundenbestellungen und -wünsche jederzeit entgegengenommen werden.

- **Schnelligkeit**: Der Aufruf von relevanten Webinhalten und der eventuell darauf folgende Einkaufsvorgang sollten in einer angemessenen Zeit erfolgen, damit die Nutzung nicht durch den Kunden aufgrund von zu langen Ladezeiten abgebrochen wird. Mit Schnelligkeit ist aber auch die Reaktionszeit des Anbieters gemeint, die zwischen dem Erhalt einer Kundenanfrage und deren Beantwortung bzw. Bearbeitung liegt. Nur wenn angemessen von Seiten des Unternehmens reagiert wird, fühlt sich der Kunde auf der Seite gut aufgehoben.
- **Individualisierbarkeit**: Im Rahmen der Vertriebsprozesse sollten bestehende Individualisierungsmöglichkeiten in Bezug auf das Informations- und Produktangebot konsequent dazu genutzt werden, den Kundennutzen zu erhöhen. Unternehmen der Net Economy stehen zunehmend in der Pflicht, eine Personalisierung bezüglich der individuellen Wünsche des einzelnen Kunden anzubieten, da sich die Möglichkeiten im Internetzeitalter drastisch verändert haben. Internettechnologien vereinfachen die Individualisierbarkeit auf ganz neue Weise, die aber gerade deswegen auch immer mehr von vielen Anbietern genutzt wird und den Druck auf die Unternehmen erhöht.

4.1.1 Kosten- und Zeiteinsparung

Das Hauptziel elektronischer Vertriebsprozesse ist die Erzielung von Kosten- und Zeitersparnissen sowohl für das Unternehmen auf der einen Seite als auch ganz besonders für den Kunden auf der anderen Seite. Die Reduzierung von finanziellen und zeitlichen Aufwendungen stehen gerade im Vergleich zum realen Einkaufsprozess im Vordergrund und werden somit zu den wesentlichen Anforderungen in der Net Economy gezählt. Betrachtet man zunächst die Kostensenkungspotenziale auf Unternehmensseite, so können dabei mehrere Bereiche identifiziert werden, bei denen die elektronische Informationsverarbeitung zur **unternehmensseitigen Kostenreduzierung** beiträgt (*Kollmann* 2011a, S. 238):

- **Bereitstellungskosten**: Durch den Wegfall der physischen Präsenz- und Verkaufsflächen und der daraus resultierenden Mieteinsparungen bei gleichzeitig geringeren Kosten für den Aufbau und Betrieb einer Webpräsenz, sind die Bereitstellungskosten für ein elektronisches Produktangebot geringer. Lediglich die Anfangsinvestitionen, die zum Aufbau der Internetpräsenz einkalkuliert werden müssen, können unter Umständen stark ins Gewicht fallen, z. B. dann, wenn eine neue Technologie oder große Kapazitäten benötigt werden. In der Regel sind diese Kosten für Hard- und Software oder Serveranschaffungen jedoch geringer als im realen Verkauf.
- **Betriebskosten**: Durch den Wegfall der physischen Präsenz- und Verkaufsflächen entfallen auch die diesbezüglichen Betriebskosten (z. B. Strom oder Heizung), während die Betriebskosten für eine Webpräsenz deutlich geringer ausfallen. Die sog. laufenden Kosten beschränken sich auf einige wenige Posten

(z. B. Hosting, Servermiete etc.), die im Vergleich zu realen Verkaufsflächen überschaubar bleiben und deutlich geringer sind.

- **Informationskosten**: Durch den Wegfall einer papierbasierten Informations-übertragung entfallen Kopier- und Vertriebskosten für die Weitergabe an den Kunden. Im Internet werden die digitalen Informationen nur einmal produziert und können dann ohne weitere Kosten beliebig oft abgerufen werden. Beleg- oder Bestellzettel müssen so nicht mehr per Hand ausgefüllt werden, sondern können mit Hilfe von elektronischen Formularen kostengünstiger bearbeitet werden. Je automatisierter diese Prozesse ablaufen, desto kostengünstiger ist die Gesamtverarbeitung der Informationen.
- **Personalkosten**: Durch den Einsatz von elektronischen Systemen können viele Aufgaben des Vertriebsprozesses (z. B. Versendung einer Bestellbestätigung) automatisch ablaufen. Dadurch kommt es zu einem geringeren Personaleinsatz und einer entsprechenden Reduktion der zugehörigen Personalkosten. Für diese Automatisierung müssen allein die anfallenden Kosten für den System-aufbau und die Systempflege zu den Personalkosten hinzugerechnet werden.
- **Bearbeitungskosten**: Elektronische Prozesse verringern aufgrund des Wechsels von einer manuellen zu einer maschinellen Datenerfassung die laufenden Kos-ten im Zeitablauf (s. Abb. 42). Die laufenden Kosten steigen bei maschineller Erfassung der Daten nämlich nur geringfügig an, während die manuelle Erfas-sung die laufenden Kosten deutlich schneller in die Höhe treibt. Da aber eine automatisierte Datenerfassung gewisse Anfangsinvestitionen in Technik und Schulung der Mitarbeiter benötigt, relativiert sich der Kostenvorteil der elek-tronischen Datenerfassung besonders am Anfang (*Krause* 2000, S. 479). Sind die hohen Anfangsinvestitionen jedoch getätigt, so ist der Unterhalt des Sys-tems mit steigender Anzahl an Transaktionen relativ gering. Höhere Kosten fallen dann überwiegend durch Upgrades oder den Erwerb von neuen Kompo-nenten an.
- **Lagerkosten**: Durch den Wegfall der physischen Verkaufsflächen entfallen auch die Kosten für den Betrieb eines zugehörigen Lagers zur Produktmitnahme, da aufgrund der Online-Bestellung die Ware sowieso geliefert werden muss. So kann entweder das eigene Auslieferungslager zentral und damit kostengünsti-ger organisiert werden, oder die Bestellung kann direkt an den eigentlichen Produzenten weitergegeben werden.

Die Kosten auf Unternehmensseite für elektronische Vertriebsprozesse fallen also deutlich geringer aus als im realen Vertrieb. Die Automatisierung vieler Prozess-bereiche senkt nicht nur die Transaktionskosten für den Anbieter, sondern wirkt sich meist auch zusätzlich positiv auf eine Vergünstigung der angebotenen Leis-tung im Vergleich zu ortsgebundenen Geschäften aus, die wiederum dem Kunden zu Gute kommt und den Kundennutzen des Online-Shopping erhöht.

Auch auf der Kundenseite lässt sich die Reduzierung der Transaktionskosten rela-tiv einfach erreichen, da sich z. B. die Aufwendungen bezüglich der Produktsuche und der Einkaufskosten wesentlich einschränken lassen. Daher können auch **kun-denseitige Kostenreduzierungen** aufgeführt werden (*Kollmann* 2011a, S. 239):

- **Einkaufskosten**: Durch den Wegfall der physischen Verkaufsflächen entfallen die allgemeinen Aufwendungen, die im Zuge des Einkaufs entstehen können.

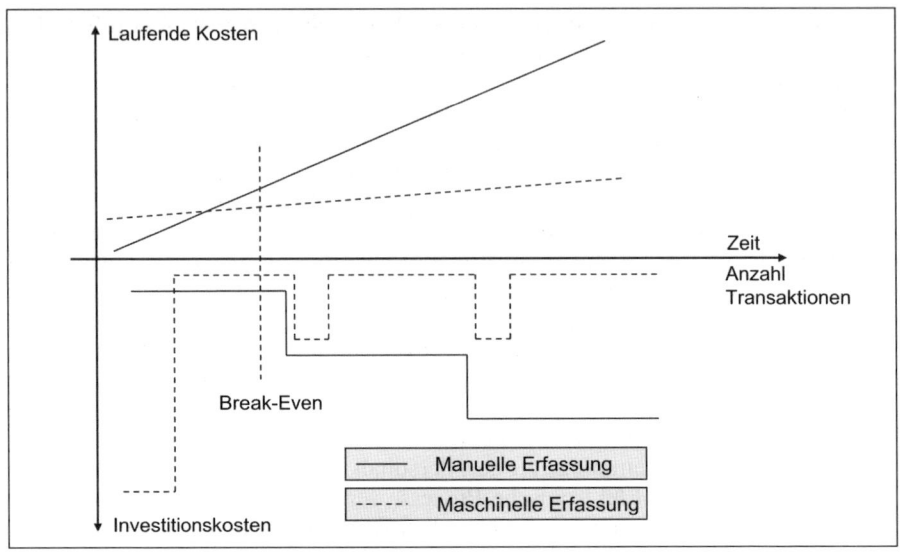

Abb. 42: Reduzierung der Bearbeitungskosten durch Automatisierung
Quelle: *Krause* 2000, S. 480.

Darunter fallen z. B. Anfahrtskosten zu einem realen Verkaufsraum, wie Benzin, Parkgebühren oder Busticket, um sich die Produkte anzusehen. Zusätzlich lassen sich in der Regel auch Aufpreise, die durch eine Kostenweitergabe des Anbieters auf die Produkte aufgeschlagen werden, verringern, da nun geringere Transaktionskosten für den Anbieter anfallen.

- **Suchkosten**: Durch den Wegfall der physischen Produktbereitstellung und der in der Regel im Internet kostenlosen Einstellung von elektronischen Produktinformationen (z. B. Kataloge, Testberichte) werden die Suchkosten für den Nachfrager gesenkt. Ferner hat er die Möglichkeit über elektronische Suchmechanismen (Suchmaschinen, Preissuchmaschinen, Linklisten etc.) deutlich mehr Informationen zu sammeln und zu nutzen, als es in diesem Ausmaß im realen Handel möglich wäre. Dieser Aspekt fällt insbesondere dann ins Gewicht, wenn es um die Suche nach sehr ausgefallenen Produkten oder Produkten im Ausland geht.

- **Transportkosten**: Durch den Wegfall der physischen Präsenz- und Verkaufsflächen können auch die Kosten für den Transport der gekauften Ware nach Hause entfallen (z. B. Anmietung eines LKW). Allerdings sind die entsprechenden Versandkosten, die für die Lieferung durch den Anbieter bzw. seiner Dienstleister erhoben werden, diesen möglichen Einsparungen gegenüberzustellen. In manchen Fällen ist die zusätzlich anfallende Versandgebühr als Nachteil anzusehen, da sich der Gesamtpreis dadurch erhöhen kann. In der Regel verstehen es die meisten Anbieter im Internet, ihre Kunden nicht mit hohen Versandgebühren abzuschrecken und bieten kostenlose Lieferungen ab einem bestimmten Transaktionswert an.

Neben der Reduzierung der Transaktions- und Prozesskosten auf Anbieter- und Nachfragerseite geht die Automatisierung und die dadurch entstehende Optimierung der Prozessabläufe auch mit einer Verkürzung von Bearbeitungs-, Durchlauf- und Lieferzeiten einher (*Ganser/Frick/Maucher* 2003, S. 59). Die **Bearbeitungszeiten** sind dabei die Zeiten, die benötigt werden, um Aufgaben, die während oder durch den Prozess anfallen, zu verrichten. Dabei betrachtet man jedoch nur die Bearbeitung einzelner Aufgaben, die in manchen Fällen nicht klar von anderen Aufgaben differenziert werden können, da die Automatisierung eine meist aufgabenübergreifende Datenverarbeitung erfordert. Die **Durchlaufzeiten** sind dagegen die Zeiten, die benötigt werden, um einzelne Aufgaben zwischen Aufgabenträgern weiterzuleiten. Hierbei wird die Bearbeitung einer Bestellung in der Gesamtheit betrachtet und umfasst alle Aufgaben. Die **Lieferzeiten** sind wiederum Zeiten, die für die Zustellung von Materialien, Produkten und Informationen innerhalb der Leistungsbeziehung anfallen. Die Zeitersparnisse können durch die Möglichkeiten der elektronischen Informationsverarbeitung in allen drei Bereichen erzielt werden und dabei bspw. zu einer Verringerung der Anzahl der Arbeitsschritte und der Aufgabenträger führen. Bei standardisierten Vorgängen und Routineprozessen, die durchgängig elektronisch unterstützt werden, können automatisierte Workflow-Systeme eingesetzt werden (z. B. Versendung von Auftragsbestätigungen). Je einheitlicher dabei der einzelne Prozessschritt gestaltet ist, desto höher ist das Potenzial der Zeiteinsparung (*Ganser/Frick/Maucher* 2003, S. 55 ff.).

4.1.2 Sicherheits- und Qualitätssteigerung

Sämtliche Sicherheitsaspekte, die in Bezug auf die Prozessabläufe innerhalb des Vertriebsprozesses berücksichtigt werden müssen, richten sich in erster Linie an die Transaktionssicherheit des gesamten Systems. Die Sicherheit hinsichtlich der Datenübertragung muss zu jeder Zeit und hundertprozentig gegeben sein, damit Kunden dem Online-Kauf das nötige Vertrauen entgegenbringen können. Um sich generell vor Datenmissbrauch oder Datendiebstahl schützen zu können, müssen potenzielle Gefahrenquellen identifiziert und so gut wie möglich minimiert werden. **Gefahrenquellen** sind nicht immer nur externer Herkunft, sondern können auch innerhalb des Unternehmens gefunden werden (*Schwarze/Schwarze* 2002, S. 116):

- **Informationsinfrastruktur**: Schwachstellen in der Informationsstruktur bilden Gefahren, die z. B. durch technische Fehler oder Defekte, menschliches Versagen, Programmfehler oder Systemfehler das System meist nur vorübergehend unterbrechen. In der Regel können diese Schwachstellen relativ schnell und ohne viel Aufwand behoben werden, sofern sie erkannt werden und das Unternehmen rechtzeitig handelt.
- **Externe Umgebung**: Auch in der externen, unmittelbaren Umgebung des technischen Zubehörs können Gefahren entstehen, z. B. Erdbeben, Überschwemmungen, Unwetter, Schadstoffe, Feuer etc., die das System lahm legen oder sogar ganz zerstören. Solche Gefahren können nie ganz vermieden werden, da

solche Einflüsse nicht kontrollierbar und daher nicht beeinflussbar sind. Die Technik sollte jedoch weitestgehend so untergebracht werden, dass das Risiko eines Schadens weitestgehend verringert wird.

- **Delikte**: Gefahren entstehen hierbei durch deliktische Handlungen, wie z. B. Datendiebstahl, Datenmanipulation oder Datenvernichtung durch Dritte, Zerstörung oder Beschädigung der Hardware und Viren. Delikte werden bewusst zur Schädigung des Online-Unternehmens getätigt und können nur selten im Vorfeld erkannt werden. Allerdings lassen sich durch Vergabe bestimmter Administrations- und Datenzugriffsrechte Autoritäten so verteilen, dass niemand alleinigen Zugriff auf die Daten hat. Durch eingeforderte Identifizierungsnachweise (z. B. Benutzernamen, ID etc.) kann jeder Zugriff eindeutig nachvollzogen werden.
- **Social Engineering**: Beim Social Engineering wird versucht, über den direkten Kontakt zu Mitarbeitern des Unternehmens Zugriff auf vertrauliche Daten zu erhalten (Passwörter, Zahlungsdaten etc.). Diese Kontakte müssen nicht immer böswilliger Natur sein, doch auch offen herumliegende Unterlagen (zu Hause oder am Arbeitsplatz) können Freunde, Verwandte oder Kollegen dazu verleiten, vertrauliche Informationen zum eigenen Vorteil auszunutzen.

Erst durch die ständige Überprüfung und Eindämmung der Gefahrenquellen, kann die **Einkaufssicherheit für den Kunden** weitestgehend gewährleistet werden. Prioritäten werden dabei anhand verschiedener Kriterien gesetzt, mit deren Hilfe die Gefahren für den weiteren Unternehmensverlauf besser eingeschätzt werden können. Diese Kriterien evaluieren Gefahren nach möglicher Schadenshöhe, Schadensumfang, Schadensdauer und Schadenswirkung, um anhand der Auswertung eine Prioritätenliste für die Ausgestaltung der Sicherheitsmaßnahmen aufzustellen. Meist ergibt sich jedoch das Dilemma, dass zunehmende Sicherheit mit überproportionalen Kosten verbunden ist (*Schwarze/Schwarze* 2002, S. 119). Der **Nutzen der Sicherheit** steigt jedoch ebenfalls mit dem Umfang der Sicherheitsmaßnahmen an, was sich an sinkenden Schadenskosten ablesen lässt. Abbildung 43 zeigt den diesbezüglichen Verlauf der **Kosten für Sicherheitsmaßnahmen** und der Schadenskosten. Um nun das Prinzip der Wirtschaftlichkeit zu wahren, muss das System so gesichert sein, dass die Gesamtkosten möglichst gering sind.

Die Diskrepanz beider Kostenfaktoren (Kosten für Sicherheitsmaßnahmen und Schadenskosten) sollte möglichst gering sein. Bei der Realisierung der Sicherheitsmaßnahmen darf allerdings nicht nur ausschließlich auf die Wirtschaftlichkeit und damit auf die Gesamtkosten geachtet werden. Es gibt einige **zusätzliche Anforderungen an Sicherheitskonzepte**, die bei der Umsetzung beachtet werden müssen (*Schwarze/Schwarze* 2002, S. 118 f.):

- **Integrität**: Datenintegrität bezieht sich auf die Widerspruchsfreiheit von Daten in Datenbanksystemen, wodurch Inkonsistenzen z. B. in der Datenübermittlung durch das Löschen oder Ändern von Dateneinträgen vermieden werden. Aus diesem Grund muss das Unternehmen sog. Integritätsbedingungen festlegen. Die Unterstützung der Prozesse zur Gewährleistung der Transaktionssicherheit muss zusätzlich durch die Integration des Sicherheitskonzeptes in alle Schichten der Unternehmensstruktur gegeben sein. Erst wenn das Sicherheits-

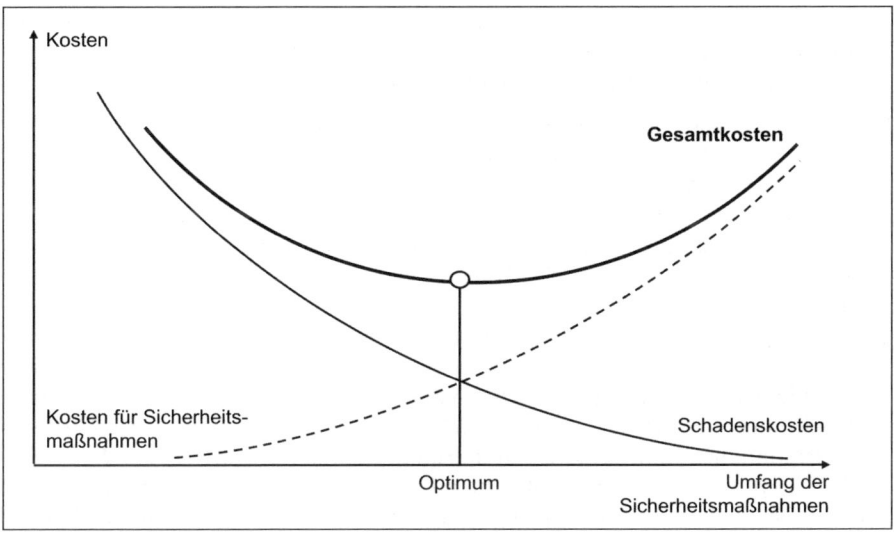

Abb. 43: Optimierungsproblem von Sicherheitsmaßnahmen
Quelle: *Schwarze/Schwarze* 2002, S. 119.

konzept so umfassend ist, dass es bei allen relevanten Vorgängen im Vertriebsprozess greift, kann die Transaktion durchgeführt werden.

• **Verfügbarkeit**: Jegliche Sicherheitsmaßnahmen, die innerhalb des aufgestellten
Sicherheitskonzeptes stattfinden, müssen ständig und überall verfügbar sein.
Der gesicherte Datenaustausch muss zu jeder Zeit unterstützt werden und bei
Gefahren sollten die Maßnahmen so schnell wie möglich greifen.

• **Vertraulichkeit**: Der Austausch persönlicher Daten oder vertraulicher Unter-
nehmensdaten darf nur unter Aufsicht bestimmter, autorisierter und vertrau-
enswürdiger Personen geschehen. Je mehr Personen auf wichtige Daten zugrei-
fen können, desto schwieriger werden der Schutz der Daten und das Auffinden
der Schwachstelle für die Nachprüfbarkeit von Datenmissbrauch.

• **Authentizität**: Der Zugang der Daten über bestimmte, autorisierte Personen
muss durch Authentifizierung sichergestellt sein, d. h. die Personen müssen
bekannt sein und sich ausreichend erkennbar bzw. identifizierbar machen.
Dadurch werden sämtliche Zugriffe und Datenbewegungen nachvollziehbar
und können eindeutig einer bestimmten Person zugeschrieben werden.

• **Verbindlichkeit**: Das Sicherheitskonzept muss die Verbindlichkeit des Daten-
austausches gewährleisten. Wird zum Beispiel ein Kauf getätigt, so gehen beide
Seiten eine Verbindlichkeit ein, der nachgekommen werden muss. Funktioniert
z. B. das Abschicken der Bestellung nicht unmittelbar nach Anklicken des
Bestell-Buttons, so kann es sein, dass der Kunde unfreiwillig bei nochmaligem
Drücken eine weitere Bestellung auslöst, die er gar nicht machen will.

• **Wirtschaftlichkeit**: Das Prinzip der Wirtschaftlichkeit unterstellt die finanzielle
Ausgewogenheit zwischen Aufwand und Nutzen des Sicherheitskonzeptes. Die
Ausgaben für die Sicherheitsmaßnahmen müssen den Schadenskosten ange-

messen sein (s. Abb. 43). Sind die Ausgaben für den Einsatz bestimmter Sicherheitsmaßnahmen unverhältnismäßig hoch, so wirkt sich dies langfristig gesehen womöglich negativ auf das Unternehmensergebnis aus.

Die Forderung nach einer hohen **Online-Einkaufsqualität** beinhaltet auch die Weiterverarbeitung der über die Webseite angestoßenen Prozesse zur vollkommenen Zufriedenheit der Kunden. Dies bezieht sich im Rahmen einer gesamten Prozessqualität nicht nur auf die (inter-)aktive Nutzung der Webseite, sondern auch auf Aufgaben, die erst nach Beendigung des eigentlichen Besuches durch den Kunden zum Tragen kommen können. Die Interaktivität wird aber bei der Prozessqualität zu einem entscheidenden Faktor, da sie sich nicht nur mittelbar durch die Zufriedenheit der Kunden auf den Umsatz des Unternehmens auswirkt, sondern auch unmittelbar z. B. über durchgeführte Bestellungen. Die Prozessqualität darf dabei jedoch nicht mit der Kontaktqualität verwechselt werden. Bei der **Online-Kontaktqualität** geht es um die klassischen Website-Evaluationskriterien wie Attraktivität, Ergonomie, Informations- und Funktionalitätskonzept (*Bauer/Herrmann* 2004, S. 366). Die Prozessqualität geht jedoch einen Schritt weiter und betrachtet auch die Weiterbearbeitung der angestoßenen Prozesse, die meistens im Hintergrund und für den Kunden unsichtbar ablaufen (z. B. Bestellabwicklung). Dabei ist die Qualität des Vertriebsprozesses nicht nur eine generelle Anforderung, die sich auch in jedem einzelnen Teilprozess widerspiegeln soll, sondern insbesondere auch in den diesbezüglichen Übergängen zwischen den Prozessen. Bewertungskriterien hierfür sind z. B. die Durchgängigkeit, Redundanzfreiheit, Vollständigkeit und Flexibilität des Datentransfers (*Ganser/Frick/Maucher* 2003, S. 59). Werden Prozesse weitestgehend elektronisch unterstützt, muss darauf geachtet werden, dass keine Medienbrüche auftreten, welche die Übertragung der Daten an Schnittstellen behindern können. Damit werden Durchgängigkeit und ein reibungsloser Ablauf der Prozessschritte sichergestellt und effizient gestaltet. Bei der Redundanzfreiheit geht es um die Vermeidung von Mehrfachausführungen einzelner Prozessschritte (z. B. Doppeleingabe der Kundenadresse), die zu Übertragungsfehlern und Ineffizienz führen. Dies beinhaltet auch die Verbesserung der Kommunikation und die Erleichterung der Datenpflege. Zusätzlich sollten alle Prozessbereiche durchgängig abgedeckt werden, damit die Vollständigkeit hinsichtlich der gesamten Prozesskette gegeben ist und diese somit einen flüssigen und kontinuierlichen Ablauf gewährleistet. Durch Flexibilität können dann die einzelnen Prozessbereiche je nach Bedarf bearbeitet und angepasst werden sowie nach wirtschaftlichen Aspekten verbessert werden.

4.2 Vertriebsprozesse im elektronischen Absatz

Große und umfangreiche Webpräsenzen im Internet erfordern komplexe und umfangreiche Prozesssystematiken. Die genaue Definition und Einteilung bestimmter Abläufe, Aufgaben und Prozesse in Teilbereiche kann zur Steuerung des Vertriebsprozesses sehr hilfreich sein. Eine Übersicht der einzelnen Bereiche und die Einbettung der einzelnen Prozesse in den **Transaktionsablauf** helfen dabei, Schnittstellen zu erkennen und Subprozesse einzuordnen. Eine schematische Darstellung der Prozessarchitektur kann im Laufe der Zeit als Referenz für Erweiterungen oder Anpassungen in der Prozessstruktur herangezogen werden. Je detaillierter die Prozessdarstellung ist, desto eher können Schwachstellen im Rahmen der Qualitätssicherung erkannt und behoben werden. Folgende Aspekte sollten dabei beachtet werden (*Hausen* 2005, S. 170): Ohne auf die Integration aller Prozessschritte in das Gesamtkonzept der Webpräsenz zu achten (Prozessmanagement), sollten zunächst die einzelnen Prozesse unabhängig voneinander betrachtet werden. Hauptsächlich geht es dabei um die Verarbeitung von Daten, die mit bestimmten Transaktionen verbunden sind und die im Zusammenhang mit allen auftragsrelevanten Kunden- und Produktinformationen stehen. Die effiziente Verarbeitung der Daten eines jeden Prozesses setzt den reibungslosen Durchlauf der Daten vom Beginn der Vertriebsprozesskette bis zum Ende voraus, damit unnötige Verzögerungen und Fehler in der Datenübernahme und Datenweitergabe vermieden werden. In der Zusammenführung der einzelnen Prozessschritte kann dann der gesamte elektronisch basierte **Verkaufsprozess** bildlich dargestellt werden (s. Abb. 44):

- **Vorkaufphase**: In der Vorkaufphase werden potenzielle Kunden über Offline- oder Online-Werbung bzw. Eintragungen in Suchmaschinen und neuerdings auch sozialen Netzwerken „gelockt" und dann mit dem Angebot über eine ansprechende Produktpräsentation konfrontiert. Kern dieser Phase bildet die **Produktsuche**, die auch als eSearch bezeichnet wird. In dieser Phase wird ein zum Bedarf passendes Angebot durch den Kunden gesucht und eventuell auch gefunden. Mit der Auswahl eines oder mehrerer Produkte aus den Angeboten und deren Platzierung im Warenkorb, erfolgt der Übergang dieser Pre-Sales Phase in die nächste Phase: dem eigentlichen Kauf/eSales.
- **Kaufphase**: Der eigentliche Kauf im Internet startet in der Regel mit einem Druck auf den Bestell-Button, sofern der Kunde vorher zumindest ein Produkt aus dem Warenangebot in seinen Warenkorb gelegt hat. Innerhalb des dann beginnenden **Kaufprozesses** (auch eSales-Prozess) geht es vor allem um die Vereinbarung eines gegenseitigen Leistungsaustausches zwischen Anbieter und Nachtfrager und die **Abwicklung der Transaktion** (eFulfillment) mitsamt der damit einhergehenden **Online-Bezahlung** (ePayment) und der notwendigen **Produktauslieferung** (eDistribution).
- **Nachkaufphase**: Nach Abschluss des getätigten Kaufs und der Vollendung der Transaktionsabwicklung, wird die Kompetenz des Anbieters hinsichtlich der Bedürfnisbefriedigung vom Kunden bewertet und beurteilt. Das Ergebnis resultiert entweder in Zufriedenheit oder Unzufriedenheit mit dem Anbieter und ist ausschlaggebend für die Fortführung der Geschäftsbeziehung zwischen beiden Parteien. Die Zufriedenheit des Kunden wird durch besondere Support- und Service-Angebote im Rahmen des Nachkaufphase unterstützt (*Wannenwetsch/Nicolai* 2004, S. 168 ff.). Teilweise werden hier die Aufgaben der Transaktionsabwicklung (eFulfillment) mit eingebunden (Retourenmanagement und

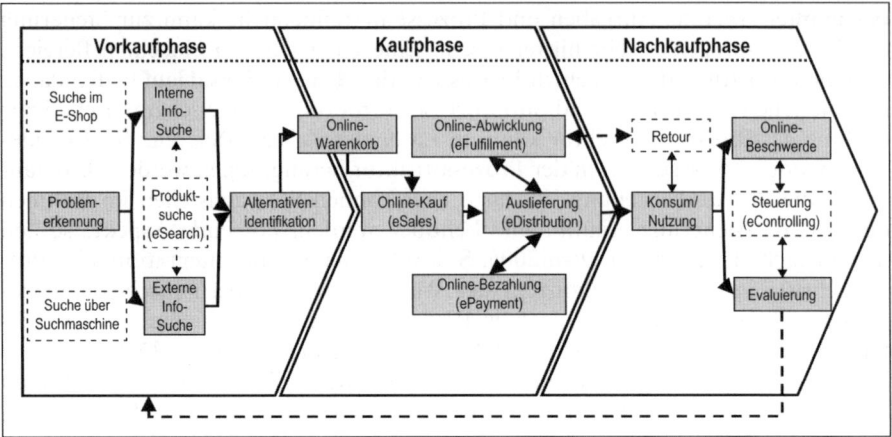

Abb. 44: Die Prozessbereiche beim Online-Kauf über einen E-Shop
Quelle: in Anlehnung an *Foscht/Swoboda* 2004, S. 162.

Kundenservice). Viel wichtiger ist aber die Aufgabe, alle relevanten Daten der gesamten Transaktionsabwicklung nach dem Kauf zu analysieren und auszuwerten, damit mögliche Schwachstellen innerhalb der Prozesskette oder auch prozessübergreifend aufgedeckt und verbessert werden können. Die anfallenden Aufgaben im **Steuerungsprozess** (eControlling) dienen dabei allerdings nicht nur der Optimierung des Prozessaufbaus, sondern auch der Steuerung und Überprüfung aller vertriebsrelevanten Unternehmensaktivitäten.

4.2.1 Online-Produktsuche

Viele Transaktionen werden im Internet über eine spezielle oder allgemeine Produktsuche von Seiten des Kunden eingeleitet. Nur in den seltensten Fällen wird ein Produkt ganz gezielt gekauft, der größte Teil der Online-Kunden steigt immer noch über **Suchmaschinen** in die Produktsuche ein. Diese Informationssuche wird auch als externe Suche bezeichnet, bei der zum Beispiel Preissuchmaschinen oder Bewertungsportale wie *idealo.de* oder *ciao.com* herangezogen werden. Das Suchen innerhalb einer bestimmten Unternehmensseite wird hingegen zur internen Suche hinzugezählt, da der Kunde sich auf der Unternehmensseite befindet und innerhalb des Angebotes nach einem bestimmten Produkt sucht. Um die Suche, sowohl extern als auch intern, für den Kunden zu vereinfachen, sollten die Angaben zu den angebotenen Waren und Dienstleistungen des Unternehmens möglichst detailliert und konkret beschrieben werden. Weiß der Kunde dann, wonach er genau sucht, kann er die Angaben zu Art, Spezifikation, Liefer- oder Vertragskonditionen viel effizienter auswerten, als wenn er sich aufwendig danach informieren muss.

Zusätzlich werden jedoch manchmal auch weitergehende Informationen benötigt, die der Kunde gegebenenfalls direkt bei seinem Anbieter per E-Mail, Hotline oder Kundenservice anfragen, oder aus externen Quellen wie Communities (z. B. *ciao.de*), Newsboard etc. beziehen kann. Unter diese zusätzlichen Informationen können etwa Fragen zu Unterschieden einer Vorgängerversion, Kompatibilität mit anderen Produkten oder eine allgemeine Beratung sein. Um die Informationsaktivitäten in eine Angebotsselektion überzuleiten, sollte unabhängig vom Zugangsweg (per direkter URL-Anwahl oder über Suchmaschine) darauf geachtet werden, dass gezielte und ausführliche Informationen über die Produkte auf der Seite bereitzustellen sind. Wichtig ist auch zu hinterfragen, welche Informationen für einen potenziellen Kunden wichtig sein könnten. Dieser Suchprozess läuft häufig anonym ab, da Kunden lediglich Informationen suchen und sich somit zunächst durch die Vielzahl der Angebote eines oder mehrerer Online-Anbieter klicken (*Franke* 2002, S. 12). Um die Einleitung eines Online-Kaufes im Rahmen des **Suchprozesses** zu unterstützen, sollten folgende Aspekte beachtet werden (*Franke* 2002, S. 91 ff., *Wamser* 2001, S. 115):

- **Bekanntheit**: Bevor Kunden einen E-Shop besuchen können, müssen sie zunächst von der Existenz der Webpräsenz und des möglichen Angebotes erfahren haben und die Web-Adresse des E-Shops oder Unternehmensseite kennen. Entweder gelangen sie dabei durch die direkte Eingabe der URL (Uniform Ressource Locator) oder über einen Link auf einer anderen Seite (z. B. über Suchmaschinen) auf die Seite. Durch Website-Promotion als Teil des Marketings kann die Bekanntheit einer Seite enorm gesteigert werden, da sich so die Web-Adresse bei der Zielgruppe einprägt und bei Bedarf sofort eingegeben werden kann (z. B. *amazon.de*). Die Wahl eines adäquaten Domain-Namens und die dazugehörige Reservierung bzw. der Kauf der Domain muss daher schon frühzeitig geschehen. Eventuell werden ähnliche Domains dazu gekauft, damit Fehleingaben der Kunden nicht dazu führen, die Seite nicht auffinden zu können (z. B. *amason.de* anstatt *amazon.de*). Eine direkte Weiterleitung über einen Link zur richtigen Domain sollte daher möglichst automatisch erfolgen.
- **Produktinformationen**: Umfangreiche Informationen zu den einzelnen Angeboten stehen bei der Vorkaufphase zweifelsohne im Mittelpunkt. Dabei ist es sinnvoll, das Leistungsangebot und die zugehörigen Informationen in Gruppen und Kategorien zu unterteilen und die hierarchische Aufstellung im Online-Katalog intuitiv zu gestalten. Damit die Auswahl für den Kunden erleichtert wird, sollten detaillierte Spezifikations- und Funktionsbeschreibungen aufgestellt werden und besonders Produkte, die haptisch nicht prüfbar sind, mit ausführlichen Texten und Multimediaelementen angereichert werden, um den fehlenden physischen Kontakt mit dem Produkt auszugleichen. Die Angaben auf einer Produktseite sollten zwar umfangreich sein, aber sie sollten die Seite dennoch nicht überladen. Überfüllte Seiten schrecken den Kunden manchmal ab, wodurch die gut gemeinte Informationsvielfalt nicht zielführend ist. Es kann so gesehen sehr hilfreich sein, Informationen, die nicht für eine erste Beurteilung des Produktes notwendig sind, durch Links oder weitere Seiten hinter die eigentliche Produktseite zu stellen.
- **Unternehmensinformationen**: Für die Ausführung einer Produktbestellung zählt letztendlich jedoch nicht nur die Wahrnehmung und Qualität des Pro-

duktangebotes, sondern auch der Gesamteindruck, den der Kunde vom Unternehmen bekommt. Dieser Eindruck kann zwar durch unkontrollierbare externe Informationsquellen beeinflusst werden, das Unternehmen kann jedoch durch die Bereitstellung umfangreicher Unternehmensinformationen dazu beitragen, dass der Kunde sich selbst ein Bild von der Qualität und Vertrauenswürdigkeit des Unternehmens machen kann. Wird auf diese Weise die Seriosität und Leistungsfähigkeit des Unternehmens unterstrichen und vermittelt, so steigt die Chance, vom Kunden als möglicher Transaktionspartner in die engere Auswahl genommen zu werden. Angaben zu AGBs, Referenzen, eine Kontaktanschrift sowie Impressum und Ansprechpartner gelten als Mindestmaß für diesen Bereich. Auch ein Hinweis zum sorgfältigen Umgang mit Kundendaten gehört zum Standard. Diese Informationen müssen sofort und durch einfache Navigation auffindbar sein, um das entgegengebrachte Vertrauen des Kunden zu unterstützen.

- **Inhaltsqualität**: Ein weiterer wesentlicher Bestandteil der Informationssuche ist die Verbindlichkeit und Vollständigkeit der dargestellten Informationen. So müssen Produktinformationen und insbesondere die Preisangaben unbedingt komplett, verbindlich und damit aktuell, richtig und gültig sein. Mögliche Zusatzkosten, wie Porto, Versandkosten, Steuern etc., sollten transparent ausgewiesen werden. Besonders bei Angeboten oder Sonderaktionen ist es empfehlenswert, den Kunden über Gültigkeitsdauer und die gesonderten Bedingungen explizit zu informieren. Eine hohe Inhaltsqualität setzt also ein professionelles Datenmanagement voraus. Nutzlose Informationen führen beim Kunden möglicherweise nicht nur zu großer Unsicherheit, sondern vermitteln auch ein nicht besonders vertrauenswürdiges Bild. Der Kauf eines Produktes bei diesem Unternehmen erscheint dann eher unwahrscheinlich.

- **Internationalität**: Soll die Webpräsenz oder der E-Shop auch für Kunden im Ausland zugänglich gemacht werden, entstehen zusätzliche Anforderungen an den Suchprozess. Diese Anforderungen beziehen sich sowohl auf die Zugangswege zur Website und deren Bewerbung, als auch auf die Webseiten-Gestaltung an sich. Hierbei sind sprachliche und kulturelle Unterschiede, technische Ausstattungen und Landeswährungen zu beachten. Die Einstellung der Seiten in verschiedenen Sprachen, meistens durch das Anwählen von kleinen Landesflaggen auf der Webseite, wird durch die Nutzung eines Content Management Systems erleichtert, da gestalterische Elemente beibehalten werden können und nur die Textbausteine in verschiedenen Sprachen ausgewechselt werden.

- **Zusatzinformationen**: Die Bereitstellung von redaktionell aufbereiteten Zusatzinformationen bietet dem Kunden unter Umständen einen weiteren Zusatznutzen. Weiterführende Informationen sind besonders dann hilfreich, wenn es bspw. um den Kauf von sehr teuren Produkten geht. Zu den Zusatzinformationen zählen zum Beispiel Ankündigungen neuer Produkte/Versionen, Brancheninformationen, Testberichte, Herstellerinformationen, Events sowie Jobangebote. Wichtig ist dabei die Frage, welche Beweggründe potenzielle Websitebesucher haben und wie man diesen Besuchern entgegenkommen kann.

- **Personalisierung**: Sobald Kunden eine gewisse Regelmäßigkeit beim Besuchen der Seite aufweisen, so bietet es sich an, die Seiteninhalte zu personalisieren. Das heißt, der Kunde muss nicht jedes Mal erneut seine Daten eingeben, wird persönlich begrüßt und bekommt nur für ihn relevante Inhalte und Informationen unterbreitet. Da die besonderen Eigenschaften des Internets ganz neue Möglichkeiten der Personalisierung erlauben, ist die Intensivierung z. B. von One-to-One-Marketingaktivitäten in diesem Zusammenhang lohnenswert.

In ihrer Gesamtheit soll die Bereitstellung dieser Informationen zu einer erhöhten Kaufwahrscheinlichkeit beim Kunden führen. Der Überführung des Kunden in die nächste, die eigentliche Kaufphase, muss daher problemlos und übergangslos erfolgen, damit das Interesse des Kunden nicht durch unnötige Umwege oder umständliche Bestellung wieder verloren geht. Mit der konkreten Auswahl eines oder mehrerer Produkte aus dem Online-Angebot und dessen bzw. deren Platzierung im Online-Produktwarenkorb erfolgt der Start der Kaufphase.

4.2.2 Online-Kauf

Nach einer eingehenden Informationssuche und -bewertung zu einzelnen Online-Angeboten im Rahmen des Suchprozesses hat der Kunde nun die Qual der Wahl, sich für ein konkretes Produkt zu entscheiden. Dafür ist es zunächst notwendig, dass er die aus der Informationssuche resultierenden Produktalternativen so einschränkt, dass sie sich leicht priorisieren lassen. Manchmal fällt die Wahl sehr leicht, da der Kunde vielleicht sogar mehrere Angebote gefunden hat, aber der Preis die Wahl des Anbieters bestimmt. Unterscheiden sich die Produkte jedoch zu sehr voneinander, sodass sie nicht nur an Hand des Preises ausgewertet werden, so muss der Kunde entscheiden, welche Eigenschaften für sein Bedürfnis wichtig sind und muss die Produkte entsprechend ihres Bedürfnisbefriedigungspotenzials einordnen. Hat der Kunde eine konkrete Auswahl für eines oder mehrere Produkte getroffen, die er im **Warenkorb** hinterlegt hat, kann er durch Klicken des Bestell-Buttons den Kaufprozess starten. Hier müssen alle Rahmenbedingungen für die Durchführung der Transaktion geschaffen werden. Es werden **Lieferungs- und Zahlungsbedingungen** geklärt und die Partner halten ihre vereinbarten Konditionen der Transaktion in einem „virtuellen Vertrag" fest, der über die Zustimmung der AGBs des Unternehmens und den entsprechenden Bekundungen zum Kaufwillen durch das Drücken des Bestell-Buttons (z. B. „Bestellung absenden" oder „Kauf bestätigen") zustande kommt. Somit ist eine adäquate Rechtsgrundlage für den Online-Handel geschaffen, bei der ein Angebot durch den Online-Anbieter formuliert sowie durch den Online-Kunden angenommen wird (*Franke* 2002, S. 12; *Wamser* 2001). Folgende Aspekte sollten bei der **Vereinbarung eines Kaufes** beachtet und durch entsprechende Informationenbereitstellung unterstützt werden (*Franke* 2002, S. 94 ff.):

- **Produktverfügbarkeit**: Je nachdem, wie der Online-Anbieter aufgestellt ist, hat er die angebotene Ware nicht selbst im Lager vorrätig, sondern muss sie erst bei einem oder mehreren Lieferanten anfordern. Dadurch verlängert sich die Lieferzeit für den Kunden, insbesondere auch dann, wenn auch der Lieferant wiederum den Artikel nicht im Lager hat oder die Ware lange Transportwege zurücklegen muss. Dies gilt insbesondere für Anbieter, die nicht selbst als Händler der Ware auftreten und Versendungen vornehmen, sondern lediglich virtuell die Nachfrage „einsammeln" und gegen Provision weitergeben. Die Möglichkeit, die Verfügbarkeit des gewünschten Produktes zu prüfen und die konkrete Lieferzeit angegeben zu bekommen, hilft in der Regel, Missverständnisse zwischen den Partnern vorzubeugen. Diese Informationen sollten auch im „virtuellen Vertrag" festgehalten werden.

- **Datenschutz**: Kommt eine Transaktion zwischen Anbieter und Online-Kunde zu Stande, so werden zwangsläufig persönliche Daten des Käufers übermittelt, da diese für die Zahlungsabwicklung und Anlieferung benötigt werden. Damit diese Daten auf dem Weg zum Verkäufer nicht von Dritten eingesehen oder manipuliert werden können, muss eine verschlüsselte Datenübertragung stattfinden. Dieser Aspekt spielt bei der Vertrauensbildung eine ganz entscheidende Rolle und muss somit sehr sorgfältig behandelt werden. Der Hinweis auf die diskrete und datenschutzrechtliche Behandlung der Kundendaten und die Abfrage von Daten, die ausschließlich für die Durchführung der Transaktion benötigt werden, geben dem Kunden Vertrauen in die Seriosität des Anbieters. Der Datenschutz sollte jedoch nicht nur durch Zusicherung Vertrauen schaffen, sondern auch durch tatsächliche – auch für den Kunden sichtbare – Maßnahmen.

- **Konfigurationshilfen**: Auch wenn die Mehrzahl der im Internet angebotenen Produkte, mit relativ wenigen Parametern (Größe, Farbe, Preis etc.) selektiert werden kann, so gibt es auch Produkte, die trotz ihrer Komplexität im Internet angeboten werden. Oftmals handelt es sich dabei um B2B-Plattformen oder E-Procurement-Systeme, über die ganz spezifische Produkte (oder Produktteile) geordert werden können. Um die Auswahl für den Kunden in diesen Fällen zu erleichtern, biete sich die Bereitstellung von Konfigurationshilfen an. Somit wird dem Kunden die Auswahl eines nach seinen Vorstellungen konfigurierbares Produkt erleichtert. Er kann durch Online-Hilfen bestimmte Variationen, Typen oder Produktmerkmale selber bestimmen und somit in der Regel auch den endgültigen Preis beeinflussen.

- **Zahlungsangaben**: Der Zahlungsvorgang muss für den Kunden einfach, transparent und unter den Bedingungen einer höchst möglichen Sicherheit erfolgen, damit Daten vor Manipulation und Betrug geschützt sind. Eine ausführliche Anleitung zur Benutzung der jeweiligen Zahlungsarten hilft dem Kunden, den Zahlungsvorgang besser zu verstehen und die Seriosität des Anbieters einzuschätzen. Je eindeutiger die Eingabeaufforderungen und konkreter die Hilfestellungen sind, desto mehr kann man davon ausgehen, dass auch unerfahrene Kunden bereit sind, die benötigten Zahlungsangaben zu machen. Wissen sie jedoch nicht, was bei Kreditkartenzahlungen mit *Kartenprüfnummer* oder CVV- oder CvC-Coder gemeint ist, kann dies zu Verwirrung führen. Da diese Nummer nur 3-stellig ist, kann auch schon ein sehr großes Eingabefeld irritieren, da der Kunde eventuell denkt, doch eine falsche Nummer einzugeben.

Vor dem Hintergrund dieser generellen Aspekte zeigt Abbildung 45 nun den detaillierten Prozessablauf der Such- und Kauf-Phase. Nach dem gegebenenfalls schon vor der Produktsuche stattfindenden Login besucht der potenzielle Kunde zunächst verschiedene Katalogseiten, damit er die für ihn passenden Produktangebote findet. Je genauere Vorstellungen der Kunde von seinem Bedürfnis und je

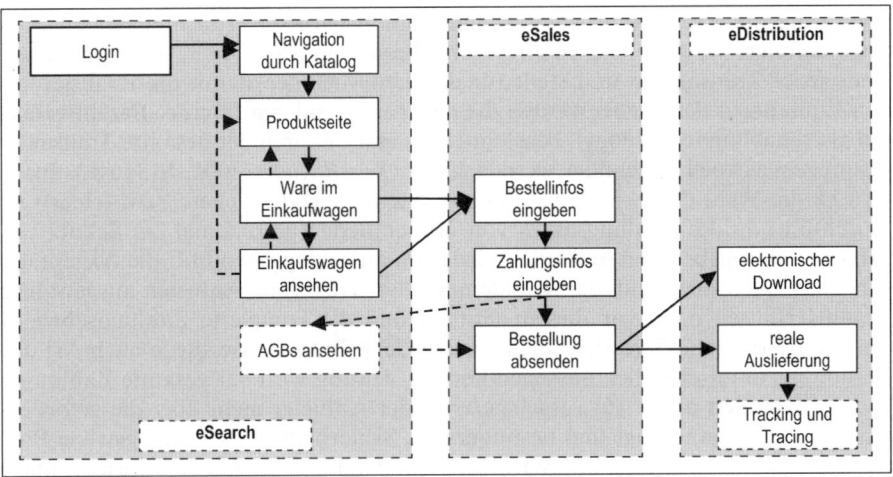

Abb. 45: Der Such- und Kauf-Prozess bei einem E-Shop
Quelle: in Anlehnung an *Merz* 2002, S. 410.

mehr Erfahrung er im Umgang mit dem E-Shop hat, desto schneller ist er in der Lage, das gesuchte Produkt zu finden. Nachdem das gesuchte Produkt begutachtet wurde, legt der Kunde die Ware in den virtuellen Einkaufswagen (Online-Warenkorb) und geht zur Online-Kasse. Sucht der Kunde mehrere Produkte, kann er aber auch wieder auf diverse Produktseiten zurückgehen und weitere Produkte in den Einkaufswagen legen. Der eSales-Prozess startet mit der Absicht, den Kauf nun zu tätigen. Dazu muss der Online-Kunde als nächstes die genauen Bestellinformationen (Lieferadresse, Rabattcoupons, Menge etc.) und dann seine Zahlungsinformationen (Kartennummer, Bank, Zahlungsart etc.) bekannt geben. Bei Unternehmen, die dem Käufer unbekannt sind, lohnt sich ein Blick auf die Allgemeinen Geschäftsbedingungen (AGBs), um sich mit den Vertragsbedingungen vertraut zu machen. Ist die Bestellung abgeschickt, so kommt ein „virtueller Vertrag" zwischen Anbieter und Käufer zustande. Bei digitalen Produkten steht dann meist der direkte Download zur Verfügung, bei physischen Produkten erfolgt die Auslieferung auf traditionellem Wege über einen Logistikpartner. Diese Unterscheidung spiegelt sich auch in der allgemeinen Verwendung der Begriffe „**Online-Bestellung**" und „**Online-Kauf**" wider. Die reine Online-Bestellung bezieht sich lediglich auf den reinen Bestellvorgang, der über das Internet stattfindet. Die Auslieferung erfolgt hierbei jedoch physisch. Spricht man von einem Online-Kauf, so ist nicht nur die Bestellung an sich, sondern auch die Auslieferung über das Internet gemeint (*Hanson* 2000, S. 358).

4.2.3 Online-Bezahlung

Ist die Bestellung bzw. der Kauf vom Kunden getätigt worden, so folgt im Anschluss daran die Bezahlung der Ware(n). Die Bezahlung gehört zwar immer noch zur Kauf-Phase, kann aber als eigenständiger Prozess (auch ePayment-Prozess) definiert werden. Die elektronische Bezahlung der Online-Ware steht am Ende jeder Transaktion und stellt für das Unternehmen damit die Realisierung von Einnahmen dar. Dabei werden die dafür notwendigen **Internet-Bezahlverfahren** als „enabling technology" bezeichnet, da erst dadurch der gesamte Transaktionsprozess virtuell abgebildet werden kann (*Korell/Kiefer* 2001, S. 246 ff.). Insofern ist die Wahl des richtigen Zahlungssystems und die sichere bzw. fehlerfreie Durchführung des Zahlungsaktes von großer Bedeutung, zumal ein Schutz vor Missbrauch gegeben sein muss, der wiederum ausschlaggebend für die Akzeptanz (und das Vertrauen) auf der Kundenseite ist. Das vom Anbieter ausgewählte Bezahlverfahren muss vor diesem Hintergrund die komplette Zahlungsabwicklung gewährleisten. Darunter fallen verschiedene Teilprozesse, die je nach Art des Verfahrens unterschiedlich aussehen können. Häufig wird der gesamte Zahlungsprozess komplett an Dritte ausgelagert, da der Anbieter nicht über die geforderten Kompetenzen verfügt und besonders die Sicherheitsaspekte eine gewisse Professionalität im Umgang mit sensiblen Kundendaten (Zahlungsinformationen) erfordern. In der Regel muss jedes Zahlungsverfahren folgende Teilprozesse unterstützen, damit der **Bezahlungsprozess** ordnungsgemäß ablaufen kann (*Merz* 2002, S. 451 ff.):

- **Adressvalidierung:** Die Adressvalidierung wird durchgeführt, um sicherzustellen, dass die angebenden Daten der Kunden wahrheitsgetreu sind. Die Überprüfung der angegebenen Adresse auf ihre Richtigkeit kann dabei relativ leicht stattfinden. Die eigentliche Adressvalidierung im engeren Sinne prüft die Adressangaben lediglich auf ihre Plausibilität, also ob z. B. Straße X in Ort Y überhaupt existiert. Hinzu kommt dann eine Adressverifizierung, welche die Existenz der Hausnummer überprüft. Findet jedoch eine vollständige Adressprüfung statt, so wird überprüft, ob die angegebene Person postalisch unter der angebenden Adresse erfasst ist. Werden Unkorrektheiten festgestellt, muss der Kaufvorgang abgebrochen werden. Auch wenn die Adressvalidierung besonders für den Zahlungsverkehr wichtig ist (Betrugsprävention), so lohnt sich die Adressvalidierung z. B. auch zur Vermeidung von Paket-Retouren, die dem Anbieter unter Umständen hohe Kosten verursachen können. Schon einfache Vertipper können durch den Einsatz spezifischer Software aufgedeckt und z. B. durch Eingabevorschläge korrigiert werden.
- **Scoring**: Grundlage des Scoring sind personenbezogen Daten, die in der Vergangenheit gesammelt wurden, um diese für Prognosen heranzuziehen. Im Zusammenhang mit E-Commerce wird das Scoring zur Prognose des Zahlungsverhaltens der Kunden eingesetzt, um damit eine Risikobewertung vornehmen zu können. Grundgedanke des Scoring ist die Erwägung, dass bei Vorliegen bestimmter vergleichbarer Merkmale anderen Personen ein ähnliches Verhalten vorausgesagt werden kann. Das Scoring wird jedoch nicht als Entscheidungsgrundlage (über Ablehnung oder Annahme der Zahlung) sondern eher als Entscheidungshilfe herangezogen. Somit ist das Scoring eine Vereinfachung der Kreditwürdigkeitsprüfung und stellt damit eine Vorstufe der Bonitätsprüfung dar (*Kamp/Weichert* 2005).
- **Bonitätsprüfung**: Bei der Bonitätsprüfung geht es um die „Bonität" des Kunden, also die Zahlungsfähigkeit und -willigkeit. Gemeint ist damit die

Bereitschaft und Fähigkeit, einen Kredit zurückzuzahlen oder ausstehende vertragliche Forderungen zu begleichen. Bekanntestes Beispiel ist hierfür die Schutzgemeinschaft zur Sicherung des Kreditwesens (Schufa), die aufgrund jahrelang aufgebauter Datenbanken ein Auskunftssystem für die kreditgebende Wirtschaft zur Prüfung der Kreditwürdigkeit vor Abschluss von Geschäften bereitstellt. Die Daten des Käufers werden dann mit den Bonitätsinformationen aus Schuldnerverzeichnissen der Amtsgerichte und Inkassoverfahren abgeglichen. Da dieser Prozess prinzipiell sehr aufwendig ist, macht es keinen Sinn, diesen Vorgang bei jedem Käufer immer wieder durchzuführen. Die Auslagerung an Dritte wird gerade unter Berücksichtigung der vereinfachten Informationsverarbeitung im Internet problemlos ermöglicht. Abgefragt werden z. B. der derzeitige Schuldenstand, Dauer der Kontoverbindung, Zahl der beantragten Kredite usw.

- **Zahlungsabwicklung**: Bei der Zahlungsabwicklung kommen nun die unterschiedlichen Zahlungsverfahren (z. B. Kreditkarte) zum Einsatz, welche die eigentliche Zahlung abwickeln. Die im Internet gebräuchlichen Zahlungsverfahren werden generell entweder an Hand des Zahlungszeitpunktes oder des Zahlungsbetrages unterschieden (*Arounopoulos/Ketterer/Stroborn* 2002, S. 33). Kategorisiert man die Verfahren nach dem Zeitpunkt der Zahlung, so spricht man von pre paid (Vorausbezahlung), pay now (Zahlung direkt bei Transaktion) oder pay later (kontenbasierte Bezahlung nach der Transaktion). Unterscheidet man jedoch nach Höhe des Betrages, so gibt es Milli-Payments (< 0,30 €), Mikro-Payment (0,31 € bis 20,00 €), Mini-Payments (20,01 € bis 200,00 €), sowie Makro-Payments (>200,01 €). Dieser Einteilung ist jedoch nicht genau festgelegt und wird je nach Anbieter möglicherweise anders definiert.
- **Forderungs- und Debitorenmanagement**: Nach Festlegung der Zahlungsabwicklung, müssen im Anschluss daran die Zahlungseingänge überwacht und kontrolliert werden. In vielen Fällen wird die Ware sowieso erst nach Erhalt der Zahlung ausgeliefert, um so das Ausfallrisiko der Zahlung für den Anbieter zu minimieren. Ist die Ware jedoch schon geliefert oder gibt es rückwirkend Probleme mit der Abwicklung (z. B. falscher Betrag, Gutschrift nicht eingerechnet etc.) sollte der Anbieter ein funktionierendes Forderungs- und Debitorenmanagement haben. Ausstehende Forderungen können dann sofort an das Mahnwesen weitergeleitet werden oder Zahlungseingänge an die Buchhaltung weitergegeben werden. Üblicherweise werden innerhalb des Debitorenmanagements schon im Vorfeld klare Regeln vereinbart, die dazu dienen, z. B. automatisch Erinnerungen oder Mahnungen zu verschicken.

Neben den bekannten Offline-Zahlungsverfahren, wie z. B. die Überweisung oder Nachnahme, stehen in der Net Economy zahlreiche Möglichkeiten zur Verfügung, auch **Online-Zahlungsprozesse** abzuwickeln. Dabei lassen sich zwei zentrale Methoden unterscheiden. Entweder es werden herkömmliche Bankinformationen (Kontonummer, Bankleitzahl oder Kreditkartennummer) verschlüsselt übertragen (kreditkarten-, kontobasierend) bzw. über Dritte die Authentizität der Zahlungsgeber und Zahlungsempfänger gewährleistet (Trust Center-basierend) oder die finanzielle Transaktion wird über elektronisches Geld abgewickelt (Bargeldäquivalent/eCash).

Bargeldähnliche E-Payment-Systeme basieren auf den Mechanismen der krypto-graphischen Algorithmen zur Verschlüsselung elektronischer Signaturen. Der Kunde eröffnet bei einer Emissionsbank von digitalen Münzen ein Konto und generiert mittels einer Software digitale Münzen. Damit diese einerseits nicht reproduzierbar sind und andererseits nicht verwechselt werden können, aber dennoch anonym bleiben, werden die Münzen wieder an die Emissionsbank gesandt, welche diese mit einer jeweils einzigartigen elektronischen Signatur versieht und zurück an den Kunden schickt, der sie auf seiner Festplatte ablegt. Der Gegenwert der elektronischen Münzen wird vom Konto des Kunden abgezogen. Nun hat der Nutzer dieses Geldes die Möglichkeit beim Einkauf auf einer Internetplattform mit diesem virtuellen Geld zu bezahlen (*Läßig* 2001, S. 192 ff.). Der Empfänger der Zahlung lässt die Gültigkeit bei der Emissionsbank überprüfen und bekommt dann den monetären Wert auf sein Konto gutgeschrieben. Da die elektronischen Münzen nach Gebrauch von der Bank gelöscht werden, sind sie nur einmal verwendbar. Die Zahlungsbeträge sind genau zu begleichen, da Wechselgeld von den Händlern nicht erzeugt werden kann. Diese Form der Bezahlung verfügt beinahe über alle Eigenschaften des realen Bargeldes. Die Anonymität der Kunden ist gewährleistet und es besteht eine hohe Transaktionssicherheit. Falls eine kopierte Münze verwendet wird, kann durch die digitale Signatur festgestellt werden, von wem sie stammt. Es ist nun aber festzustellen, dass sich dieses vermeintlich innovative Modell in der Net Economy (noch) nicht etabliert hat. Zahlungssysteme unterliegen derzeit einer hohen Dynamik, wodurch auch die Festlegung auf nur ein Zahlungssystem schwierig und unter Umständen auch nicht erstrebenswert erscheint.

Zahlreiche Entwicklungen bauen auf dem System der **Kreditkartenzahlung** auf und schaffen somit Rahmenbedingungen für deren Einsatz im Internet. Grund ist der relativ hohe Verbreitungsgrad dieser Zahlungsmethode in der realen Welt. Im Vordergrund stehen dabei die sichere Übertragung der Kreditkarteninformationen und die Authentizität dieser Daten, also die Sicherheit, dass der Nutzer der Kreditkarte auch der Inhaber des Kontos ist:

• **Kreditkartenzahlung mit SSL**: Die einfachste und auch derzeit am häufigsten verwendete Variante ist die Verschlüsselung der Informationen mit dem Secure Socket Layer (SSL) Protokoll, das durch Verschlüsselungsalgorithmen und digitale Zertifikate Datenschutz, Integrität und Authentizität der Kommunikationspartner sicherstellt. Es ist in allen am Markt verbreiteten Browsern implementiert. Über ein Abfrageformular werden die Kreditkarteninformationen des Kunden erfasst und in verschlüsselter Form an den Rechnungssteller übermittelt. Im Gegensatz zur herkömmlichen Vorgehensweise fehlt jedoch ein vom Kunden unterschriebener Beleg als Beweis für die Rechtmäßigkeit der Zahlungsforderung gegenüber dem Kreditkartenunternehmen. Darin liegt auch die Schwäche dieses Verfahrens. Der Händler hat keine Garantie, dass der Benutzer auch wirklich der Inhaber der Kreditkarte ist. Der Kunde seinerseits muss auf die Abbuchung des korrekten Betrags vertrauen, denn auch er erhält keinen Beleg. Im Betrugsfall hat der Händler das Nachsehen, denn der rechtmäßige Kreditkarteninhaber kann aufgrund der Kreditkartenbedingungen für den Einsatz über Telefon und Internet illegal erwirkte Zahlungen zurückfordern.

- **Kreditkartenzahlung mit SET**: Der Zahlungsstandard Secure Electronic Transaction (SET) ist von einem Konsortium bestehend aus *Visa, Mastercard, Microsoft, Netscape, IBM* und weiteren IT-Firmen entwickelt worden. Wie bei SSL geht es um die sichere Übertragung der Zahlungsinformationen über das Internet. Darüber hinaus garantiert SET nicht nur die Authentizität der beteiligten Transaktionspartner, sondern auch die Bezahlung und die Auslieferung der bestellten Produkte. Dies wird durch eine Zertifizierungsstruktur erreicht, bei der die Kreditkartenbetreiber als Trust Centers auftreten. Die Problematik der fehlenden Rückgriffsmöglichkeit direkt auf den Kunden ist dadurch gelöst. Vorteil dieses Standards ist die globale Verbreitung durch die im Konsortium beteiligten Kreditkartenunternehmen. Nachteilig für die bisherige Verbreitung wirken sich die hohen Kosten für Bereitstellung und Betrieb aus.

Die Vielzahl der unterschiedlichen Lösungen unterstreicht die Dynamik des Internets als Vertriebskanal und begründet den bisher fehlenden vereinheitlichenden Standard (*Teichmann/Nonnenmacher/Henkel* 2001, S. 137 ff.). Für die weitere Entwicklung des elektronischen Geschäftsverkehrs stellt dies jedoch kein Hindernis dar und es ist anzunehmen, dass im Zuge der stets kürzer werdenden Innovationszyklen eine den Anforderungen angemessene Technologie entwickelt werden wird. Dabei werden die Netzeffekte eine wichtige Rolle spielen. Auch wenn neue Lösungen den schon bestehenden Zahlungsverfahren technisch überlegen sind, können sie sich erst dann durchsetzen, wenn sie von beiden Marktpartnern akzeptiert werden. Damit Kunden ein neues Zahlungsverfahren im Internet verwenden, muss es von den Händlern in ausreichender Zahl angeboten werden. Umgekehrt wird die Anbieterseite erst dann auf ein Verfahren aufsetzen, wenn es bei den Kunden weit genug verbreitet ist (*Henkel* 2001, S. 120). Ein solches, neueres Verfahren stellt bspw. *paypal.de* dar. Mit diesem System kann Geld über das Internet gesendet und empfangen werden. Sobald ein PayPal-Konto eröffnet wurde, kann das Geld an beliebige Empfänger mit einer E-Mail-Adresse gesendet werden, wobei die Beträge entweder von dem Guthaben auf dem PayPal-Konto oder mit einer anderen Zahlungsmethode, wie zum Beispiel einer Kreditkarte, überwiesen werden kann. Die Empfänger werden per E-Mail benachrichtigt, dass sie eine Zahlung von dem Sender erhalten haben.

4.2.4 Online-Auftragsbearbeitung

Nachdem der eigentliche Kaufprozess abgeschlossen wurde, werden im Rahmen der Auftragsbearbeitung weitere Aufgaben angestoßen, die zur Erfüllung der Vertragsbedingungen notwendig sind. Spricht man von Auftragsbearbeitung oder -erfüllung, so versteht man darunter „die Gesamtheit aller Prozesse und Funktionen, die durchgeführt werden müssen, um die Kundenbestellung schnell, komplett und mit vollständigen Begleitinformationen zum Kunden zu liefern, und sie dort bei Bedarf auch wieder abzuholen" (*Merz* 2002, S. 445). Durch die Erbringung der vereinbarten Leistungen beider Transaktionspartner ist der im Kaufprozess abgeschlossene „virtuelle Vertrag" erfüllt (*Wamser* 2001, S. 41). Die erbrachte Leistung ist zum einen der Transport der Ware vom Anbieter zum Kunden und zum anderen die Bezahlung des Betrages vom Kunden an den Anbieter. Auf **warenlogistischer Ebene** (Produktauslieferung) muss zwischen digitalen und physischen Produkten unterschieden werden (*Wamser* 2001, S. 41). Sobald das Gut beim Käufer angelangt ist, kann dieser die Einhaltung der Vereinbarung überprüfen und das Gut entgegennehmen (*Franke* 2002, S. 13). Die **finanzlogistische Ebene** (Produktbezahlung) erfolgt über verschiedene Zahlungssysteme, die eine netzbasierte Transaktion erlauben oder zumindest unterstützen. Zu diesen beiden Hauptaufgaben zählen jedoch noch weitere Aufgaben, die im Sinne der Auftragsbearbeitung erbracht werden müssen. Dazu gehört beim Verkauf physischer Güter z. B. das Lagermanagement mitsamt der Vertriebslogistik und dem Retourenmanagement (s. Abb. 46). Diese Aufgaben fallen bei einem Verkauf digitaler Produkte weg, da sie problemlos über das Internet abgewickelt und mit wenig Aufwand organisiert werden können. Lediglich der Kundenservice, der den gesamten Prozess der Auftragsbearbeitung begleitet, sollte sowohl für digitale aus auch physische Produkte gleichermaßen unterstützend wirken.

Das **Lagermanagement** beinhaltet weit mehr als nur das Aufbewahren von Produkten. Besonders die Kommissionierung stellt einen zentralen Aspekt des Lagermanagements dar. Unter **Kommissionierung** versteht man die Zusammenstellung von Produkten aus dem im Lager aufbewahrten Produktsortiment nach den Vorgaben der Kundenaufträge (*Gudehus* 2012, S. 24). Es ist dabei immer wieder zu beobachten, dass oftmals mehrere Produkte im Warenkorb des Kunden zu finden sind und entsprechend als „gemeinschaftliches Paket" geliefert werden. *Amazon.de* bietet seinen Kunden in diesem Zusammenhang sogar an, auszuwählen,

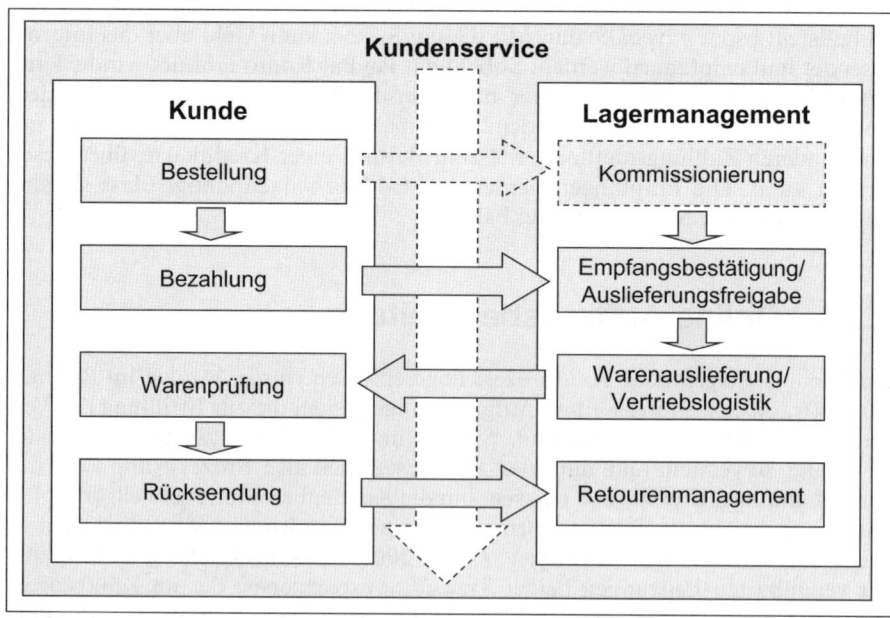

Abb. 46: Die Aufgaben der Auftragserfüllung

ob die Produkte je nach Verfügbarkeit getrennt oder zusammen geliefert werden sollen. Der Hauptprozess im Lagermanagement beginnt dabei mit dem Einkauf und der Einlagerung der Ware, die durch einen speziellen Barcode im Lagerverwaltungssystem (LVS) erfasst wird und dann an den entsprechenden Lagerplatz gelagert wird. Mit Hilfe des Barcodes und den dazugehörigen Datenerfassungsgeräten kann eine eindeutige Zuordnung eines jeden Produktes erfolgen, die dadurch die Kommissionierung zu einem Gesamtpaket erleichtert. Die zusammengestellte Ware wird dann zum Versand bereitgestellt und nach Erhalt der Auslieferungsfreigabe (Empfangsbestätigung des Zahlungseingangs) verschickt. Die Zusammenstellung einer Bestellung, die mehrere Produkte umfasst, kann somit schon virtuell im Lagerverwaltungssystem erfolgen, um auf diese Weise Versandkosten zu reduzieren und den Versand zu beschleunigen. Ob jedoch ein umfassendes Lagerverwaltungssystem notwendig ist, hängt von dem Umfang des angebotenen Produktsortiments und der Komplexität möglicher Produktzusammenstellungen und Kombinationen ab. Daher sollte über den Einsatz eines solches Systems individuell je nach Bedarf des Unternehmens entschieden werden. Zwar erleichtert ein elektronisch gesteuertes Lagermanagement den Gesamtaufwand im Vertriebsprozess, die Kosten die zur Erstellung des Systems notwendig sind, übersteigen jedoch häufig die zur Verfügung stehenden Budgets. Zu den Aufgaben des Lagermanagements gehört im Anschluss an die Zusammenstellung der Ware auch die Warenauslieferung (Vertriebslogistik und das Retourenmanagement).

Die eigentliche Auslieferung der Ware wird in der Regel auch als **Vertriebslogistik** oder eDistribution genannt. Da die Nutzung des Internets für den Einkauf und Verkauf von Waren auch als Distanzhandel bezeichnet wird, sind Anbieter und Nachfrage in den meisten Fällen räumlich voneinander getrennt. Die Distanz zwischen Anbieter und Käufer muss beim Vertrieb physischer Produkte zweifelsohne überwunden werden. Die Organisation der Transportwege ist daher eine unerlässliche Aufgabe der Auftragsbearbeitung. Viele Anbieter im Internet haben nicht die entsprechende Größe, damit es sich für sie lohnen würde, einen eigenen Paketservice anzubieten. Daher greifen viele Unternehmen auf sog. Paketdienstleister zurück, die den Transport der Ware wesentlich effizienter gestalten können. Gerade im Internethandel kommt es häufig vor, dass die Ware nicht immer den Vorstellungen der Kunden entspricht, da eine a priori Bewertung der Produkte nicht uneingeschränkt möglich ist. In diesem Falle, wird die Ware entsprechend postwendend vom Kunden zurückgesandt. Um diesen Vorgang für den Kunden zu erleichtern, sollte der Lieferung schon passende Unterlagen (z. B. Etiketten oder Retourenschein) beigefügt werden. Unterschiede hinsichtlich der Vertriebslogistik bestehen jedoch gerade zwischen physischen und digitalen Produkten. Daher wird auf die Warenauslieferung nochmals im nächsten Kapitel eingegangen.

Entspricht die Ware nicht den Erwartungen des Kunden (falsche Ware, Mängel, Beschädigung etc.), hat der Kunde die Möglichkeit, die Ware zurückzugeben oder umzutauschen. In beiden Fällen muss die Ware jedoch per Post wieder zurück an den Anbieter geschickt werden. Ob der Kunde dabei auf dem Porto sitzen bleibt, hängt von den vereinbarten Vertragsbedingungen ab. Daher lohnt es sich für den

Kunden in jedem Fall, vor der Bestellauslösung einen Blick auf die Rückgabebe-
dingungen zu werfen. Zusätzlich reduziert die problemlose Rückgabe die durch
den Distanzhandel bedingte Unsicherheit, da Kunden die Produkte vor dem Kauf
nicht physisch ausprobieren und beurteilen können und somit ein erhöhtes Risiko
beim Kauf eingehen. Nach Erhalt der Warenrücksendung wird die Ware von
Anbietern ausgepackt und auf Mängel oder Beschädigungen kontrolliert. Der
Zustand der Ware wird dann für Abrechnungs- oder Versicherungszwecke dokumentiert. Das **Retourenmanagement** sollte eng an den Kundenservice gekoppelt
sein, damit hier die Warenrückgabe und der Austausch mangelhafter Ware rei-
bungslos und schnell funktioniert und die Mitarbeiter des Anbieters bei Anfragen
genau kommunizieren können, wo sich der Retourartikel befindet bzw. wie der
Käufer entschädigt werden kann. Ganz besonders ist hier zu berücksichtigen,
dass viele Aufgaben und Aktivitäten des Kundenservice schon die Schnittstelle
zur Nachkaufphase (After-eSales) darstellen.

Der **Kundenservice** begleitet sämtliche Abläufe, die durch eine Transaktion entstehen und bietet dem Kunden Hilfestellung in allen Bereichen an. Dabei sollte der
Service nicht nur passiv auf Anfragen reagieren, sondern auch aktiv dazu auffor-
dern, Reklamationen, Beschwerden und Anfragen an das Unternehmen zu kommunizieren. Das heißt konkret, dass der Kundenservice nicht nur dazu da ist, die
Unzufriedenheit des Kunden zu beheben, sondern diese durch umfangreichen
Support und Betreuung gar nicht erst entstehen zu lassen. Somit sind die folgenden **Aspekte des Kundenservices** näher zu betrachten (*Franke* 2002, S. 98):

• **Service und Support**: Die Auftragsabwicklung ist nicht immer mit der Auslieferung des Produktes beendet, sondern beinhaltet auch noch die Nachbetreuung
  der Kunden. Die Kundenbetreuung kann etwa per E-Mail, Chat oder Telefon
  Fragen der Kunden zum gekauften Produkt, zu Garantieleistung oder Reklamationen beantworten. Wichtig hierbei ist, dass den Kunden verschiedene und
  leicht zugängliche Kanäle zur Kommunikation bereitgestellt werden. Je einfacher der Kontakt zum Anbieter, desto eher lassen sich die potenziellen Kunden
  auf eine Beratung ein oder formulieren ihre Fragen und Probleme an das
  Unternehmen. Reagiert der Kundenservice umgehend, so fühlen die Kunden
  sich in der Regel sehr gut betreut. Verschwinden Anfragen jedoch im Wust der
  täglichen Arbeit, so fühlen die Kunden sich nicht geschätzt und wechseln den
  Anbieter. Voraussetzung für einen funktionierenden Kundenservice ist daher
  die Schaffung einfacher und gut organisierter Kommunikationswege, die nicht
  nur nach außen hin gut funktionieren müssen, sondern auch innerhalb des
  Unternehmens. Ein strukturierter und professioneller Kundenservice verlangt
  zudem den Einsatz von geschultem und gut ausgebildetem Personal, das sich
  mit den Produkten und ihren Funktionalitäten bestens auskennt.
• **Beschwerdemanagement**: Nicht nur der problemlose Umtausch (Retourenmanagement), sondern auch ein professionelles Beschwerdemanagement gehört
  zu einer guten Auftragsabwicklung. Beschwerden sollten natürlich so gering
  wie möglich gehalten werden, aber sie sind selbst bei den besten Unternehmen
  nicht gänzlich auszuschließen. Der Anbieter sollte jede Beschwerde ernst nehmen und alles daran setzen, die Erwartungen des Kunden (sowohl im Umgang
  mit der Beschwerde, als auch bezüglich der Konsequenzen) zu übertreffen und

ihn damit nach dem hoffentlich nur vorübergehenden Vertrauensverlust wieder positiv zu stimmen. Somit zählt das Beschwerdemanagement zu einem wichtigen Baustein der Kundenzufriedenheit und sollte deswegen als Chance zur Verbesserung der Unternehmensleistung angesehen werden. Oftmals werden Beschwerden im Zusammenhang mit einer Warenrückgabe oder einem Umtausch artikuliert und sollten deshalb umgehend von den Mitarbeitern des Retourenmanagements an den Kundenservice weitergeleitet werden. Zu der Vermeidung von Beschwerden gehört auch die explizite Kommunikation von Vertragsbedienungen und eindeutigen Beschreibungen der Produkte. Je präziser der Kunde über das Angebot und den Vertragsleistungen informiert wird, desto weniger Raum bleibt, durch falsche Erwartungen enttäuscht zu werden.

Neben diesen beiden Hauptaspekten, kann der Anbieter über den Kundenservice aber auch **Zusatzangebote** zu dem gekauften Produkt machen, Informationen zu Produkten ähnlicher Art oder in neuer Version geben oder produktunabhängige Kundenbindungsmaßnahmen durchführen, die den Anbieter für zukünftige Transaktionen empfehlen sollen (*Franke* 2002, S. 13). Die Zahlungsabwicklung erfolgt zwar in der Regel als separater Prozess, der unabhängig vom Versand der Ware stattfindet, allerdings legen viele Anbieter in ihren AGBs fest, dass die Ware erst verschickt wird, wenn die Zahlung des Kunden eingegangen ist. Die Anbindung an das Retourenmanagement ist in diesem Zusammenhang sehr wichtig, da zurückgegangene oder mangelhafte Ware meistens mit einer Zahlungsrückabwicklung der Kunden einhergeht.

4.2.5 Online-Produktauslieferung

Unter der eigentlichen Produktauslieferung (auch **eDistribution** genannt) versteht man generell alle notwendigen Maßnahmen für die Übermittlung einer Leistung vom Verkäufer zum Käufer. Wie schon beschrieben, muss dabei zwischen dem Transport realer Güter der Distribution digitaler Güter unterschieden werden. Der Vertrieb digitaler Produkte wurde überhaupt erst durch die Entstehung des Internets möglich und unterliegt daher ganz anderen Rahmenbedingungen als der traditionelle Produktvertrieb. Durch die Möglichkeit, nun auch den physischen Vertriebsprozess durch den Einsatz elektronischen Mittel zu unterstützen, verändert sich die gesamte Produktauslieferung. Sämtliche Informationen und Aufgaben können über das Internet transportiert und ausgeführt werden, ohne dabei die Barrieren des traditionellen Vertriebes überwinden zu müssen. Daher muss man zwischen zwei Arten der eDistribution unterscheiden. Unter der elektronisch basierten Produktauslieferung im weiteren Sinne wird der physische Transport einer Ware verstanden, der jedoch durch den Informationsaustausch und die Bestellung per Internet geprägt ist. Im engeren Sinne kann die eDistribution so verstanden werden, dass auch die Übermittlung der Leistung (also der Ware) auf elektronischem Wege erfolgt (*Wirtz* 2001, S. 384). Diese **elektronische Übermittlung** hängt jedoch stark von dem Grad der Digitalisierung und der Standardisierung eines Produktes ab. Digitale und/oder standardisierte Produkte lassen sich problemlos über elektronische Wege zum Kunden transportieren, sofern die

Datengröße eine akzeptable Übertragung erlaubt. Bei physischen Produkten läuft die Übermittlung durch postalische, physische Zustellung zum Kunden. Diese Güter werden deswegen auch Zustellgüter genannt (*Bennemann* 2004, S. 527). In beiden Fällen sind jedoch zwei Aspekte für eine reibungslose **Transaktionsabwicklung** und für die Vertrauensbildung der Kunden entscheidend (*Franke* 2002, S. 97; *Wamser* 2001, S. 38 ff.):

- **Liefergeschwindigkeit**: Die Abwicklungsgeschwindigkeit beschreibt die Zeitspanne, die zwischen einer Online ausgelösten Bestellung und dem Erhalt der Ware liegt. Je kürzer die Zeitspanne, desto zufriedener ist der Kunde. Deshalb sollten eventuell auftretende Lieferengpässe sofort mit dem Kunden abgesprochen werden, um zu lange Wartezeiten zu vermeiden. Eine transparente Auftragsverfolgung (Tracking) und die Einhaltung der vereinbarten Konditionen sind für die Vertrauensbildung von Seiten des Kunden förderlich. Kann er jederzeit nachvollziehen, wo sich sein Paket befindet, ist er beruhigt und weiß, wann er ungefähr damit rechnen kann. Immer häufiger geben Anbieter auf ihren Produktseiten an, wann die Ware lieferbar ist. Diese Angaben sollten jedoch nur dann gemacht werden, wenn sie tatsächlich eingehalten werden können und wenn sie aktuell sind. Treffen die gemachten Angaben nämlich nicht zu und verzögert sich die Lieferung, so zweifelt der Kunde an der Zuverlässigkeit der Informationen und ist dadurch eventuell insgesamt verunsichert. Schlimmstenfalls wechselt er danach den Anbieter. Ein weiterer Aspekt der Abwicklungsgeschwindigkeit kommt zum Tragen, wenn man die Tatsache berücksichtigt, dass es sich im Internet um einen Distanzhandel handelt, der die sofortige Mitnahme bzw. Überprüfung der Produktqualität nicht erlaubt. Diesem Nachteil des Online-Vertriebs sollte der Anbieter daher durch schnelle Lieferzeiten entgegenwirken. Sollte nämlich die Ware fehlerhaft oder falsch sein, so könnte es nämlich durch Rücksendung und Umtausch mehrerer Tage oder Wochen dauern, bis der Kunde das gewünschte Produkt in den Händen hält und daher lieber ganz auf den Online-Kauf verzichtet.
- **Logistik und Tracking**: Das Tracking der Pakete steht in engem Zusammenhang mit der Abwicklungsgeschwindigkeit der Lieferung. Können Kunden z. B. nachvollziehen, wo sich ihr Paket befindet, so sind sie in der Regel wesentlich weniger empfindlich bei längeren Lieferzeiten. Hauptsache ist, sie wissen, dass das Paket unterwegs ist und die Unterbrechung der Lieferung nicht am Anbieter liegt. Soll die Ware über einen längeren Weg z. B. ins Ausland verschickt werden oder dauert der Lieferprozess generell mehrere Tage, so bieten größere Anbieter das Tracking über eine Identitätsnummer an. Damit lässt sich jederzeit nachverfolgen, wo sich das Paket derzeit befindet bzw. welcher Schritt für die Versendung aktuell bearbeitet wird. In manchen Fällen ist es ratsam, z. B. Über-Nacht-Lieferungen oder kostenlose Lieferung ab einer gewissen Summe anzubieten. Da Über-Nacht-Lieferungen teurer als normale Paketzustellungen sind, muss der Kunde selber bestimmen können, wie die Lieferung vom Verkäufer ausgeführt werden soll. So lassen sich unerwartet hohe Versandgebühren vermeiden. Bei dem Versand digitaler Produkte, muss der Anbieter den Download-Link oder die Datei nach Eingang der Bezahlung umgehend zugänglich machen. Ein Download mit hoher Geschwindigkeit und

ohne Installation einer zusätzlichen Software beschleunigt die Abwicklung und ermöglicht eine barrierefrei, elektronische Produktauslieferung.

Vor diesem Hintergrund wird die physische Zustellung oftmals in der Literatur als reines logistisches Problem der realen Handelsebene dargestellt, wobei die Relevanz für ein E-Business-Unternehmen vernachlässigt wird. Dagegen sprechen insbesondere drei Gründe (*Bennemann* 2004, S. 528 ff.): Erstens wird die endgültige Kaufentscheidung im Internet nicht durch die Bestellung an sich bewirkt, sondern erst durch die **Beurteilung des Gutes nach der Zustellung** und damit erst durch die Nichtnutzung des Rückgaberechts. Eine langwierige, problematische Zustellung einer Online-Bestellung kann sich also im Vergleich zum realen Handel ohne Zustellprobleme negativ auf die Kaufentscheidung im Internet auswirken. Zweitens handelt es sich bei vielen Angeboten um Güter, die ebenfalls im realen Handel erhältlich sind und dort durch sofortige Bezahlung und Mitnahme eine Zustellung unnötig macht. Sollte also die Zustellung von bestellten Produkten aus dem E-Shop problematisch sein, verringert sich der ursprüngliche Transaktionskostenvorteil und damit sein größter Vorteil gegenüber dem realen Handel. Drittens besteht eine Diskrepanz zwischen den Vorteilen der Online-Bestellung und den Nachteilen einer entsprechenden physischen Zustellung (s. Abb. 47).

4.2.6 Online-Controlling

Die Steuerung (Controlling) der Vertriebsprozesse ist unter Berücksichtigung der Komplexität unternehmensinterner Teilprozesse besonders dann erforderlich,

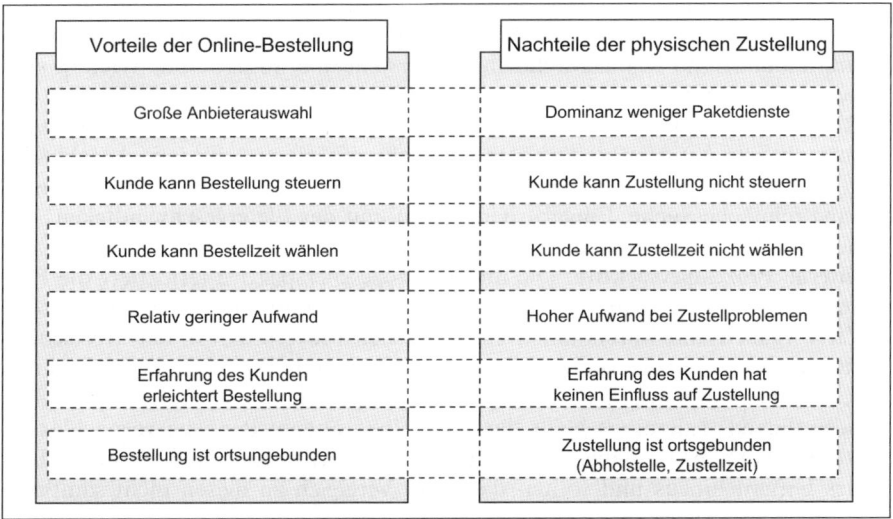

Abb. 47: Vorteile der Online-Bestellung und Nachteile der physischen Zustellung
Quelle: in Anlehnung an *Bennemann* 2004, S. 529.

wenn die Effizienz der Abläufe und Aufgabenverteilung hinterfragt und überprüft werden soll. Unabhängig von Unternehmensgröße und -alter ist das oberste Ziel des Controllings die Sicherstellung der Rationalität des unternehmerischen Handelns (*Weber/Schäffer* 1999). Bei jeglichen Steuerungssystemen steht jedoch die Frage nach der Verhältnismäßigkeit, nach Aufwand und Ertrag im Vordergrund. Dabei sollten sich Unternehmen im Rahmen des **Controlling-Prozesses** von vornherein über die Wertigkeit unterschiedlicher Informationsklassen im Klaren sein und daraus eine eigene Hierarchie der Kennziffern ableiten, die der Größe des Unternehmens angemessen ist. Diese Wertigkeit mag sich dabei in rasant wandelnden Wettbewerbsumgebungen ebenso schnell ändern, wie sich die äußeren Umstände in der Net Economy verschieben. Darüber hinaus besteht ein Bruch zwischen der theoretischen Eignung eines Steuerungssystems (Was wäre gut zu wissen?) und seiner praktischen Implementierbarkeit (*Achleitner/Bassen* 2002, S. 1192), der aufgrund knapper Ressourcen nicht immer überwunden werden kann. Das Problem zahlreicher Unternehmen im Internet besteht jedoch meist darin, dass zwar ein Bewusstsein für die Bedeutung des Controllings vorhanden ist; sich vielfach auch ein Sinn für die Bedeutung bestimmter Kennziffern im Zusammenhang mit der Unternehmensentwicklung (*Brettel/Heinemann* 2001; *Schubert/Kämker* 2001) finden lässt, allerdings eher selten wirklich kohärente und zielgerichtete Kennzahlsysteme vorgefunden werden. Die massive Kritik an den zahlreichen Kennzahlensystemen in Bezug auf die zu einseitige Finanzperspektive begründete die Entwicklung der sog. **Balanced Scorecard** (*Kaplan/Norton* 1997). Hierbei werden die traditionellen, finanziellen Kennzahlen ergänzt durch weitere Perspektiven, die einen umfassenderen, vielschichtigen Blick auf die Unternehmensprozesse erlauben (*Weber/Schäffer/Freise* 2001, S. 449):

* **Kundenperspektive**: Die Kundenperspektive reflektiert die strategischen Ziele des Unternehmens im Hinblick auf den Grad der Kundenorientierung. Hier werden Zielvorgaben und Maßnahmen z. B. zu Kundenzufriedenheit, Kundenprofitabilität und Marktdurchdringung erstellt und ausgewertet. Wichtig sind gerade bei dieser Perspektive die genaue Festlegung der Kennzahlen und die Rückschlüsse auf ihre Bedeutung. Kundenzufriedenheit kann z. B. auf unterschiedlichste Art gemessen werden und sich auf viele verschiedene Aspekte des Unternehmens beziehen. Der Kunde kann zufrieden sein mit der Bestellauslösung (einfache Suche, Eingabe der Daten), mit der Liefergeschwindigkeit, mit der Beschwerdebearbeitung, mit der Angebotspalette, mit den Preisen etc.
* **Interne Prozessperspektive**: Die interne Prozessperspektive reflektiert die Prozesse, die zur Erreichung der Unternehmensziele notwendig sind. Hier werden Zielvorgaben und Maßnahmen zu sämtlichen Prozessen z. B. der Wertschöpfungskette erstellt. Darunter fallen insbesondere alle Prozesse, die in direktem Zusammenhang mit der Auftragsabwicklung stehen und diese maßgeblich beeinflussen. Allerdings heißt das nicht, dass andere Bereiche vernachlässigt werden können, sie haben lediglich weniger Einfluss auf das Gesamtergebnis des Unternehmens und sollten daher im Vergleich zu diesen nicht sämtliche Ressourcen auffressen.
* **Lern- und Entwicklungsperspektive**: Die Lern- und Entwicklungsperspektive reflektiert die Infrastruktur zur Erreichung der drei anderen Ziele. Dabei geht

es z. B. um die Qualifizierung von Mitarbeitern, die Leistungsfähigkeit des Informationssystems oder die Motivation und Zielausrichtung von Mitarbeitern. Mitarbeiter, die z. B. direkten Kundenkontakt haben, sollen motiviert werden, Ideen und Anregungen zur Verbesserung von Leistungen und Prozessen zu entwickeln. Neben personalbezogenen Kennzahlen sind darüber hinaus weitere Kennzahlen z. B. zu Motivation, Flexibilität, Teamfähigkeit und Zielorientierung zu definieren.

Jede dieser Perspektiven muss durch die Festlegung von Zielen, Ergebniskennzahlen und den dazugehörigen **Leistungstreibern** und Vorgaben zu Maßnahmen bestimmt werden. Damit erreicht man das Herunterbrechen von Unternehmenszielen auf kleinste Einheiten, die besser kontrollierbar und steuerbarer sind (*Weber/Schäffer* 2000). Werden die vordefinierten Ziele nicht erreicht, gilt es die Problemstellen zu identifizieren und korrigierende Maßnahmen einzuleiten. Je präziser die Kennzahlen also erhoben werden, desto besser lassen sich auch die wahren Gründe für Probleme oder ineffiziente Prozessabwicklung aufdecken und Handlungsempfehlungen ableiten. Die Balanced Scorecard geht somit über die traditionelle Ergebniskontrolle hinaus, indem Rückinformationen an die Aufgabenträger zur kontinuierlichen Verbesserung des unternehmerischen Handels geliefert werden. Grundsätzlich findet die **Balanced Scorecard** auch in der Net Economy eine sinnvolle Anwendung (*Weber/Schäffer/Freise* 2001, S. 447 ff.). Allerdings werden hier einige Anpassungen notwendig, die die Besonderheiten des Internets Rechnung tragen. Darunter fallen zum einen die Einbeziehung und Abwandlung spezieller Online-Ziele und -Kennzahlen, zum anderen die Erweiterung des Konzeptes um eine **Front-End-Perspektive**. Diese Perspektive dient der Verknüpfung zwischen Kundenperspektive und interner Prozessperspektive. Das Front-End ist die mediale Schnittstelle zwischen Anbieter und Nachfrager und ferner visuelle Schnittstelle zwischen Mensch und Maschine. Daher muss diese Perspektive auch einerseits das E-Business-Unternehmen betrachten und die Frage beantworten, wie das Unternehmen das Internet zur Erreichung und Realisierung der Unternehmensvision nutzen kann, auf der anderen Seite müssen aber auch die User integriert werden, um die Frage nach der Einbindung und Ausgestaltung der Systemtechnologie zu beantworten (*Swamy* 2002) (s. Abb. 48). Unter die User fallen jedoch nicht nur die Kunden, sondern auch Mitarbeiter, Lieferanten und Partner, also prinzipiell alle, die mit der Plattform und der dahintersteckenden Technologie in Berührung kommen. Die folgende Abbildung zeigt Ziele, Maßnahmen und Messwerte beider Komponenten, die bspw. in der Front-End-Perspektive definiert werden könnten.

4.3 Vertriebsmanagement im elektronischen Absatz

Innerhalb des Vertriebsmanagements lässt sich die Nutzung der generierten Informationen im bzw. aus dem elektronischen Verkauf nach **operativen, taktischen und**

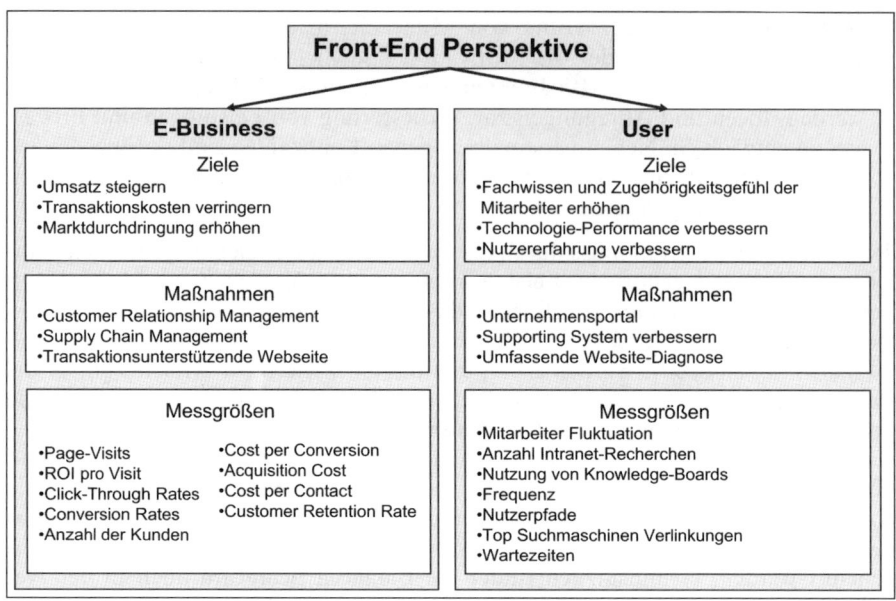

Abb. 48: Die Front-End-Perspektive
Quelle: in Anlehnung an *Swamy* 2002, S. 46.

strategischen Aufgaben differenzieren (s. Abb. 49). Dabei steht insbesondere die Informationsverwendung für operative und taktische Überlegungen im Mittelpunkt, da hierdurch kurz- und mittelfristig Auswirkungen auf das Vertriebsmanagement zu erwarten sind (z. B. Produktpositionierung). Die strategische Nutzung der Informationen betrifft dagegen mittel- bis langfristig die Positionierung des Unternehmens im Wettbewerb sowie die generelle Ausrichtung des Online-Angebots. Übergreifendes Ziel aller Aktivitäten ist dabei die Nutzung des sog. Informationsdreisprungs (*Kollmann* 1998b, S. 44 ff.), bei dem über die Informationssammlung (Daten aus dem operativen Verkauf) und Informationsverarbeitung (Auswertung und Analyse der Daten aus dem operativen Verkauf) im Rahmen der Informationsübertragung aus strategischer Sicht konkrete Veränderungen im Angebot begleitet bzw. vorbereitet werden können.

4.3.1 Operativer Vertrieb

Im Mittelpunkt des operativen Vertriebs steht die unmittelbare Verbesserung des eigentlichen Verkaufsprozesses unter Berücksichtigung der bisher gewonnenen und analysierten Informationen. Durch die Möglichkeit der sofortigen Datenübertragung aller anfallenden Daten des Verkaufsprozesses kann eine zeitnahe oder im besten Fall sogar eine zeitgleiche **Benutzer- und Bedürfnisanalyse** durchgeführt werden, die Aufschluss über Probleme in der Durchführung einer Transaktion geben soll. Daher sollte die sofortige Datenübertragung an möglichst vielen

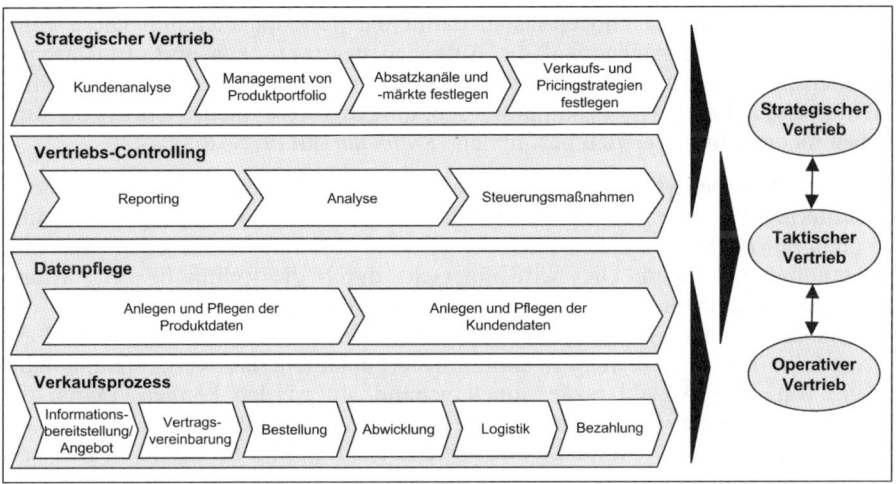

Abb. 49: Die Aufgaben des Vertriebsmanagements
Quelle: *Kollmann* 2011a, S. 262.

Stellen durch nutzerübergreifende Automatisierungen ermöglicht werden. Automatisierung bedeutet in den meisten Fällen nicht nur die Unterstützung des reinen Abverkaufs auf Seiten des Unternehmens, sondern auch die Vereinfachung des Kaufvorgangs auf Seiten des Kunden. Beispielsweise kann so der „1-Click"-Kauf bei *amazon.de* erfolgen, durch den der Kaufprozess soweit reduziert wird, dass der Kunden mit nur einem Klick sein Produkt kaufen kann. Das Unternehmen umgeht damit das Risiko, den Kunden durch potenzielle Hindernisse im Verkaufsprozess vom Kauf abzuhalten. Es ist keine erneute Eingabe der Lieferadresse mehr nötig, kein Login durch die Nutzung von Cookies, keine Abfrage der Zahlungsdaten usw. Durch die einmalige Aktivierung des „1-Click"-Buttons, bei der alle notwendigen Daten abgefragt und festgelegt werden, kann der Kunde zukünftig durch Nutzung dieses Angebotes alle Einzelschritte, die sonst im Kaufprozess üblich sind, umgehen. Der Einkauf wird somit vereinfacht und beschleunigt, was allerdings auch gewisse Gefahren mit sich bringt. Haben andere Person Zugriff auf die gemachten Einstellungen, so kann dieser **Automatisierungsprozess** dazu führen, dass durch die Vermeidung der erneuten Eingabe der Zahlungsdaten, der User Account missbraucht wird und fremde Personen Produkte bestellen können. Daher sollte jedem Kunden geraten werden, nicht von öffentlich zugänglichen Computern aus, von dieser Option Gebrauch zu machen.

Wie dieses Beispiel zeigt, soll also der Aufwand für wertschöpfungsneutrale, operative Aufgaben weitestgehend minimiert werden. Neben zeitlichem und personellem Aufwand, der durch die Automatisierung der Prozesse reduziert werden kann, sind Qualitätsvorteile durch Fehlerminimierung realisierbar (*Wohlenberg/ Krause* 2001, S. 77). Der operative Verkauf soll also die effiziente Abwicklung von Transaktionen (Verkäufen) ermöglichen, um dadurch Absatzzahlen zu erhöhen. Die transaktionsunterstützenden Aufgaben des operativen Verkaufs betreffen die reine Absatzförderung und entlasten damit die Verkaufsabteilung. Diese kann sich demnach überwiegend auf die Aufgaben des taktischen und strategischen Vertriebs, und damit auf die wertschöpfenden Aufgaben konzentrieren. Zusammenfassend kann also festgehalten werden, dass drei wesentliche Aspekte die **Aufgaben im operativen Vertrieb** bestimmen (*Kollmann* 2011a, S. 263):

- **Automatisierung**: Da das Internet als globales Medium jedem E-Business-Unternehmen eine enorme, potenzielle Reichweite zur Verfügung stellt, muss nicht nur die Seite, sondern auch der gesamte Verkaufsprozess jedem Ansturm standhalten können. Dies wird einerseits durch die technische Ausstattung bestimmt, andererseits aber auch durch den Grad der Automatisierung, mit dem die einzelnen Prozessschritte hinterlegt sind. Der operative Verkauf bzw. die reine Transaktion muss so standardisiert ablaufen, dass Verkäufe unabhängig von ihrer Anzahl professionell gehandhabt werden können. Durch die Automatisierung von einzelnen Prozessen kann eine große Anzahl an Transaktionen durchgeführt werden, ohne kostenintensiven Mehraufwand an Zeit und Personal erforderlich zu machen (Skalierbarkeit). Stellt man sich einen realen Laden vor, in dem plötzlich hunderte von Kunden gleichzeitig kaufen wollen, so wird der Vorteil elektronischer Shops durch die Automatisierung der grundlegenden operativen Prozesse deutlich.
- **Transaktionsabwicklung**: Da es sich bei der Automatisierung im operativen Vertrieb hauptsächlich um die Abwicklung von Transaktionen handelt, sollten die Aufgaben des Vertriebsmanagements auf die Realisierung von Transaktionen gelenkt werden. Die Automatisierung von Verkaufsprozessen kommt fast ohne großen Aufwand von Seiten des Anbieters aus. Dieser muss sich ohnehin auf taktische und strategische Aufgaben des Verkaufs konzentrieren und hat wenig Zeit, sich um wertschöpfungsneutrale Aktivitäten zu kümmern. Somit muss die Automatisierung die Transaktion im hohen Grade effizient gestalten. Jeder Verkauf muss schnell und problemlos durchführbar sein, damit Kunden sich auf den elektronischen Verkauf einlassen und die Nachteile der Online-Bestellung (z. B. verzögerte Lieferung, kein Touch-and-Feel etc.) in Kauf nehmen. Die Automatisierung muss somit alle standardisierbaren Aufgaben übernehmen, um die Transaktionsabwicklung effizient zu gestalten. Weiterhin muss der operative Vertrieb jedoch auch garantieren, dass jede Transaktion korrekt durchgeführt wird und keine Automatisierungsfehler auftreten, die dem Kernprozess des Vertriebs schaden könnten.
- **Absatzförderung**: Durch die effiziente Transaktionsabwicklung und die Automatisierung der Teilprozesse, können Informationen (z. B. Hilfestellungen) zeitnah für einzelne Nutzer aufgrund ihres Verhaltens angeboten werden, um dadurch die Wahrscheinlichkeit eines tatsächlichen Kaufes zu erhöhen. Die Absatzförderung ist das Ziel, das durch die Automatisierung des Verkaufsprozesses und die Unterstützung der Transaktionsabwicklung verfolgt wird. Gerade die Gleichzeitigkeit vieler Transaktionsdurchführungen ist ein bedeutender Vorteil des Internets, der es erlaubt, mit einmal aufgesetzten, automatisierten Prozessen, eine große Anzahl an Verkäufen zu handhaben. Weiterhin fällt durch eine wachsende Zahl an Transaktionen nur ein minimaler Mehraufwand an, der sich in der Regel schnell amortisiert und die Absatzförderung umso mehr unterstützt.

Diese drei Aspekte sind Grundlage des operativen Vertriebs, der sich auf die reine Machbarkeit und Durchführbarkeit des Verkaufsprozesses konzentriert. Darunter fällt also die Automatisierung sämtlicher Teilprozesse, wie bspw. der Informationssuche, des Bestellvorgangs, der Bezahlung oder der Produktauslieferung. Die durch die Automatisierung erfolgte Speicherung und Sammlung sämtlicher, innerhalb dieser Teilprozesse anfallenden Daten dient als Ausgangspunkt des taktischen Vertriebs. Somit bilden die Datenpflege und der Aufbau von Datenbanken die Schnittstelle zwischen operativem und taktischem Vertrieb.

4.3.2 Taktischer Vertrieb

Die während der Durchführung einzelner Prozesse gesammelten Daten im operativen Verkauf zu analysieren und die Ergebnisse taktisch einzusetzen, ist die Aufgabe des taktischen Vertriebs. Die Datensammlung erfolgt prozessbegleitend und wird über Schnittstellen für Zugriffe aus dem gesamten Unternehmen bereitgestellt. Die Daten betreffen in der Regel Produkt- und Kundendaten, die für den Verkauf wichtig sind. Eine Überprüfung des Ist-Zustandes im Verkaufsprozess ist somit jederzeit möglich und liefert wertvolle Einblicke in die prozessinternen Abläufe. Die Bedeutung des **eControlling** für den taktischen Verkauf ist besonders für Produktanalysen wichtig, da aus den Analyseergebnissen eventuelle Steuerungsmaßnahmen im Rahmen des zum Verkauf stehenden Produktportfolios abgeleitet werden müssen. Allerdings lassen sich auch Kaufdaten in sog. Kundenprofilen abspeichern und können für Optimierungszwecke im Verkauf genutzt werden. Die folgenden **Controlling-Aspekte** dienen der Erfolgsmessung (*Schwarze/ Schwarze* 2002, S. 233 ff.) und Erfolgssteuerung und sind Grundlage des taktischen Verkaufs (*Kollmann* 2011a, S. 264):

- **Produktdatenanalyse**: Aus den Ergebnissen der Produktanalyse wird nicht nur der generelle Bedarf an Produkten erkennbar, sondern auch mögliche Schwachstellen oder Optimierungsnotwendigkeiten hinsichtlich des Sortiments. Dies geschieht z. B. mittels einer Analyse der Warenkörbe der Kunden oder sogar der Page Impressions bezüglich der Anwahl und Selektion einzelner Produkte. Werden einige Produkte gar nicht oder nur sehr selten angeklickt und landen so gut wie nie im Warenkorb, so lässt sich daraus ableiten, dass das Produkt entweder aus dem Sortiment genommen werden sollte oder das Produkt nur schwer auffindbar ist und die Navigation daher verbessert werden muss. Zusätzlich können z. B. dynamische Preisstrategien auf ihre Effizienz hin untersucht und angepasst werden, da Aussagen u. a. darüber gemacht werden können, ob Kunden z. B. bei Mengenrabatten mehr kaufen oder Studentenrabatte wirklich genutzt werden. Die Ergebnisse der Datenauswertung können somit für sehr unterschiedliche Fragestellungen herangezogen und interpretiert werden. Wichtig dabei ist, dass Änderungen (z. B. im Sortiment) datentechnisch kontrolliert und analysiert werden und die Reaktion der Kunden auf diese Veränderungen durch weitere Datenanalysen Einfluss auf zukünftige Entscheidungen haben muss.
- **Kaufdatenanalyse**: Die Kaufanalyse untersucht z. B. die gespeicherten Kundenprofile auf eventuelle Vorlieben beim Produktkauf oder Kombinationen von

oft zusammen gekauften Produkten, um daraus abzuleiten, welche Produkte besonders gut bei bestimmten Kundengruppen ankommen, um diese dann gesondert zu promoten. Hierbei kommt dem klassischen One-to-One-Marketing eine große Bedeutung zu, da solche Maßnahmen durch die professionelle Analyse von Kunden- und Kaufdaten erst ermöglicht werden. Dadurch, dass das Kaufverhalten der Kunden immer in direktem Zusammenhang mit der angebotenen Leistung des Unternehmens steht und daher aktiv vom bereitgestellten Produktsortiment beeinflusst wird, wird die enge Verknüpfung mit der Produktdatenanalyse verdeutlicht. Daher bildet die aktive Steuerung der vertriebsinternen Prozesse aufgrund taktischer Verkaufsmaßnahmen schon den Übergang zum strategischen Vertrieb, der die Aufgabe der langfristigen Planung des gesamten Verkaufsprozesse und aller damit in Verbindung stehenden strategischen Entscheidungen übernimmt.

• **Abbruchanalyse**: Für den taktischen Verkauf sind neben den Produkt- und Kundendaten auch Bewegungsverläufe und typische Navigationspfade der Kunden wichtig. Die Speicherung bestimmter Daten, wie z. B. der Seitenbesuche und der Verweildauer auf den einzelnen Produktseiten, ermöglicht es, den Weg der Besucher durch den E-Shop nachzuvollziehen und hinsichtlich eventueller Kaufabbrüche zu untersuchen. Spezielle Abbruchanalysen lassen erkennen, an welchen Stellen die Kunden ihren Einkauf abgebrochen haben, um daraus Optimierungspotenziale abzuleiten. Brechen viele Kunden an derselben Stelle ab, kann es sein, dass nur unzureichende Informationen über ein Produkt oder Hilfestellungen zur Navigation bereitstehen oder die Weiterleitung zum Zahlungsprozess nicht transparent oder fehlerhaft gestaltet ist.

Aufgabe des taktischen Vertriebs ist also die **Nutzung der angefallenen Daten**, die durch umfassende Analysen hinsichtlich des Kundenverhaltens und der Angebotsauswahl als Entscheidungsgrundlage im strategischen Vertrieb verwendet werden. Daher sollten die Datenanalysen nicht nur für die reine Berichterstattung des bisherigen Vertriebsergebnisses herangezogen werden (dem sog. **Reporting**), sondern auch sämtliche Entscheidungen im Rahmen der langfristigen Unternehmensstrategie durch gehaltvolle Informationen untermauern. Der Datenverarbeitung im Vertriebsprozess kommt somit eine unternehmens- und aufgabenübergreifende Funktion zu, deren Einfluss für den Erfolg eines E-Business-Unternehmens nicht zu unterschätzen ist.

4.3.3 Strategischer Vertrieb

Die Informationsverwendung im strategischen Verkauf hat also sortiments- und unternehmensübergreifende Verantwortung, da hier grundlegende Fragen zum Angebot und zur Positionierung des Unternehmens geklärt werden, wie z. B. die Frage nach dem zu bearbeitenden Marktsegment oder der anvisierten Zielgruppe. Dieser Bereich dient der langfristigen **Festlegung strategischer Ziele**, da hier die gesamte Ausrichtung aller Verkaufsprozesse definiert wird. Allerdings besteht die Notwendigkeit, die strategischen Aufgaben im Einklang mit den angrenzenden taktischen Aufgaben zu definieren und die Ergebnisse des operativen Vertriebs als

Grundlage zu verwenden, damit der gesamte Vertriebsprozess langfristig funktionieren kann. Erst wenn sich das operative Geschäft an den langfristigen Unternehmenszielen orientiert und die Ziele aufgrund der Analysen im operativen und
taktischen justiert werden, kann die Grundlage für ein erfolgreiches Vertriebsmanagement geschaffen werden. Dies heißt also, dass alle drei Vertriebsbereiche im
ständigen Austausch miteinander stehen müssen und sich gegenseitig unterstützen
müssen. Insgesamt betrachtet müssen innerhalb des strategischen Vertriebs **langfristige Unternehmensziele** besonders hinsichtlich des Angebotes, der Zielgruppe
und der zu implementierenden Strategie gemacht werden (*Kollmann* 2011a,
S. 265):

- **Sortimentsgestaltung**: Das Sortiment muss im Rahmen einer intensiven Produktanalyse bewertet und gestaltet werden. Die angebotenen Produkte werden
  dabei zunächst hinsichtlich ihrer Eignung für den elektronischen Verkauf
  bewertet. Essentielle Unterschiede hinsichtlich ihrer strategischen Bedeutung
  entstehen insbesondere in der Betrachtung von innovativen und imitierenden
  Produkten, da sich das Unternehmen je nach Marktpositionierung entscheiden
  muss, wie es langfristig weiter agieren möchte. Innovative Produkte erfordern
  die „Aufklärung" der Kunden über den Mehrwert der Leistung und müssen
  zunächst den Produktnutzen allgemein transportieren. Dies erfordert eine breit
  angelegte, effektive Kommunikation, die dem Unternehmen im Idealfall zwar
  strategisch wichtige Wettbewerbsvorteile einbringen kann, die allerdings in der
  Regel auch sehr kostenintensiv ist. Imitierende Produkte hingegen ermöglichen
  zwar einen relativ einfachen Markteinstieg, allerdings ist die erforderliche Verdrängung des Wettbewerbs durch das Abgreifen der Marktanteile unter
  Umständen sehr ressourcenaufwendig. Beide Varianten benötigen also sehr
  unterschiedliche Vertriebsstrategien, wobei anzumerken ist, dass diese Formen
  zwei Extreme darstellen, innerhalb derer sich die meisten Angebote bewegen.
  Hinsichtlich der langfristigen Planung und Ausrichtung des Unternehmens
  müssen Überlegungen in Bezug auf die Sortimentsgestaltung schon frühzeitig
  erfolgen und ständig überdacht werden, da sich die Marktsituation gerade in
  der Net Economy rasant verändert und Innovationen schnell obsolet erscheinen.
- **Zielgruppendefinition**: Die Zielgruppe muss innerhalb einer umfangreichen
  Nachfrageranalyse bewertet werden. Dabei wird die für das Angebot potenzielle Zielgruppe definiert oder aus bestehenden Typologisierungen selektiert. Je
  nach Art des Produktes muss die Marktbearbeitung und Zielgruppendefinition
  mit der gewählten Vertriebsstrategie in Einklang gebracht werden. Besteht ein
  sehr spezielles Angebot, so ist es lohnenswert die potenzielle (möglicherweise
  auch relativ kleine) Zielgruppe herauszufiltern und ganz gezielt anzusprechen,
  da der Einsatz klassischer Massenmedien völlig unnötig und höchst ineffizient
  wäre. Je genauer die Zielgruppe daher definiert werden kann, desto individueller und zielgerichteter können Werbebotschaften eingesetzt werden. Bei Angeboten, die auch die breite Masse der Internet-Nutzer ansprechen (z. B. Bücher,
  Musik, Software etc.) sind andere strategische Kommunikationsinstrumente
  einzusetzen. Bei innovativen Produkten gilt es zudem sicherlich, diese zunächst
  auf sein allgemeines Akzeptanzpotenzial bei möglichen Nachfragern hin zu

untersuchen. Werden jedoch bloß Geschäftsmodelle anderer Unternehmen oder bestehende Produkte imitiert, so stellt sich wieder die Frage, wie die Nachfrager auf einen zusätzlichen Anbieter im Markt reagieren und welche Anreize geschaffen werden können, Kunden der Konkurrenz „abzuwerben". All diese Überlegungen hinsichtlich der Zielgruppe(n) werden im Sinne des strategischen Vertriebs gemacht und stellen zusammen mit den Fragen der Sortimentsgestaltung die zwei wichtigsten Parameter der Vertriebsstrategie dar.

- **Strategieentwicklung**: Der eigentlichen Strategieentwicklung muss immer eine detaillierte Strategieanalyse vorgeschaltet werden, die sich mit den Fragen der Wettbewerbsfähigkeit des Unternehmens und dem Einfluss der gewählten Verkaufsstrategie auf die langfristige Ausrichtung des Unternehmens befasst. Je nach gewähltem Marktsegment wird hierbei der Ausgangspunkt für die spätere Strategie unter Umständen schon vor dem Markteintritt festgelegt, von dem das Unternehmen aus in den Markt hineintritt.

Somit ist zwar die generelle Marschrichtung des Unternehmens auch nach dem Markteintritt noch definierbar, allerdings sollte der Markteintritt schon eine möglichst günstige Ausgangslage darstellen. Dabei geht es hauptsächlich um die langfristige Positionierung am Markt und der Sicherung des eigenen Wettbewerbsvorteils gegenüber der Konkurrenz. Dies ist wiederum sehr davon abhängig, mit welchem Produkt das Unternehmen an welchen Markt geht und wem die Produkte angeboten werden sollen. Die gegenseitige Einflussnahme und kontinuierliche Veränderung dieser Variablen muss deshalb immer wieder berücksichtigt werden, da sich nicht nur Marktbedingungen und Bedürfnisse ändern, sondern auch das eigene Unternehmen ständig äußeren Einflüssen unterliegt, welche die Beibehaltung und Fortführung der Unternehmensstrategie erschweren, beeinflussen und verändern.

5 Kommunikationspolitik im Online-Marketing

Die Kommunikationspolitik eines Online-Unternehmens befasst sich generell mit den Methoden der Kundengewinnung bzw. -rückgewinnung und Kundenbindung. Oberstes Ziel dabei ist die Erreichung einer erfolgskritischen Masse an Kunden, damit die Ausschöpfung aller Umsatzpotenziale durch die **Steigerung des Online-Absatzes** der Produkte oder Leistungen eines Unternehmens gesichert wird. Gerade das Internet bietet vor diesem Hintergrund unzählige Möglichkeiten, potenzielle Online-Kunden mit „neuartigen" Marketing-Maßnahmen für ein (Online-)Produkt zu begeistern und dessen Verkauf über einen E-Shop zu fördern. Allerdings sehen sich Unternehmen in der Net Economy besonders hinsichtlich ihrer Marketing-Aktivitäten anderen Rahmenbedingung gegenüber.

Durch das Online-Marketing eröffnen sich diesen Unternehmen zahlreiche neue Möglichkeiten, sich die Vorteile und Besonderheiten des Internets zunutze zu machen. Dazu zählen insbesondere die Möglichkeiten der Interaktivität und Individualität, die auf dem elektronischen Informationsaustausch bzw. der digitalen Datenübermittlung beruhen. Es müssen daher nicht nur neue Instrumente und Methoden für das Online-Marketing analysiert werden, sondern auch deren vorteilhafter Einsatz für die elektronische Handelsebene in Bezug zu den veränderten Umgebungsfaktoren.

5.1 Kundengewinnung für den elektronischen Absatz

Bei der Kundengewinnung drehen sich alle Maßnahmen um die Akquise von neuen Käufern, die noch keinerlei oder nur wenig Kontakt und Informationen zu den angebotenen Produkten und/oder zum Anbieter haben. Hierfür stehen eine ganze Reihe an Instrumenten zur Verfügung, die im umgangssprachigen Gebrauch in der Regel mit dem Begriff „Online-Marketing" gleichgesetzt werden, auch wenn sie sich eigentlich nur auf den Bereich der Kommunikationspolitik beziehen. Grob lassen sich diese Instrumente in vier Bereiche kategorisieren: **Suchmaschinen-Marketing**, **Display-Marketing**, **Community-Marketing** und **Direkt-Marketing**. Leider sind diese Bereich jedoch nicht immer trennscharf (z. B. das Platzieren eines Banners in einem sozialen Netzwerk), so dass im Folgenden besser direkt auf die einzelnen Instrumente gesondert eingegangen wird. Ferner können die einzelnen Instrumente bzw. Formen auch über die verschiedenen Plattformen der Net Economy, also Internet, Mobilfunk und interaktives Fernse-

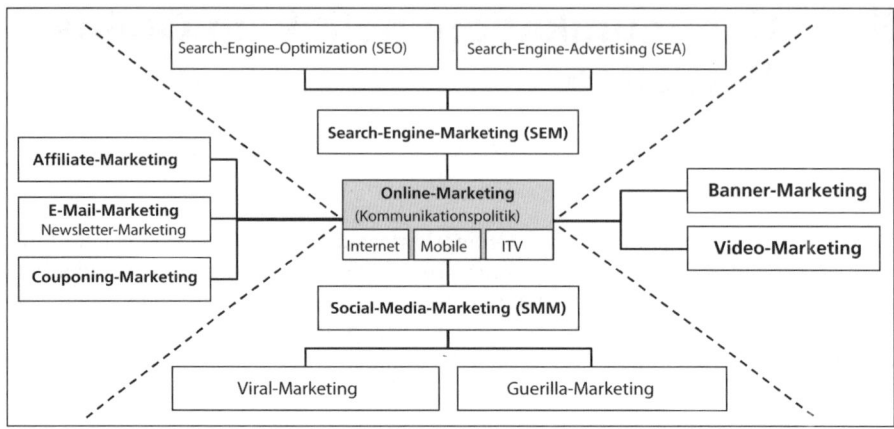

Abb. 50: Instrumente der Kommunikationspolitik im Online-Marketing

hen (ITV) angeboten werden, so dass sich die nachfolgende Darstellung auf die grundsätzlichen Möglichkeiten konzentrieren werden. Einen Überblick zu den einzelnen Instrumenten und ihrer Ordnung bietet Abbildung 50.

5.1.1 Search-Engine-Marketing

Unter **Search-Engine-Marketing (SEM)** oder auch Search-Engine-Optimization (SEO) versteht man in der Regel alle Maßnahmen, die für eine bessere Platzierung auf Ergebnisseiten der Suchmaschinen hilfreich sind (*Lammenett* 2012, S. 161 ff.). Hierzu zählen im Einzelnen die Aufgaben einer Planung, Optimierung und Analyse des webseitenbezogenen Contents für dessen verbesserte Erfassung durch die jeweilige Suchmaschine (*Alpar/Wojcik* 2012, S. 389 ff.). Im Hinblick auf diese Verbesserung stehen zwei Bereiche zur Auswahl:

- **Organischer Bereich**: In diesem Ergebnisbereich einer Suchmaschinenabfrage werden die Webseiten gelistet, die aufgrund der durch die Suchmaschine automatisch erfolgten Indizierung einen besonders hohen Zusammenhang zwischen Suchbegriff und dem angebotenem Content aufweisen (**unbezahlte Ergebnisse**).
- **Nicht-Organischer Bereich** (Paid Listings): In diesem Ergebnisbereich einer Suchmaschinenabfrage werden die Webseiten gelistet, die dafür bezahlt haben, bei bestimmten Suchbegriffen in diesen Bereichen bevorzugt angezeigt zu werden (**bezahlte Ergebnisse**).

Abbildung 51 veranschaulicht diese Bereiche mit Hilfe eines Screenshots von einer Suche in der derzeit wichtigsten Suchmaschine im Internet *google.de*.

Suchmaschinen können für die **Ergebnisse im organischen Bereich** binnen kürzester Zeit große Mengen an Dokumenten durchsuchen und diejenigen herausfiltern, die zu einem bestimmten Suchwort passen. Dies wird durch den Einsatz sog. **Crawler** ermöglicht, die große Teile des Internets erfassen und die in den Doku-

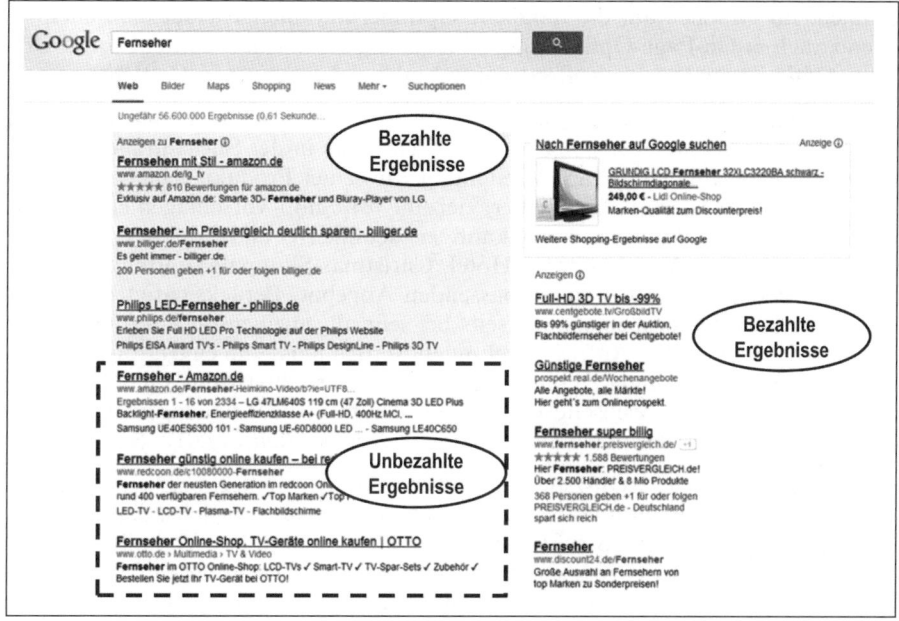

Abb. 51: Kundengewinnung über Suchmaschinen-Marketing

menten enthaltenen Wörter indexieren (*Neuberger* 2005). Der Stellenwert dieser Art von Online-Marketing wird durch die Tatsache verdeutlicht, dass ungefähr die Hälfte aller Kaufentscheidungen mit der Nutzung von Suchmaschinen beginnen. Suchmaschinen werden somit zum ersten Anlaufpunkt für viele Kunden. Das Suchmaschinen-Marketing wird daher auch oft als „Motor der Online-Werbung" bezeichnet (*Breunig* 2004). Unternehmen sollten diese Möglichkeit nutzen, interessierte Kunden auf die eigene Webseite zu locken, um dadurch das Absatzvolumen und damit das Umsatzvolumen zu erhöhen. Wichtigstes Entscheidungskriterium bei den Kunden ist die **Platzierung in der Ergebnisliste**. In der Regel wird den ersten drei Ergebnissen volle Aufmerksamkeit geschenkt, weiter unten platzierte Ergebnisse verlieren hingegen an Bedeutung und werden oftmals nicht angeklickt. Um das Potenzial des Suchmaschinen-Marketings effizient zu nutzen, sollten sämtliche Bemühungen darauf verwendet werden, den Link zur eigenen Webseite so weit wie möglich oben zu platzieren und z. B. bei der Suche nach bestimmten **Keywords** als erstes aufzutauchen. Dies ist die Aufgabe der **Search-Engine-Optimization (SEO)**. Die SEO dient dazu, dass Werbetreibende ihren Internetauftritt hinsichtlich relevanter Suchbegriffe für Suchmaschinen so optimieren, dass ihre Platzierung in der organischen Ergebnisliste verbessert wird. Dabei ist das Zusammenspiel zwischen kundenrelevanten Suchbegriffen und dem darauf abgestimmten Content der eigenen Webseite ebenso von entscheidender Bedeutung wie die externe Verlinkung von anderen Webseiten auf den entsprechenden Content als Qualitätsmerkmal für die Relevanzerkennung durch Dritte. Beides wird durch *google.de* gemessen und bestimmt das Ranking im organischen

Bereich. Im Hinblick auf die mögliche Optimierung unterscheidet man entsprechend auch in **On-Page-Optimierung** (Gestaltung des eigenen Contents) und **Off-Page-Optimierung** (Suchbegriff-relevante Links auf den eigenen Content).

Je nachdem, wie konkret der potenzielle Kunde weiß, wonach er suchen möchte, gibt er mehr oder weniger konkret seine Stichworte in der **Suchanfrage** ein. Hat der potenzielle Kunde nur vage Vorstellung von seiner Produktsuche (z. B. USA-Reise), kann die Suche u. U. in einer Vielzahl von Shop-Vorschlägen enden. Hat er schon genaue Vorstellung, so kann er detaillierte und konkrete Angaben machen (z. B. New York, 4-Sterne-Hotel, Christmas-Shopping) und landet eventuell deutlich schneller bei einem passenden Angebot. Berücksichtigt man also, dass das eigene Unternehmen einerseits bei sehr allgemeinen Suchanfragen, aber auch bei sehr konkreten Anfragen gefunden werden muss, um eine erfolgsversprechende Kundengewinnung zu unterstützen, kann der Unternehmer das Registrierungspotenzial seiner Webseite hinsichtlich der passiven Kundengewinnung auf drei **Arten** anheben (*Brettel/Heinemann* 2006; *Düweke/Rabsch* 2012, S. 491 ff.):

- **Technische Eignung (On-Page)**: Zur Vermeidung von technischen Barrieren sollte auf unnötige Frames verzichtet werden und eine möglichst einfache, statisch aussehende URL-Struktur und eine nicht zu komplexe Verlinkung innerhalb der Webseiten aufweisen. Auch die Verwendung von vielen Multimedia-Elementen kann das Übertragungsvolumen so weit erhöhen, dass der Kunde die lange Ladezeit der Website nicht in Kauf nimmt.
- **Inhaltliche Eignung (On-Page)**: Zur Attraktivitätssteigerung der Ergebniseinträge sollte der E-Shop mit seitenindividuellen Meta-Tags versehen werden. Die Menge des verwendeten Contents einer Seite muss dabei sowohl in die Breite als auch in die Tiefe gehen, damit die Keyword-Hierarchie und die Keyword-Dichte so umfangreich wie möglich ist. Allerdings sollte vermieden werden, durch „Content-Doubling" u. U. Verwirrung zu stiften.
- **Externe Validierung (Off-Page)**: Die Möglichkeit, den eigenen Content mit im Page-Rank starken Websites zu verlinken, kann das eigene Ergebnis bei einer Suchanfrage erhöhen. Auch die Verlinkung zu themenrelevanten Inhalten erhöht die Chance, über andere Webseiten gefunden zu werden. Dieser Bereich hat insbesondere durch Verlinkungen aus traffic-relevanten sozialen Netzwerken wie *Facebook* massiv zugenommen.

Im Hinblick auf die konkreten **Einflussfaktoren für den SEO-Bereich** bietet das Unternehmen *SEOmoz* einen hilfreichen Überblick (s. Abb. 52). Auf den ersten beiden Plätzen stehen die Verlinkungsmetriken für eine einzelne Seite und die Verlinkung der gesamten Webseite. Dies unterstreicht die Bedeutung von Verlinkungen im Allgemeinen für ein gutes Ranking im organischen Ergebnisbereich von Suchmaschinen. Ein weiteres wichtiges Element ist die richtige Keyword-Nutzung auf Seiten- und Domain-Ebene (*Düweke/Rabsch* 2012, S. 493). Es gibt in diesem Bereich einige Anbieter von sog. SEO-Software (z. B. *SEOlytics*), die einem eine umfangreiche Analyse der Sichtbarkeit ihrer Website bei *Google*, *Bing* und *Yandex* tagesaktuell ermöglichen und so Potenziale erkennen lassen, um ihr Ranking nachhaltig zu verbessern.

Neben dem organischen Bereich können aber auch Maßnahmen im nicht-organischen und damit bezahltem Ergebnisbereich durchgeführt werden, um die eigene

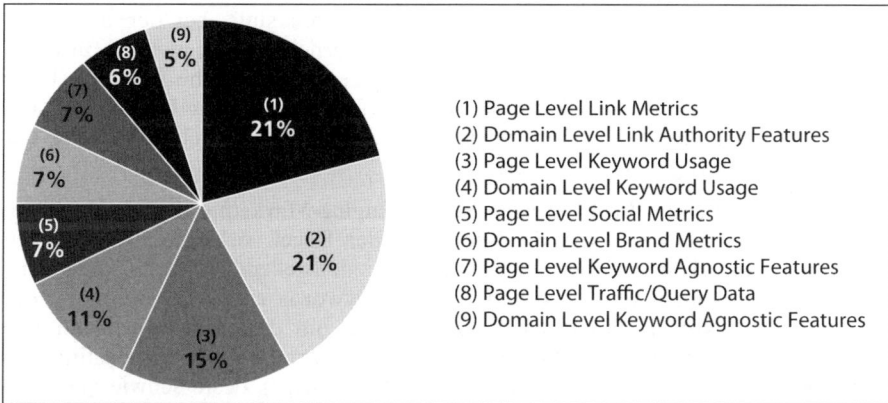

(1) Page Level Link Metrics
(2) Domain Level Link Authority Features
(3) Page Level Keyword Usage
(4) Domain Level Keyword Usage
(5) Page Level Social Metrics
(6) Domain Level Brand Metrics
(7) Page Level Keyword Agnostic Features
(8) Page Level Traffic/Query Data
(9) Domain Level Keyword Agnostic Features

Abb. 52: Relevanz von Einflussfaktoren auf das SEO
Quelle: *SEOmoz* Ranking Factors 2011 (*seomoz.org*).

Sichtbarkeit zu erhöhen. In diesem Fall spricht man vom sog. **Search-Engine-Advertising (SEA)** oder auch Keyword Advertising. SEA ermöglicht es dem Werbetreibenden, durch bezahltes Keyword Advertising sich so weit wie möglich oben innerhalb der bezahlten Suchergebnisse zu platzieren (s. Abb. 51). Zu den Vorteilen dieser Variante zählen laut *Düwekel/Rabsch* (2012, S. 370 ff.) u. a. der günstige Preis im Vergleich zu klassischen Medien, die Reichweite insbesondere von *google.de* bei der Produktsuche durch die Internetnutzer, die Schnelligkeit der Buchung von Werbeplätzen, die Flexibilität im Hinblick auf die Anpassung der Keywords sowie die Messbarkeit durch die Registrierung von Klicks auf das Werbemittel. Zu den Nachteilen zählen die gleichen Autoren insbesondere die Auswahl der passenden Keywords und die notwendige Kenntnis über die genauen Suchmechanismen bei der ausgewählten Zielgruppe.

Grundsätzlich muss der Werbetreibende vor diesem Hintergrund zunächst passende Suchbegriffe (Keywords) identifizieren, die je nach Suchhäufigkeit und Relevanz zur Erstellung einer „Keyword-Hierarchie" genutzt werden. Im Anschluss können bei einer Suchmaschine wie z. B. bei *google.de* die vielversprechendsten Suchbegriffe gebucht werden (*Google AdWords*), sodass bei deren Eingabe die eigene Anzeige sicher als „Werbung" auf der ersten Seite erscheint (s. Abb. 51). Bei einigen Suchmaschinenanbietern muss zunächst eine Aktivierungsgebühr entrichtet werden, damit die Anzeige überhaupt gezeigt wird. Hinzu kommt oftmals noch eine Zusatzgebühr, die pro Klick gezahlt wird (**Cost per Click**). Je öfter die Anzeige angeklickt wird, desto mehr muss für die Schaltung der Anzeige gezahlt werden. Um unkontrollierte Ausgaben zu vermeiden, wird in der Regel ein maximales Budget für die Anzeige veranschlagt, das z. B. innerhalb eines Monats nicht überschritten werden darf. So wird der sog. **Click Fraud** zwar nicht vermieden, aber die Kosten bleiben kalkulierbar. Als Click Fraud werden die Versuche der Konkurrenz bezeichnet, durch Anklicken der Anzeigen die Kosten für die Anzeigenschaltung in die Höhe zu treiben und der Konkurrenz damit zu schaden. Die Click-Preise sind jedoch nicht immer festgelegt. Daher findet in vielen Fällen eine „Versteigerung" der Platzierungen statt, bei der diejenigen Begriffe am höchsten platziert werden, für die Unternehmen am meisten für einen Click bezahlen wollen. Durch keyword- bzw. anzeigenspezifische Tracking Tools (sog. **Webanalytics-Software**) kann dann der Erfolg der Anzeige bei den gebuchten Keywords kontinuierlich optimiert werden und z. B. durch Erhöhung der Click-Preise das Ergebnis verbessern.

Ein ernstzunehmendes **Problem beim Search-Engine-Marketing (SEM)** im Allgemeinen ist die Tatsache, dass die Sucher in der Regel wirklich nur die ersten Ergebnisse anklicken und bei einer nicht zufriedenstellenden Suche, die Suche von Neuem beginnen und eventuell andere Keywords eingeben. Somit ist der wirtschaftliche Nutzen dieser Art des Marketings nur dann gegeben, wenn eine angemessene **Platzierung** stattfindet. Je mehr Konkurrenz um einen bestimmten Suchbegriff herrscht (z. B. bei Begriffen wie „Fernseher"), desto schwieriger wird eine Platzierung im oberen Segment der Ergebnisse und desto mehr muss der Werbetreibende dafür aufwenden, hier überhaupt eine realistische Chance auf eine gute Platzierung zu haben. Daher wurde der Ruf nach Suchmaschinen-Optimierung in der letzten Zeit immer lauter, da schon kleine Fehler eine schlechte Positionierung begründen können. Gleichermaßen hat sich aber der Konkurrenzkampf um gute Platzierungen so verschärft, dass immer neue und unlautere Mittel (z. B. Index-Spamming) gefunden werden, dieser Problematik entgegen zu treten (*Lammenett* 2012, S. 165). Schon mit einfachen Mitteln können die Ergebnisse der Suchmaschinen manipuliert werden. Das Spamming z. B. ist relativ simpel anzuwenden und wird daher von vielen „Laien" genutzt, um das eigene Ranking zu verbessern. Dies geschieht durch die falsche Charakterisierung von Seiten in den Metatags, z. B. durch die Verwendung von häufig gesuchten Suchworten, die aber nichts mit dem tatsächlichen Content der Seite zu tun haben. Zusätzlich besteht die Möglichkeit, Seiten auch mehrfach bei einer Suchmaschine anzumelden oder ganz bestimmte und viel verwendete Suchbegriffe immer wieder so in den Seiteninhalt einzubauen, dass dadurch das Suchergebnis verbessert wird. Teilweise werden auch externe Verlinkungen gekauft.

Ein weiterer Aspekt bei der Verwendung des Suchmaschinen-Marketings sind allgemeine **Qualitätsmerkmale** der Suchmaschinen. Nicht nur die Relevanz der Treffer spricht für die Qualität der Suchmaschine, sondern auch die Vollständigkeit der Ergebnisse (Grad der Erfassung der Dokumente im Internet). Manche Bereiche sind im Internet nur schwer erfassbar und werden durch die Kapazitätsbegrenzung der Crawler oftmals vernachlässigt. Darunter fallen insbesondere dynamisch generierte Seiten, Seiten mit Multimedia-Angeboten oder registrierungspflichtige Seiten (*Neuberger* 2005). Häufig werden auch Bereiche vernachlässigt, die wenig populär sind und daher sehr selten nachgefragt werden. Da aber auch solche Bereiche erfasst werden sollen, hat z. B. *Google* eine eigens für wissenschaftliche Artikel und Beiträge entwickelte Suchmaschine bereitgestellt (*scholar.google.de*), die nun den Nutzern ermöglicht, gezielt nach diesen bisher unbeachteten Links zu suchen. Außerdem werden neue Seiten meistens erst mit zeitlicher Verzögerung in die Indexierung mit aufgenommen, wodurch manche Ergebnislisten diese neuen Seiten nicht anzeigen. Ein weiteres Qualitätsmerkmal von Suchmaschinen ist zudem die schlichte, aber eindeutige Trennung von neutral generierten Trefferlisten und bezahlten Ergebnissen (s. Abb. 51).

Insgesamt betrachtet, sehen viele Unternehmen die Vorteile der Nutzung von Suchmaschinen also hauptsächlich in der Kundenakquise. Sie können aber auch als wertvolle Informationsquelle für die Produktentwicklung dienen, da sie Aufschluss über Problem- bzw. Bedürfnishierarchien der potenziellen Kunden geben (*Brettel/Heinemann* 2006). Werden die Informationen also systematisch und kontinuierlich ausgewertet, so kann die Neukundengewinnung professionell optimiert und das Produktangebot ständig den sich verändernden Bedürfnissen der Kunden angepasst werden.

5.1.2 Banner-Marketing

Das Banner-Marketing beschreibt eine Werbeform im Online-Marketing, die gezielte Werbebotschaften auf unternehmensfremden Seiten platziert, um darüber Kunden auf die eigene Seite zu lenken. Die **Werbebotschaften** sind hierbei immer in Form von sog. Bannern erstellt. Oberstes Kriterium für die Wahl dieser Werbeform ist die Frage nach dem richtigen Werbepartner, also der Seite, auf der das Banner geschaltet werden soll. Erst wenn Partner mit z. B. themenrelevanten Seiten oder anderweitig passenden Seiten ausgewählt werden, steigt die Effizienz dieser Werbeform. Beispielsweise wäre die Schaltung eines Banners für ein Unternehmen, das Babykleidung verkauft, auf der Webseite der Zeitschrift „Eltern" wesentlich erfolgsversprechender als wenn das Banner auf einer Community-Plattform für Heavy-Metal-Fans platziert wird. Der **Bezug** zum beworbenen Produkt oder dem angebotenen Service sollte in der Regel klar erkenntlich sein oder zumindest für den Besucher nachvollziehbar und nicht absurd erscheinen. Die Kosten für eine **Bannerschaltung** hängen meistens von der Click-Through-Rate des Banners oder dem Tausender-Kontaktpreis (TKP) ab. Bezahlt wird also pro Anklicken des Banners oder pro tausend Besucher der Webseite auf der das Banner geschaltet ist (egal ob diese das Banner anklicken oder nicht). Ein weiteres Kriterium beim Banner-Marketing ist die Frage nach der Funktionalität, dem Erscheinungsbild und der Größe des Banners (*Lammenett* 2012, S. 55 und S. 227). Die Größe des Banners ist oftmals individuell auswählbar und je nach Partner unterschiedlich platzierbar. Es gibt jedoch sechs Bannergrößen, die von der *European Interactive Advertising Association (EIAA)* als gängige Formate festgelegt wurden, um die anfallenden Kosten für die Medienerstellung, Verwaltung und Buchung von Werbeplätzen vergleichbarer und transparenter zu machen. Diese Standardisierung erleichtert die Einbettung der Banner in das Seitenlayout der Werbepartner und ermöglicht somit die seitenübergreifende Gestaltung von Werbemitteln für Werbetreibende. In Abbildung 53 werden die gängigsten Formate abgebildet: Fullsize-Banner (468 x 60 Pixel), Rectangle (180 x 150 Pixel), Medium Rectangle (300 x 250 Pixel), Skyscraper (120 x 600 Pixel), Wide Skyscraper (160 x 600 Pixel).

Andere Einteilungen unterscheiden in Full-Banner, Super-Banner, Expandable Banner, Rectangle, Skyscraper und Flash Layer und beschreiben auch Sonderwerbeformen (XHTML, Streaming-Ads, Wallpaper, Interstitials) oder Premium-Ad-Packages wie Pushdown-Ads, Maxi-Ads, Banderole-Ads oder Halfpape-Ads

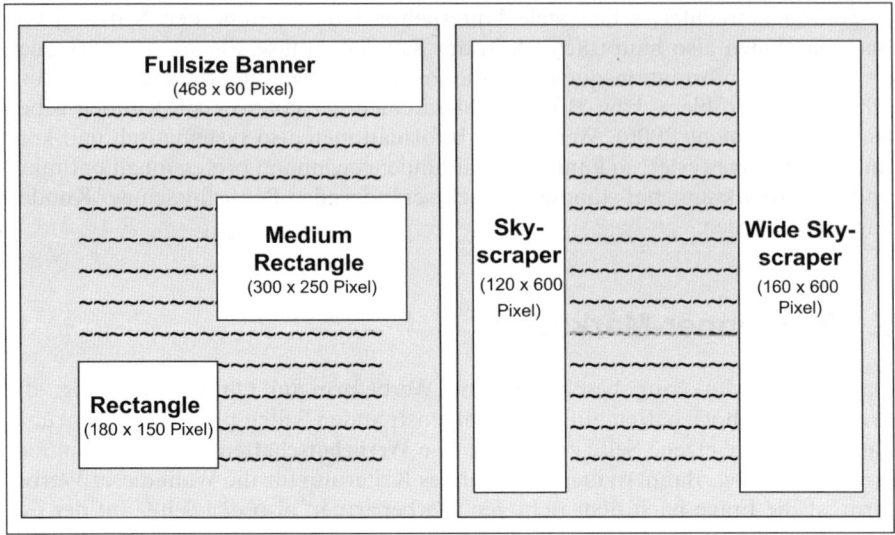

Abb. 53: Die Schaltung von Bannern auf der Website
Quelle: in Anlehnung an *Lammenett* 2012, S. 55.

(*Alpar/Wojcik* 2012, S. 116 f.). Die Funktionalität (statische Banner, animierte Banner) ist in der Regel davon abhängig, welche Programmiersprache zur Erstellung des Banners benutzt wird (HTML, DHTML, Flash, Gif etc.), um die entsprechenden Funktionen zu ermöglichen. Die folgende Liste bietet einen Überblick über die am häufigsten verwendeten **Banner-Arten** (*Lammenett* 2012, S. 227 ff.):

*   **Statische Banner**: Diese Banner werden in der Regel in den gängigen Grafikformaten erstellt und verweisen durch eine Verlinkung auf eine andere Webseite (Hyperlink). Die Aufmerksamkeit der User muss dabei lediglich durch ein statisches Bild erwirkt werden, wodurch die Übermittlung der Werbebotschaft erschwert wird. Statische Banner werden in manchen Fällen auch als Fake-Banner eingesetzt.
*   **Fake-Banner**: Fake-Banner werden gerne dazu eingesetzt, die sog. Click-Through-Rate zu erhöhen. Sie werden selten als Werbung erkannt, da sie entweder so in die Seite eingebettet werden, dass sie vom echten Content der Seite nicht zu unterscheiden sind, oder sie täuschen eine Systemmeldung vor, die den User dazu bewegen soll z. B. auf „Abbrechen" oder „OK" zu klicken. Alle Felder sind dann in der Regel nicht wirklich funktionsfähig und verbinden den User direkt mit der Seite des Werbeträgers.
*   **Animierte Banner**: Eine neuere Form der Bannerwerbung ist der Einsatz animierter Banner, die durch die technologische Weiterentwicklung des Internets ermöglicht wird und als Weiterführung der statischen Banner verstanden werden. Durch die Animation bestimmter Bilder oder Grafiken wird eine Bewegung vermittelt, die die Aufmerksamkeit der User auf das Banner lenken soll.

Normalerweise werden diese animierten Banner durch die Hinterlegung von Einzelbildern ermöglicht, die in Sequenzen hintereinander abgebildet werden. Auch wenn diese Banner zum „Eye-Catcher" der Seite werden und kreatives Potenzial für die Vermittlung der Werbebotschaft bieten, ist hier keine zusätzliche Interaktivität außer dem Anklicken des Banners möglich.

- **Mouse-Over-Banner**: Mouse-Over-Banner bewegen sich analog zu den Bewegungen des Mouse-Anzeigers. Fährt die Maus über das Banner so verändert es seine Form. Innerhalb dieser Bannerart gibt es unterschiedliche Variationen, wie z. B. Confetti-Banner oder Explosion-Banner. Das Prinzip ist jedoch immer dasselbe.
- **Flying Banner**: Flying Banner bewegen sich beim Neuaufbau einer Seite über den gesamte Bildschirm, um dann an einem vordefinierten Platz zu verharren.
- **Interaktive Banner**: Interaktive Banner ermöglichen es dem User, Aktionen innerhalb des Banners auszuführen. Dazu zählen z. B. Schaltflächen, Steuerungsknöpfe, Hyperlinks oder integrierte Pull-Down-Menüs. Betätigt nun ein User eine der Schaltflächen, so lassen sich bestimmte Werbebotschaften ein- und ausblenden (Rollout-Banner, Curtain-Banner bzw. Content Ad).
- **Nanosite-Banner**: Nanosite-Banner sind im Prinzip voll funktionsfähige Webseiten in Größe eines Banners. Somit ist es möglich, sämtliche Funktionen z. B. eines E-Shops in diesem Banner anzubieten, damit der User die eigentliche Webseite nicht verlassen muss. Die Programmierung dieser Banner ist in der Regel sehr aufwendig und erfordert spezielles Know-how. Daher ist der Gebrauch dieser Banner eher gering.
- **Transactive-Banner**: Transactive-Banner ermöglichen noch mehr Interaktivität als Nanosite-Banner und ermöglichen sogar einzelne Transaktionen innerhalb des Banners, wie z. B. das Bestellen von Produkten, Katalogen o. Ä.
- **Scratch-Banner**: Der Scratch-Banner wurde nach dem Vorbild des klassischen Rubbelloses konzipiert. Dabei wird ein Teil des Bildes (Banners) verdeckt und muss vom User durch das Bewegen der Maus freigerubbelt werden.
- **Curtain-Banner**: Curtain-Banner sind direkt in den Content einer Webseite integriert (daher auch Content Ad genannt) und werden somit nicht immer unmittelbar als Werbung wahrgenommen. Besteht eine inhaltliche Verbindung mit dem Text, so lassen sich diese Banner redaktionell in den Content einbinden und erhöhen dadurch die Relevanz der Werbebotschaft. Mittels eines Steuerungsknopfes lässt sich das Banner dann nach Belieben ein- und ausrollen.
- **Rollout-Banner**: Rollout-Banner rollen sich über den Content einer Seite aus, sind aber im Gegensatz zum Curtain-Banner im Ad Frame (definierter Werbebereich im Layout einer Seite) verankert und daher meistens deutlich als Werbung erkennbar.
- **Rich-Media-Banner**: Bei dieser Art Banner werden Multimedia-Elemente in das Banner eingebunden, um so die Interaktivität aber auch die Attraktivität der Werbeinhalte zu erhöhen. So können z. B. Videos oder Musikstücke in das Banner integriert werden.
- **Streaming-Banner**: Ein Streaming-Banner ist ein kleiner Werbespot, der z. B. als Bestandteil in einem Bannerformat gezeigt wird. Streaming bezieht sich hierbei auf die eingesetzte Technologie, die es ermöglicht, Film- und Audiodaten ohne längere Downloads abzuspielen.

- **Pop-Up-Banner**: Dieses Banner kann in der Regel eine beliebige Größe haben und technisch entweder statisch, animiert oder interaktiv sein. Wichtigstes Merkmal dieses Banners ist das Öffnen eines neuen Browserfensters. Pop-Ups überlappen die Hauptseite mit einem neuen Fenster, dass ausschließlich Werbung enthält. Durch die Entwicklung sog. *Pop-Up-Blocker* ist diese Werbeform bei Unternehmen jedoch nicht mehr so beliebt.
- **Pop-Under-Banner**: Pop-Under-Banner sind im Prinzip eine modifizierte Form des Pop-Up-Banners. Auch wird ein neues Browserfenster geöffnet, das sich allerdings nicht vor, sondern hinter die Hauptseite legt (meist unbemerkt) und dann erst beim Schließen der Hauptseite bemerkt wird.
- **Sticky Ads**: Sticky Ads bezeichnen Anzeigen, die sich beim Scrollen nicht mitbewegen und daher immer an derselben Stelle im Sichtfenster bleiben. Die Anzeige ist also quasi der Hauptseite vorgelagert und kann daher wichtige Content Bereiche überdecken. Daher werden diese Banner vom User oft als sehr störend empfunden und meistens direkt geschlossen.
- **Interstitials**: Interstitials sind Werbeanzeigen, die beim Wechseln einer Seite zwischengeschaltet werden, um die Wartezeit beim Aufbau der neuen Seite dazu zu nutzen, die Aufmerksamkeit des Users zu erreichen.

Ein große Diskussion im Zuge der Banner-Schaltung ist die Frage, ob und inwieweit nur die reine Einblendung (implizite Wirkung für spätere Kaufentscheidung) oder der tatsächliche Klick (explizite Wirkung für direkten Werbeerfolg) auf den Banner entscheidend für den **Werbeerfolg** ist. Laut dem *OVK Online-Report 2011/01* (S. 23) wurde „die explizite, also die unmittelbare und bewusste Wirkung von Displaywerbung im Internet bereits in verschiedenen Studien nachgewiesen und ist mittlerweile Standardbestandteil jeder Mediastrategie". Aber auch die implizite Wirkung wurde in der hier zitierten *OVK Werbewirkungsstudie 2010* nachgewiesen (s. Abb. 54). Letztendlich wird der Werbetreibende selbst entscheiden müssen, wie er wo und mit welchem Abrechnungssystem er die Werbe-Banner einsetzen möchte.

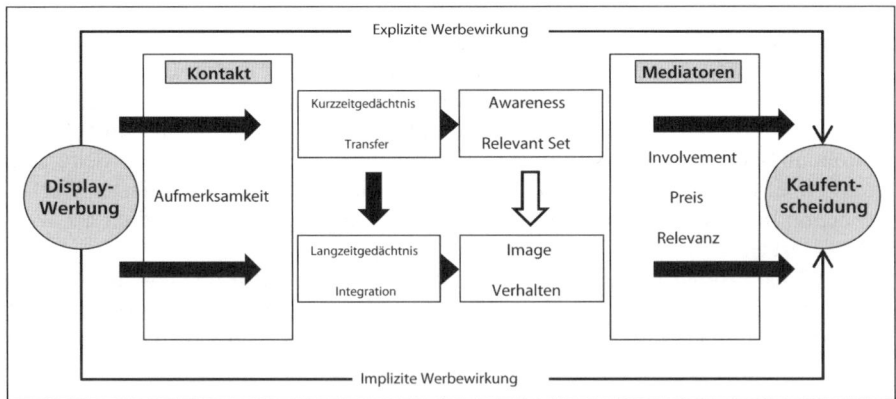

Abb. 54: Explizite und implizite Werbewirkung von Online-Banner (Displays)
Quelle: Bundesverband Digitale Wirtschaft (BVDW) e.V. (2011): OVK Online-Report 2011/01, S. 23.

5.1.3 Video-Marketing

Video-Marketing setzt insbesondere am **Baustein „Multimedia"** an und repräsentiert die Darstellung von Videobotschaften auf der eigenen Webseite oder anderen Internetpräsenzen (*Düweke/Rabsch* 2012, S. 244). Das Präsentationsformat wurde in den letzten Jahren vorrangig durch den Anstieg von Breitbandverbindungen begünstigt (*Alpar/Wojcik* 2012, S. 298). Erst dadurch wurden die Ladezeiten so weit reduziert, dass eine komfortable Nutzung dieses Marketingformates erst möglich wurde. Im Hinblick auf die verschiedenen Nutzungsformen kann neben der Grundeinteilung in **Produktvideos (PV)** und **Unternehmensvideos (UV)** auch noch zwischen folgenden **(Teil-)Formaten** unterschieden werden (*Düweke/Rabsch* 2012, S. 244 ff.):

- **Produktvideo (PV)**: Im Mittelpunkt stehen das Produkt und seine übergeordnete Funktionsweise. Ausgangsbasis kann ein typischer TV-Spot sein, der auch im Internet verwendet wird oder aber eine Eigenproduktion, die mehr die konkrete Handhabung in den Mittelpunkt rückt.
- **PV-Screencasts**: In dieser besonderen Form eines PV geht es um die Darstellung von konkreten Gebrauchsanweisungen, Abläufen und Anwendungen. Ein typisches Beispiel ist die Erläuterung der Softwareinstallation.
- **PV-Webisodes**: Hier werden die einzelnen Abschnitte eines Produktvideos in Teil- oder Einzelfolgen zerlegt, die einen Gesamtzusammenhang repräsentieren. Durch die Unterbrechungen besteht die Möglichkeit, interaktive Handlungen seitens des Nutzers zuzulassen.
- **PV/UV-Explainer**: Diese Videoform erklärt oftmals in animierter Form das grundsätzliche Geschäftsmodell, welches hinter einem Produktangebot liegt (s. Abb. 55). Damit wird dem Nachfrager in der Regel zwischen zwei und drei Minuten ein komplexer Zusammenhang mit Fokus auf das Wesentliche erklärt, um was es bei einer Webseite/einem Angebot überhaupt geht. Diese Form stellt oftmals den Übergang zum klassischen Unternehmensvideo dar.
- **Unternehmensvideo (UV)**: Hierbei handelt es sich um Imagefilme, die ein Unternehmen auf der emotionalen Ebene präsentieren und den Gesamtumfang der angebotenen Leistungen widerspiegeln.
- **UV-Newschannel**: In diesem meist regelmäßigen Format werden die News zu einem Unternehmen und/oder seiner Branche in einem Video präsentiert. Dabei kommen in der Regel reale aber auch virtuelle Moderatoren (sog. Avatare) zum Einsatz, die durch die Sendung führen.

Um auch nicht bewegten Bildern den Zugang zum Videoformat zu ermöglichen, besteht auch die Möglichkeit, dass Fotos zu Videos konvertiert werden. Anbieter wie *movinary.de* bieten hierfür die entsprechenden Tools im Netz an. Im Hinblick auf die **Verwendung** der Videos bieten sich eine ganze Menge an Kanälen an, die sich neben der eigenen Webseite auf die zahlreichen Videoportale wie *youtube.de* oder *vimeo.de* beziehen. Auch in soziale Netzwerke wie *Facebook* können Videos direkt hochgeladen werden. **Ziel** des Einsatzes eines Video-Marketings ist die generelle Schaffung von Aufmerksamkeit, Emotionalität und Reichweite. Dafür sollte neben einem interessanten Inhalt, der passenden Dauer, der optimalen tech-

Abb. 55: Das Beispiel eines Explainers auf der Webseite von *happystaff.de*

nischen Wiedergabe mit passender Tonqualität auch auf die abschließende **Call-to-Action** geachtet werden, bei der der Betrachter zu einer Handlung aufgerufen wird (z. B. das Aufrufen einer Webseite über die Einblendung einer URL; *Düweke/Rabsch* 2012, S. 250).

5.1.4 Social-Media-Marketing

Ein **soziales Netzwerk (E-Community)** oder auch **Social Media Network** steht allgemein als Begriff für die organisierte Kommunikation innerhalb eines elektronischen Kontaktnetzwerkes und damit für die Bereitstellung einer technischen Plattform für die Zusammenkunft einer Gruppe von Individuen, die in einer bestimmten Beziehung zueinander stehen bzw. zueinander stehen wollen (*Kollmann* 2011a, S. 551). Diese Beziehung kann thematisch durch die Kommunikationsinhalte, aber auch über den sozialen oder beruflichen Status der Community-Teilnehmer bestimmt werden. Im Mittelpunkt stehen dabei jedoch immer die soziale Interaktion und damit der Austausch selbst geschaffener entweder inhaltlicher oder personenbezogener Informationen (sog. **User-generated Content**). Entsprechend weisen die Individuen gemeinsame Bindungen im Hinblick auf Interessen, Ziele oder Aktivitäten auf und besuchen zumindest zeitweise einen gemeinsamen Ort (*Mühlenbeck/Skibicki* 2007, S. 15). Im Fall der E-Community stellt dieser gemeinsame Ort eine elektronische Plattform, insbesondere im Internet, aber verstärkt auch im Mobilfunk-Bereich dar, über die die Individuen über einen längeren Zeitraum und wechselseitig miteinander kommunizieren (*Tietz* 2007, S. 20). Diese Kommunikation ist dabei insbesondere geprägt von dem asynchronen und ortsunabhängigen Charakter des elektronischen Informationsaustausches (*Mühlenbeck/Skibicki* 2007, S. 15). Die Möglichkeiten hinsichtlich der

Form und des Inhalts der Kommunikation sind dabei mehr oder weniger grenzenlos (*Markus* 2002, S. 26).

Als elektronisches Kontaktnetzwerk dient die E-Community ihren Mitgliedern insbesondere in zweierlei Richtung: Zum einen soll der Informations- und Kommunikationsaustausch zwischen bereits einander bekannte aber auch unbekannten Teilnehmern unterstützt werden, zum anderen soll das entstehende Beziehungsgeflecht zwischen den Teilnehmern mit Hilfe elektronischer Funktionen verwaltet und gepflegt werden können (*Kollmann* 2011a, S. 551 f.). Die Unterstützung dieser beiden Aspekte durch die Plattform und ihre Betreiber, erfolgt dabei im Normalfall auf der Grundlage gemeinsamer Regeln, Werte und Normen (*Tietz* 2007, S. 20), die in den Teilnahmebedingungen bestimmt werden. Zu den bekanntesten Vertretern eines sozialen Netzwerkes zählen sicherlich *Facebook*, *Youtube* oder *Twitter* (*Bernecker/Beilharz* 2012, S. 22; *Safko* 2010). Das **Social-Media-Marketing (SMM)** beschreibt entsprechend den Einsatz von Marketingaktivitäten in bzw. über soziale Netzwerke unter besonderer Berücksichtigung der interaktiven Kommunikation und Weitergabe von Inhalten zwischen den Mitgliedern der E-Community.

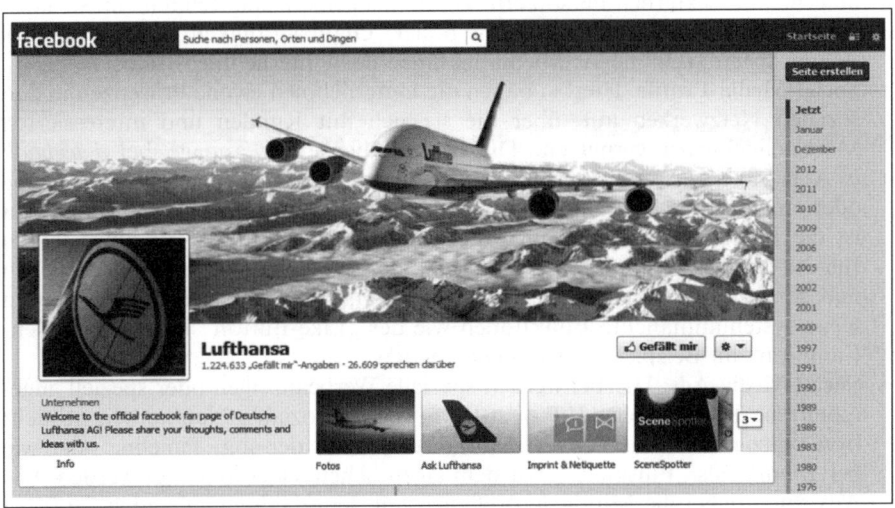

Abb. 56: Das Beispiel einer Fanpage bei *Facebook* für *Lufthansa*

Durch die Nutzung von Angeboten aus dem Social-Media-Marketing, wie z. B. soziale Netzwerke, Videoportale oder Communities für Marketingzwecke, ist es möglich, eine große Zielgruppe anzusprechen. Die dabei stattfindende Interaktion namhafter Marken sowohl mit ihren Fans als auch mit ihren Kritikern in sozialen Medien wird mitunter auch als **Netzwerk- oder Mitmach-Marketing** bezeichnet (*Kilian* 2011, S. 62). Der Energy-Drink-Hersteller *RedBull* bringt es bei *Facebook* schon auf fast 30 Mio. Fans und gehört neben *Coca-Cola* (41 Mio.), *Dell* (3,3 Mio.), *Adidas* (8,8 Mio.), *BMW* (fast 11 Mio.) oder *Lufthansa* (1,2 Mio.;

s. Abb. 56) zu den Unternehmen, die sehr intensiv auf diese Form des Online-Marketings setzen (Stand 12/2012). Sie zeigen damit dort Präsenz, wo sie Kunden besonders leicht an sich binden und kontinuierlich erreichen können, denn Internetnutzer verbringen bereits einen signifikanten Anteil ihrer gesamten Online-Zeit in sozialen Netzwerken (*Zarrella* 2010, S. 5). So wird hier fleißig über das Produkt, die Firma, eventuell auch einzelnen Mitarbeiter, den Service und Kampagnen diskutiert. Die „Freunde und Fans" werden somit Teil der Unternehmenskommunikation mit einem direkten Feedback und einer direkten Einbindung (*Kollmann/Tanasic* 2012). Im Hinblick auf die verschiedenen Möglichkeiten eines Einsatzes von **Maßnahmen im Social-Media-Marketing** werden in der Literatur eine ganze Reihe an Instrumenten, Formen und Arten beschrieben (*Bernecker/ Beilharz* 2012, S. 225 ff.; *Düweke/Rabsch* 2012, S. 155 ff.; *Alpar/Wojcik* 2012, S. 314 ff.; *Kreutzer* 2012, S. 330 ff.):

- **Social-Media-Buttons**: Hierbei werden auf der eigenen Webseite communitybezogene Icons mit den Symbolen der jeweiligen sozialen Netzwerke eingebaut, mit deren Hilfe (= einfacher Click auf das Icon) der zugehörige Content vom Webseitennutzer direkt in die sozialen Netzwerke übertragen werden kann. Dadurch, dass diese Weitergabe durch den Webseitennutzer und damit einer unternehmensexternen Person erfolgt und als persönliche Referenz im sozialen Netzwerk auftaucht, wird dort eine höhere Glaubwürdigkeit erzeugt als über standardisierte (Online-)Werbemaßnahmen des Unternehmens selbst.
- **Social-Media-Profile**: Hierbei bauen die Unternehmen eigene Präsenzen in den sozialen Netzwerken auf, über die sie sich mit Kunden und interessierten Marktteilnehmern vernetzen. Dies kann über eine Fanpage bei *Facebook* (s. Abb. 56) ebenso umgesetzt werden wie mit einem Videochannel bei *Youtube* oder einem *Twitter*-Kanal im Rahmen des Microblogging. Damit verbunden ist die Hoffnung, dass die am Profil angeschlossenen User die eingestellten Inhalte direkt und unmittelbar innerhalb des sozialen Netzwerkes weitergeben und somit weitere Reichweite für das Unternehmen erzeugen. Dazu werden meist systemimmanente Funktionen wie der „Like-Button" oder die „Teilen-Funktion" im Beispiel bei *Facebook* genutzt.
- **Social-Media-Ads**: Hierbei werden spezielle Werbeanzeigen oder speziell zugeschnittene Kampagnen (*Hilker* 2010, S. 164) in sozialen Netzwerken gebucht bzw. platziert, die wie bei *Facebook* direkt neben der sog. Timeline oder wie bei *Youtube* als „Einspieler" vor dem eigentlichen Video platziert werden. Die Ads rufen dabei die Mitglieder auf, sich mit dem dahinterstehenden Profil zu vernetzen und damit den Newsstream zu abonnieren oder direkt eine Webseite aufzurufen. Die Besonderheit im Gegensatz zu der normalen Display-Werbung mit Hilfe von Bannern im offenen Web liegt in der Tatsache, dass die Einblendung unmittelbar mit den Interessen der Netzwerkmitglieder über deren Angaben im eigenen Profil oder über deren Nutzungsverhalten innerhalb der sozialen Gemeinschaft verbunden werden. Dadurch wird der Streuverlust einer Werbemaßnahme reduziert und die Einblendungen können zudem vom Werbetreibenden zielgruppengenau durch Vorgaben von Interessen bei den Nutzern gesteuert werden.
- **Social-Media-Content**: Hierbei handelt es sich um die sog. Postings eines Unternehmens innerhalb seines Social-Media-Profils (analog sind es sog.

Tweets bei *Twitter* oder Videouploads bei *Youtube* usw.). Diese Inhalte werden entweder durch die Überspielung von News mit Hilfe von RSS-Feeds von Webseiten oder Blogs automatisch erzeugt oder aber eigenständig eingestellt. Die Inhalte können sich dabei auf textliche Informationen, Links oder aber auch Bilder, Videos oder spezielle Tools beziehen. Entscheidend ist die Aufbereitung der Inhalte und je persönlicher und eigenständiger diese sind, umso mehr werden sie von den angeschlossenen Nutzern weitergegeben oder kommentiert.

- **Social-Media-Interaktion**: Hierbei handelt es sich um den Dialog mit den angeschlossenen Nutzern über den oder mit Hilfe des eingestellten Contents. Hierfür werden entweder spezielle Tools angeboten, wie das Beispiel „Ask Lufthansa" bei Facebook zeigt (s. Abb. 56) oder der Dialog erfolgt über die Kommentar-Funktion (*Ahlers* 2008, S. 96), die in der Regel mit jedem Posting verbunden ist. Dabei kann der Unternehmensvertreter als Administrator der Seite in den persönlichen Kontakt mit dem kommentierenden Nutzer treten und entweder direkt über die offene Kommentar-Funktion (für alle sichtbar) oder aber eine geschlossene PM (Private Message; nur für Adressaten sichtbar) antworten.

- **Social-Media-Monitoring**: Hierbei handelt es sich um Maßnahmen um den Erfolg und die Reichweite der eigenen sozialen Aktivitäten zu messen. Dabei werden spezifische KPIs (Key Performance Indicators) definiert, die einmal quantitativer (z. B. Anzahl der Facebook-Fans oder Twitter-Follower sowie Anzahl von Likes/Shares bzw. Retweets/@-Erwähnungen) oder aber auch qualitativer Natur (z. B. Inhalt von positiven Kommentare) sein können.

Die typischen **Vorteile**, die mit dieser Form des Online-Marketings im Rahmen der Kommunikationspolitik verbunden werden, sind die höhere Kundennähe, die Schaffung einer Vertrauensbasis über die direkte und interaktive Kommunikation (*Borges* 2009, S. 37; *Heymann-Reder* 2011, S. 17), die Erweiterung der Reichweite und die Nutzung von Weiterempfehlungsmechanismen seitens der Teilnehmer an sozialen Netzwerken. Vor diesem Hintergrund kann das Social-Media-Marketing sowohl zur Kundenpflege als auch zur Neukundengewinnung eingesetzt werden, wobei sich ein Erfolg oftmals jedoch erst längerfristig einstellt (*Weinberg* 2011, S. 9). Auch der Imageaufbau oder die Imagepflege eines Unternehmens kann mit Hilfe eines Auftritts in sozialen Netzwerken gestärkt werden. Eine weitere Möglichkeit sind ferner Recruiting-Maßnahmen wie die gezielte Ansprache von Kandidaten in sozialen Netzwerken (*Jodeleit* 2010, S. 135). **Nachteile** bestehen insbesondere über den Aspekt eines Kontrollverlustes über die möglichen negativen Kommentare und Dialoge und deren Weitergabe innerhalb der sozialen Netzwerke. Entsprechend gilt es, einige typische **Fehler beim Social-Media-Marketing** zu vermeiden (*Düweke/Rabsch* 2012, S. 159):

- **Planlosigkeit:** SMM-Aktivitäten sollten nur mit einer durchdachten Strategie gestartet werden.
- **Fehlende Nachhaltigkeit:** SMM-Aktivitäten sollten immer authentisch sein und den Nutzern einen Mehrwert bieten.
- **Unregelmäßigkeit:** SMM-Aktivitäten sollten immer kontinuierlich erfolgen und die einmal aufgebauten Vernetzungen nicht verkümmern lassen.

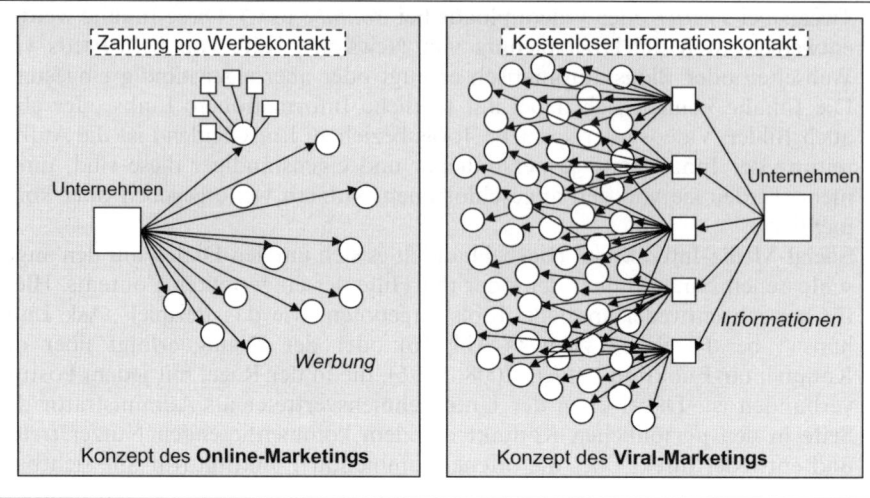

Abb. 57: Das Konzept des Viral-Marketings
Quelle: *Kollmann* 2001c, S. 62.

- **Uneinheitlichkeit:** SMM-Aktivitäten sollten über die verschiedenen Kanäle hinweg einheitlich gestaltet werden.
- **Fehlende Vorbereitung:** SMM-Aktivitäten sollten von Anfang an auch ein ausgefeiltes Krisenmanagement gegen negative Reaktionen bzw. Kommentare beinhalten.

Dem Social-Media-Marketing inzwischen zugehörig wird beim sog. **Viral-Marketing** bewusst versucht, die anderen Internet- oder Netzwerk-Teilnehmer ausschließlich dazu zu bringen, die eigenen Kommunikationsbotschaften einfach und kostenlos zu verbreiten (*Kollmann* 2001c, S. 60ff.; *Rayport/Jaworski* 2002, S. 244 f.). Dies war über verschiedene Plattformen zwar schon immer möglich, jedoch hat diese Form nochmals einen besonderen Aufschwung durch die sozialen Netzwerke bekommen. Im Gegensatz zu den kommerziellen Kommunikationsinstrumenten handelt es sich hier um eine sehr kosteneffiziente Weiterverbreitung von Werbeinhalten. Es setzt in der Grundidee am Prinzip der **Mund-zu-Mund-Propaganda** an, geht jedoch in der Umsetzung einen wesentlichen Schritt weiter. Es werden gezielt die Netzeffekte des Internets und neuerdings insbesondere der sozialen Netzwerke genutzt, um multiplikativ eine kostenfreie Verbreitung der Information zu erzielen, die dann mit exponentieller Geschwindigkeit vonstattengeht (*Scott* 2009, S. 143). Somit trägt sich die Werbebotschaft von selbst weiter und erreicht immer neue Adressaten, wobei die Verbreitung an sich nicht kontrolliert werden kann (s. Abb. 57). Beispielsweise kann ein Nutzer auf *Facebook* einen Link zu einem interessanten Video bei *Youtube* mit seinen Freunden teilen (*Holzner* 2009, S. 85 f.; *Holzapfel/Holzapfel* 2010, S. 33).

Zur Initiierung bzw. Umsetzung des Viral-Marketings stehen dem Werbetreibenden neben den sozialen Netzwerken wie *Facebook*, *Twitter* und *Youtube* noch weitere verschiedene **(Träger-)Instrumente** zur Verfügung, die je nach Intensität und Zielrichtung der Verbreitung der Werbebotschaft unterschiedlich eingesetzt werden können (*Kollmann* 2011b, S. 202):

- **Suchmaschinen und Linklisten**: Suchmaschinen (z. B. *google.de*) bzw. Linklisten (z. B. *buchlesen.net*) helfen über Sucheinträge zu Webseiten mit gewünschten Informationen zu gelangen (*Turban* et al. 2002, S. 337 ff.). Diese Instrumente sind mit den herkömmlichen „Gelben Seiten" zu vergleichen und helfen dem Unternehmen durch ihre Multiplikatorenrolle eine entsprechende Verbreitung im Internet zu erlangen. Beide Such- bzw. Strukturierungshilfen werden von den Nutzern des Internets bei ihrer Recherche nach Informationen bzw. Produktangeboten in Anspruch genommen. Insofern ist es unerlässlich, sich dort (kostenlos) einzutragen bzw. von deren Web-crawlern automatisch erfassen zu lassen (s. dazu auch Kapitel 5.1.1).
- **Kostenlose Leistungen**: Das Bereitstellen von unentgeltlichen Leistungen steigert die Attraktivität einer Seite, insbesondere wenn für die Zielgruppe ein echter Mehrwert geschaffen wird. Allerdings darf dieses Angebot einerseits die eigentlichen Angebote nicht unterlaufen, muss aber andererseits in einem klaren Sinnzusammenhang stehen. Bekannt gemacht werden können kostenlose Leistungen in speziellen Linklisten (z. B. *kostnixx.de*). Werden Applikationen zur Installation auf anderen Webseiten zur Verfügung gestellt, kann die Verbreitung der kostenlosen Leistung und somit auch des Werbeinhalts wesentlich gesteigert werden.
- **Foren/Chats**: In virtuellen Kommunikationsräumen wie Themenforen oder Chats werden die unterschiedlichsten Angelegenheiten oder Probleme diskutiert. Spezielle Themenforen werden dafür systematisiert und gepflegt. Neue Besucher von Foren können sich dann einlesen und finden sehr schnell Antworten auf ihre Fragen, sofern diese im Forum bereits behandelt wurden. Werden folglich im Zusammenhang gestellter Fragen und diskutierter Themen Hinweise auf die eigenen Leistungen bzw. das eigene Unternehmen platziert, lässt sich ein weiterer Verbreitungskanal erschließen.
- **Weiterempfehlung**: Besucher einer Webseite mit einem positiven Eindruck stellen potenzielle Fürsprecher eines Unternehmens dar. Insofern muss ihnen auch die Gelegenheit gegeben werden, den Internetauftritt weiterzuempfehlen. Über eine Weiterempfehlungsroutine (Eingabefeld zur Aufnahme der Zieladresse) kann der Nutzer dann die URL bzw. ganze Inhalte (z. B. *spiegel.de*) an Bekannte weiterleiten. Hier setzen auch die bereits weiter oben beschriebenen Social-Media-Buttons an.
- **Kommunikationsträger**: Werbebotschaften lassen sich mit Services verbinden, die den Nutzern für deren Kommunikationszwecke kostenfrei zur Verfügung gestellt werden. Etwa Grußkarten- oder E-Mail-Services können dazu eingesetzt werden. *Hotmail* hat auf diesem Weg innerhalb von 18 Monaten 12 Millionen Nutzer für sich gewinnen können (*Turban* et al. 2002, S. 185). Auf *eltern.de* werden ebenfalls elektronische Postkarten angeboten, mit deren Versand sich auch der Internetauftritt bekannt macht.
- **Gewinnspiele**: Auch innerhalb der Net Economy sind Gewinnspiele ein sehr effektives Mittel, um Kunden auf Leistungsangebote aufmerksam zu machen.

Ebenso ist hier darauf zu achten, dass das Gewinnspiel und die Unternehmensleistung in einem thematischen Zusammenhang stehen, um die Teilnahme zu einem wirkungsvollen Kontakt mit der eigenen Werbebotschaft auszubauen. Ähnlich wie bei den kostenlosen Leistungen können die Gewinnspiele in Linklisten wie *gewinnspiele.de* eingetragen werden.

Eine neuere Variante sind auch die **Pinboards** oder Posting-Plattformen wie zum Beispiel *Pinterest* und andere, bei denen Fotos oder Nachrichten an ein virtuelles Informationsbrett geheftet werden, von wo aus Sie einfach innerhalb und außerhalb der Plattform weitergepostet werden können. Die Aufgaben des Managements konzentrieren sich im Rahmen des Viral-Marketings auf die Identifikation der passenden Webseiten, damit die Werbebotschaft auch im richtigen Kontext verbreitet wird (*Hünnekens* 2010, S. 122). Insbesondere bei Foren und Chats ist darauf zu achten, denn die Zuordnung eines falschen Images ist nur schwer korrigierbar. Der Eintrag in Linklisten und Suchmaschinen ist als ein andauernder Prozess zu verstehen, da die Lebenszyklen, speziell von Linklisten, sehr unterschiedlich ausfallen können.

Ebenfalls dem Social-Media-Marketing inzwischen zugehörig wird beim sog. **Guerilla-Marketing** bewusst versucht, mit besonders ungewöhnlichen und unerwarteten Werbe- bzw. Aktionsinhalten die anderen Internet- oder Netzwerk-Teilnehmer dazu zu bringen, sich mit einer Marke oder einem Produkt zu befassen. Ziel ist hier die außergewöhnliche Aufmerksamkeit zu erzeugen und den zugehörigen Effekt ebenfalls bestmöglich viral im Netz sich verbreiten zu lassen. Somit kann das Guerilla-Marketing auch als Steigerungsform des Viral-Marketings bezeichnet werden, um alle Möglichkeiten des Social-Media-Marketings für sich zu nutzen. Eine der wesentlichen Gefahren bei dieser Form liegt im Überziehen der Maßnahme über ein erträgliches Maß hinaus, so dass sich ein positiv gewollter in einen negativen Werbeimpuls verwandelt. Im Hinblick auf verschiedene Unterformen finden sich in der Praxis auch Begriffe wie Low-Budget-Guerilla-Marketing, Guerilla Mobile, Sensation Marketing oder aber auch (Online-)Ambush- und (Online-)Ambient-Marketing (*Alpar/Wojcik* 2012, S. 237 ff.).

5.1.5   Affiliate-Marketing

Das Affiliate-Marketing basiert auf dem Prinzip der **Kommunikations- und Vertriebspartnerschaft** zwischen einzelnen Unternehmen. Dabei wird vereinbart, dass der Partner (Affiliate) bestimmte Produkte oder Dienstleistung des Kooperationspartners (Merchant) auf seiner Seite bewirbt und im Gegenzug für jede Transaktion, die durch seine Werbemaßnahmen erfolgreich generiert wird, eine vorher festgelegte Provision erhält (*Lammenett* 2012, S. 29). Das primäre Ziel des Affiliate-Marketings für den Merchant liegt in der Ausweitung seiner Online-Reichweite und der Online-Verkäufe und für den Affiliate in der zusätzlichen Erzielung von Werbe- oder Provisionserlösen (*Kreutzer* 2012, S. 215). Die Vergütung des Affiliate ist dabei individuell zu entscheiden und muss nicht unbedingt an der Durchführung einer erfolgreichen Transaktion gemessen werden. Das Hauptvergütungsmodell bei dieser Art von strategischen Partnerschaften ist das Pay-for-

Sale (s. Abb. 58). Dieses Modell beinhaltet die erfolgsabhängige **Vergütung** der erbrachten Leistung. Bei einigen Partnerschaften wird auch ein Teil als Fixed Fee ausgehandelt, der sozusagen als monatlicher Grundbetrag gesehen werden kann. Die endgültige Vergütung innerhalb dieses Modells kann jedoch verschiedene Ausprägungen enthalten (*Albers/Jochims* 2003, S. 26).

Insgesamt ist beim Affiliate-Marketing auf verschiedene Hauptmerkmale zu achten, welche die Ausprägung und damit die Effizienz der Marketingaktivitäten beeinflussen. Dazu gehören die bereits erwähnten (meist finanziellen) Anreize für den Affiliate, die Auswahl des geeigneten Partners, die juristischen Vertragsbedingungen, die eingesetzten Werbemittel, die Vermarktungsstrategie und ein geeignetes Tracking-Tool (*Lammenett* 2012, S. 41 ff.). Bei der **Auswahl eines geeigneten Partners** zählen vor allem Kriterien, wie eine hohe Besucherzahl (Traffic), die Möglichkeit einer geeigneten Zielgruppenansprache und ein starkes Image des Partners. Bei vielen strategischen Partnern ist der Traffic weitaus höher als bei dem Anbieter selber, wodurch ein ungleiches Größenverhältnis entsteht. Je stärker nun die Position des Vertriebspartners ist, desto mehr richtet sich die Gestaltung des Kooperations-Vertrages nach den Bedingungen des Partners. Die Individualisierung der Verträge verringert jedoch den Grad der Standardisierung und erhöht damit den Aufwand für die **vertraglichen Vereinbarungen**, in denen z. B. auch die Vergütung definiert und festgehalten wird, sowie Laufzeit und Kündigung der Partnerschaft, Haftung und Datenschutz.

Entscheidend sind dabei auch die Einbindung des Angebots auf der Seite des Partners und die Auswahl der **Werbemittel**. Hier bieten sich integrative oder linkbasierte Lösungen an. Zum Beispiel können die Produkte der Unternehmensseite direkt in den Online-Warenkorb des Partners integriert werden, ohne das der Nutzer der Partnerseite die Webseite wechseln muss. Bei der linkbasierten Lösung geht es vor allem um Contenteinbindung. Hier bringt das Unternehmen Inhalte zu seinem Angebot auf der Seite des Affiliates ein und verlinkt darüber auf sein eigenes Angebot. Diese Links können entweder reine Text-Links sein oder aber auch Banner, Buttons, Formulare usw., die dann beim Anklicken auf die eigene Webseite des Unternehmens verlinken. Da nicht alle Affiliate-Programme gleichermaßen erfolgreich und gut sind, lohnt es sich für Unternehmen, eine klar definierte **Vermarktungsstrategie** auszuwählen, die gezielt die Aktivitäten im Affiliate-Marketing steuert, unterstützt und kontrollieren soll. Dazu gehört zunächst die Aufgabe, proaktiv nach geeigneten Partnern zu suchen, die eher aufgrund ihrer qualitativen Eignung und nicht aus rein quantitativen Überlegungen selektiert werden. Des Weiteren ist der regelmäßige Kontakt zum Partner durchaus sinnvoll, besonders dann, wenn es sich um umsatzstarke Partner handelt, die auch für zukünftige und eventuell auch anderweitige Partnerschaften erfolgversprechend sind.

Der letzte Aspekt im Affiliate-Marketing ist die technische Umsetzung, die die Identifizierung und Zuordnung der Besucher und deren Transaktion zu einem bestimmten Partner ermöglicht. Dieses „Tracking" ist insbesondere dann wichtig, wenn ein Unternehmen mit mehreren Affiliates kooperiert und unter Umständen sogar in einem Netzwerk tätig ist und daher nicht unbedingt unterscheiden kann,

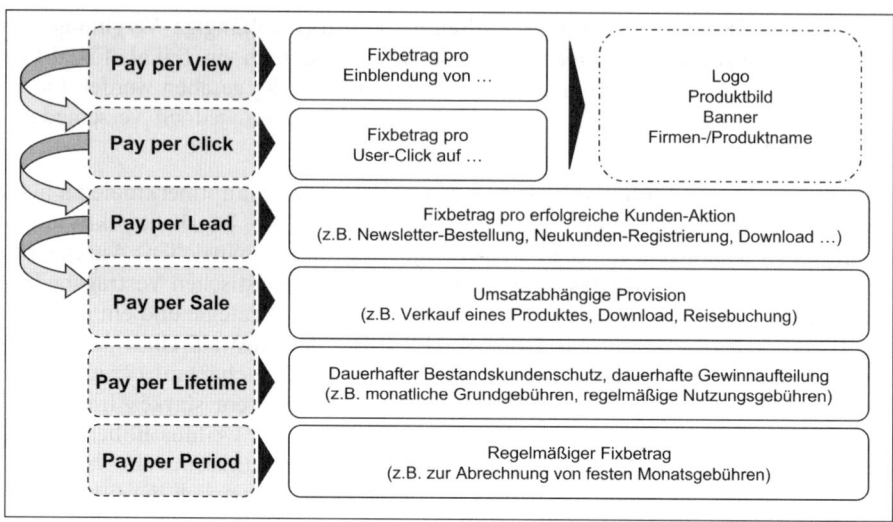

Abb. 58: Vergütungsmodelle im Affiliate-Marketing
Quelle: in Anlehnung an *Heßler* 2004, S. 331 f.

von welchen Seiten die Besucher auf die eigene Seite weitergeleitet worden sind. Es lassen sich verschiedene **Tracking-Tools** einsetzen, die mit unterschiedlichen Methoden an das Besuchertracking herangehen (*Lammenett* 2012, S. 42 ff.; *Woitke* 2003, S. 310):

- **URL-Tracking**: Beim URL-Tracking wird die Partner-ID direkt in den HTML-Code einer Seite integriert, sobald ein Besucher die Seite öffnet. Somit wird die Partner-ID zum Teil der URL und ermöglicht dadurch einen durchgängigen Tracking-Prozess, der unabhängig von den Browsereinstellungen des Users ist. Nachteil dabei ist allerdings das zwingende Aufeinanderfolgen beider Webseiten. Besucht ein User zwischenzeitlich eine andere Seite, geht die ID und damit die Möglichkeit der Zuordnung verloren.
- **Cookie-Tracking**: Cookies sind Teilinformationen, die beim Besuch einer Webseite im Browser des Besuchers gespeichert werden. Dadurch wird zum Beispiel ermöglicht, dass ein bestimmter Besucher beim nächsten Besuch der Seite sofort erkannt wird. Die im Browser gesammelten Informationen können also auch die ID des Affiliates speichern, die beim Kauf auf der eigenen Seite abgerufen werden können und somit identifizieren, welche Partnerseite der Besucher vorher aufgerufen hat. Sofern der User die Speicherung von Cookies nicht ausgeschaltet hat, kann durch diese Methode auch eine zeitlich verschobene Transaktion nachverfolgt werden.
- **Datenbank-Tracking**: Das Datenbank-Tracking geht noch einen Schritt weiter und verbindet quasi die ID in der URL oder dem Cookie mit der Kunden-ID in der Datenbank und speichert sie dort gemeinsam ab. Dies ermöglicht das Tracking nicht nur einer einzelnen Transaktion, sondern auch die der Folgetransaktionen. Die Daten können auch im Rahmen der Analyse des Kaufver-

haltens (s. Kapitel 2.2.4) Verwendung finden, da so bspw. bestimmte Interessen und Bedürfnisse im Laufe der Zeit erkennbar werden.

- **Webbugs**: Neben Cookies können auch HTML-Wanzen für das Tracking eingesetzt werden. Webbugs sind 1x1-Pixel große transparente Bildchen, die in den HTML-Code einer Webseite eingebettet werden. Für den Nutzer sind sie unsichtbar und werden beim Betrachten einer Webseite oder Öffnen der E-Mail vom externen Server geladen. Sie hinterlassenen in den Logs des Servers Spuren für eine Verfolgung des Surfverhaltens.

Eine besonders in der letzten Zeit an Attraktivität gewinnende Form des Affiliate-Marketings ist die Nutzung von sog. **Affiliate-Netzwerkbetreibern**, wie *affilinet.de* oder *zanox.de*. Dabei wird ausgehend von der Größe und Reichweite der Netzwerke in der Praxis in A- und B-Liga-Affiliate-Netzwerke, Nischennetzwerke und kurzfristige Affiliate-Netzwerke unterschieden (*Alpar/Wojcik* 2012, S. 194 ff.). Die Betreiber der Affiliate-Netzwerke koordinieren und vermitteln zwischen Merchants und potenziellen Affiliate-Partnern. Durch die Spezialisierung auf die Vermarktung von Partnerprogrammen sind diese Betreiber in der Lage, nicht nur zu vermitteln, sondern auch Werbematerial bereitzustellen, vertragliche Modalitäten zu regeln, Statistiken zu erstellen oder Zahlungsabwicklungen zu betreuen.

5.1.6   E-Mail-Marketing

Beim E-Mail-Marketing geht es darum, durch das Verschicken von E-Mails, z. B. in Form von Newslettern oder ähnlichen Werbeformen an eine ausgewählte Zielgruppe, eine direkte Form der Kundenansprache zu ermöglichen. Der Einsatz von E-Mail-Marketing kann daher nicht nur für das erfolgreiche Anbahnen von Geschäftsbeziehungen eingesetzt werden, sondern dient gleichzeitig auch der besonderen Pflege des bestehenden Kundenstamms. Für Unternehmen ist dieses Marketinginstrument interessant, da es im Wesentlichen auf dem Grundprinzip des **Dialogmarketings** aufbaut. Das heißt, dass die angesprochene Zielgruppe direkt und persönlich angesprochen wird und zu einer Reaktion aufgefordert wird. Dies passiert meistens mittels Anklicken eines Links in der E-Mail oder dem Newsletter, der dann auf die Homepage des Werbetreibenden führt um dort z. B. ein spezielles Angebot oder besondere Leistungen anzupreisen. Vor diesem Hintergrund können folgende vier **Ausprägungen im E-Mail-Marketing** beobachtet werden (*Kreutzer* 2012, S. 278):

- **Trigger-E-Mails**: Beim Einsatz dieser Mailing-Form geht es darum, einen allgemeinen oder speziellen Auslöser (= engl. „trigger") für eine Aktion beim Kunden zu adressieren. Dies kann bspw. im Ergebnis der Besuch einer Webseite oder die Aufforderung sein, sich an einer Gewinnspielaktion zu beteiligen. Typische Aufhänger für den Auslöser können aber auch Rabatte, Jahreszeiten, Feiertage oder der Geburtstag des Kunden sein. Im Kern geht es also immer darum, ein bestimmtes Verhalten bei der Zielperson anzustoßen.
- **Transaction-E-Mails**: Beim Einsatz dieser Mailing-Form wird der allgemeine Geschäftsvorgang zwischen Unternehmen und Kunde begleitet. Zusendungen von elektronischen Nachrichten können sich dabei auf eine Anfrage, eine

Bestellung, die Lieferung oder die Rechnung beziehen. Hiermit soll eine aktive Begleitung auch im Distanzhandel simuliert werden, die Vertrauen und Involvement erzeugen soll.

- **After-Sales-E-Mails**: Beim Einsatz dieser Mailing-Form geht es zum einen um die Zufriedenheitsmessung nach dem abgeschlossenen Online-Geschäft und der Lieferung des Produktes sowie zum anderen um den Impuls für weitere Online-Käufe seitens des Kunden. Ziel ist es, den Kontakt zum Kunden nicht abbrechen zu lassen, sondern ihn bestenfalls direkt zum nächsten Kauf zu begleiten. Die After-Sales-E-Mail liegt damit in der Schnittstelle zwischen Transaction- und Trigger-E-Mail.
- **Newsletter-E-Mails**: Beim Einsatz dieser Mailing-Form können Unternehmen ihren Kunden und Interessenten regelmäßig aktuelle Informationen in einer Übersicht zusammenstellen und elektronisch verschicken. Die News verfügen dabei normalerweise über Links, die entweder zum Weiterlesen anregen sollen und die Kunden auf die Homepage führen oder sogar direkt zum Kauf oder zur Bestellen animieren sollen. Ziel ist die Bindung zu und die regelmäßige Kommunikation mit dem Kunden.

Durch die Möglichkeit der direkten Ansprache zählt das E-Mail-Marketing zur klassischen Form der Direktwerbung. Die Aufforderung zur Reaktion eröffnet dann den Dialog zwischen Kunde und Unternehmen, der im optimalen Fall zu einer langjährigen, intensiven Beziehung zwischen beiden Partnern führen soll. Die Besonderheiten dieser Form der Kundengewinnung und Kundenbindung sind zum einen die **niedrigen Kosten**, zum anderen aber auch die hohe Response-Quote (*Schwarz* 2003, S. 69). Die Erstellung und Versendung z. B. von Newslettern oder E-Mails ist im Vergleich zum traditionellen Postversand wesentlich einfacher und kostengünstiger, da die einmal erstellten Inhalte beliebig oft weiterverschickt werden können und nur die Kosten für mögliche Softwarelizenzen oder Providergebühren entrichtet werden müssen. Im Vergleich zu Postwurfsendungen ist auch die Resonanz auf die Inhalte wesentlich größer, da der Kunden z. B. nicht zum Telefon greifen oder eine Antwortpostkarte schicken muss. Er muss lediglich der Verlinkung auf die Webseite folgen, wodurch die Reaktionsmöglichkeit deutlich und ohne erheblichen Mehraufwand vereinfacht wird.

Ein wesentlicher Aspekt, der den Erfolg dieses Marketinginstruments enorm beeinflusst, ist die Tatsache, dass der Kunde dem Unternehmen sein Einverständnis zum Erhalt regelmäßiger Informationen und News per E-Mail geben muss (das sog. Opt-In-Gebot). Somit ist das Verschicken des Newsletters oder einer personalisierten E-Mail aktiv vom Kunden gewünscht und erfährt dadurch eine höhere Aufmerksamkeit, als andere Werbemittel. In der Regel wird eine Personalisierung der E-Mail durch die einmalige Registrierung der Kunden auf der Webseite ermöglicht. In einigen Fällen kann er auch gezielt seine Interessen und Informationsbedürfnisse äußern, damit die E-Mail an Relevanz gewinnt. Im Hinblick auf diese Erlaubnis wird auch vom sog. **Permission-Marketing** gesprochen. Unter Permission-Marketing versteht man im Allgemeinen die erlaubnisbasierte Versendung einer Werbebotschaft (*Lammenett* 2012, S. 239). Dabei gibt ein Kunde einem Unternehmen die **Erlaubnis** (Permission), ihm bestimmte Werbebotschaften, z. B. eben in Form einer E-Mail zukommen zu lassen. Die Erlaubnis des

Kunden wird dabei durch das sog. Opt-In gegeben. Durch das **Single-Opt-In** erhält der Interessent allein durch Eingabe der E-Mail Adresse regelmäßige Informationen. Wird die Anmeldung vom Anbieter noch einmal ausdrücklich bestätigt, so nennt man dies **Confirmed-Opt-In**. Die intensivste Form der Erlaubniserklärung findet beim sog. **Double-Opt-In** statt, da der Nutzer noch einmal die Bestätigungsmail beantworten muss (s. Abb. 59).

Eine weitere Besonderheit dieses Marketing-Instruments ist die Kontrolle oder **Messbarkeit des Erfolges.** Der Einsatz einer per E-Mail oder Newsletter verschickten Werbebotschaft lässt sich problemlos bis in alle Details nachverfolgen. So kann das Unternehmen genau sehen, wer die E-Mail gelesen und wer sie eventuell an Bekannte weitergeleitet hat. Zudem ist es möglich, nachzuverfolgen, wer welchen Link angeklickt hat und für welche Information oder Produkt sich der User interessiert. Somit können klare Aussagen über Klickraten einzelner Produkte und die Effizienz der gesamten Werbemail-Aktion gemacht werden. Die Vollautomatisierung der Datengenerierung erfordert kaum Mehraufwand bei der Erstellung von Reportings und Berichten zu Analysezwecken. Die selbständige Protokollierung der Daten erlaubt neben der Auswertung des Gesamterfolges nach der Aktion auch die Kontrolle und Auswertung der verschickten Mails (Anzahl versandter Mails, Rückläufe, geöffnete Mails etc.) während der Aktion, da alle Daten in Echtzeit an das Unternehmen übertragen werden und diesem daher sofort zur Verfügung stehen.

Je nach eingesetzter Software und Systemkapazitäten, können die Analyse der Werbeaktion und die Erfolgsmessung in unterschiedliche Detaillierungsgrade aufgesplittet werden. Manche Systeme erlauben zudem die Aggregation der Daten

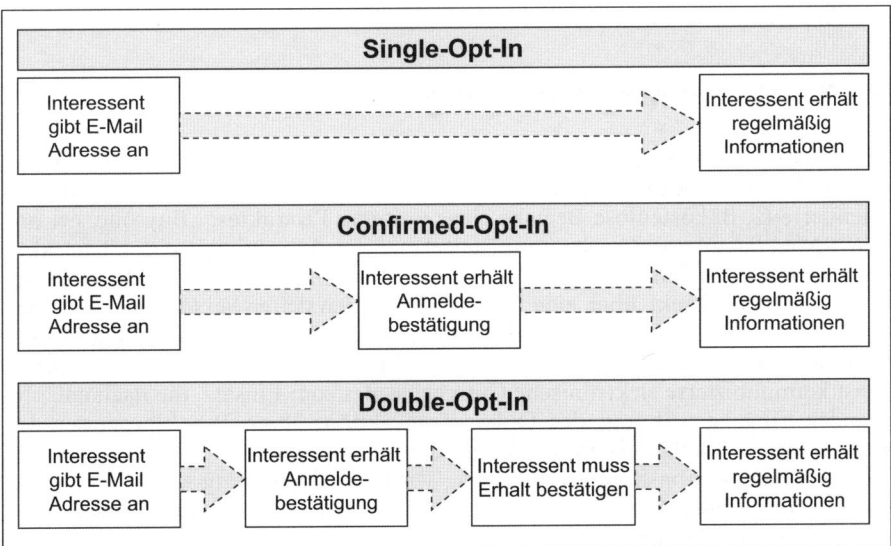

Abb. 59: Opt-In-Modelle beim Permission-Marketing
Quelle: *Sonntag* 2002, S. 34.

auf verschiedene Weise. So kann neben der Messung der „**Cost per Interest**" (CPI) und der „**Cost per Click**" (CPC) z. B. auch direkt die Messung des „**Return on Investment**" (ROI) erfolgen. Generell gibt es drei Bereiche, die im Zusammenhang mit der **Erfolgsmessung der Kampagnen** für das Marketing-Controlling wichtig sind (*Schwarz* 2003, S. 79):

- **Messung der An- und Abmeldungen:** Alle Ab- und Anmeldungen des Newsletters können in Echtzeit dokumentiert werden, damit der Adressdatenbestand immer nur gültige Einträge enthält. Im zeitlichen Verlauf kann z. B. nachvollzogen werden, zu welchen Zeiten am meisten Abonnenten den Newsletter erhalten haben und nach welchen Aktionen sich viele wieder abgemeldet haben. Auch Thementrends können unter Umständen durch das An- und Abmeldeverhalten der Abonnenten herauskristallisiert werden.
- **Kampagnenmessung und -vergleich:** Zur Kampagnenmessung kann zunächst der aktuelle Stand der laufenden Kampagne ermittelt werden (Bouncerate, Öffnungsrate, Klickrate, Abmeldungen, Weiterempfehlungen etc.), um die Kennzahlen auch in ihrer zeitlichen Entwicklung beobachten zu können. Hinzu kommt die Filterung und Auswertung der bevorzugten Tageszeiten oder Wochentage, an denen die höchsten Klickraten und die niedrigsten Abmeldungen erfolgen, um Folgekampagnen zu optimieren.
- **Responsemessung und Angebotsmessung:** Durch die präzise und automatisierte Dokumentation jedes einzelnen Klicks lassen sich daraus z. B. resultierende Verkaufserfolge messen. Hierzu kann das Unternehmen genau verfolgen, welcher Kunde welchen Link angeklickt hat und welches Produkt er gekauft oder für welches Thema er sich interessiert hat. Werden die Analysen aufwendiger betrieben, lassen sich z. B. auch bestimmte Nutzertypen erkennen, die bei anderen Kampagnen noch gezielter und effizienter angesprochen werden können.

5.1.7 Couponing-Marketing

Das Couponing-Marketing setzt an der konkreten Maßnahme der Gewährung eines Rabattes an. **Rabatte** sind preisliche (z. B. 20% auf Basispreis) oder produktorientierte (z. B. kostenlose Beigabe eines weiteren Produktes; „Buy one, get one free") Nachlässe bzw. Zugaben zur Steigerung der Attraktivität eines Transaktionsangebotes. Im Hinblick auf das Online-Marketing wird der Coupon in der Regel entweder direkt über eine E-Mail- bzw. Newsletter-Versendung oder den Download über die eigene Webseite bzw. indirekt über einzelne Affiliates oder Coupon-Netzwerke weitergegeben bzw. gewährt. Im Ergebnis kommen hierbei zu meist kommunizierte elektronische **Gutscheincodes** zum Einsatz, die nach entsprechender Eingabe während des Online-Transaktions- bzw. Bezahlprozesses den Rabatt vom Verkaufspreis abziehen bzw. die Zugabe von Produkten ermöglichen. Neben dieser web-basierten Verbreitung wird das Couponing-Marketing insbesondere im mobilen Bereich eingesetzt, wobei in zwei **Übertragungsformen** unterschieden werden kann:

- **Push-Verfahren**: Hierbei werden die Coupons direkt per SMS/MMS auf das Handy des Nutzers gesendet oder von diesem mobil als E-Mail empfangen.

- **Pull-Verfahren**: Hierbei werden die Coupons vom Nutzer aktiv über eine entsprechende mobile Applikation standortbezogen abgerufen.

Das Thema „Rabatte" hat innerhalb der elektronischen Netzwerke einen hohen Stellenwert bekommen. Hintergrund ist die Tatsache, dass aufgrund der Preistransparenz und der zugehörigen Suchmechanismen nochmalige, in der Regel **zeitraum- oder mengenbegrenzte Vergünstigungen** mit Hilfe von Coupons besondere Aufmerksamkeit erzeugen. Entsprechend haben sich spezielle Plattformen rund um den Vertrieb von Coupons gebildet, von denen *Groupon* (s. Abb. 60) und *DailyDeal* sicherlich die bekanntesten sind. Daneben gibt es aber auch Plattformen, auf denen Coupons und/oder entsprechende Preisrabatte dauerhaft einem angeschlossenen Nutzerkreis offeriert werden. Als Beispiel kann *happystaff.de* genannt werden, wo Mitarbeiter von klein- und mittelständigen Unternehmen in einem Rabatt-Netzwerk organisiert werden (s. Abb. 55). Hier sind die Übergänge zu den sog. Shopping-Clubs wie *BuyVIP* und *brands4friends* allerdings schon als mehr oder weniger fließend zu bezeichnen. Unabhängig vom Kommunikations- oder Vertriebskanal ist das primäre Ziel des Couponing-Marketings aber immer die Schaffung einer erstmaligen Aufmerksamkeit und Attraktivität im Sales-Prozess von bzw. für Neukunden. Die Überlegung dabei ist, dass aufgrund des Rabattes der Erstkauf des Neukunden kaufmännisch wenig attraktiv ist, jedoch diese Marge beim Folgekauf wieder steigt.

Abb. 60: Portal für den Vertrieb von Coupons am Beispiel von *groupon.de*

5.2 Kundenbewertung für den elektronischen Absatz

Da vor der Kundengewinnung generell noch keine umfassenden **Informationen über die Kunden** vorhanden sind, bietet es sich für Unternehmen der Net Economy an, nicht nur die Kontaktdaten oder Informationen über den getätigten Erstkauf zu sammeln, sondern alle Daten, die im Laufe der Zeit aufgrund sämtlicher Interaktionen (Anfrage, Newsletter, Kauf, Beschwerde etc.) mit dem Kunden anfallen, zu sammeln, zu systematisieren und zu analysieren, um ein umfassendes Bild des Kunden zu erhalten. Die Speicherung der Daten erfolgt in vielen Fällen automatisiert und kann zur Erstellung sog. **Kundenprofile** genutzt werden. Zum Aufbau dieser Kundenprofile lohnt es sich, zunächst einmal externe Daten über den Markt bzw. die Konkurrenz und die Vorlieben bestimmter Käufergruppen zu sammeln (Marktforschung), um daraus ein genaues Bild der Zielgruppe zu erlangen. Im Data Warehouse können dann alle Daten abgelegt und gespeichert werden, die durch jegliche Interaktion mit dem Kunden anfallen. Das heißt, dass zu externen Daten auch die intern durch Automatisierung generierten Daten zur Weiterverarbeitung zusammengeführt werden (s. Abb. 61). Durch den kontinuierlichen Aufbau dieser Datenbasis entsteht ein Datenpool, der mit Hilfe verschiedener Analyseverfahren systematisiert und durch **Data-Mining**-Methoden zum gezielten Einsatz für verschiedene Werbemaßnahmen genutzt werden kann (**Database-Marketing**). Je genauer und umfassender die Kundenprofile sind, desto besser eigenen sie sich auch für das strategische Customer Relationship Management. Der Vorteil der Profilierung liegt daher meist im langfristigen Nutzen der Daten durch gezieltes **One-to-One-Marketing** und nicht in der Erreichung kurzfristiger Verkaufsziele.

5.2.1 Online-Marktforschung

Effizienz und Erfolg kundenorientierter Kommunikationsmaßnahmen werden maßgeblich durch den Aufbau und Einsatz einer soliden Wissensbasis über den Kunden und seine Bedürfnisse erreicht. Erst wenn durch professionelle **Online-Marktforschung** die systematische Sammlung wertvoller Informationen ermöglicht wird, können die elektronischen Daten der Käufer (die Nutzerspuren) dazu genutzt werden, personalisierte Produktangebote zu unterbreiten und aktiv bestimmte Produkte zu bewerben. Im Unterschied zu Clickstream-Analysen oder Data-Mining Verfahren, wird die Marktforschung eher für die Erreichung strategischer Ziele eingesetzt, da es hier hauptsächlich darum geht, Wissen über die Zielgruppe insgesamt und über die Branchen- bzw. Marktstruktur usw. zu erhalten und nicht das Kaufverhalten einzelner Kunden zu analysieren (*Jacob* 2009, S. 32). Somit werden in der Regel unternehmensexterne Information zur Beurteilung von Marktchancen oder zur Bewertung strategischer Wettbewerbsvorteile herangezogen.

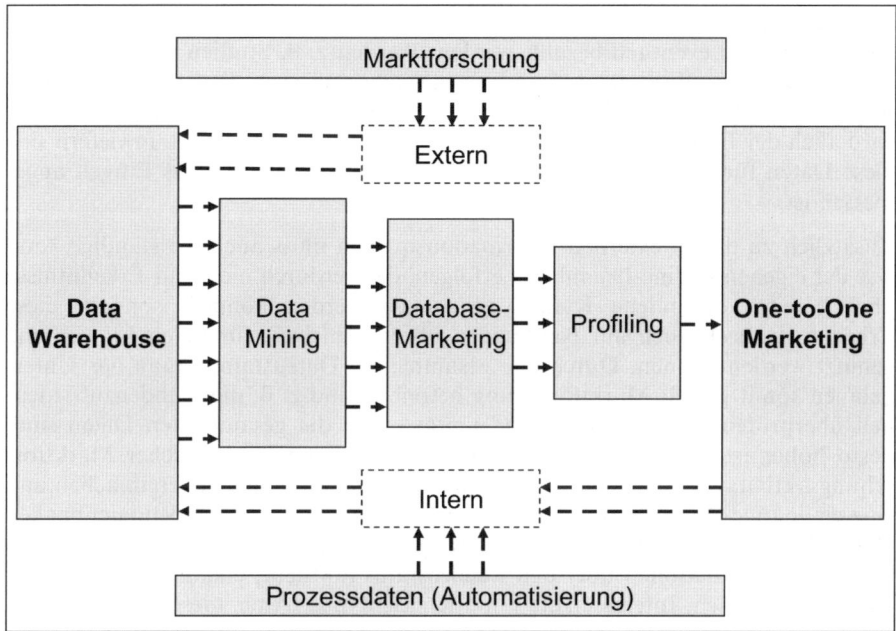

Abb. 61: Die Datenanalyse zur Kundenbewertung

Generell unterscheidet man bei der Online-Marktforschung zwischen Primär- und Sekundärforschung. Die **Primärforschung** dient der Beantwortung spezifischer Fragestellungen durch die Erhebung oder Sammlung von Daten, die dafür unmittelbar von Bedeutung sind (*Kollmann* 2011a, S. 266). Dies kann z. B. durch Befragungen, Beobachtungen oder Experimente erfolgen (s. Abb. 62). Diese Methoden lassen sich alle mehr oder weniger einfach über das Internet abwickeln. Online-Befragungen können z. B. per E-Mail oder in Newsgroups durchgeführt werden. Die Beobachtung des Verhaltens von Internet-Nutzern wird meistens mit Hilfe von Logfile-Analysen, Cookies oder Clickstream-Analysen gemacht (*Stern* 2011, S. 151). Zur Durchführung von Experimenten im Internet werden Online-Conjoint-Analysen, virtuelle Produkttests oder Testmärkte herangezogen, welche die Erreichbarkeit vieler, eventuell geographisch weit entfernter, Versuchspersonen ermöglichen. Im Gegensatz dazu gibt es aber auch sog. Online-Panels, bei denen eine genau ausgewählte und gleich bleibende Gruppe von Internet-Nutzern regelmäßig befragt oder beobachtet wird (*Fritz* 2004, S. 144 ff.).

Die **Sekundärforschung** baut im Gegensatz zur Primärforschung nicht auf der eigenen Sammlung der spezifischen und relevanten Daten auf, sondern greift vielmehr auf bereits vorhandene bzw. bestehende Daten zurück. Dabei handelt es sich z. B. um Datenbanken, Suchmaschinen, Mailinglisten, Kataloge oder Informationsseiten, die entweder von kommerziellen oder nichtkommerziellen Anbietern zur Verfügung gestellt werden. Das Internet bietet daher eine große Menge an Datenquellen, die zur Beantwortung der vorangegangenen Fragestellung herangezogen werden können. Dazu müssen die relevanten Daten ausgesucht und angefordert und eventuell bezahlt werden. Werden z. B. Studien von unabhängigen Instituten angefordert, so sind diese meistens nur gegen Bezahlung erhältlich. Je professioneller, vertraulicher und gezielter die Daten sein sollen, desto teurer wird auch der Einkauf dieser Informationen. Somit ist abzuwägen, inwiefern sich diese Daten für den eigenen Zweck verwenden lassen und ob das Entgelt angemessen ist.

Zusätzlich zu diesen externen Informationsquellen muss auch die ständige Analyse der eigenen Online-Datenbank erfolgen, da hierdurch nicht nur Erkenntnisse über bereits vorhandene Kunden gewonnen werden können, sondern diese Erkenntnisse sich auch auf Neukunden übertragen bzw. für deren Einwerbung genutzt werden können. Durch den gesammelten Datenstamm kann das Unternehmen somit gezielt Marktforschung betreiben und z. B. die Kundenzufriedenheit überprüfen. Je spezifischer und umfassender die gesammelten Daten sind, desto höher ist der Informationsgehalt, der als Grundlage jeglicher Marktforschungsaktivitäten dient. Um die Handhabung dieser Daten zu vereinfachen und eine eindeutige Zuordnung zu garantieren, werden spezielle Kundendatenbanken eingesetzt, die dann die Erstellung von Kundenprofilen ermöglichen. Hier werden z. B. Basisinformationen über den **Kundenstatus** (aktuelle, ehemalige, potenzielle Kunden, Adressen, Interessen etc.) und Kundentypus (Alter, Geschlecht, Lebensstil und Kaufkraft) abgelegt. Weiterhin werden Daten über die **Kaufhistorie** bzw. **Responsehistorie** gesammelt, welche die Basisinformationen mit Daten über das kundenspezifische Verhalten anreichern sollen. Zur Kaufhistorie zählen z. B. die Anzahl der Bestellungen, gekaufte Produkte, Umsätze, Zahlungsweisen und Retouren. Zur Responsehistorie zählt z. B. die detaillierte Erfassung der bisherigen Kundenkontakte nach Kommunikationskanal, -inhalt und -gegenstand (*Link/Hildebrand* 1993, S. 30 ff.).

Die bereitgestellten Daten und die Auswertung des Such-, Nutzungs- und Kaufverhaltens der Kunden ermöglichen eine ausführliche Profilerstellung und Kun-

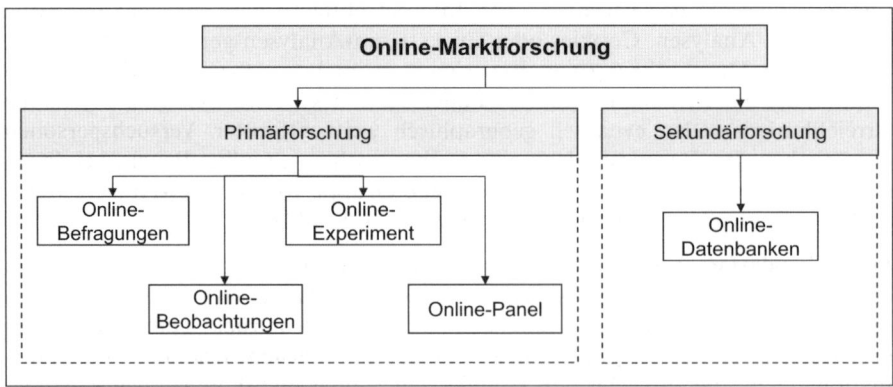

Abb. 62: Verschiedene Methoden der Online-Marktforschung
Quelle: in Anlehnung an *Fritz* 2004, S. 144.

densegmentierung, die für individuelle Informations- und Leistungsangebote im Rahmen der Kundengewinnung und -bindung herangezogen werden können (One-to-One-Marketing). Die Möglichkeit, sowohl für die Primär- als auch für die Sekundärforschung die benötigten Daten über das Internet zu erheben bzw. die eigenen Datenbestände elektronisch auszuwerten, bietet einige **wesentliche Vorteile**, welche die Online-Marktforschung besonders attraktiv erscheinen lässt (*Fritz* 2004, S. 140 ff.):

- **Kosten- und Zeitvorteile**: Online-Befragungen können wesentlich schneller über das Internet realisiert werden als die Befragung per Papier. Die Teilnehmer können ohne großen Aufwand z. B. per E-Mail erreicht werden und müssen nicht per Interviewer und Papierbogen langwierig befragt werden. Elektronische Daten können umgehend übermittelt und ausgewertet werden. Zudem werden die Kosten für den personellen und materiellen Aufwand eingespart.
- **Gestaltungsvorteile**: Durch die Unterstützung von multimedialen Anwendungen werden Befragungen per Internet oftmals interessanter, realitätsnäher und detaillierter dargestellt als am Telefon oder auf dem Papier. Daher können Daten bei Ausschöpfung der multimedialen Fähigkeiten des Internets unter Umständen wesentlich präziser erhoben werden, was sich wiederum positiv auf die Validität der Zahlen auswirkt.
- **Reichweitenvorteile**: Einer der wichtigsten Vorteile der Online-Markt-forschung ist die größere Reichweite gegenüber traditioneller Marktforschung. Das Internet ist ein globales Medium und erreicht durch die Unabhängigkeit von Raum und Zeit viel mehr Menschen, als eine Umfrage per Face-to-Face Interview oder Telefon. Die größere Reichweite von Online-Befragungen kann außerdem zu einer größeren Stichprobe führen, welche die Qualität und Validität der Daten erhöht.
- **Automatische Datenerfassung und -analyse**: Elektronisch erfasste Daten haben den Vorteil, dass sie jederzeit abrufbar sind. Sie können in großen Mengen relativ leicht verschickt und aufbereitet werden. Viele Unternehmen nutzen heute schon die Möglichkeit, ihre Besucher und Kunden per Logfile-Analyse und Clickstream-Analyse besser zu verstehen. Diese Daten werden ohne aktives Eingeben von Seiten der Kunden erfasst und stehen somit frei zur Verfügung.

Größter **Nachteil** bei der Online-Marktforschung ist die fehlende Repräsentativität der Stichproben. Aufgrund der Tatsache, dass die Befragten mit dem Internet umgehen und Online-Fragebogen o. Ä. beantworten müssen, ist eine Extrapolation der Ergebnisse auf die Gesamtbevölkerung nicht möglich, da die Meinung derer, die keinen Internetanschluss besitzen oder das Internet nicht nutzen, nicht ausreichend berücksichtigt werden kann. Die Stichproben unterliegen somit fast immer einer systematischen Messabweichung, wobei dieser Nachteil durch die weitere Zunahme der Internetverbreitung mittelfristig reduziert wird. Da Online-Marktforschung jedoch überwiegend für Fragen innerhalb des Mediums gebraucht wird, ist dieser Nachteil in vielen Fällen nicht relevant und daher sicherlich zu vernachlässigen.

5.2.2 Data-Warehouse

Die Vorteilhaftigkeit der Nutzung elektronischer Informationstechnologien zur individualisierten und personalisierten Kundenansprache wird erst dann ermöglicht, wenn ein **geeigneter Datenpool** zur Anfertigung eines speziellen Kundenwissens vorhanden ist. Dazu werden die direkt ausgetauschten Daten zwischen Kunde und Unternehmen sowie gesammelte externe Daten in einem sog. Data Warehouse (DW) abgelegt und gespeichert. Der größte Teil dieser Daten ist durch die zunehmende Automatisierung vieler Prozesse sehr einfach zu generieren und wird quasi ohne Eingreifen des Unternehmens automatisch in der **Datenbank** abgelegt. Die automatisierte Datenspeicherung erlaubt es, zu jeder Zeit den aktuellen Zustand (z. B. momentaner Auftragsbestand) des Unternehmens zu repräsentieren (*Mertens* et al. 2005, S. 71). Da jedoch die Daten, die in den verschiedenen Vertriebsprozessen (eSales, ePayment etc.) anfallen, oftmals in sehr unterschiedlichen Formaten gespeichert werden, muss die entstandene heterogene Datenmenge zunächst homogenisiert werden. Das heißt, dass Daten wie z. B. Kundendaten, Kaufhistorie, Beschwerden etc. konsolidiert werden müssen, um sie dann mittels **Data-Warehouse-Technologien** in ein einheitliches Format zu transformieren, das die Weiterverarbeitung im Hinblick auf den Gebrauch für Database-Marketing- oder Kundenbindungsaktivitäten zulässt. „Ein Data-Warehouse ist ein von operationalen Datenverarbeitungs-Systemen getrenntes Datenbanksystem, in dem unternehmungsweit Informationen aus unterschiedlichen Subsystemen gespeichert und nutzerorientiert verarbeitet werden" (*Werner* 2010, S. 264). Durch die Operationalisierung eines Data-Warehouse können entscheidungsrelevante Kundendaten durch die Anwendung verschiedener Analyseinstrumente (z. B. Data-Mining) aufbereitet und für den Zugriff verschiedener Nutzer optimiert werden. Zu den **Komponenten eines Data-Warehouse** sind zu zählen (*Wannenwetsch/Nicolai* 2004, S. 85): Datenbank (Datenbasis und Metadaten), Transformationsprogramme zur Übernahme interner und externer Daten, Archivierungssysteme zur Datenspeicherung und Datenablage und Data-Marts als Teilbereich des Data-Warehouse für themenspezifisch aufbereitete Daten.

Die resultierende, homogene Datenbasis wird durch die Transformation von internen und externen Daten über eine Schnittstelle angereichert. Da die Daten nun in einem einheitlichen Format vorliegen, können sie themenspezifisch angeordnet und in **Data-Marts** abgelegt werden, sodass der Zugriff auf diese bereits selektierten und strukturierten Daten jederzeit möglich ist (s. Abb. 63). Die Datenfilterung kann dann zu Analysezwecken, z. B. durch Data-Mining oder zu Reportingzwecken, verwendet werden. Über Schnittstellen zu Back-End-Systemen können die Daten auch direkt z. B. von einem eCustomer-Relationship-Management-System genutzt werden.

Die in der Abbildung grau hinterlegten Teilbereiche zeigen die Grundelemente eines Data Warehouse. Dazu zählen das Datenmanagement, die Datenorganisation und die Auswertung bzw. Aufbereitung der Daten (*Mertens* et al. 2005, S. 72). Das **Datenmanagement** befasst sich hauptsächlich mit der Transformation der unterschiedlichen Datenformate, die in der operativen Datenbank hinterlegt wor-

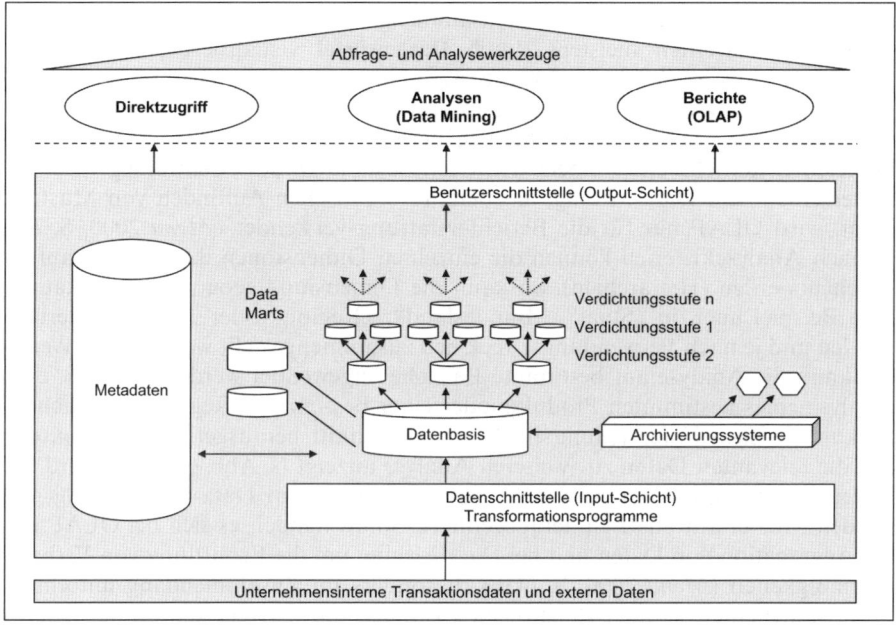

Abb. 63: Die Data-Warehouse-Architektur für die Datensammlung
Quelle: *Wannenwetsch/Nicolai* 2004, S. 85.

den sind. Dazu wird diese Datenbank in regelmäßigen Intervallen aufbereitet und in das Data-Warehouse übernommen. Zu diesen internen Daten können dann auch die mittels der Marktforschung gewonnen externen Daten hinzugefügt werden. Bei der **Datenorganisation** hingegen wird nicht nur die physikalische Speicherung festgelegt, sondern auch die logische Ablage und die verwendete Datenstruktur definiert. Dies hilft bei der Festlegung der Zugriffsstellen und der damit verbundenen Verteilung und Einrichtung der Zugriffsrechte. Als letztes Grundelement gehört die **Aufbereitung bzw. Auswertung** der Daten zu einem Data-Warehouse. Die Aufbereitung und Auswertung erfolgt dabei in der Regel mit verschiedenen statistischen Methoden (Data-Mining, OLAP etc.), die Zusammenhänge und Muster in dem gesammelten Datenpool erkennen und herausfiltern sollen. Zugriffe der Mitarbeiter sollen dadurch erleichtert werden, da so die Daten schon in einer brauchbaren Form vorliegen und nicht manuell selektiert und kombiniert werden müssen.

5.2.3 Data-Mining

Insbesondere zu Reportingzwecken und der Aufbereitung der zuvor im Data-Warehouse gesammelten Daten dient das **Online Analytical Processing (OLAP)**. Die Daten werden anhand unterschiedlicher Dimensionen (z. B. Regionen, Absatzkanäle, Produktgruppe) gegenübergestellt und können somit je nach Fragestellung aufgebrochen und neu zusammengestellt werden. Die ausgewählten Dimensionen werden meistens durch **Datenwürfel** visualisiert (*Werner* 2010, S. 265; *Wannenwetsch/Nicolai* 2004, S. 87, s. Abb. 60). Dies erlaubt eine **mehrdimensionale Analyse** des Datenbestandes und kann so zur gezielten Beantwortung betriebswirtschaftlicher Fragestellungen herangezogen werden, wodurch OLAP in vielen Unternehmen zu einem wichtigen Bestandteil des **eControlling** wird. Im Unterschied zum Data-Mining, das dem automatischen Auffinden von Mustern dient, wird OLAP nur für die Berichterstattung verwendet (*Mena* 2000, S. 78). Je nach Analysekriterien können die einzelnen Dimensionen dann weiter aufgebrochen werden (Hierarchien). So kann die Dimension „geographischer Raum" zum Beispiel auch in „Staat", „Bundesland", „Region" oder „Stadt" unterteilt werden und je nach Verwendungszweck neu zusammengestellt werden. Des Weiteren kann die Analyse auf bestimmte Bereiche angewendet werden und z. B. eine Analyse eines bestimmten Produkts oder einer bestimmten Region ermöglichen. So kann je nach Fragestellung ein Datenquerschnitt herausgefiltert werden, der nur die relevanten Daten zur weiteren Analyse anzeigt (s. Abb. 64). Hier wird die Datenabfrage aktiv vom Anwender aus gesteuert, beim Data-Mining hingegen werden Muster automatisch herausgefiltert. Somit handelt es sich bei OLAP um die Aggregation von Daten und bei Data-Mining um die Ermittlung von Verhältnismäßigkeiten (*Mena* 2000, S. 74 ff.). Besonders im Zusammenhang mit einem professionellen eCustomer-Relationship-Management-System kommt der Operationalisierung des Data-Warehouse eine wichtige Rolle zu.

Das **Data-Mining** bezeichnet das Herausfiltern von besonderen Datenkonstellationen mit möglicher Ursachenklärung aufgrund der **Erkennung von Mustern** in den Daten einer umfangreichen Datenbank (Data-Warehouse). Hierbei kommen statistische und mathematische Verfahren zum Einsatz, um aus den Daten wertvolle Informationen und anschließend relevantes Wissen zu generieren. Dieses Wissen kann auf der einen Seite zur Verbesserung der Prozessgestaltung und auf der anderen Seite zur Verbesserung der externen Kundenbeziehungen genutzt werden. Für Unternehmen der Net Economy bedeuten diese Möglichkeiten, dass die auf Grund der elektronischen Kommunikation gewonnenen Kunden- und Userdaten in einem Data-Mining-Prozess quantitativ und qualitativ untersucht werden können (*Bodendorf* 1999, S. 55). Dieser Prozess umfasst die Selektion und Aufbereitung von Daten, die Generierung von Datenmustern bis hin zur Darstellung der Ergebnisse und deren Interpretation (*Gentsch* 2002, S. 282). Der Prozess der Datenauswertung und -darstellung kann auch als Knowledge Discovery-Prozess bezeichnet werden (*Preißner* 2001, S. 185). Die **Aufgaben des Data-Mining** umfassen vor diesem Hintergrund im Kern (*Berry/Linoff* 2000, S. 8 ff.):

- **Klassifizierung**: Klassifizierung und damit die Zuordnung vorhandener oder neu hinzukommender Datensätze an definierte Klassen (z. B. Kundensegmente)
- **Schätzung**: die Schätzung nicht bekannter Merkmale (z. B. Interessen oder Anzahl der Kinder)
- **Vorhersage**: die Prognose von Verhaltensweisen (z. B. Wechselwahrscheinlichkeit oder zukünftige Umsätze)

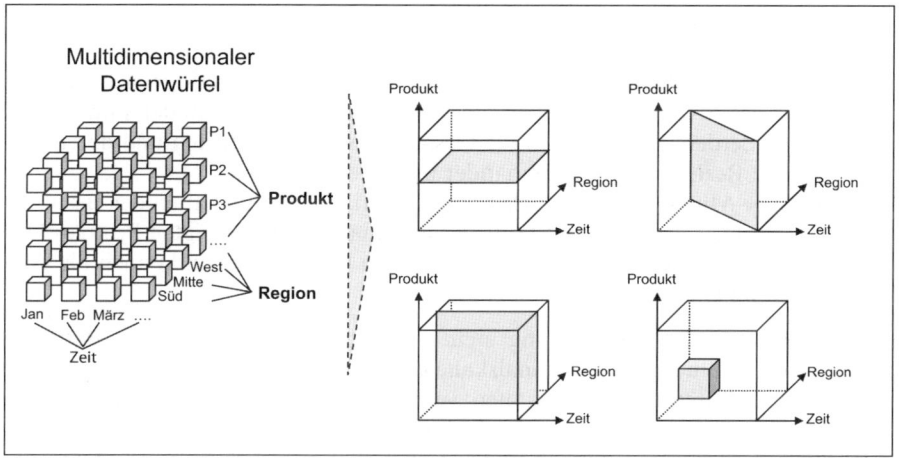

Abb. 64: Der Multidimensionale Datenwüfel (OLAP-Würfel)
Quelle: *Mertens* et al. 2005, S. 74.

- **Gruppierung von Objekten**: Feststellung von Zusammenhängen zwischen einzelnen Produkten oder speziellen Angeboten (z. B. Waren, die zusammen in den Warenkorb gelegt werden)
- **Clusterung/Segmentierung**: Einteilung der Kunden in Gruppen mit ähnlichem Verhaltensmuster (z. B. Kundentypen)

Für die Gewinnung von Informationen mit Hilfe des Data-Mining sind vor diesem Hintergrund im Kern also drei Schritte notwendig (*Wietzorek/Henkel* 1997, S. 238 ff.). Im ersten Schritt müssen als Voraussetzung die Daten aus allen Prozessbereichen integriert (vereinheitlicht) vorliegen. Zu diesem Zweck wird in der Regel auf ein Data-Warehouse zurückgegriffen, welches die **systematische Datenablage** ermöglicht. In einem zweiten Schritt erfolgt die eigentliche „Minenarbeit". Dazu werden zunächst die zu verwendenden Daten ausgewählt. So kann bspw. für eine erste Auswertung nur eine Datenstichprobe verwendet werden, um Ergebnisse zu verifizieren. Anschließend wird dann die Grundgesamtheit verwendet. Danach erfolgt eine **Transformation der Daten**, z. B. von nominalen in ordinale Werte (bzw. Ableitung von neuen Daten-Attributen). Auf die dadurch gewonnenen Daten werden sodann **Mining-Techniken** angewandt. Die ermittelten Werte werden analysiert und ggf. an den Anwender weitergeleitet. Im dritten Schritt gilt es die Ergebnisse zu präsentieren und im Rahmen des Database-Marketings zu interpretieren. Dazu ist eine Form zu wählen, die es erlaubt, komplexe Entscheidungsprobleme zu unterstützen. Die Anwendung von Data-Mining im Zusammenhang mit elektronischen Daten, die durch die Nutzung des Internets generiert werden, wird auch als **Web-Mining** bezeichnet (*Alpar/Niedereichholz* 2000), das in drei verschiedene **Anwendungsbereiche** unterteilt werden kann (*Säuberlich* 2001):

- **Web Content Mining**: Das Ziel der Anwendung von Data-Mining-Verfahren in diesem Bereich ist die Vereinfachung der Informationssuche im Internet durch eine Strukturierung und Systematisierung von Dokumenten-Inhalten, die dann beim Informationsscreening leichter und besser erkannt werden können.

- **Web Structure Mining**: Das Web Structure Mining beschäftigt sich mit der Analyse des Seitenaufbaus einer Webseite und der Struktur der integrierten Links. Außerdem können auch die Gesamtstruktur aller Seiten und deren hierarchische Beziehungen untereinander analysiert werden.
- **Web Usage Mining**: In diesem Bereich wird primär das Verhalten der Besucher analysiert. Dies geschieht mit Hilfe der automatisch angefertigten Protokolldateien, die auch als Logfiles bezeichnet werden (daher manchmal auch als Web Log Mining bezeichnet).

Im Mittelpunkt des Data-Mining stehen somit große, strukturierte Bestände numerischer, ordinal- oder nominalskalierter Daten, in denen interessante, aber schwer aufzuspürende Informationen vermutet werden (*Ullmann/Widon* 2002, S. 9). Die Daten werden durch **Geschäfts- bzw. Verkaufsvorfälle** erzeugt und in den verschiedenen Datenbanken und Geschäftsbereichen gespeichert. Bei vielen Net Economy-Unternehmen entstammt ein Großteil der Daten der elektronischen User- und Kundenregistrierung und den elektronischen Nutzerspuren, die auf den Webseiten hinterlassen werden. Anhand dieser Daten werden Untersuchungen wie z. B. Trendanalysen durchgeführt. Ziel dabei ist es, sowohl auffällige Datenkonstellationen zu beschreiben als auch zukünftige Entwicklungen zu prognostizieren. Das **Data-Mining-Tool** sucht dabei autonom nach Korrelationen, ohne dass der Anwender eine Anfrage nach einer bestimmten Korrelation formuliert. Im Anschluss daran werden die Ergebnisse der Anfrage als Wissen präsentiert (proaktives Vorgehen). Mit der Hilfe von Data-Mining-Tools kann das automatisierte Scannen der Datenbasis, die Hypothesengenerierung, die Datenanalyse und die Ergebnisausgabe erfolgen (*Elmasri/Navathe* 2000, S. 868 ff.). Zu den bekanntesten Data-Mining-Techniken zählen z. B. neuronale Netze, Kohonen-Netze, lineare Regression, genetische Algorithmen sowie CHAID (Chi-squared Automatic Interaction Detection) oder regelbasierte Systeme (s. dazu auch *Kollmann* 2011a, S. 285).

Die Verwendung von Informationen zu Kundenbedürfnissen bei Anpassungen von bestehenden Produkten oder die Entwicklung von Zusatzleistungen, aber auch neuer Produktvarianten oder Produktinnovationen, tragen insgesamt zur Erhöhung des Kundennutzens und damit der Kundengewinnung und -bindung bei. Prominentes Beispiel für eine gebotene Leistung durch Data-Mining sind die personalisierten Rezensionen und Empfehlungen auf *amazon.com*. Hierbei wird der Kunde durch die Offenlegung seiner Präferenzen und subjektiven Meinung zum Associate, also zum Gestalter des Zusatzangebotes (*Garzorcs/Krafft* 2001, S. 147). Ausschlaggebend in diesem Zusammenhang sind der Aufwand und die Kosten für eine personalisierte Einbindung des Kunden im Vergleich zum Versenden individualisierter Umfragen per E-Mail oder sogar der Einsatz von Außendienstmitarbeitern (*Wirtz* 2001).

Insgesamt betrachtet, bietet das Data-Mining viele Vorteile, die besonders zur Kundenbindung beitragen. Trotzdem ist die Sammlung der Daten auch mit Schwierigkeiten behaftet. Durch den zunehmend hohen Stellenwert von Datenschutzaspekten bei Online-Kunden, sind der aktiven **Wiederverwendung von Kundendaten** zum Zwecke von Personalisierungsaktivitäten Grenzen gesetzt (*Grafl Gründer* 2003, S. 88). Der rechtliche Spielraum im Hinblick auf das Speichern von personenbezogenen Daten im Internet ist in Deutschland stark reglementiert (*Wirtz* 2001, S. 597 ff.). Dabei ist die Erhebung personenbezogener Daten, wie z. B. Name, Anschrift und Geburtsdatum, nur mit ausdrücklicher Einwilligung der Person zulässig. Problematisch sind die in der Net Economy gebotenen „Grauzonen", wie die Tatsache, dass die Einwilligung zur Teilnahme an einem Gewinnspiel auch die Einwilligung der Datenerhebung implizieren kann. Ferner sind Kunden bezüglich der Übertragung ihrer Daten umsichtiger geworden, da der Handel mit elektronischen Kundendatenbanken bekanntermaßen schon weitverbreitet ist.

5.2.4 Database-Marketing

Database-Marketing ist die Filterung von gespeicherten oder aus dem Data-Mining-Prozess stammenden Daten auf Basis definierter Kriterien, um insbesondere Aufschluss über Bedürfnisse, Kaufmotive, Nachfragepotenziale und vorangegangene Käufe von Kunden bzw. Usern zu erlangen. Anhand dieser Daten können nicht nur die Marketing-Aktivitäten individuell gestaltet werden, sondern auch weitere Produkte und Sekundärleistungen anhand dieses kumulierten Wissens entwickelt und konzipiert werden. Besonders bei der Produktauswahl und -entwicklung kann Database-Marketing unterstützend eingesetzt werden. Zu den allgemeinen **Zielen des Database-Marketings** zählen (*Kotler/Bliemel* 2001, S. 1119 f.; *Huldi/Kuhfuß* 2002, S. 335):

- **Bedürfnisidentifikation**: Durch die verschiedenen Feedback-Möglichkeiten wie z. B. FAQ, Call-Back-Button, Online-Fragebogen und Forum, können Daten über eine breite Masse an Personen gewonnen und in einer Datenbank gespeichert werden. Daraufhin können bestimmte Personenkreise und deren Bedürfnisse anhand von verschiedenen Kriterien eingegrenzt und intensiver untersucht werden. Auf diese Weise können die angebotenen Produkte entsprechend erweitert oder angepasst werden.
- **Personalisierung**: Zur Umsatzsteigerung kann aufgrund einer Analyse des Datenbestandes eine auf den einzelnen Kunden zugeschnittene Produkterstellung/-anpassung erfolgen. Die individualisierten Angebote befriedigen vor diesem Hintergrund die Präferenzen von Kunden gezielter und führen so zu einer höheren Kundenzufriedenheit.
- **Loyalitätssteigerung**: Durch das Einfließen der gewonnenen Daten in maßgeschneiderte Produkte wird ein höherer Mehrwert für den Kunden erzeugt. Dieser Mehrwert erzeugt ein Individualitätsgefühl, welches zu einer Steigerung der Loyalität beitragen kann bzw. soll.
- **Reaktivierung**: Anhand der Kundendatenbank kann festgestellt werden, wann Kunden zur erneuten Nutzung bzw. zum Upload einer bestimmten Produktfunktion aufgefordert werden können. Dies könnte aber auch eine Benachrichtigung über komplementäre Produktinnovationen implizieren.

Die dem Database-Marketing zugrunde liegende Methode kann als ein **Regelkreis** verstanden werden, mit der Kundensegmente gezielt mit verschiedenen Kommunikationsmitteln angesprochen werden können. Dies bedeutet, dass das Database-Marketing über das Data-Mining hinausgeht, und auch die Reaktionen der Kunden auf umgesetzte Ergebnisse des Data-Mining-Prozesses bzw. Neuversuche der Kundenkommunikation unmittelbar in eine weitere tiefergehende Analyse eingehen, um u. a. die Kundensegmentierung besser vorzunehmen bzw. die Produktgestaltung und -entwicklung genauer planen zu können (*Huldi/Kuhfuß* 2002, S. 331). Der Ablauf im Regelkreis des Database-Marketings basiert zunächst auf dem Prinzip, alle Informationen eines einzelnen Kunden in einem Data-Warehouse festzuhalten, um ihm dann ein für seine Bedürfnisse optimales Produkt anbieten zu können (*Wilde* 1987; *Huldi* 1992, S. 29; *Link/Hildebrand* 1993, S. 45). Am Anfang des Prozesses steht die Analyse der bereits vorhandenen Bestände der Kundendaten. Daraus werden Ziele und Zielgruppen abgeleitet, die mittels des Database-Marketings erreicht werden sollen. Diese sind nicht nur durch die Datenbasis bestimmt, sondern ebenfalls durch exogene Faktoren wie z. B. die Marketingstrategie oder externe Daten. Für die Umsetzung der Aktivitäten werden Maßnahmen bzw. Vorgehensweisen ermittelt (Kampagnen), die mit Hilfe konkreter Aktionen beschrieben und umgesetzt werden. Auf Kundenseite erfolgt eine Reaktion (im Optimalfall der Kauf des beworbenen Produktes) auf die durchgeführten Aktionen. Das Wissen über die Reaktion der Kunden steht dabei im Mittelpunkt des Database-Marketings (DBM). Über die **Reaktionserfassung** der Kundensegmente kann die Zielsetzung bzw. Zielerreichung überprüft werden. Werden durch die Analysen und Kontrollen Abweichungen des erwarteten Kampagnenerfolgs festgestellt, können nun auf Basis der gewonnenen Kundenreaktionsdaten korrigierende Änderungen vorgenommen werden. Die Bearbeitung der Kundensegmente wird dadurch der Kundenreaktion entsprechend angepasst. Abbildung 65 stellt diesen zirkulären Zusammenhang nochmals in einem Überblick dar.

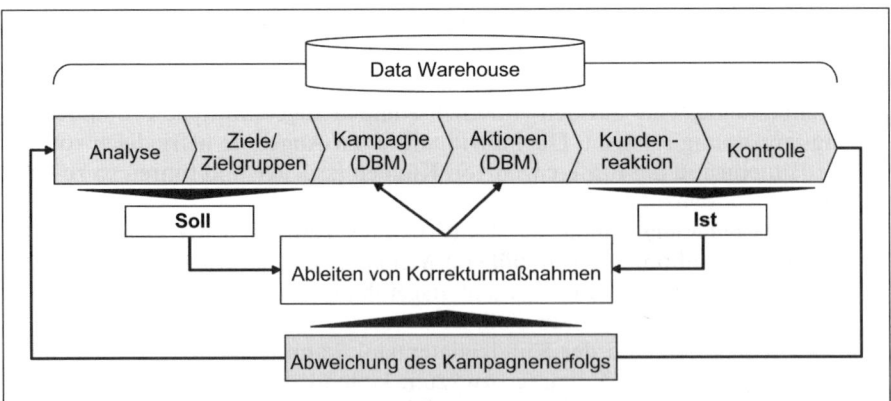

Abb. 65: Der Regelkreis des Database-Marketings

Kern des Regelkreises ist eine Datenbank, in der sämtliche kundenrelevanten Daten gespeichert werden. Dabei stehen nicht nur die bestehenden Kunden, sondern auch die potenziellen Interessenten im Mittelpunkt der Datenverwaltung. Die Durchführung der Aktionen innerhalb der Kontaktkampagnen erfolgt mittels der Kommunikationsmittel des **Direktmarketings**. Dazu zählen z. B. Direkt-Mailings (Werbebriefe), Telefonaktionen oder Besuche von Außendienstmitarbeitern. Wichtig bei diesen Kommunikationsmedien ist die Interaktionsmöglichkeit, um die Reaktionen der Kunden messen zu können. Erfolgskritisch für eine nachhaltige Umsetzung von Database-Marketing ist eine ganzheitliche Betrachtung der Prozesse, wobei diese in der strategischen Ausrichtung des Unternehmens verankert sein müssen. Das Database-Marketing kann umso besser umgesetzt werden, je stärker es mit der ursprünglichen Marketing-Strategie abgestimmt ist. Im Wesentlichen können die **Database-Marketing-Daten** wie folgt klassifiziert werden (*Link/Hildebrand* 1994):

- **Produktunabhängige Grunddaten** (z. B. Name, Adresse),
- **Produktgruppen- und zeitpunktbezogene Bedarfspotenzialdaten** (z. B. bisher eingegangene Lieferung),
- **Aktionsdaten** (z. B. Hinweise auf Art und Intensität kundenbezogener Marketing-Maßnahmen),
- **Reaktionsdaten** (z. B. Informationen über spezifische Kundenverhaltensweisen).

Voraussetzung einer effektiven Praktizierung des Database-Marketings ist die fortlaufende **Pflege und Aktualisierung des Datenbestands**, um z. B. Kaufwahrscheinlichkeiten für bestimmte Produktsparten hinreichend prognostizieren zu können (*Meffert 2012*, S. 197 f.). Dennoch können die erwünschten stark differenzierten Ergebnisse aus dem Database-Marketing, wie Aktions-, Reaktions- und Kaufverhaltensdaten, nicht in dem erwünschten Detaillierungsgrad vorliegen (*Meffert 2012*, S. 197 f.). Es kann somit festgehalten werden, dass die Verankerung des Database-Marketings in der Marketingstrategie für die erfolgreiche Implementierung dieses Instruments unablässig ist. Vor diesem Hintergrund können die kritischen **Erfolgsfaktoren des Database-Marketings** wie folgt zusammengefasst werden (*Huldi/Kuhfuß* 2002, S. 338 ff.):

- **Strategie**: Anpassung des Database-Marketings an die gesamte Marketingstrategie des Unternehmens.
- **Anwendung**: Situativer, kundengerechter und aufeinander abgestimmter Einsatz der einzelnen Kommunikationsmittel, z. B. Foren, Test-CD-ROMs, Virtual Communities, E-Mail- und Newsletter-Kampagnen, Trouble Shooting Guides und Online-Diagnostik-Werkzeuge.
- **Validierung:** Laufende Überprüfung der Aktualität und Aussagekraft der Daten und Einrichtung einer funktionstüchtigen und zweckdienlichen EDV-Applikation.
- **Umsetzung**: Gründliche Einführung des Database-Marketings im Unternehmen, d. h. es besteht Bedarf für ein professionelles Projektmanagement.
- **Motivation**: Die Veränderung des Führungs- und Motivationssystems im gesamten Unternehmen, d. h. die Wahrnehmung einer verstärkten Kundenori-

entierung, Festlegung des Kundenbindungsgrades in der Produktentwicklung und eventuelle Einbindung des Kunden in den Prozess der Produktenwicklung.

5.2.5   Online-Profiling

Im Ergebnis der vorangegangenen Kundenbewertung steht im optimalen Falle die Erstellung aussagekräftiger und **gehaltvoller Kundenprofile**. Dies funktioniert über die zielgerichtete Sammlung von Kundendaten und deren Auswertung im Rahmen von Data-Mining- und Database-Marketing-Prozessen, um aus der Komplementierung dieser Daten ein abgerundetes und facettenreiches Kundenprofil zu schaffen (s. Abb. 66). Bei diesem Profiling spielen somit nicht nur allgemeine Daten eine Rolle, sondern vor allem Daten über das spezielle Kaufverhalten, Vorlieben und Persönlichkeitsmerkmale des Kunden. Denn je besser das Unternehmen seine Kunden kennt, desto gezielter können die darauf aufbauenden Werbemaßnahmen sowie Kundenbindungsinstrumente eingesetzt werden. Im Mittelpunkt des elektronischen Profilings stehen dabei die Fragen nach der Sammlung der Kundendaten und der **Zuordnung von Daten** zu einzelnen Kunden. Hierzu ist das Unternehmen auf die Bereitschaft des Kunden angewiesen, sich zu identifizieren und seine persönlichen Informationen preiszugeben. Nur wenige Internet-Nutzer sind aber bereit, ihre Daten uneingeschränkt zu übermitteln. Besonders bei der Weitergabe persönlicher Informationen haben immer noch viele User Vorbehalte und geben sich zurückhaltend. Einige Fälle von Datenmissbrauch oder Spuren, die jeder Nutzer im Internet hinterlässt, machen diese skeptische Einstellung durchaus nachvollziehbar. Somit ist es besonders für junge Unternehmen schwierig, an ausführliche Informationen seiner Kunden heranzukommen. Erst wenn sich eine gewisse Vertrauensbasis über die Zeit hinweg zwischen Anbieter und Nachfrager entwickelt hat, sind die Kunden bereit, Informationen weiterzugeben (*Michelis* 2012, S. 26). Die Käuferzufriedenheit zählt dabei zu den Prämissen für die Bildung von Vertrauen und sollte in Hinblick auf die Ausschöpfung des **Customer-Lifetime-Values** zur Kundenbindung oberste Priorität beigemessen werden.

Um Kundenprofile nutzbar zu machen, muss zunächst eine geeignete Datenbasis gewonnen werden. Es gibt unterschiedliche Daten, die erhoben werden können. Kommunikationsdaten resultieren aus dem technischen Datentransfer und geben Aufschluss über die Interaktion zwischen Kunde und Webseite. Identifikationsdaten sind Daten, die den Kunden identifizieren, also Name, Anschrift, URL, E-Mailadresse etc. und meistens bei einem Kauf angegeben werden müssen. Neben diesen recht einfach erhebbaren Daten gibt es aber auch noch die **Deskriptionsdaten**, die insbesondere die marketingrelevanten Merkmale einer Person beschreiben, wie z. B. das Kaufverhalten, soziografische oder psychografische Daten. Diese Daten ermöglichen „die Bestimmung von Affinitäten zu Leistungsangeboten" der Kunden (*Wiedmann/Buxel* 2003, S. 10).

Neben den unterschiedlichen Arten von Daten gibt es auch verschiedene Mittel und Methoden, diese zu erheben (s. Abb. 67). Unterschieden wird dabei zwischen der reaktiven und nicht-reaktiven Datenerhebung (*Batinic/Bosnjak* 1997). Die

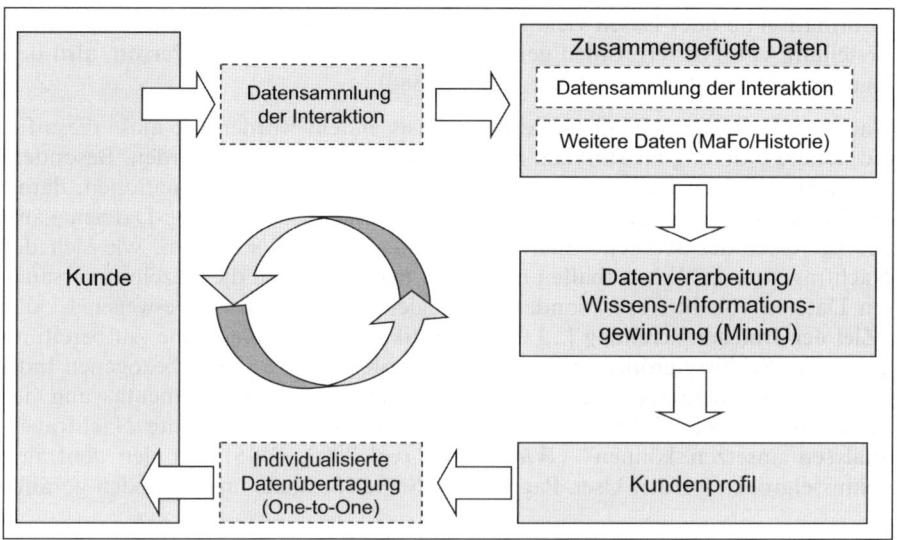

Abb. 66: Prozessablauf der Kundenprofilerstellung im Online-Marketing
Quelle: in Anlehnung an *Kleindl* 2003, S. 82.

nicht-reaktive Datenerhebung geht in der Regel von einer Passivität des Kunden aus, d. h. der Kunde reagiert nicht auf bestimmte Aufforderungen der Dateneingabe, sondern wird quasi bei seinem Besuch auf der Webseite „beobachtet". Unbemerkt werden seine hinterlassenen, **elektronischen Nutzerspuren** aufgezeichnet und zur Anreicherung seines Profils zum bereits vorhandenen Datenstamm (z. B. aus der Registrierung) hinzugefügt. So können z. B. **Log-Dateien** ausgewertet werden, die den Austausch von Dateien zwischen Server und Client automatisch aufzeichnen. Diese enthalten spezifische Kennwerte, die durch Protokollierung aller Datenzu- und -abgänge die Zugriffe auf die Webseite beschreiben. Außerdem kann die Datenerhebung über Log-Dateien mit Umgebungsvariablen oder Spezialanwendungen die Datenerhebung per Log-Datei anreichern. Die so gewonnenen Daten werden also zur Erstellung von Nutzerprofilen verwendet, welche die Nutzung der Webseite und das Verhalten des Kunden auf der Webseite festhalten und analysieren (*Krause* 2000, S. 388).

Die **reaktive Datenerhebung** erfolgt dagegen in der Regel durch eine aktive Beteiligung des Kunden und wird somit von diesem bewusst wahrgenommen. Auf der Webseite werden bei dieser Datenerhebung entweder offene oder geschlossene Formularfelder bereitgestellt oder entsprechende Wahlmenüs, welche die Kunden durch Auswahl vordefinierter Antwortkategorien bei ihren Eingaben unterstützen. Zwar sind Daten über die Nutzer mit geringem technischem Aufwand zu bekommen, es ist jedoch die Mitarbeit der Nutzer selber erforderlich, was häufig zu eingeschränkt verwertbaren Ergebnissen führt. Werden zu viele Fragen gestellt, die nicht direkt mit einem getätigten Kauf oder einer möglichen Transaktion in Verbindung stehen, werden viele Nutzer skeptisch und brechen die Eingaben der

Information ab oder lassen viele Felder leer. Die so gewonnen Daten werden zur Erstellung von Nutzerprofilen genutzt, die alle Daten über die Person, also den Kunden selbst, enthalten (*Krause* 2000, S. 388).

Nachdem eine ausreichend große Datenbasis erstellt worden ist, muss diese für die weitere Nutzung im Hinblick auf das Profiling aufbereitet werden. Besonders die nicht-reaktiven Daten unterliegen einer Reihe von Transformationen, damit sie für das Profiling nutzbar sind. Aus den aufgezeichneten Log-Dateien kann der Betreiber der Webseite nicht ohne weiteres darauf schließen, wie sich der Nachfrager tatsächlich verhalten hat. Außerdem sind nicht die einzelnen versandten Dateien von Interesse, sondern aggregierte Datengrößen. Deswegen ist das „**Ziel der Datenaufbereitung** [...] die Identifikation und inhaltliche Aufbereitung geeigneter Schlüsselgrößen in Form von interpretierbaren, nutzerbezogenen Indikatoren des Nachfragerverhaltens über die intelligente Zusammenfassung der protokollierten Einzeleinträge, auf deren Basis marketingrelevante Nachfrageranalysen ansetzen können" (*Wiedmann/Buxel* 2003, S. 15). Zu den zentralen Schlüsselgrößen werden User, Page-Views, Server-Sessions und Episoden gezählt.

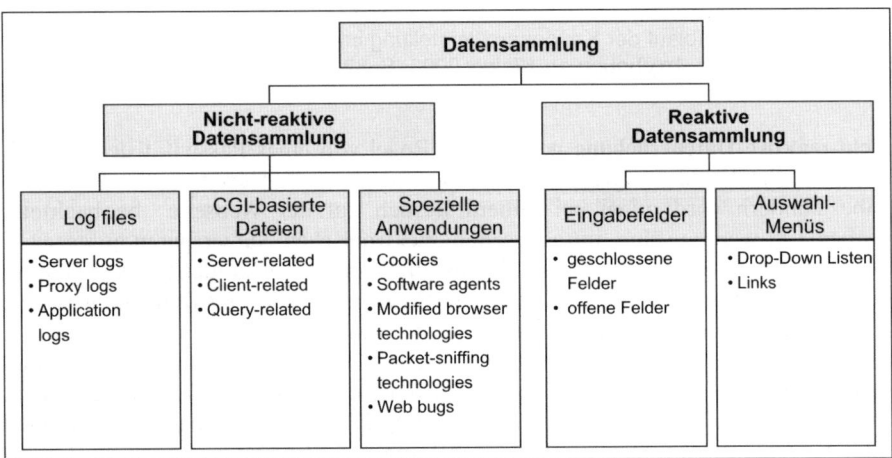

Abb. 67: Verfahren zur Datensammlung für das eCustomer-Profiling
Quelle: *Wiedmann/Buxel* 2004, S. 301.

Der **Prozess der Datenbereinigung** erfolgt bei nicht-reaktiven Daten über vier Schritte. Zunächst müssen die irrelevanten oder nur beschränkt nutzbaren Daten eliminiert werden. Auf diese Datenbereinigung der Rohdaten folgt die Zuteilung der protokollierten Datensätze zu den einzelnen Usern, die aufgrund methodischer Gesichtspunkte oftmals simultan mit der Identifikation von Server-Sessions stattfindet (*Wiedmann/Buxel* 2003, S. 17). Danach müssen die User- und Sessiondaten sukzessive zerlegt und umgruppiert werden, damit einzelne Page-Views identifiziert werden können. Die thematische Bündelung zusammengehörender Page-Views ermöglicht dann die Identifikation und Interpretation von Episoden. Episoden werden als semantisch bedeutungsvoller Teilbereich einer Server-Session definiert (*Cooley/Tan/Srivastava* 2000). Die Datenbereinigung bei reaktiven Daten beinhalten die Handhabung von Missing Values, die Identifikation von Falscheingaben, die Strukturierung der Daten aus offenen Eingabefeldern und die Eliminierung unbrauchbarer Daten.

Der **Prozess der Datenspeicherung** in einem Data-Warehouse unterliegt anschließend dem allgemeinen Problem der Datenmenge. Log-Dateien viel besuchter Webseiten können u. U. mehrere hundert Gigabyte pro Tag an Speicherplatz einnehmen. Eine Zusammenfassung und Reduzierung der Daten ist somit auf Dauer unausweichlich und sollte bei der Überführung der Daten ins Data-Warehouse geschehen. Eine Methode ist dabei die bereits erwähnte Zusammenfassung der Daten zu aggregierten Größen, die teilweise auch mit einer Vernichtung von Daten einhergeht. Sind die Daten erst einmal im Data-Warehouse gespeichert, so können sie auf der einen Seite als Input für Data-Mining- und Database-Marketing-Prozesse herangezogen werden. Auf der anderen Seite können aber auch die Ergebnisse der Data-Mining- und Database-Marketing-Prozesse als **Input für das eProfiling** verwendet werden. Besonders bei E-Shops kommt dem Profiling und der Auswertung gesammelter Daten eine bedeutende Rolle zu. Zum Beispiel dienen diese Kundenprofile als Grundlage für den Einsatz intelligenter Softwareagenten, die durch automatische Empfehlungen Kundenbedürfnisse besser befriedigen und dadurch den Absatz erhöhen können. Eine Personalisierung von Webbereichen lässt durch Profiling außerdem die benutzerspezifische Darstellung der Inhalte einer Webseite zu (*Wiedmann/Buxel* 2003, S. 21). Speziell für die Ansätze der Kundenbindung dient eine Verwendung solcher technologischen Mechanismen als Grundlage, z. B. für die Optimierung eines One-to-One-Marketings. So profitiert der Kunde von mehr oder weniger sinnvollen Angeboten und das Unternehmen von reduzierten Werbeausgaben (*Krause* 2000, S. 391).

Die Profilerstellung ist ohne ein gewisses Maß an Aufwand nicht realisierbar und die Daten werden erst im Laufe der Aktivitäten umfangreicher und aussagekräftiger. Eine weitere Möglichkeit, Kundenprofile zu nutzen, ist deshalb gerade für neue Marktteilnehmer in der Startphase die **Einbindung von verschiedenen Werbeträgern**, die profilierte Daten anbieten. Allen voran bieten insbesondere Suchmaschinen die Möglichkeit, die gewünschte Kundschaft über gezielte Einblendung von Bannerwerbung zu erreichen. Dies macht die Profilnutzung günstiger und schneller. Erst wenn genug „Traffic" auf der eigenen Seite vorhanden ist und die Daten mit statistischen Mitteln ausgewertet werden können, lohnt es sich, die Profilerstellung selbst zu betreiben (*Krause* 2000, S. 390).

Vorsicht ist jedoch mit der **Aussagekraft der Daten** geboten. Nicht immer werden Daten wahrheitsgetreu eingegeben. Auch der Weg, den Kunden auf einer Webseite nehmen, muss nicht unbedingt Rückschlüsse auf deren Profil zulassen. In vielen Bereichen erfolgt die Profilerstellung ferner nur für statische Profile. Kunden geben ihre Daten, Interessen etc. ein und werden aufgrund dieser Daten in bestimmte Cluster unterteilt, die dann speziell beworben werden. Da sich Interessen und Verhalten jedoch ständig ändern können, verliert diese Art der erstellten Daten schnell an Bedeutung. Die Erstellung dynamischer Profile wird unter Berücksichtigung der wachsenden Bedeutung **„hybrider" Kunden** immer wichtiger. Diese werden zwar auch durch Eingabe der Kundendaten initiiert, lernen dann aber vom Verhalten der Kunden und passen das Profil entsprechend an. Diese Art der Profilerstellung kann auch zur Verfeinerung der Zielgruppendefinition herangezogen werden, um so den Kunden noch besser und vor allem auch über einen längeren Zeitraum kennenzulernen und zu verstehen sowie besser auf seine Bedürfnisse eingehen zu können.

5.3 Kundenbindung für den elektronischen Verkauf

Die Kundenbindung im elektronischen Verkauf setzt sich intensiv mit der Pflege des bestehenden Kundenstamms auseinander. Kunden, die einmal gekauft haben, sollen wiederkommen und möglichst dauerhaft treu bleiben. Da aber gerade das Internet den Kunden die Möglichkeit bietet, mit nur einem Klick zu einem anderen Anbieter zu wechseln, erwarten die Kunden eine gezielte und personalisierte Bedürfnisbefriedigung. Das heißt, dass das Produkt nicht einfach nur verkauft wird, sondern dass ein Bedürfnis befriedigt werden muss. Je mehr Informationen über die Kunden vorhanden sind, desto mehr Wissen über Verhalten, Bedürfnisse und Eigenschaften der Kunden kann generiert werden, das dann wiederum für Marketingmaßnahmen hinsichtlich einer höheren Kundenbindungsrate verwendet werden kann. Ziel aller Kundenbindungsmaßnahmen ist die Steigerung der Kundenzufriedenheit und die daraus resultierende Erhöhung des Ertragswertes über den gesamten Kundenlebenszyklus (**Customer-Lifetime-Value**).

5.3.1 One-to-One-Marketing

Schon der Wortlaut des „One-to-One"-Marketings signalisiert die Erreichung einer „Eins-zu-Eins"-Beziehung zum Kunden. Dabei geht es um eine möglichst individuelle und interaktive Auseinandersetzung mit den Wünschen und Bedürfnissen der Kunden seitens des Unternehmens, um ihnen mit Hilfe der im Laufe der Beziehung gewonnenen Erkenntnisse, **personalisierte Angebote** zu unterbreiten. Im Gegensatz zum Massenmarketing werden hier die Kundenbedürfnisse hoch differenziert betrachtet (s. Abb. 68), wodurch der Einsatz von standardisierten Marketing-Methoden unbrauchbar wird. Die angestrebte, hohe Interaktivität zeichnet sich beim One-to-One-Marketing durch einen bidirektionalen Dialog aus, bei dem der Kunde nicht mehr nur Empfänger, sondern auch Sender von Informationen sein kann (*Kollmann* 1998a, S. 36). Erst durch das Internet und die dadurch entstandenen Möglichkeiten, Kundendaten nahezu automatisch und zeitnah zu generieren, gewann das One-to-One-Marketing an Bedeutung. Die zusätzliche Verschiebung von Anbietermärkten zu Nachfragermärkten im Laufe der Zeit und die zunehmende Transparenz innerhalb der Net Economy machen den Einsatz von kundenspezifischen Marketing-Instrumenten unumgänglich, um sich von der Konkurrenz abzuheben und Wettbewerbsvorteile durch die effiziente Abwicklung von Transaktionen mit einem **hohen Grad der Individualisierung** zu realisieren. Die Effizienz des One-to-One-Marketings steigt mit zunehmender Fokussierung auf die profitabelsten Kunden, die für den langfristigen Erfolg des Unternehmens wertvoll sind (*Peppers/Rogers* 1997, S. 65).

Das Konzept des One-to-One-Marketings baut darauf auf, umfassende Informationen über die Präferenzen und das Verhalten der Kunden zu gewinnen. Benötigte Informationen werden durch die kundenbezogene Datensammlung und -auswertung im Rahmen des Profilings sowie aus den Ergebnissen von Data-Mining- und Database-Marketing-Prozessen gewonnen. Erst durch das so entstandene Kundenwissen können individualisierte Marketing-Maßnahmen angewendet werden. Durch die ständige Interaktion mit dem Kunden kann das gewonnene Wissen dabei erweitert und vertieft werden, wodurch der **Individualisierungsgrad im Zeitverlauf** ansteigt (dynamische Kundenprofile). Das Konzept der Individualisierung der Marketing-Maßnahmen ist dabei nicht neu: Die Unterteilung des Marktes in homogene Untergruppen war stets ein erster Schritt in die Richtung der Individualisierung und bot die Möglichkeit, zumindest zielgruppenspezifische Marketing-Maßnahmen umzusetzen. Allerdings musste hierbei der Grad der Individualisierung den zusätzlich anfallenden Kosten angepasst werden, die durch unterschiedliche Maßnahmen für unterschiedliche Kundengruppen entstanden. Da aber gerade bei digitalen Daten sehr kostengünstig und zeitnah erhoben werden kann, verliert das Argument der steigenden Kosten zunehmend an Bedeutung. Allerdings ist der Einsatz einer speziellen Technologie für den Aufbau und die Verwaltung der Kundendaten ein Kostenfaktor, der nicht zu unterschät-

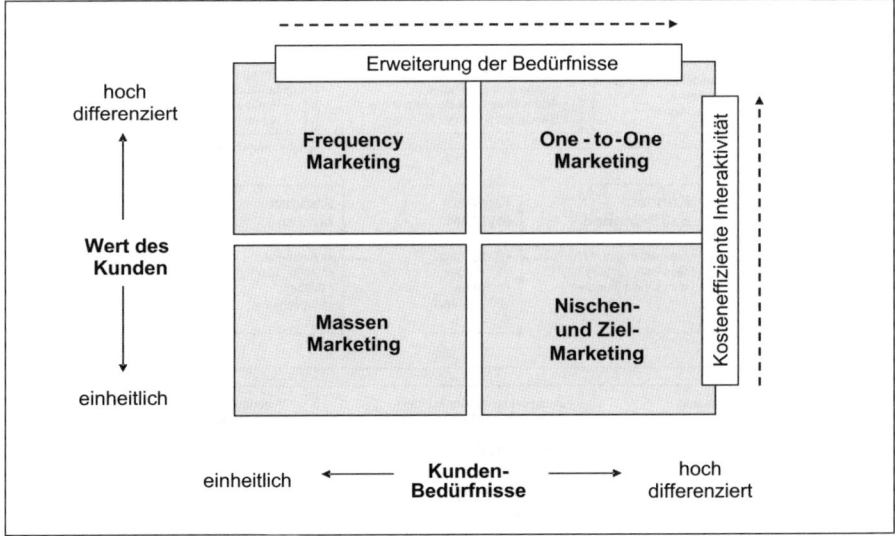

Abb. 68: Die Ausrichtung des One-to-One-Marketings
Quelle: *Peppers/Rogers* 1997, S. 65.

zen ist. Die Investition in eine qualitativ hochwertige Technologie vereinfacht die **Automatisierung von Prozessen** und reduziert Streuverluste.

5.3.2 eCustomer-Relationship-Management

Bevor langfristige Kundenbeziehungen aufgebaut werden können, muss ein Online-Unternehmen zunächst seinen Kunden identifizieren, um im Anschluss daran gezielte Aktionen auf individueller Kundenebene vornehmen zu können. Um diesen Identifizierungsvorgang zu vereinfachen, sollten sämtliche Möglichkeiten in der Nutzung elektronischer Daten verwendet werden, die im Kapitel über Kundenbewertung vorgestellt wurden. Der Nutzen dauerhafter Beziehungen zu den Kunden wird durch die hohen Kosten der Neukundenakquise unterstrichen. Durchschnittlich werden diese Kosten auf das Fünffache der **Pflege bestehender Kundenbeziehungen** geschätzt (*Wirtz/Werner* 1999, S. 25). Somit ist es wichtig, den gewonnenen Kunden an das Unternehmen zu binden und über den Erstkauf weitere Umsätze mit ihm zu generieren und den sog. **Customer-Lifetime-Value** des Kunden auszuschöpfen. Die Kundenbindung vollzieht sich aber nicht erst nach dem Verkauf der Leistung, sondern beginnt bereits beim ersten Kundenkontakt und kann beim Kunden als Wirkungskette interpretiert werden (s. Abb. 69), die sowohl von internen und externen Faktoren beeinflusst wird.

Schon der erste Kontakt zwischen Kunde und Unternehmen stellt den **Beginn der Wirkungskette** dar. Bereits hier sammelt der (noch potenzielle) Kunde erste

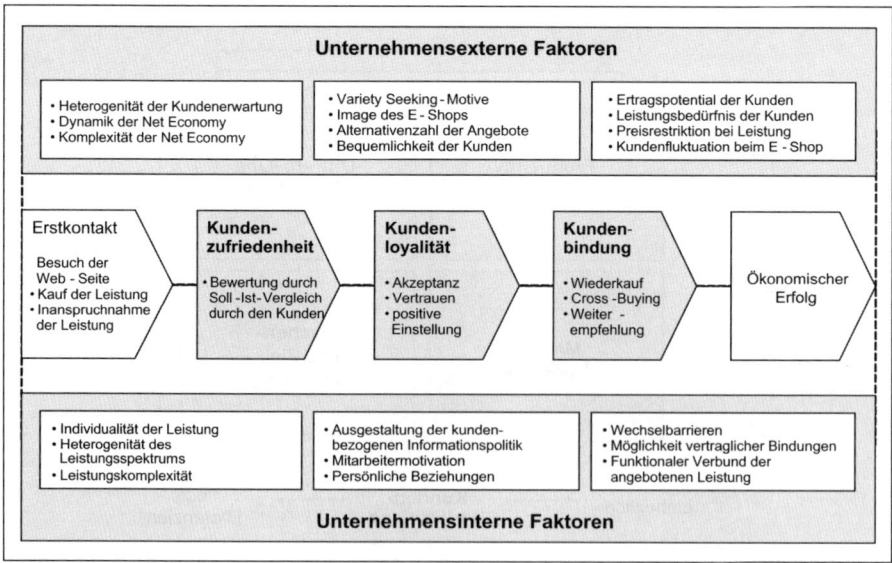

Abb. 69: Die Wirkungskette der Kundenbindung im Online-Marketing
Quelle: in Anlehnung an *Homburg/Bruhn* 2003, S. 10.

Eindrücke über das Unternehmen und dessen Angebote bzw. die Webseite, die sich nachhaltig auf seine Vertrauensbereitschaft auswirken (*Kollmann/Herr* 2003). Zudem werden hier die ersten Grundsteine für eine erfolgreiche Kundenbindung gelegt. Erst wenn der erste Eindruck überzeugend ist, kann es im weiteren Verlauf zu einer Leistungstransaktion kommen. Ist diese erfolgt, bewertet der Kunde seine gemachten Erfahrungen mit den zuvor aufgestellten Erwartungen. Dieser Vergleichsprozess entscheidet über Zufriedenheit und Unzufriedenheit (*Hippner/Wilde* 2003, S. 94 ff.) und prägt die Einstellung des Kunden zur Leistung und zum Unternehmen (*Weinberg/Terlutter* 2003, S. 50 ff.). Positive Erfahrungen münden dabei in eine erste Bereitschaft zum **Aufbau von Loyalität**. Nicht der Abschluss einer einmaligen Leistungsvereinbarung steht somit im Vordergrund, sondern der **Aufbau einer nachhaltigen Kundenbeziehung**. Es geht darum, den Customer-Lifetime-Value (CLV) eines Kunden möglichst im vollen Umfang abzuschöpfen (*Weiber/Weber* 2002, S. 616 ff.; *Cornelsen* 2003, S. 650 ff.). Eine besondere Bedeutung kommt hier dem Dialog zwischen Kunden und Unternehmen zu, der nicht unbedingt nur über die bereitgestellte Webseite oder den E-Shop erfolgen muss. Der Dialog erfordert vom Unternehmen nicht nur die passive Sammlung aller Daten, sondern auch aktive Teilnahme am Austausch der Informationen. Somit muss jede Aktion und Reaktion von Seiten des Unternehmens auf dem vorangegangen Dialog aufbauen, um die Beziehung voranzutreiben und zu intensivieren (*Peppers/Rogers* 2004, S. 163).

Das Hauptziel sog. **eCRM-Systeme**, die zur technischen Umsetzung eines CRM herangezogen werden, ist die effiziente Zusammenführung aller Komponenten im Verkaufs- und Marketingprozess (s. Abb. 70). Dazu werden alle gesammelten Daten (z. B. aus dem Customer-Profiling) wie schon beschrieben in einem zentralen Datenpool gespeichert (Data-Warehouse) und anschließend mit Hilfe von Analysetools (Data-Mining und OLAP) aufbereitet und für Verkaufs- und Marketing-Aktivitäten zur Verfügung gestellt. Dieser Kreislauf lässt sich am besten mit der **Closed-Loop-Architektur** eines eCRM-Systems beschreiben (s. Abb. 70) und besteht aus drei **Hauptkomponenten** (*Wannenwetsch/Nicolai* 2004, S. 192):

- **Analytisches CRM**: Das analytische CRM ist die Komponente des eCRM-Systems, die hauptsächlich der Datensammlung (Data-Warehouse) und Datenaufbereitung (Data-Mining und OLAP) dient. Die gewonnenen Daten werden dann zur Ableitung von Handlungsempfehlungen für das operative (z. B. Database-Marketing, One-to-One-Marketing) und kollaborative CRM herangezogen. Sie dienen somit als Grundstein für alle weiteren Aktionen im Rahmen des Kundenbindungsmanagements.
- **Operatives CRM**: Das operative CRM ist die Komponente, die sämtliche Prozesse, die im Zusammenhang mit der Abwicklung einer Transaktion stehen, soweit wie möglich automatisieren und standardisieren soll. Somit können die Mitarbeiter z. B. Kundentermine einheitlich verwalten oder Kundenanfragen sofort bearbeiten. Dadurch gewinnt das Kundenbindungsmanagement an Effektivität und ermöglicht den reibungslosen Ablauf aller Interaktionen mit dem Kunden.
- **Kollaboratives CRM**: Das kollaborative CRM ist die Komponente, die sämtliche Kommunikationskanäle reguliert, unterstützt und synchronisiert. Die

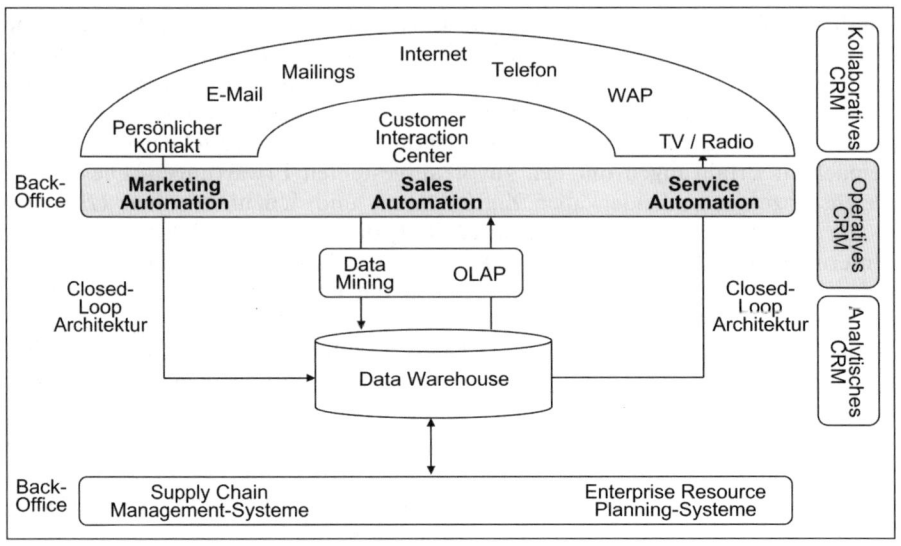

Abb. 70: Die Closed-Loop-Architektur eines eCRM-Systems
Quelle: *Wannenwetsch/Nicolai* 2004, S. 192.

Integration aller Kanäle erfolgt dabei in einem sog. Customer Interaction Center. Hier werden die Customer Touch-Points aufeinander abgestimmt und das Handling der Kundeninformationen erleichtert.

Im Rahmen des Customer-Relationship Managements zählt jedoch nicht nur die aktive Kundenbindung, sondern auch die Vermeidung von Kundenabwanderung beziehungsweise das Erkennen von abwanderungsgefährdeten Kunden (*Adler* 2001). Vorhersagen von Wechselwahrscheinlichkeiten (auch **Churn-Prediction** genannt) können z. B. durch Data-Mining getroffen werden und diejenigen Kunden aufdecken, die einem hohen Abwerbedruck oder einer starken Wechselneigung unterliegen (*Preißner* 2001, S. 268). Der dadurch herausgefilterten Gruppe der wechselbereiten Kunden können dann spezielle Erhaltungsmaßnahmen oder Maßnahmen zur Wiedergewinnung entgegengebracht werden, wie z. B. zeitlich begrenzte, gesonderte Angebote, temporäre Rabatte oder einmalige Gutscheine. Alle Aktivitäten der Wiedergewinnung sollten eng mit dem Beschwerdemanagement verknüpft werden, um sicherzugehen, dass Abwanderung oder Wechsel nicht aufgrund unbearbeiteter oder fehlgeleiteter Beschwerden erfolgen. In der Regel ist es jedoch nicht ganz einfach, einen Wechsel der Kunden zu erkennen. Zwar macht sich eine Beendigung der Kundenbeziehung immer durch die Inaktivität des Kunden bemerkbar (*Preißner* 2001, S. 171), die Hintergründe dieser Inaktivität sind aber nicht immer eindeutig identifizierbar. Inaktivität kann in manchen Fällen z. B. nur eine Veränderung des Kundenbedürfnisses bedeuten oder die Unzufriedenheit mit bereits getätigten Käufen. Dem Unternehmen obliegt es deshalb, seine Kunden regelmäßig zu kontaktieren, um auch bei Inaktivität die Kundenbeziehungen aufrecht zu erhalten und gegebenenfalls den Grund der Inaktivität vorsichtig zu ergründen, um daraus geeignete Maßnahmen ableiten zu können.

5.3.3 Online-Markenführung

Wird das Internet als technologische Plattform gewählt, so ist der **Marktauftritt im Web** zunächst mit einem Shop- bzw. Markennamen verbunden, der oftmals auch unmittelbar den **Domainnamen** und damit die **Webadresse** widerspiegelt (z. B. *expedia.de*, *ebay.de*, *xing.de*). Die eindeutige Identifizierung des Webauftritts über den Domainnamen ist eine zwingende Voraussetzung für Unternehmen im E-Business, da für den Datentransfer der Name der Zieladresse bekannt und die Eingabe möglich sein muss. Ursprünglich erfolgt die Identifikation eines Rechners, auf dem eine Webseite abgelegt ist, über eine numerische Internet Protocol (IP)-Adresse. Diese ist etwa vergleichbar mit der postalischen Adresse eines realen Geschäftes. Sowohl im herkömmlichen Geschäftsleben als auch im Internet ist die Identifikation der Unternehmung über solche Adressen jedoch kaum praktikabel und wenig kommunikativ; Unternehmensnamen sind einprägsamer als deren Adressen.

Aus gerade diesem Umstand entwickelte Sun Microsystems in den frühen 1980er-Jahren das **Domain Name System (DNS)**, mittels dessen eine eindeutige Zuordnung von Namen zu bestimmten IP-Adressen möglich ist (z. B. entspricht die IP-Adresse 87.238.81.130 dem Domainnamen *www.amazon.de*). Sämtliche Kommunikationsmaßnahmen, die im Rahmen eines Markteintritts und damit beim erstmaligen Marktauftritt eingesetzt werden, dienen zunächst der eindeutigen Identifizierung und Bekanntmachung der Seite. Entspricht der Domainname dem Shop- oder Unternehmensnamen, so wird die Suche für den Kunden vereinfacht und die Effektivität der Kommunikationspolitik gesteigert. Insofern ist die **Domain als Markenname** zu begreifen (**eBrand**), woraus sich entsprechend spezifische Anforderungen an die Domain ableiten lassen (*Kollmann/Suckow* 2007). Neben der Berücksichtigung markennamentechnischer Aspekte sind dabei folgende generelle **Aspekte der Domainnamenwahl** mit einzubeziehen (*Kollmann* 2011a, S. 274 f.):

*   **Länge des Domainnamens**: Den Namen gilt es so kurz wie möglich, jedoch so lang wie nötig zu gestalten. Die richtige Balance zwischen Originalität und Einfachheit führt meist zu einer einprägsamen Internetadresse, die mit einem vertretbaren Aufwand einzugeben ist. So ist z. B. *ebay.de* ein relativ kurzer Name, der jedoch sehr originell ist und daher das Potenzial für eine kreative Vermarktung hat. Domainnamen, wie *hjs.de* oder *ktu.de* hingegen, sind zwar auch kurz aber bedeutungslos und daher nicht besonders einprägsam.
*   **Produktname oder Unternehmensname**: Die Bezeichnung des Produktes oder der Leistung als Domainname ist nur dann sinnvoll, wenn erstens gerade diese Domain noch verfügbar ist und zweitens eine intuitive Wahl dieser Domain seitens der Kunden zu erwarten ist. Andererseits könnte durch die Wahl eines zu originären Namens (wie z. B. *buecher.de* oder *blumen.de*) die Einzigartigkeit verloren gehen, wodurch sich das Unternehmen nur noch schwer von der Kon-

kurrenz abheben kann. Einprägsamer sind daher Domainnamen wie *immobilienscout24.de* oder *musicload.com*, die einerseits das Leistungsangebot umschreiben, andererseits aber nicht unbedingt Gefahr laufen, in der Masse der Wettbewerber unterzugehen.

- **Bezug zur Region**: Das Aufnehmen geographischer Angaben in die Internetadresse ist zweckmäßig, wenn ein regionaler Bezug der Unternehmenstätigkeit vorhanden ist. Zwar ist dies über die länderspezifischen Top-Level-Domain schon in Ansätzen gegeben (.fr, .de oder .ch), jedoch kann darüber hinaus noch weiter spezifiziert werden (z. B. *koelnshop.de* oder *bavaria-shop.com*). In der Regel handelt es sich dabei meistens um Souvenir-Shops, Seiten mit regionalem Sportbezug oder einfach Webseiten von lokalen Einzelhändlern (z. B. *buecherwurm-nuernberg.de*) etc.

- **Kreationen**: Wortkreationen können zum einen auf kreative Art Hinweise zum Geschäftsinhalt des Unternehmens oder dem Leistungsangebot der Webseite geben, zum anderen können so aber auch völlig neu erfundene Wortkompositionen oder Wortschöpfungen entstehen, die durch aktive und z. T. aggressive Werbemaßnahmen im Markt etabliert werden müssen. Ein E-Shop für Einrichtungsgegenstände kann z. B. unter der Bezeichnung *amcorati.de* geführt werden (Zusammensetzung aus den Begriffen Ambiente und Dekoration). Hierbei ist es jedoch wichtig, auf die Einfachheit der Ableitung und die Bedeutung der gewünschten Assoziationen zu achten. So ist nicht unmittelbar klar, was man unter *bioplan.de* erwarten kann (z. B. Bioprodukte oder Arzneimittel). Kreationen, denen intuitiv keinerlei Sinn entnommen werden kann, müssen von ihren Unternehmen mit Bedeutung aufgeladen werden, um somit das Wort bekannt zu machen und im Laufe der Zeit evtl. zum Synonym einer Leistung oder eines Angebotes werden zu lassen (wie z. B. bei *ebay.de* oder *amazon.de*). Je weniger Assoziationen also eine Wortkreation hervorruft, desto mehr Raum für kreative Bedeutungsfüllung bleibt, aber die Aufwendungen und Anstrengungen, die damit in Zusammenhang stehen, können schnell das geplante Werbebudget überschreiten.

- **Wortlaut**: Im Rahmen der Kommunikation kommt es oftmals vor, dass die Marken- bzw. Domainnamen mündlich weiter getragen werden (z. B. Radiospot oder Unterhaltung). Somit müssen auch alle sprachverwandten Domainnamen reserviert werden (z. B. *amkorati.de* und *amcorati.de*). Möglichkeiten der Verwechslung mit bereits existierenden Domainnamen müssen dabei insbesondere im Vorfeld geprüft werden (z. B. *squeez.de*, *squeeze.de*, *sqeez.de*).

Sobald ein Unternehmen in den Markt eintritt und der Domainname bekannt gemacht worden ist, ist es ratsam, Marketinganstrengungen nicht der Willkürlichkeit auszusetzen, sondern gezielt und geplant eine **Marke aufzubauen**, die als großer Rahmen für alle nach außen hin kommunizierten Botschaften dient. Eine Marke bzw. eBrand eines Unternehmens besteht dabei einerseits aus dem materiellen, aber andererseits auch aus dem immateriellen Wert, der mit einem Produkt oder einer Leistung verbunden ist (*Mattmüller/Tunder* 2002). Der **materielle Wert** bezieht sich auf die Marke im Sinne eines Kennzeichens des Markenträgers, also auf den Namen, ein Symbol, einen Ausdruck, eine Form oder auch auf akustische und visuelle Zeichen. In der Net Economy kann insbesondere die Wahl des

Domainnamens zum materiellen Wert einer Marke beitragen. Dagegen hat der **immaterielle Wert** einer Marke eine durchaus größere Tragweite, da hier der eigentliche Zweck einer Marke verankert ist. Ein Anbieter kann sich über die Ausgestaltung seiner Marke von den Wettbewerbern abheben, wobei der Erfolg am Markt von der subjektiven Einschätzung des Kunden und von der Einschätzung anderer Akteure am Markt abhängt (*Mattmüller/Tunder* 2002, S. 335). Der immaterielle Wert einer Marke in der Net Economy kann auch im „Look and Feel" einer Seite liegen. Das kann den Aufbau der Internetseite, die Navigation und die Ausdrucksweise umfassen. Im immateriellen Wert ist neben dem Selbstbild der Zielgruppe auch insbesondere die Art der zum Kunden aufgebauten Beziehung und die kommunizierten Werte enthalten (*Kapferer* 1997). **Ziel des Markenaufbaus** ist die Erreichung langfristiger, stabiler Kundenbeziehungen (*Keller* 2003), die es dem Unternehmen ermöglichen, das Customer-Lifetime-Value des Kunden auszuschöpfen.

Es gilt diese Dimensionen im Einklang mit den Grundwerten und der Unternehmensstrategie zu bestimmen, in die Kommunikationspolitik einzubeziehen und aktiv der potenziellen Kundengruppe zu kommunizieren (*Rüggeberg* 2003, S. 136 f.). Diese Verankerung der **Corporate Identity** in der Kommunikationspolitik mit dem Online-Kunden kann auch als „Branding" bezeichnet werden, das auch als **Instrument der Kundenbindung** gesehen werden kann (*Jacken/Selchau-Hansen* 2001, S. 220). So können sich Unternehmen durch Verknüpfung ihrer Aktivitäten mit einer „einheitlichen Philosophie, Kultur und ein konsistentes Verhalten' von Marke und Unternehmen, im Sinne der Identität sichern" (*Meffert* 2012, S. 179). Wie bei einem physischen Produkt, kann auf diese Art und Weise die Identifikation der Zielgruppe mit der Marke verstärkt und die Kaufentscheidung ausgelöst werden. Die Instrumente zum Markenaufbau sind insbesondere im Online-Marketing angesiedelt. eBrands erfüllen gerade für Online-Kunden wichtige Funktionen. Sie dienen als **Orientierungshilfe** bei der immer unüberschaubarer werdenden Angebotsmenge und werden als **Navigationshilfe** bei der Suche nach bestimmten Leistungen und Produkten eingesetzt. Hat ein Kunde gute Erfahrungen mit einem E-Shop gemacht, so bringt er dessen eBrand ein gewisses Maß an Vertrauen entgegen, dass bei der nächsten Kaufentscheidung eine wichtige Rolle spielen kann. Durch den wiederholten Kauf steigt das Vertrauen und die Qualität, die der Kunde dadurch der eBrand zuspricht und verringert damit das Risiko zukünftiger Fehlentscheidungen. Manche Marken üben zusätzlich eine Identifikationsfunktion aus, da ihre Verwendung bei einer bestimmten Zielgruppe zur Prestigefrage wird und einen gewissen sozialen Status suggerieren soll. Marken haben also eine Orientierungs-, Navigations-, Vertrauens-, Risikoreduktions- und Identifikationsfunktion (*Fritz* 2004, S. 194).

Viele Unternehmen unterschätzen die Bedeutung des Markenaufbaus für die erfolgreiche Umsetzung ihrer Idee und für das Wachstum ihres Unternehmens (*Mattmüller/Tunder* 2002, S. 336). Dies liegt besonders an der stark divergierenden **Wahrnehmung der eBrand** beim potenziellen Online-Kunden, wenn dieser bspw. nur aufgrund eines besonderen Produktangebotes in einer Preissuchmaschine zur Seite findet und ihm die Marke relativ egal ist. In solchen Fällen werden die mit dem Aufbau der Marke verbundenen Investitionen überflüssig erscheinen. Der nicht bezifferbare Gegenwert einer Marke kann dann nicht bilanziert werden und somit geraten die Investitionen für den Aufbau und die Pflege der Marke in Vergessenheit. Dies geschieht vor allem gerade dann, wenn junge Unternehmen sich am Periodenergebnis als Erfolgsmaßstab orientieren (*Cravens/Guilding* 1999, S. 56) und so die langfristige Notwendigkeit des Markenaufbaus unterschätzen. Insbesondere die anfangs versäumten Investitionen in den Markenaufbau können aber häufig zu einem späteren Zeitpunkt nicht nachgeholt werden. In der Literatur sind einige Ansätze zur Messung des monetären und nicht-monetären Wertes eines (e)Brand vorhanden. Diese können gleichzeitig auch als Planungs- und Controlling-Instrument für die Effektivität der Kommunikationsstrategie angesehen werden. Hierbei unterscheidet man zwischen dem aus der Anbieterperspektive bezeichneten „**Brand Equity**" und dem aus der Nachfragerperspektive bezeichneten „**Brand Value**":

- **Brand Equity:** Unter Brand-Equity verstand man lange Zeit „die durch Markierung ausgelösten gegenwärtigen und zukünftigen Wertsteigerungen von Leistungen auf Konsumenten- und Unternehmensseite, die ökonomisch nutzbar und in monetären Maßeinheiten zu bewerten sind" (*Bekmeier-Feuerhahn* 1998, S. 46). Diese unternehmensseitige Betrachtung wird jedoch zunehmend von der kundenseitigen Betrachtung abgelöst, da insbesondere der finanzielle Wert der Marke und auch der Wert der zukünftig, allein aufgrund der Marke gemachten Kaufentscheidung kaum realistische einzuschätzen sind. *Keller* (2003) entwickelte daher ein Konzept zur Erklärung des Brand Equity, das sich explizit mit der Betrachtung aus Kundensicht auseinandersetzt. Das Ziel des Markenwertaufbaus wird hier in dem Aufbau langfristiger Kundenbeziehungen gesehen, die basierend auf einer kontinuierlich geförderten emotionalen Verbundenheit mit der Marke, den Kunden markentreu und loyal machen soll.
- **Brand Value:** Im Gegensatz zum Brand Equity geht man bei dem Brand Value von der Quantifizierung des Nachfrageverhaltens in Bezug auf die Marke aus. Nach dem Prinzip „value for money" geht der Kunde nach dem Kriterium seiner eigenen Kosten-Nutzen-Betrachtung vor und entscheidet sich für die für ihn optimale Produktvariante (*Cornelsen* 2000, S. 33). Der Nutzen kann in diesem Zusammenhang durch die Markenstärke erhöht werden. So kann durch die zielgruppenorientierte Wertevermittlung – wie „Abenteuerlust", „Lebensfreude" oder „Exotik" – das Angebot des Reise-E-Shops von *opodo.de* zusätzlich attraktiver gemacht werden. Infolgedessen kann „Brand Value" als Wert verstanden werden, der „das Ausmaß abbildet, in dem eine Marke zur Steigerung des Transaktionswertes für den Nachfrager beiträgt" (*Mattmüller/Tunder* 2002, S. 346).

5.3.4 Online-Beschwerdemanagement

Das Beschwerdemanagement ist ein wichtiger Baustein für die Realisierung langfristiger Kundenbindungsstrategien. Grundsätzlich sind Beschwerden von Seiten der Kunden mit allen Mitteln zu vermeiden, indem das Leistungsangebot so gut wie möglich den Erwartungen der Kunden entspricht und zu Zufriedenheit führt (s. Kapitel 2.2.6). Allerdings wird es mit den zunehmend hybriden Kunden immer schwieriger, allen Wünschen der Kunden gerecht zu werden und somit jeden Einzelnen glücklich zu machen. Somit sind **Beschwerden von Kunden** nicht unumgänglich und sollten durch einen professionellen Umgang von Seiten des Unternehmens die Möglichkeit offenhalten, trotzdem eine langfristige Kundenbeziehung mit diesen Kunden zu führen. *Wimmer* versteht unter Beschwerdemanagement „den komplexen unternehmerischen Handlungsbereich der Planung, Durchführung und Kontrolle aller Maßnahmen, die ein Unternehmen in Zusammenhang mit Beschwerden ergreift" (*Wimmer* 1985, S. 233). Ein erfolgreiches Beschwerdemanagement zielt nicht nur auf die Wiederholung einer Transaktion (z. B. Kauf eines Produktes) ab, sondern vor allem auf die **(Wieder-)Herstellung von Zufriedenheit**. Schließlich können unzufriedene Kunden dem Unternehmen schaden, indem sie ihre Unzufriedenheit mit anderen teilen. Dies geht von negativer Mund-zu-Mund-Propaganda über Meinungsäußerungen in Diskussionsforen bis hin zu der Einleitung rechtlicher Schritte gegen das Unternehmen. Ein professionelles Beschwerdemanagement unterstreicht hingegen den Grad der Kundenorientierung eines Anbieters. Die Nutzung der durch die Beschwerden gewonnen Informationen kann dabei ein **wertvoller Input** für alle weiteren Kundenbindungsmaßnahmen sein, da auf diese Weise Schwachstellen und Markt-Chancen identifiziert und die Qualität nicht nur der Produkte, sondern auch des Kundenservices und daher der Kundenbeziehungen verbessert werden kann (*Wegmann* 2001, S. 12). Das Beschwerdemanagement sollte also im besten Fall als eine Art **Frühwarnsystem** verstanden werden. Die **Ziele des Beschwerdemanagements** können folgendermaßen zusammengefasst werden (*Stauss* 2003, S. 312):

- Herstellung von **(Beschwerde-)Zufriedenheit,**
- Vermeidung von **Kosten** durch andere Reaktionsformen unzufriedener Kunden,
- **Umsetzung und Verdeutlichung** einer kundenorientierten Unternehmensstrategie,
- Schaffung zusätzlicher **akquisitorischer Effekte** mittels Beeinflussung der Mundkommunikation,
- **Auswertung und Nutzung** der in Beschwerden enthaltenen Informationen,
- Reduzierung interner und externer **Fehlerkosten.**

Die Erreichung dieser Ziele setzt voraus, dass das Unternehmen den unzufriedenen Kunden leicht zugängliche **Beschwerdekanäle** bereitstellt, die eventuell sogar eine **Beschwerdestimulierung** vornehmen. Die sachgerechte **Beschwerdeannahme** und die systematische Bearbeitung bzw. **Reaktion auf Beschwerden** erfordert Kundenkontakt und ist somit dem direkten Beschwerdemanagementprozess zugeteilt (s. Abb. 71). Auf der Unternehmenswebseite könnten Kunden z. B. in einem Chatforum, einem Newsletter oder auf der Homepage dazu animiert werden, im Falle der Unzufriedenheit Kontakt aufzunehmen und eine Beschwerde zu formulieren. Natürlich müssen für die Beschwerdeannahme genügend, für den Kunden leicht erreichbare Kommunikationskanäle bereitgestellt werden. Zum einen gibt es die Möglichkeit direkt über die Homepage z. B. ein **Online-Formular für Beschwerden** bereitzustellen oder eine E-Mail-Adresse für Support anzubieten, zum anderen

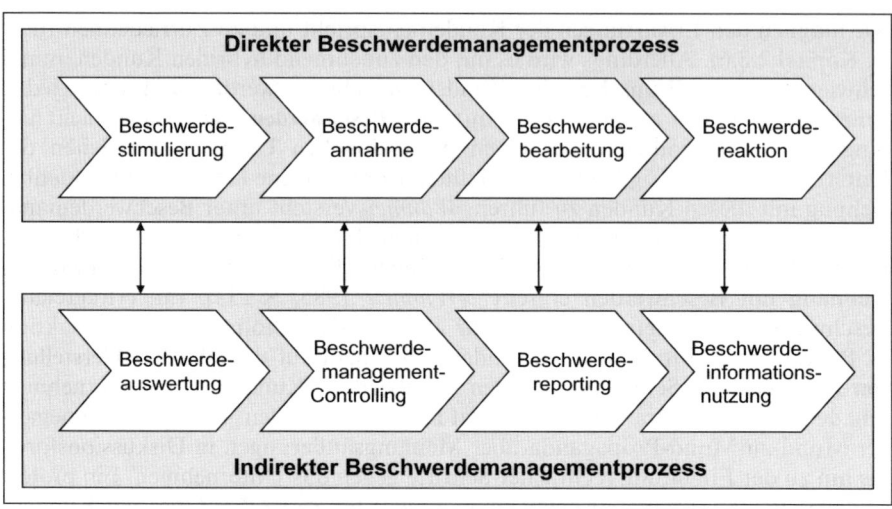

Abb. 71: Der Beschwerdemanagementprozess
Quelle: *Stauss/Seidel* 2002, S. 82.

können aber auch zusätzliche Hotlines oder **Call-Back-Buttons** das Kommunizieren einer Beschwerde ermöglichen. Alle Daten, die im Zusammenhang mit einer Beschwerde entstehen, werden im Data-Warehouse gesammelt und dann mit Hilfe des Data-Mining ausgewertet. Die Auswertung einer Beschwerde auf ihren informatorischen Gehalt und das Controlling bezüglich der Zielerreichung und Aufgabenerfüllung finden ohne Kundenkontakt und somit im Hintergrund statt (*Stauss* 2003, S. 312). Diese Aufgaben gehören zu dem indirekten Beschwerdemanagementprozess. Dabei steht vor allem die Nutzung der Informationen, die während der Bearbeitung einer Beschwerde anfallen, im Vordergrund, da diese nicht nur den Ablauf des Prozesses widerspiegeln, sondern auch für zukünftige One-to-One-Kommunikation mit dem Kunden genutzt werden kann. Des Weiteren können etwaige Schwachstellen des Prozesses oder Potenziale für spätere Marktchancen nach umfassender Auswertung identifiziert werden. Ein Überblick über die **Teilprozesse des Beschwerdemanagementprozesses** gibt Abbildung 71.

Grundsätzlich muss das Beschwerdemanagement zwei Arten von Unzufriedenheiten der Kunden handhaben. Zum einen können Kunden mit einer Transaktion und deren Abwicklung unzufrieden sein, sodass eine **Transaktionsunzufriedenheit** (*Stauss* 2003, S. 313) entsteht. Sind sie mit der gesamten Geschäftsbeziehung unzufrieden, die transaktionsübergreifend ist, entsteht eine **Beziehungsunzufriedenheit**. Hierbei wird deutlich, dass sich die (Un-)Zufriedenheit mit Transaktionen langfristig auch auf die Beziehung zwischen Kunde und Unternehmen auswirkt. Wie schon in Kapitel 2.2.6 beschrieben, ergibt sich Zufriedenheit aus dem Vergleich zwischen den Erwartungen eines Kunden an eine Transaktion (Soll-Zustand) und dem tatsächlichen Ablauf (Ist-Zustand). Dieses **Diskonfirmationsmodell** wurde von *Stauss* auch auf die Beschwerdezufriedenheit angewandt (*Stauss* 2003, S. 315 ff.). Kommuniziert ein Kunden eine Beschwerde, so hegt er bestimmte Erwartungen wie das Unternehmen reagiert und welche Lösung ihm vorgeschlagen wird. Diese Erwartung wird nun als Standard für den Vergleich mit der tatsächlichen Erfahrung des Kunden gesehen. Erfüllt oder übertrifft die Beschwerdebearbeitung die Erwartungen des Kunden, so entsteht Beschwerdezufriedenheit, andernfalls Beschwerdeunzufriedenheit (*Stauss* 2003, S. 316).

Es reicht jedoch nicht aus, Erkenntnisse über den Erfüllungsgrad der Kundenerwartungen an das Beschwerdemanagement zu erlangen. Vielmehr müssen die Dimensionen und Merkmale analysiert werden, welche die **wahrgenommene Qualität des Beschwerdemanagements** beeinflussen. Zu den Dimensionen gehört zum einen die Zufriedenheit mit dem Beschwerdeprozess (**funktionale Qualität**) und zum anderen die Zufriedenheit mit dem Beschwerdeergebnis (**technische Qualität**). Während die Zufriedenheit mit dem Beschwerdeergebnis bewertet, „was" der Kunde als Antwort erhält, wird bei der Zufriedenheit mit dem Beschwerdeprozess bewertet, „wie" das Unternehmen die Beschwerde abgewickelt hat (*Stauss* 2003, S. 323). Die beiden **Dimensionen der Beschwerdezufriedenheit** werden anhand verschiedener Merkmale charakterisiert und bewertet (*Stauss* 2003, S. 324, s. Abb. 72):

- **Beschwerdeergebnis-Zufriedenheit:** Grad der Problemlösungskompetenz; Fairness der angebotene Wiedergutmachung (Angemessenheit/Fairness)
- **Beschwerdeprozess-Zufriedenheit:** Leichtigkeit einen (den richtigen) Ansprechpartner zu finden (Erreichbarkeit); kundenorientierte Interaktion während der Beschwerde-Annahme und Bearbeitung (Freundlichkeit, Verständnis, Bemühen, Initiative, Zuverlässigkeit, Interaktionsqualität); Schnelligkeit der Ein-

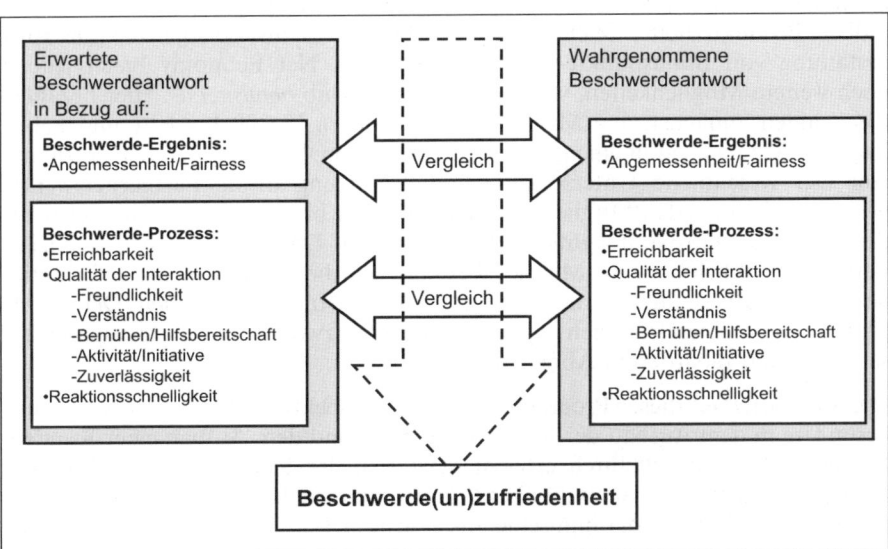

Abb. 72: Dimensionen und Merkmale der Beschwerdezufriedenheit
Quelle: in Anlehnung an *Stauss* 2003, S. 232.

gangsbestätigung und Bearbeitung, Reaktion auf Rückfragen (Reaktions-schnelligkeit)

5.3.5 Online-Loyalitätsprogramme

Bonuspunkte-Programme erfahren eine immer größere Verbreitung in der Net Economy und das bei einer Vielzahl von Anbietern mit verschiedensten Produkten. Dabei werden Kunden je nach Umfang der jährlichen Umsätze, Werte, Zusammensetzungen oder weitergehenden Aktivitäten unterschiedlich hohe **Prämien in Form von Punkten** gutgeschrieben (*Meffert 2012*, S. 814; *Stolpmann* 2001). Weitergehende Aktivitäten können sich z. B. auf die Anzahl der Webseiten-Besuche, die Zahl der eingestellten Beiträge in Communities, die Beantwortung von Fragebögen, die Abgabe von Meinungsäußerungen und Ähnliches beziehen. Die gesammelten Punkte können anschließend in Produktgeschenke eingetauscht oder zur Preisreduktion eingesetzt werden.

Bonuspunkte-Programme in der Net Economy können sich vor diesem Hintergrund auf das Angebot eines Anbieters oder auf das gesammelte Angebot mehrerer Anbieter beziehen. Ein prominentes Beispiel ist das von *webmiles.de*. Die teilnehmenden E-Business-Unternehmen bieten Kunden den Service an, bei verschiedenen Partnerunternehmen Punkte in Form von „Meilen" zu sammeln. Die dann im Laufe der Zeit gesammelten Meilen können in Produkte aus verschiedenen Preisklassen und Kategorien der angeschlossenen Partnerunternehmen wieder umgetauscht werden. Durch das Engagement in dem Bonuspunkte-Programm bietet das Unternehmen dem Kunden einen Zugriff auf eine weitaus größere Produktpalette, welche die eigenen Produkte teilweise ergänzen. Die Ausgestaltung von Bonuspunkte-Programmen in der Net Economy bietet jedoch noch weitere Möglichkeiten, wie z. B. der Rabattclub *bonusnet.de*. Hier bezahlen die Kunden zunächst eine Mitgliedsgebühr von ca. € 5,00 im Jahr und haben dann die Möglichkeit in einem Partnernetzwerk von 450 Unternehmen einzukaufen. Der wesentliche Unterschied bei der Nutzung dieses Partnernetzwerkes besteht darin, dass den Mitgliedern je nach Partner bis zu 30 % des Einkaufswerts direkt auf das Girokonto gutgeschrieben werden. Das Unternehmen finanziert sich ausschließlich über die Mitgliedsbeiträge und die Weitergabe der Informationen zum Kaufverhalten an die angeschlossenen Partnerunternehmen. Der Kunde profitiert von einem möglichst großen Partnernetzwerk und der transparenten, schnellen und rabattierten Abrechnung.

Die Sinnhaftigkeit dieser Programme aus der Perspektive des Anbieters liegt insbesondere in dem Ausbau der Kundenbeziehung und dem Aufbau einer Kundenbindung. Dies wird dadurch erreicht, dass sich der Kunde für seine **Loyalität** (z. B. wiederkehrende Nutzung) über Prämien quasi selbst belohnt. Für den Kunden stellt das Bonusprogramm eine zusätzliche Serviceleistung und damit einen zusätzlichen Mehrwert dar (*Silberer* 1995, S. 98 f.). Dabei gilt: Die Vorteile des elektronischen Mediums machen es erst möglich, das Verhalten des Kunden und seine Aktivitäten zu verfolgen und dadurch die notwendigen Daten für Bonusprogramme zu sammeln. Die gewonnen Daten können wiederum den Einblick in die

Kundenbedürfnisse und -wünsche, betreffend des eigenen Angebots ermöglichen. Diese Informationen sind besonders für Unternehmen auf der Suche nach Erweiterungsmöglichkeiten des eigenen Leistungsangebotes von strategischer Bedeutung.

Literaturverzeichnis

Achleitner, A.-K./Bassen, A. (2002): Controlling in jungen Wachstumsunternehmen. terra incognita, in: Betriebs-Berater, Nr. 23, Jg. 57, S. 1192–1198.

Adler, J. (2001): Kunden halten oder Märkte erobern? Die Relevanz von Marktsegmentierungen in einer vernetzten Gesellschaft, Heidelberg.

Ahlers, T. (2008): Neue Anwendungen und Geschäftsfelder im Web 2.0, in: Meckel, M./Stanoevska-Slabeva, K. (Hrsg.): Web 2.0 – Die nächste Generation Internet, Baden-Baden, S. 93–108.

Ahlert, D./Evanschintzky, H./Hesse, J. (2004): Konsumentenverhalten im Internet: Die E-Zufriedenheit, in: Wiedmann, K.-P./Buxel, H./Frenzel, T./Walsh, G. (Hrsg.): Konsumentenverhalten im Internet: Konzepte – Erfahrungen – Methoden, Wiesbaden.

Albers, S./Jochims, H. (2003): Erscheinungsformen, strategische Bedeutung und Gestaltung von Online-Marketing-Kooperationen, in: Büttgen, M./Lücke, F. (Hrsg.): Online-Kooperationen. Erfolg im E-Business durch strategische Partnerschaften, Wiesbaden.

Alpar, A./Wojcik, D. (2012): Webselling: Das große Online Marketing Praxisbuch, Düsseldorf.

Alpar, P./Niedereichholz, J. (2000): Einführung zu Data Mining, in: Alpar, P./Niedereichholz, J. (Hrsg.): Data Mining im praktischen Einsatz, Braunschweig /Wiesbaden, S. 1–27.

Altobelli, F.C./Fittkau, S. (1997): Formen und Erfolgsfaktoren der Online-Distribution, in: Trommsdorff, V. (Hrsg.): Handelsforschung: Jahrbuch der Forschungsstelle für den Handel, Berlin (FfH) e. V., Band 1997/1998, Kundenorientierung im Handel, Wiesbaden, S. 417–438.

Amberg, M./Hirschmeier, M./Wehrmann, J. (2004): The Compass Acceptance Model for the Analysis and Evaluation of Mobile Services, International Journal of Mobile Communications, Nr. 3, Jg. 2, S. 248–259.

Anderson, R. E./Srinivasan, S. S. (2003): E-Satisfaction and E-Loyalty: A Contingency Framework, Psychology & Marketing, Nr. 2, Jg. 20, S. 123–138.

Angeli, S./Kundler, W. (2011): Der Online Shop – Handbuch für Existenzgründer. Das große erfolgreiche Standardwerk: Businessplan, Shopsysteme, Marketing, Webdesign, Behörden, Rechtsfragen, München.

Ansoff, H. I. (1966): Management Strategie, München.

ARD/ZDF (2012) : Mediennutzung, http://www.ard-zdf-onlinestudie.de/index.php?id=353, Zugriff am 29. 01. 2013.

Arounopoulos, S./Ketterer, K. H./Stroborn, K. (2002): Handbuch ePayment. Zahlungsverkehr im Internet. Fachverlag Deutscher Wirtschaftsdienst, Köln.

Bachem, C. (2002): Multi-Channel Marketing, in: Manschwetus, U./ Rumler, A. (Hrsg.): Strategisches Internetmarketing. Entwicklungen in der Net Economy, Wiesbaden, S. 259–277.

Baghai, M./Coley, S./White, D. (1999): The Alchemy of Growth – Kickstarting and Sustaining Growth in your Company, London.

Bänsch, A. (1998): Käuferverhalten, 8. Aufl., München/Wien.

Batinic, B./Bosnjak, M. (1997): Der „Internetler" – empirische Ergebnisse zum Netznutzungsverhalten, in: Gräf, L./Krajewski, M. (Hrsg.): Soziologie des Internet: Handeln im elektronischen Web-Werk, Frankfurt am Main, S. 196–215.

Bauer, F./Herrmann, T. (2004): Eine tolle Website ist nicht genug – erst die dahinter liegende Prozessqualität bindet Kunden, in Wiedmann, K.-P./Buxel, H./Frenzel, T./Walsh, G. (Hrsg.): Konsumentenverhalten im Internet, Wiesbaden, S. 363–377.

Bauer, H. H. (1960): Consumer Behavior as Rist Taking, in: Hancok, R. S. (Hrsg.): Dynamic Marketing for a Chaning World, Proceedings of the 43rd National Conference of the American Marketing Association, Chicago, S. 389–398.

Bauer, H. H./Fischer, M./Sauer, N. E. (1999): Wahrnehmung und Akzeptanz des Internets als Einkaufsstätte. Theorie und empirische Befunde, Mannheim.

Bauer, H. H./Sauer, N.E./Becker, S. (2003): Risikowahrnehmung und Kaufverhalten im Internet, Marketing ZFP, Nr. 3, Jg. 25, S. 183–199.

Bekmeier-Feuerhahn, S. (1998): Marktorientierte Markenbewertung – Eine konsumenten- und unternehmensbezogene Betrachtung, Wiesbaden.

Benkenstein, M. (2002): Strategisches Marketing. Ein wettbewerbsorientierter Ansatz, Stuttgart.

Bennemann, S. (2004): Die Zustellung als Marketing-Problem im E-Commerce für Konsumenten, in: Wiedmann, K.-P./Buxel, H./Frenzel, T./Walsh, G. (Hrsg.): Konsumentenverhalten im Internet, Wiesbaden, S. 525–538.

Berlecon Research (2000): Virtuelle Vermittler: Business-to-Business-Marktplätze im Internet, Berlin.

Bernecker, M/Beilharz, F. (2012): Social Media Marketing – Strategien, Tipps und Tricks für die Praxis, Köln.

Berry, M. J. A./Linoff, G. S. (2000): Mastering Data-Mining, New York.

Billen, P. (2004): Analyse des Internet-Nutzungsverhaltens – Wege zur Steigerung der Online-Kaufbereitschaft, in: Bauer, H. H./Rösger, J./Neumann, M. M. (Hrsg.): Konsumentenverhalten im Internet, S. 333–351.

Bliemel, F./Eggert, A./Adolphs, K. (2000): Preispolitik mit Electronic Business, in: Bliemel, F./Fassott, G./Theobald, A. (Hrsg.): Electronic Commerce: Herausfor-derungen – Anwendungen – Perspektiven, Wiesbaden, S. 205–217.

Bliemel, F./Fassott, G. (2000): Produktpolitik mit E-Share, in: Bliemel, F./Fassott, T./Theobald, A. (Hrsg.): Electronic Commerce: Herausforderungen – Anwendungen – Perspektiven, 2. Aufl., Wiesbaden, S. 191–204.

Bliemel, F./Theobald, A. (1997): Determinanten der Produkteignung zum Internetvertrieb: Eine empirische Studie. Kaiserslauterer Schriftenreihe Marketing, Heft 3.

Bode, J. (1997): Der Informationsbegriff in der Betriebswirtschaftslehre, in: zfbf – Zeitschrift für betriebswirtschaftliche Forschung, Nr. 5, Jg. 49, S. 449–468.

Bodendorf, F. (1999): Wirtschaftsinformatik im Dienstleistungsbereich, Berlin.

Boersch, C./Elschen, R. (2002): Erster Eintritt in den Markt, in: Hommel, U./Knecht, T. C. (Hrsg.): Wertorientiertes Start-Up-Management: Grundlagen, Konzepte, Strategien, München, S. 272–291.

Bohr, K. (1993): Effizienz und Effektivität, in: Wittmann, W. et al. (Hrsg.): Handwörterbuch der Betriebswirtschaft, 5. Aufl., Stuttgart, S. 855–869.

Borges, B. (2009): Marketing 2.0 – Bridging the Gap between Seller and Buyer through Social Media Marketing, Tucson.

Brandenburger, A./Nalebuff, B. (1996): Co-option, New York.

Brandstetter, C./Fries, M. (2002): E-Business im Vertrieb: Potenziale erkennen, Chancen nutzen – von der Strategie zur Umsetzung, Wien.

Brandtweiner, R. (2001): Report Internet-Pricing, Methoden der Preisfindung in elektronischen Märkten, Düsseldorf.

Braunstetter, J./Hasenstab, H. (2001): Anwendungsmöglichkeiten des E-Procurement – Erfahrungen und Beispiele aus der Praxis, in: Hermanns, A./Sauter, M. (Hrsg.): Electronic Commerce, S. 503–513.

Brengman, M./Geuens, M./Weijters, B./Smith, S. M./Swinyard, W. R. (2005): Segmenting Internet Shoppers Based on their Web-usage-related Lifestyle: a cross-cultural Validation, Journal of Business Research, Nr. 1, Jg. 58, S. 79–88.

Brenner, W./Zarnekow, R./Wittig, H. (1998): Intelligente Softwareagenten – Grundlagen und Anwendungen, Berlin/Heidelberg.

Brettel, M./Heinemann F. (2006): Erfolgreiche Kundengewinnung über das Internet, Präsentation im HiMo in Monschau, 23. März 2006.

Breunig, C. (2004): Online-Werbemarkt in Deutschland 2001 bis 2004, Media Perspektiven 8/2004, S. 394–404.

Brösse, U. (1997): Einführung in die Volkswirtschaftslehre. Mikroökonomie, Wien.

Brown, R. (2009): Public Relations and the Social Web – How to use Social Media and Web 2.0 in Communications, London.

Bundesministerium für Wirtschaft und Technologie (2012): Monitoring-Report Digitale Wirtschaft 2012. http://www.bmwi.de/DE/Mediathek/publikationen,did=525302.html, Zugriff am 29. 01. 2013.

Bundesverband Digitale Wirtschaft (BVDW) e.V. (2011): OVK Online-Report 2011/01, Düsseldorf.

Caglayan, A. K./Harrison, C. G. (1998): Intelligente Software-Agenten, München/Wien.

Capgemini (2012): Digital Shopper Relevancy, Düsseldorf.

Cassady, R. (1967): Auctions and Auctioneering, Berkeley.

Clement, M./Runte, M. (2000): Intelligente Software-Agenten im Internet – Implikationen für das Marketing im eCommerce, in: Der Markt, Nr. 152, Jg. 39, S. 18–35.

Cooley, R./Tan, P.N./Srivastava, J. (2000): Discovery of Interesting Usage Patterns from Web Data, in: Spiliopoulou, M./Masand, B. (Hrsg.): Advances in Web Usage Analysis and User Profiling, Lecture Notes in Computer Science, S. 163–182.

Copeland, M. T. (1925): Principles of Merchandising, New York.

Cornelsen, J. (2000): Kundenwertanalysen im Beziehungsmarketing – Theoretische Grundlegung und Ergebnisse einer empirischen Analyse im Automobilbereich, Nürnberg.

Cornelsen, J. (2003): Was ist Kundenbindung wert, in: Bruhn, M./Homburg, C. (Hrsg.): Handbuch Kundenbindungsmanagement: Grundlagen, Konzepte, Erfah-rungen, 4. Aufl., Wiesbaden, S. 643–669.

Cravens, K. S./Guilding, C. (1999): Strategic Brand Valuation – A Cross-Functional Perspective, in: Business Horizons, Nr. 4, Jg. 42, S. 53–62.

Crowston, K. (2001): The Effects of Market-Enabling Internet Agents on Competition and Prices, Journal of Electronic Commerce Research, Nr. 1, Jg. 2, S. 1–22.

Dahlén, M. (1999): Closing in on the Web consumer, in: Bohlin, B./Lundgren, T. (Hrsg.): Convergence in Communications and Beyond, Amsterdam.

Dannenberg, M./Wildschütz, F. (2004): Erfolgreiche Online-Werbung. Werbekampagnen planen, umsetzen, auswerten, Göttingen.

Davis, F. D. (1989): Perceived Usefulness, Perceived Ease of Use, and User Acceptance of Information Technology, in: MIS Quarterly, Nr. 13, S. 319–339.

Day, G.S./Wensley, R. (1988): Assessing Advantage – A Framework for Diagnosing Competitive Superiority, in: Journal of Marketing, Nr. 2, Jg. 52, S. 1–20.

Diller, H. (2008): Preispolitik, 4. Aufl., Stuttgart.

Dolmetsch, R. (2000): eProcurement – Einsparungspotentiale im Einkauf, München.

Durlacher Research (1999): M-Commerce Report, Durlacher.

Düweke, E./Rabsch, S. (2012): Erfolgreiche Websites: SEO, SEM, Online-Marketing, Usability, Bonn.

Ekelund, R. B. J. (1970): Price Discrination and Product Differenciation in Economic Theory: An Early Analysis, The Quarterly Journal of Economics, Nr. 2, Jg. 84, S. 268–278.

Elliot, P. (1974): Uses and Gratifications Research: A Critique and a Social Alternative, in: Blumler, J.G./Katz, E. (Hrsg.): The Uses of Mass Communications, Beverly Hills, London, S. 249–268.

Elmasri, R./Navathe, S. B. (2000): Fundamentals of Database Systems, 3. Aufl., Reading, Mass.

Evans, L. (2010): Social Media Marketing – Strategies for Engaging in Facebook, Twitter & Other Social Media, Indianapolis.

Faber, R./Prestin, S. (2012): Social Media und Location-based Marketing – Mit Google, Facebook, Foursquare, Groupon & Co. lokal erfolgreich werben, München.

Faulstich, W. (2000): Grundwissen Medien, 4. Aufl., München.

Fink, D. (1998): Mass Customization, in: Alber, S./Clement, M./Peters, K. (Hrsg.): Marketing mit Interaktiven Medien – Strategien zum Markterfolg, Frankfurt a. M., S. 137–150.

Fochler, K. (2000): Sicherheitstechnologische Entwicklungen im Online-Marketing, in: Link, J. (Hrsg.): Wettbewerbsvorteile durch Online-Marketing. Die strategischen Perspektiven elektronischer Märkte, 2. Aufl., Heidelberg, S. 262–292.

Foscht, T./Swoboda, B. (2004): Käuferverhalten: Grundlagen – Perspektiven – Anwendungen, Wiesbaden.

Franke, T. S. (2002): Strategische Analyse der E-Commerce-Situation von Unternehmen. Systematik und Verfahren, Hamburg.

Frenzel, T. (2003): Akzeptanz von Systemen der digitalen Distribution im E-Commerce der Musikwirtschaft, Berlin.

Fritz, W. (2004): Internet-Marketing und Electronic Commerce. Grundlagen, Rahmenbedingungen, Instrumente. 3. Aufl., Wiesbaden.

Ganser, A./Frick, D./Maucher, I. (2003): E-Business – Gestaltungs- und Anwendungssicht am Beispiel „Telekom", in: Beyer, L./Frick, D./Gadatsch, A./Maucher, I./Paul, H. (Hrsg.): Vom E-Business zur E-Society. New Economy im Wandel, München, Mering.

Garczorz, I./Krafft, M. (2001): Wie halte ich den Kunden? Kundenbindung, in: Albers, S./Clement, M./Peters, K./Skiera, B. (Hrsg.): E-Commerce – Einstieg, Strategie und Umsetzung im Unternehmen, 3. Aufl., Frankfurt/M., S. 137–164.

Gareis, K./Korte, W./Deutsch, M. (2000): Die E-Commerce Studie, Wiesbaden.

Gentsch, P. (2002): Personalisierung der Kundenbeziehung im Internet – Methoden und Technologien, in: Hippner, H./Merzenich, M./Wilde, K. D. (Hrsg.): Handbuch Web Mining im Marketing, Wiesbaden, S. 267–307.

Gerth, N. (2000): Die Bedeutung des Online Marketing für die Distributionspolitik, in: Link, J. (Hrsg.): Wettbewerbsvorteile durch Online Marketing. Die strategischen Perspektiven elektronischer Märkte, 2. Aufl., Berlin.

Godin, S. (2001): Permission Marketing, München.

Grabs, A./Bannour, K.-P. (2012): Follow me! – Erfolgreiches Social Media Marketing mit Facebook, Twitter und Co., 2. Aufl., Bonn.

Graf, N./Gründer, T. (2003): E-Business Grundlagen für den globalen Wettbewerb, München.

Gudehus, T. (2012): Logistik, 4.Aufl., Berlin, Heidelberg, New York.

Hans, T./Hüser, T. (2001): Public Relations für Start-ups: Unternehmenskommunikation für Gründer, Stuttgart.

Hanson, W. (2000): Internet-Marketing, South-Western College Publishing, Ohio.

Harms, J. M. (1995): Computertechnik, Telekommunikation, Unterhaltungselektronik und Medien wachsen zusammen, in: Bundesministerium für Wirtschaft (Hrsg.): BMWi Report, November 1995, S. 4–5.

Hausen, T. (2005): Elektronischer Handel. Einbettung in Geschäftsbeziehungen und Supply Chains, Wiesbaden.

Henkel, J. (2001): Anforderungen an Zahlungsverfahren im E-Commerce, in: Teichmann, R./Nonnenmacher, M./Henkel, J. (Hrsg.): E-Commerce und E-Payment. Rahmenbedingungen, Infrastruktur, Perspektiven, Wiesbaden, S. 103–121.

Hermanns, A. (2001): Online-Marketing im E-Commerce – Herausforderungen für das Management, in: Hermanns, A./Sauter, M. (Hrsg.): Management-Handbuch Electronic Commerce, 2. Aufl., München, S. 101–118.

Herrmann, C./Sulzmeier, S. (2001): E-conomics, Grundlagen einer Ökonomie im Netz, in: Herrmann, C./Sulzmeier, S. (Hrsg.): E-Marketing, Erfolgskonzepte der 3. Generation, Frankfurt a. M., S. 19–37.

Herzberg, F./Mausner, B./Snyderman, B. (1959): The Motivation to Work, 2. Aufl., New York.

Heßler, T. (2003): Vergütungsformen als Erfolgsfaktor für Online-Kooperationen, in: Büttgen, M./Lücke, F. (Hrsg.): Online-Kooperationen: Erfolg im E-Business durch strategische Partnerschaften, Wiesbaden, S. 197–221.

Hettich, S./Hippner, H./Wilde, K. D. (2000): Customer Relationship Management (CRM), in: Das Wirtschaftsstudium, Nr. 10, Jg. 29, S. 1346–1366.

Hettler, U. (2010): Social Media Marketing – Marketing mit Blogs, Sozialen Netzwerken und weiteren Anwendungen des Web 2.0, München.

Heymann-Reder, D. (2011): Social Media Marketing – Erfolgreiche Strategien für Sie und Ihr Unternehmen, München.

Hilker, C. (2010): Social Media für Unternehmer – Wie man Xing, Twitter, YouTube und Co. erfolgreich im Business einsetzt, Wien.

Hippner, H./Wilde, K. D. (2003): Informationstechnologische Grundlage der Kundenbindung, in: Bruhn, M./Homburg, C. (Hrsg.): Handbuch Kundenbindungsmanagement, 4. Aufl., Wiesbaden, S. 451–481.

Hirn, W./Rickens, C. (2003): Das Internet lebt – allen Skeptikern zum Trotz, in: Manager Magazin, Nr. 6, Jg. 33, S. 72–86.

Hisrich, R. D./Peters, M. P. (2002): Entrepreneurship, 5. Aufl., Boston, Mass.

Hoffman, D. L./Karlsbeck, W. D./Novak, T. P. (1996): Internet and Web use in the United States: baselines for Commercial Development, Communications of the ACM, Nr. 12, Jg. 39, S. 36–46.

Hoffman, D. L./Novak, T. P. (1996): Marketing in Hypermedia Computer-Mediated Environments: Conceptual Foundations, in: Journal of Marketing, Nr. 3, Jg. 60, S. 50–68.

Hoffmann, S. (1998): Optimales Online-Marketing, Wiesbaden.

Holzapfel, F./Holzapfel K. (2010): facebook – Marketing unter Freunden, Göttingen.

Holzner, S. (2009): Facebook Marketing – Leverage Social Media to Grow your Business, Indianapolis.

Homburg, C./Bruhn, M. (2003): Kundenbindungsmanagement – Eine Einführung in die theoretischen und praktischen Problemstellungen, in: Bruhn, M./Homburg, C. (Hrsg.): Handbuch Kundenbindungsmanagement, 4. Aufl., Wiesbaden, S. 3–37.

Huldi, C. (1992): Database-Marketing – Inhalt und Funktionen eines Database-Marketing-Systems, St. Gallen.

Huldi, C./Kuhfuß, H. (2002): Database-Marketing, in: Weiber, R. (Hrsg.): Handbuch Electronic Business – Informationstechnologien, Electronic Commerce, Geschäftsprozesse, 2. Aufl., Wiesbaden, S. 327–342.

Hünerberg, R. (2000): Bedeutung von Online-Medien für das Direktmarketing, in: Link, J. (Hrsg.): Wettbewerbsvorteile durch Online-Marketing. Die strategischen Perspektiven elektronischer Märkte, 2. Aufl., Berlin.

Hungenberg, H. (2012): Strategisches Management in Unternehmen: Ziele, Prozesse, Verfahren, 7. Aufl., Wiesbaden.

Hünnekens, W. (2010): Die Ich-Sender – Das Social Media-Prinzip, Göttingen.

Hutzschenreuter, T. (2000): Electronic Competition: Branchendynamik durch Entrepreneurship im Internet, Wiesbaden.

IDC (2012): Digital Universe Study. http://germany.emc.com/collateral/analyst-reports/idc-the-digital-universe-in-2020.pdf, Zugriff am 29. 01. 2013.

Ifsen, D. (2001): Kundenverhalten im Internet – Messinstrumente und Analyseverfahren als Basis einer kundenorientierten Webseitengestaltung, in: Wiedmann, K.-P./Buxel, H./ Frenzel, T./Walsh, G. (Hrsg.): Konsumentenverhalten im Internet, Wiesbaden.

Jacken, R./Selchau-Hansen, S. (2001): jaxx.de, in: Albers, S./Clement, M./Peters, K./Skiera, B. (Hrsg.): E-Commerce – Einstieg, Strategie und Umsetzung im Un-ternehmen, 3. Aufl., Frankfurt/M., S. 217–228.

Jacob, F. (2009): Marketing – Eine Einführung für das Masterstudium, Stuttgart.

Jarvenpaa, S. L./Todd, P. A. (1996): Consumer Reactions to Electronic Shopping on the World Wide Web, International Journal of Electronic Commerce, Nr. 2, Jg. 1, S. 59–88.

Jodeleit, B. (2010): Social Media Relations – Leitfaden für erfolgreiche PR-Strategien und Öffentlichkeitsarbeit im Web 2.0, Heidelberg.

Jungwirth, G. (1997): Geschäftstreue im Einzelhandel. Determinanten, Erklärungsansätze, Messkonzepte, Wiesbaden.

Kamp, M./Weichert, T. (2005): Forschungsprojekt: Scoringsysteme zur Beurteilung der Kre-ditwürdigkeit, erstellt vom Unabhängigen Landeszentrum für Datenschutz Schleswig-Holzstein (ULD) im Auftrag des Bundesministeriums für Verbraucherschutz, Ernährung und Landwirtschaft.

Kapferer, J. (1997): Strategic Brand Management, London.

Kaplan, R. A./Norton, D. P. (1997): Balanced Scorecard – Strategien erfolgreich umsetzen, Stuttgart.

Keller, K. L. (2003): Strategic Brand Management: Building, Measuring and Managing Brand Equity, Upper Saddle River.

Kilian, K. (2011): Determinanten der Markenpersönlichkeit. Relevante Einflussgrößen und mögliche Transfereffekte, Wiesbaden.

Kinnebrock, W. (1994): Marketing mit Multimedia: neue Wege zum Kunden, Landsberg/ Lech.

Klein, S. (1994): Virtuelle Organisationen, in: WiSt – Wirtschaftswissenschaftliches Stu-dium, Nr. 6, Jg. 23, S. 309–311.

Klein, S./Güler, S./Lederbogen, K. (2000): Personalisierung im elektronischen Handel, in: WiSu – Das Wirtschaftsstudium, Nr. 1, Jg. 29, S. 88–94.

Kleindl, B.A. (2003): Strategic electronic Marketing. Managing E-Business, 2. Aufl., Mason, Ohio.

Klietmann, M. (2001): Kunden im E-Commerce. Verbraucherprofile, Vertriebstechniken, Vertrauensmanagement, Düsseldorf.

Kollmann, T. (1996): Fernsehen interaktiv – electronic Dialog im Direkt-Marketing, in: Direkt Marketing, Nr. 11, Jg. 32, S. 49–50.

Kollmann, T. (1997): Interaktives Fernsehen, in: Marketing Journal, Nr. 2, Jg. 30, S. 118–121.

Kollmann, T. (1998a): Akzeptanz innovativer Nutzungsgüter und -systeme: Konse-quenzen für die Einführung von Telekommunikations- und Multimediasystemen, Wiesbaden.

Kollmann, T. (1998b): The Information Triple Jump as the Measure of Success in Electronic Commerce, in: EM – Electronic Markets, Nr. 4, Jg. 8, S. 44–49.

Kollmann, T. (1999): Das Konstrukt der Akzeptanz im Marketing, in: WiSt – Wirtschafts-wissenschaftliches Studium, Nr. 3, Jg. 28, S. 125–130.

Kollmann, T. (2000a): Virtuelle Marktplätze, in: DBW – Die Betriebswirtschaft, Nr. 6, Jg. 60, S. 816–819.

Kollmann, T. (2000b): Die Messung der Akzeptanz bei Telekommunikationssystemen, in: JfB – Journal für Betriebswirtschaft, Nr. 2, Jg. 50, S. 68–78.

Kollmann, T. (2001a): Ist M-Commerce ein Problem der Nutzungslücke?, in: IM – Informa-tion Management & Consulting, Nr. 2, Jg. 16, S. 59–64.

Kollmann, T. (2001b): Virtuelle Marktplätze. Grundlagen – Management – Fallstudie, München.

Kollmann, T. (2001c): Viral-Marketing – ein Kommunikationskonzept für virtuelle Communities, in: Mertens, K./Zimmermann, R. (Hrsg.): Handbuch der Unter-nehmenskommunikation, Neuwied, S. 60–66.

Kollmann, T. (2002): E-Venture – Unternehmensgründung im Electronic Business, in: Weiber, R. (Hrsg.): Handbuch Electronic Business: Informationstechnologien – Electronic Commerce – Geschäftsprozesse, 2. Aufl., Wiesbaden 2002, S. 881–907.

Kollmann, T. (2003): Vertrauensmanagement: Erfolgsfaktoren für die Kundengewinnung im E-Business, Frankfurt/M.

Kollmann, T. (2005): Innovationsmanagement in der Net Economy – E-Business, in: Albers, S./Gassmann, G. (Hrsg.): Handbuch Technologie- und Innovationsmanagement: Strategie – Umsetzung – Controlling, Wiesbaden, S. 679–694.

Kollmann, T. (2006): What is E-Entrepreneurship? – Fundamentals of Company Founding in the Net Economy, in: IJTM – International Journal of Technology Management, Nr. 4, Jg. 33, S. 322–340.

Kollmann, T. (2011a): E-Business – Grundlagen elektronischer Geschäftsprozesse in der Net Economy, Wiesbaden.

Kollmann, T. (2011b): E-Entrepreneurship: Grundlagen der Unternehmensgründung in der Net Economy, 2. Aufl., Wiesbaden.

Kollmann, T./Häsel, M. (2006): Cross-Channel Cooperation – The Bundling of Online and Offline Business Models. Wiesbaden.

Kollmann, T./Häsel, M. (2007): Reverse Auctions in the Service Sector: The Case of LetsWorkIt.de, in: International Journal of E-Business Research, Nr. 3, Jg. 3, S. 60–76.

Kollmann, T./Herr, C. (2003): Online-Kooperationen als Markteintrittschance für Startups im E-Business, in: Büttgen, M./Lücke, F. (Hrsg.): Online-Kooperationen, Wiesbaden, S. 99–112.

Kollmann, T./Krell, P. (2011a): Innovative Electronic Business: Current Trends and Future Potentials, in: International Journal of E-Entrepreneurship and Innovation, Nr. 2, Jg. 1, S. 16–25.

Kollmann, T./Krell, P. (2011b): Innovationsmanagement in der Net Economy – Neue Geschäftsmodelle und -prozesse im E-Business, in: Albers, S./Gassmann, O. (Hrsg.): Handbuch Technologie- und Innovationsmanagement – Strategie – Umsetzung – Controlling, 2. Auflage, Wiesbaden.

Kollmann, T./Stöckmann, C. (2007): Oszillationen bei der Diffusion von elektronischen Marktplätzen – Implikationen für den Wettbewerb jenseits der kritischen Masse, in: Schuckel, M./Toporowski, W. (Hrsg.): Theoretische Fundierung und praktische Relevanz der Handelsforschung, Wiesbaden, S. 579–594.

Kollmann, T./Stöckmann, C./Schröer, C. (2009): The Diffusion of Web 2.0 Platforms: The Problem of Oscillating Degrees of Utilization, in: Xu, J./Quaddus, M. (Hrsg.): E-business in the 21st Century, Singapore.

Kollmann, T./Stöckmann, C./Skowronek, S. (2012): E-Marketing – Herausforderungen an die Absatzpolitik in der Net Economy, WiSt Wirtschaftswissenschaftliches Studium, Nr. 4, Jg. 41, München, S. 189–194.

Kollmann, T./Suckow, C. (2007): eBranding – Auswahlprozess und Bewertungs-kriterien zum Unternehmensnamen in der Net Economy, Essen.

Kollmann, T./Tanasic, J. (2012): Herausforderung Online-Marketing – Neue Marketinginstrumente zur verbesserten Kundenansprache durch Personalisierung und Individualisierung, in: digma, Nr. 3, Jg. 12, S. 98–102.

Korell, T./Kiefer, T. (2001): Zahlungsverfahren und Zahlungsmittel der deutschen Finanzindustrie im Marketplace, in: Eggers, B./Hoppen, G. (Hrsg.): Strategisches E-Commerce-Management, Wiesbaden, S. 243–268.

Kosiol, E. (1978): Die Unternehmung als wirtschaftliches Aktionszentrum, 4. Aufl. Reinbek.

Kotler, P. (1995): Marketing-Management: Analyse, Planung, Umsetzung und Steuerung, 8. Aufl., Stuttgart.

Kotler, P./Bliemel, F. (1999): Marketing-Management: Analyse, Planung, Umsetzung und Steuerung, 9. Aufl., Stuttgart.

Kotler, P./Bliemel, F. (2001): Marketing-Management: Analyse, Planung, Verwirklichung, 10. Aufl., Stuttgart.

Krause, J. (2000): E-Commerce und Online-Marketing. Chancen, Risiken und Strategien, 2. Aufl., München.

Kreutzer, R. T. (2012): Praxisorientiertes Online-Marketing, Wiesbaden.

Kroeber-Riel, W./Weinberg, P./Gröppel-Klein, A. (2009), Konsumentenverhalten, 9. Aufl., München.

Lambin, J.-J. (2000): Market-Driven Management, Basingstoke/Hampshire.

Lammenett, E. (2012): Praxiswissen Online-Marketing, 3. Aufl., Wiesbaden.

Läßig, J. (2001): eCash-System, in: Teichmann, R./Nonnenmacher, M./Henkel, J. (Hrsg.): E-Commerce und E-Payment. Rahmenbedingungen, Infrastruktur, Perspektiven, Wiesbaden, S. 192–222.

Leukel, J. (2004): Katalogdatenmanagement im B2B E-Commerce, Lohmar.

Lieberman, H. (1995): Letizia: An Agent that assists Web Browsing, in: Proceedings of the International Joint Conference on AI (IJCAI), Montreal, Canada, S. 924–929.

Liebmann, H.P./Zentes, J. (2001): Handelsmanagement, München.

Lieven, T./Tomczak, T. (2012): Emotionales Erleben der Markenpersönlichkeit durch verbales Mitarbeiterverhalten, in: Bauer, H. H./Heinrich, D./Samak, M.: Erlebniskommunikation – Erfolgsfaktoren für die Marketingpraxis, Heidelberg.

Link, J./Hildebrand, V. (1993): Database-Marketing und Computer Aided Selling, München.

Link, J./Hildebrand, V. (1994): Database-Marketing und Computer Aided Selling, in: Marketing – ZFP, Nr. 2, Jg. 16, S. 107–120.

Link. J./Hildebrand, V. (1995): EDV-gestütztes Marketing im Mittelstand – Wettbewerbsvorteile durch kundenorientierte Informationssysteme, in: Link, J./Hildebrand, V. (Hrsg.): EDV-gestütztes Marketing im Mittelstand, München, S. 1–21.

Loevenich, P./Lingenfelder, M. (2004): Kundensegmentierung im E-Commerce: Eine verhaltenswissenschaftliche Typisierung von Online-Käufern, in: Bauer, H. H./Neumann, M./Rösger, J. (Hrsg.): Konsumentenverhalten im Internet, München, S. 41–57.

Lohse, G. L./Bellman, S./Johnson, E. J. (2000): Consumer Bying Behavior on the Internet: Findings from Panel Data, Journal of Interaktive Marketing, Nr. 1, Jg. 14, S. 15–29.

Maes, P. (1994): Agents that Reduce Work and Information Overload, in: Communications of the ACM, Juli 1994.

Markus, U. (2002): Integration der virtuellen Community in das CRM: Konzepte, Rahmenmodell, Realisierung, Lohmar/Köln.

Mattmüller, R./Tunder, R. (2002): Zur Bedeutung von Marken und Markenwert für Anbieter und Nachfrager, in: Hommel, U./Knecht, T. C. (Hrsg.): Wertorientiertes Start-Up-Management, München, S. 335–354.

McAfee, P. R./McMillan, J. (1987): Auctions and Bidding, in: Journal of Economic, Nr. 2, Jg. 25, S. 699–738.

Meffert, H. (1976): Die Durchsetzung von Innovationen in der Unternehmung und im Markt, in: Zeitschrift für Betriebswirtschaft, Nr. 2, Jg. 46, S. 77–100.

Meffert, H. (2000): Marketing – Grundlagen marktorientierter Unternehmensführung. Konzepte – Instrumente – Praxisbeispiele, 9. Aufl., Wiesbaden.

Meffert, H./Burmann, C./Kirchgeorg, M. (2012): Marketing – Grundlagen marktorientierter Unternehmensführung. Konzepte – Instrumente – Praxisbeispiele, 11. Aufl., Wiesbaden.

Mena, J. (2000): Data-Mining und E-Commerce, Symposium Publishing, Düsseldorf.

Mertens, P./Bodendorf, F./König, W./Picot, A./Schumann, M. (2005): Grundzüge der Wirtschaftsinformatik, 9. Aufl., Berlin.

Merz, M. (2002): E-Commerce und E-Business. Marktmodelle, Anwendungen und Technologien, Heidelberg.

Michelis, D. (2012): Social Media Modell, in: Michelis, D./Schildhauer, T. (Hrsg.): Social Media Handbuch – Theorien, Methoden, Modelle und Praxis, Baden-Baden, S. 19–30.

Mitchell, V. W./Vassos, V. (1997): Perceived Risk and Risk Reduction in Holiday Purchases: A Cross-Cultural Gender Analysis, Journal of Euro-Marketing, Nr. 3, Jg. 6, S. 47–79.

Montgomery, A. L. (2001): Applying quantitative Marketing Techniques to the Internet, Interfaces, Nr. 2, Jg. 30, S. 90–108.

Montgomery, A. L./Li, S./Srinivasan, K./Liechty, J. C. (2004): Modeling Online Browsing and Path Analysis Using Clickstream Data, Marketing Science, Nr. 4, Jg. 23, S. 579–595.

Mühlenbeck, F./Skibicki, K. (2007): Communitiy Marketing Management: Wie man Online-Communities im Internet-Zeitalter des Web 2.0 zum Erfolg bringt, Köln.

Müller-Hagedorn, L. (2011): Handelsmarketing, 5. Aufl., Stuttgart.

Nefiodow, L. (1990): Der fünfte Kontradieff, Wiesbaden.

Nekolar, A.P. (2003): e-Procurement: Euphorie und Realität, Berlin/Heidelberg/New York.

Neuberger, C. (2005): Angebot und Nutzung von Internet-Suchmaschinen. Marktstrategien, Qualitätsaspekte, Regulierungsziele, Media Perspektiven 1/2005, S. 2–13.

Noam, E. M. (1997): Systemic Bottlenecks in the Information Society, in: European Communication Council (ECC) – Report 1997 (Hrsg.): Exploring the Limits, Berlin, S. 35–44.

Novak, T. P./Hoffman, D. L./Yung, Y.-F. (2000): Measuring the Customer Experience in Online Environments: a Structural Modeling Approach, Marketing Science, Nr. 1, Jg. 19, S. 22–42.

Obermann, R. (2006): Kovergenz der Medien – Zukunft der Netze und Dienste, Bericht der Arbeitsgruppe 2 des nationalen IT-Gipfels, Hasso-Plattner-Institut Potsdam, 18. 12. 2006.

Oenicke, J. (1996): Online-Marketing. Kommerzielle Kommunikation im interaktiven Zeitalter, Stuttgart.

Oram, A. (2001): Peer-to-Peer: Harnessing the Benefits of a Disruptive Technology, Sebastopol.

Pagé, P./Ehring, T. (2001): Electronic Business und New Economy. Den Wandel zu vernetzten Geschäftsprozessen, Berlin.

Panne, F. (1977): Das Risiko im Kaufentscheidungsprozess des Konsumenten. Die Beiträge risikotheoretischer Ansätze zur Erklärung des Kaufentscheidungsverhaltens des Konsumenten, Frankfurt a. M./Zürich.

Peet, J. (2000): E-Commerce. Shopping around the Web, The Economist, Nr. 7, S. 1–42.

Penrose, E. T. (1959): The Theory of the Growth of the Firm, Oxford.

Peppers, D./Rogers, M. (1997): Enterprise One to One: Tools for Competing in the Interactive Age, New York.

Peppers, D./Rogers, M. (2004): Managing Customer Relationships: A Strategic Framwork, New Yersey.

Peter, J. P./Olson, J. C. (2001): Consumer Behaviour and Marketing Strategy, 6. Aufl., Columbus.

Picot, A./Neuburger, R. (2000): Informationsbasierte (Re-)Organisation von Unter-nehmen, in: Weiber, R. (Hrsg.): Handbuch Electronic Business, Wiesbaden.

Picot, A./Reichwald, R./Wigand, R. T. (2003): Die grenzenlose Unternehmung. Information, Organisation und Management, 5. Aufl., Wiesbaden.

Piller, F. T., D. Schoder (1999): Mass Customization und Electronic Commerce – Eine empirische Einschätzung zur Umsetzung in deutschen Unternehmen, in: Zeitschrift für Betriebswirtschaft, Jg. 69, S. 1111–1136.

Pohl, A./Kluge, B. (2001): Pricing – der richtige Preis im Zeitalter von Agenten und Reverse Auctions, in: Klietmann, M. (Hrsg.): Kunden im E-Commerce. Verbraucherprofiele, Vertriebstechniken, Vertrauensmanagement, Düsseldorf, S. 133–159.

Pohl, A./Litfin, T./Wilger, G. (2000): Marktauftritt Internet, Strategische Herausforderungen und Umsetzung im Marketing-Mix, in: Weiber, R. (Hrsg.): Handbuch E-Electronic Business, Informationstechnologien – Electronic Commerce – Geschäftsprozesse, Wiesbaden, S. 209–233.

Porter, M. (1999): Wettbewerbsstrategie: Methoden zur Analyse von Branchen und Konkurrenten, 10. Aufl., Frankfurt a. M./New York.

Porter, M. E. (1980): Competitive Advantage: Techniques for Analyzing Industries and Competitors, New York.

Preißner, A. (2001): Marketing im E-Business. Online und Offline – der richtige Marketing-Mix, München.

PricewaterhouseCoopers AG (2012): Der Kunde wird wieder König. http://www.pwc.de/de/ handel-und-konsumguter/der-kunde-wird-wieder-koenig-wo-ueberzeugende-multi-channel-strategien-nun-gefordert-sind.jhtml, Zugriff am 29. 01. 2013.

Qualman, E. (2010): Socialnomics – Wie Social Media Wirtschaft und Gesellschaft verändert, Heidelberg.

Rangaswamy, A./Gupta, S. (2000): Innovation Adoption and Diffusion in the Digital Environment: Some Research Opportunities, in: Mahajan, V./Muller, E./Wind, J. (Hrsg.): New Product Diffusion Models, International Series in Quantitative Marketing, Amsterdam, S. 75–96.

Rapp, S./Collins, T. (1991): Die große Marketing-Wende, Landsberg/Lech.

Rayport, J. F./Jaworski, B. J. (2002): Introduction to E-Commerce, New York, S. 52.

Rebstock, M. (2000): Elektronische Geschäftsabwicklung, Märkte und Transaktionen – eine methodische Analyse, in: Praxis der Wirtschaftsinformatik, Nr. 215, Jg. 37, S. 5–15.

Rengelshausen, O. (2000): Online-Marketing in deutschen Unternehmen. Einsatz – Akzeptanz – Wirkungen, Wiesbaden.

Richard, O. (2003): Bedeutung von Kooperationen für Unternehmen der Net-Economy, in: Kollmann, T. (Hrsg.): E-Venture-Management – Neue Perspektiven der Unternehmensgründung in der Net Economy, Wiesbaden, S. 467–477.

Riedl, J. (1999): Push- und Pull-Marketing in Online-Medien, in: Hippner, H./Meyer, M./ Wilde, K.D. (Hrsg.): Computer Based Marketing, 2. Aufl., Wiesbaden, S. 85–96.

Riemer, K./Klein, S. (2001): Personalisierung von Online-Shops – und aus Distanz wird Nähe, in: Klietmann, M. (Hrsg.): Report Online-Handel, Düsseldorf, S. 141–163.

Rogers, E. M. (2003): Diffusion of Innovations, 5. Aufl., New York.

Röhle, T. (2010): Der Google Komplex – Über Macht im Zeitalter des Internets, Wetzlar.

Rohm, A. J./Swaminathan, V. (2004): A Typology of Online Shoppers based on Shopping Motivations, Journal of Business Research, Nr. 7, Jg. 57, S. 748–757.

Rougé, Daniel (1994): Faszination Multimedia, Weinheim.

Rüggeberg, H. (2003): Marketing für Unternehmensgründer. Von der ersten Geschäftsidee zum Wachstumsunternehmen, Wiesbaden.

Safko, L. (2010): The Social Media Bible – Tactics, Tools & Strategies, New Jersey.

Safko, L. (2010): The Social Media Bible: Tactics, Tools, and Strategies for Business Success, Hoboken, New Jersey.

Sandhu, S./Zerfaß, A. (2008): Interaktive Kommunikation, Social Web und Open Innovation: Herausforderungen und Wirkungen im Unternehmenskontext, in: Zerfaß, A./Welker, M./Schmidt, J. (Hrsg.): Kommunikation, Partizipation und Wirkung im Social Web, 1. Auflage, Köln.

Säuberlich, F. (2001): Web Mining: Effektives Marketing in Internet, in: Wiedmann, K.-P./ Buckler, F. (Hrsg.): Neuronale Netze in Marketing-Management, Wiesbaden, S. 103–121.

Schäfer, H. (2002): Die Erschließung von Kundenpotentialen durch Cross-Selling: Erfolgsfaktoren für ein produktübergreifendes Beziehungsmanagement, Wiesbaden.

Scheer, C./Hansen, T./Loos, P. (2003): Erweiterung von Produktkonfiguratoren im Electronic Commerce um eine Beratungskomponente. ISYM-Arbeitspapier, Nr. 11, Johannes Gutenberg-Universität Mainz, Lehrstuhl Wirtschaftsinformatik und Betriebswirtschaftslehre, Mainz.

Schirmbacher, M. (2011): Online-Marketing und Recht, Heidelberg.

Schoder, D./Fischbach, K. (2002): Die Bedeutung von Peer-to-Peer-Technologien für das Electronic Business, 2. Aufl., Wiesbaden, S. 99–115.

Schramm, W. (1955): Information Theory and Mass Commuication, in: Journalism Quaterly, Nr. 2, Jg. 32, S. 131–146.

Schubert, S./Kämker, D. (2001): Der Beitrag des Controlling auf dem Wachstumspfad der OnVista AG, in: Kostenrechnungspraxis. Zeitschrift für Controlling, Accounting & System-Anwendungen, Sonderheft, S. 27–31.

Schulz, B. (1995): Kundenpotentialanalyse im Kundenstamm von Unternehmen, Frankfurt/M.

Schwartz, E.I. (1997): Webeconomics, New York.

Schwarz, T. (2003): E-Mail-Marketing – Erfolgsfaktoren und K.o.-Kriterien, in: IT-Management, Nr. 5, S. 68–73.

Schwarze, J./Schwarze, S. (2002): Electronic Commerce, Grundlagen und praktische Umsetzung, Verlag Neue Wirtschafts-Briefe, Herne.

Scott, D. M. (2009): Die neuen Marketing- und PR-Regeln im Web 2.0 – Wie Sie im Social Web News Releases, Blogs, Podcasting und virales Marketing nutzen, um Ihre Kunden zu erreichen, Heidelberg.

Senge, P. M. (1990): The Fifth Discipline – the Art and Practice of the Learning Organization, New York.

Shankar, P. B./Sharda, R. (1997): Obtaining Business Intelligence on the Internet, in: Long Range Planning, Nr. 1, Jg. 30, S. 110–121.

Sheehan, B. (2010): Online Marketing, Lausanne.

Silberer, G. (1995): Marketing und Multi-Media, in: Hünerberg, R. G. (Hrsg.): Multi-Media und Marketing – Grundlagen und Anwendungen, Wiesbaden, S. 85–103.

Silberer, G. (2000): Online-Marketing in deutschen Unternehmen. Einsatz – Akzeptanz – Wirkung. Wiesbaden.

Silberer, G. (2002): Interaktive Kommunikationspolitik im Electronic Business, in: Weiber, R. (Hrsg.): Handbuch Electronic Business: Informationstechnologien – Electronic Commerce – Geschäftsprozesse, 2. Aufl., Wiesbaden, S. 709–731.

Simmelsdorf, F.W.T. v. (2000): Benchmarking von Wissensmanagement: eine Methode des ressourcenorientierten strategischen Managements, Wiesbaden.

Simon, B. (2001): E-Learning an Hochschulen, Gestaltungsräume und Erfolgsfaktoren von Wissensmedien, Köln.

Simon, H. (1988): Management strategischer Wettbewerbsvorteile, ZfB, Nr. 4, Jg. 58, S. 461–480.

Simon, H. (1995): Preispolitik, in: Tietz, B. (Hrsg.): Handwörterbuch des Marketing, Suttgart, S. 2068–2086.

Skiera, B. (1999): Preisdifferenzierung, in: Albers, S./Clemens, M./Peters, K. (Hrsg.): Marketing mit Interaktiven Medien – Strategien zum Markterfolg, Frankfurt a. M., S. 283–296.

Skiera, B./Spann, M. (2002): Flexible Preisgestaltung im Electronic Business, in: Weiber, R. (Hrsg.): Handbuch Electronic Business: Informationstechnologien – Electronic Commerce – Geschäftsprozesse, 2. Aufl., Wiesbaden, S. 687–707.

Sonntag, R. (2002): Medienmanagement: Besondere Aspekte des Internet-Marketings, Vortrag an der Technischen Universität Dresden, 13. 12. 2002.

Spar, D./Bussgang, J. J. (1996): Geschäfte im Cyberspace – Noch fehlen dem Spiel feste Regeln, in: Harvard Business Manager, Nr. 4, Jg. 18, S. 39–47.

Spohrer, M./Blackert, S. (2001): E-Commerce – die Kundenperspektive, in: Hermanns, A., Sauter, M. (Hrsg.): Management-Handbuch Electronic Commerce, München, 2. Aufl., S. 75–83.

Stahlknecht, P./Hasenkamp, U. (2005): Einführung in die Wirtschaftsinformatik, 11. Aufl., Berlin.

Stauss, B. (2003): Kundenbindung durch Beschwerdemanagement, in. Bruhn, M./Homburg, C. (Hrsg.): Handbuch Kundenbindungsmanagement, Wiesbaden, 4.Aufl., S. 309–336.

Stauss, B./Seidel, W. (2002): Beschwerdemanagement, 3. Aufl., München.

Stern, J. (2011): Social Media Monitoring – Analyse und Optimierung Ihres Social Media Marketings auf Facebook, Twitter, YouTube und Co., Heidelberg.

Stolpmann, M. (2001): Online-Marketingmix – Kunden finden, Kunden binden im E-Business, 2. Aufl., Bonn.

Stormer, H. (2007): Kundenbasierte Produktkonfiguration, in: Informatik Spektrum, Nr. 5, Jg. 30, S. 322–326.

Strauß, R. E./Schoder, D. (2001): Wie werden die Produkte den Kunden angepasst? Massenhafte Individualisierung, in: Albers, S./Clement, M./Peters, K./Skiera, B. (Hrsg.): E-Commerce – Einstieg, Strategie und Umsetzung im Unternehmen, 3. Aufl., Frankfurt/M., S. 111–121.

Suckow, C. (2011): Markenaufbau im Internet, Wiesbaden.

Süme, O.J. (2001): Powershopping – das Rabattgesetz war nur die erste Hürde, in: Klietmann, M. (Hrsg.): Kunden im E-Commerce. Verbraucherprofile, Vertriebstechniken, Vertrauensmanagement, Düsseldorf, S. 121–131.

Swamy, R. (2002): Strategic Performance Measurement in the new Millenium, in: CMA Management, Nr. 3, Jg. 76, S. 44–48.

Szymanski, D. M./Hirse, R. T.(2000): E-Satisfaction: an Initial Examination, in: Journal of Retailing, Nr. 3, Jg. 76, S. 309–322.

Tapscott, D. (1996): Die digitale Revolution – Verheißungen einer vernetzten Welt, Wiesbaden.

Teichmann, R./Nonnemacher, M./Henkel, J. (2001): E-Commerce und E-Payment, Wiesbaden.

Tiedke, D. (2000): Bedeutung des Online Marketing für die Kommunikationspolitik, in: Link, J. (Hrsg.): Wettbewerbsvorteile durch Online-Marketing. Die strategischen Perspektiven elektronischer Märkte, 2. Aufl., Berlin.

Tietz, R. (2007): Virtuelle Communities als innovatives Instrument für Unternehmen: Eine explorative Fallstudienanalyse im Hobby- und Freizeitgüterbereich, Hamburg.

Timmons, J. A. (1999): New Venture Creation: Entrepreneurship for the 21st Century, Singapore.

Turban, E./King, D./Lee, J./Warkentin, M./Chung, H. M. (2002): Electronic Commerce 2002 – A Managerial Perspective, Upper Saddle River, NJ.

Ullman, J. D./Widom, J. (2002): A First Course in Database Systems, 2. Aufl., New Jersey.

Vellido, A. (2000): A Methodology for the Characterization of Business-to-Consumer E-Commerce, PhD Thesis, Liverpool.

Wamser, C. (2001): Strategisches Electronic Commerce. Wettbewerbsvorteile auf elektronischen Märkten, München.

Wannenwetsch, H./Nicolai, S. (2004): E-Supply-Chain-Management, 2. Aufl., Wiesbaden.

Weber, J./Schäffer, U. (1999): Sicherstellung der Rationalität von Führung als Aufgabe des Controlling, Die Betriebswirtschaft, Nr. 6, Jg. 59, S. 731–746.

Weber, J./Schäffer, U. (2000): Einführung der Balanced Scorecard – 8 Erfolgsfaktoren, in: Controller Magazin, Heft 1, S. 3–7.

Weber, J./Schäffer, U./Freise, H.-U. (2001): Controlling von E-Commerce auf Basis der Balanced Scorecard, in: Eggers, B., Hoppen, G. (Hrsg.): Strategisches E-Commerce Management. Erfolgsfaktoren für die Real Economy, Wiesbaden, S. 445–464.

Wedel, M./Kamakura, W. (2000): Market Segmentation: Conceptual and Methodological Foundations, 2. Aufl., Dordrecht.

Wegmann, C. (2001): Internationales Beschwerdemanagement, Wiesbaden.

Weiber, R./Jakob, F. (1995): Kundenbezogene Informationsgewinnung, in: Kleinaltenkamp, M./Plinke, W. (Hrsg.): Technischer Vertrieb – Grundlagen, Berlin, S. 509–596.

Weiber, R./Kollmann, T. (1996a): Die Akzeptanz von interaktivem Fernsehen – Anforderungen an ein neues Multimedium, in: Glowalla, U./Schoop, E. (Hrsg.): Perspektiven multimedialer Kommunikation – Deutscher Multimedia Kongress, Berlin, S. 163–169.

Weiber, R./Kollmann, T. (1996b): Interaktives Fernsehen – Information schlägt Unterhaltung, in: asw – absatzwirtschaft, Nr. 2, Jg. 39, S. 94–99.

Weiber, R./Kollmann, T. (1997): Wettbewerbsvorteile auf virtuellen Märkten – Vom Marketplace zum Marketspace, in: Link, J./Brändli, D./Schleuning, Ch./Kehl, R.E. (Hrsg.): Handbuch Database Marketing, Ettlingen, S. 513–530.

Weiber, R./Kollmann, T. (1998): Competitive Advantages in Virtual Markets – Perspective of „Information-based-Marketing" in Cyberspace, in: EJM – European Journal of Marketing, Nr. 7/8, Jg. 32, S. 603–615.

Weiber, R./Kollmann, T. (2000): Wertschöpfungsprozesse und Wettbewerbsvorteile im Marketspace, 3. Aufl., Wiesbaden, S. 47–62.

Weiber, R./Mühlhaus, D./Hörstrup, R. (2010): Auswahlentscheidungen bei heterogenen Angebotssets, in: Marketing ZFP, 32, Jg., Heft 1, S. 7–18.

Weiber, R./Mühlhaus, D./Hörstrup, R./Wolf, T. (2010): Consumer Choice in case of Heterogeneous Alternatives, in: Review of Studies and Economic Research, Vol. 3., No. 1, S. 147–166.

Weiber, R./Weber, M. R. (2002): Customer Lifetime Value im Electronic Business, in: Weiber, R. (Hrsg.): Handbuch Electronic Business: Informationstechnologien – Electronic Commerce – Geschäftsprozesse, 2. Aufl., Wiesbaden, S. 609–643.

Weinberg, P./Diehl, S. (2005): Erlebniswelten für Marken, in: Esch, F.-R. (Hrsg.): Moderne Markenführung, 4. Aufl., Wiesbaden, S. 263–286.

Weinberg, P./Terlutter, R. (2003): Verhaltenswissenschaftliche Aspekte der Kundenbindung, in: Bruhn, M./Homburg, C. (Hrsg.): Handbuch Kundenbindungsmanagement, 4. Aufl., Wiesbaden, S. 41–64.

Weinberg, T. (2011): Social Media Marketing – Strategien für Twitter, Facebook & Co., 2. Auflage, Köln.

Werner, H. (2010): Supply Chain Management. Grundlagen, Strategien, Instrumente und Controlling, 4. Aufl., Wiesbaden.

Wernerfelt, B. (1984): A Resource-based View of the Firm, in: Strategic Management Journal, Nr. 2, Jg. 5, S. 171–180.

Wiedmann, K.-P./Buxel, H. (2003): Methodik des Customer Profiling im E-Commerce, Marketing ZFP, Heft 1, 1. Quartal, 2003.

Wiedmann, K.-P./Buxel, H. (2004): Konsumentenverhaltensforschung im Internet mittels Profilbildungstechniken, in: Wiedmann, K.-P., Buxel, H., Frenzel, T., Walsh, G. (Hrsg.): Konsumentenverhalten im Internet, Wiesbaden.

Wiedmann, K.-P./Frenzel, T./Buxel, H. (2001): Strategisches E-Commerce Marketing, in: Egger, B./Hoppen, G. (Hrsg.): Strategisches E-Commerce Management, Wiesbaden, S. 395–443.

Wietzorek, H./Henkel, G. (1997): Data-Mining und Database-Marketing: Grundlagen und Einsatzfelder, in: Link, J./Brändli, D./Schleuning, C. (Hrsg.): Handbuch Database-Marketing, 2. Aufl., Ettlingen, S. 234–267.

Wilde, K. D. (1987): Database-Marketing, in: Huch, B./Stahlknecht, P. (Hrsg.): EDV-Anwendungen im Unternehmen, Frankfurt/M., S. 105–118.

Wilkins, J. (2006): Blogs, Wikis, and RSS, AIIM E-DOC, Nov./Dez. 2006 , S. 114–115.

Wimmer, F. (1985): Beschwerdepolitik als Marketinginstrument, in: Hansen, U./ Schoenheit, I. (Hrsg.): Verbraucherabteilungen in privaten und öffentlichen Unternehmungen, Frankfurt a. M., S. 225–254.

Wirtz, B. W. (2001): Electronic Business, 2. Aufl., Wiesbaden.

Wirtz, B. W./Burda, H./Beaujean, R. (2006): Deutschland Online 4 – Die Zukunft des Breitband-Internets, Darmstadt.

Wirtz, B. W./Schmidt-Holtz, R./Beaujean, R. (2004): Deutschland Online 2 – Die Zukunft des Breitband-Internets, Darmstadt.

Wirtz, B. W./Werner, J. (1999): Management der Kundenzufriedenheit und der Kundenbindung – Ein Erfolgsfaktor im Rahmen der Unternehmensstrategie, in: Deutsche Bank – Unternehmer Spezial, Nr. 4, S. 24–28.

Wöhe, G.(1995): Einführung in die Allgemeine Betriebswirtschaftslehre, München.

Wöhe, G./Döring, U. (2010): Einführung in die Allgemeine Betriebswirtschaftslehre, 24. Aufl., München.

Wohlenberg, H./Krause A. (2001): Branchentransformation durch E-Commerce, in: Egger, B., Hoppen G. (Hrsg.): Strategisches E-Commerce-Management. Erfolgsfaktoren für die Real Economy, Wiesbaden, S. 73–93.

Woitke, T. (2003): Web-Bugs – Nur lästiges Ungeziefer oder datenschutzrechtliche Bedrohung?, Multimedia und Recht, Nr. 5, Jg. 6, S. 310–314.

Yoffie, D. B./Cusumano, M. A. (1999): Judo Strategy: The Competitive Dynamics of Internet Tima, Harvard Business Review, Nr. 1, Jg. 77, S. 71–81.

Zarrella, D. (2010): Das Social Media Marketing Buch, Köln.

Zerdick, A./Picot, A./Schrape, K./Artope, A./Goldhammer, K./Heger, D. K. (1999): Die Internet-Ökonomie – Strategien für die digitale Wirtschaft, Berlin.

Zinnbauer, M./Bakay, Z. (2001): Preisdiskriminierung mittels Auktionen im Internet, Schriften zur Empirischen Forschung und Quantitativen Unternehmensplanung, Ludwigs-Maximilians-Universität München, Nr. 4, 2001.

Stichwortverzeichnis

Kohlhammer
Edition Marketing
Herausgegeben von
Hermann Diller und Richard Köhler

Grundlagen

Benkenstein/Uhrich
Strategisches Marketing
3., aktual. u. überarb. Auflage
2010. 260 S. Kart. € 29,90
ISBN 978-3-17-020699-1

Jacob
Marketing
2008. 224 S. Fester Einband
€ 34,90
ISBN 978-3-17-020705-9

Steffenhagen
Marketing
6., vollst. überarb. Auflage
2008. 268 S. Kart. € 34,–
ISBN 978-3-17-020382-2

Freiling/Köhler
Marketingorganisation
Ca. 320 S. Fester Einband
Ca. 38,–
ISBN 978-3-17-020078-4

Marketing-Instrumente

Hermann Diller
Preispolitik
4., vollst. neu bearb. u. erw.
Auflage 2008
576 S. Fester Einband. € 43,–
ISBN 978-3-17-019492-2

Kroeber-Riel/Esch
Strategie und Technik
der Werbung
7., aktual. u. vollst. überarb.
Auflage 2011
404 S. Fester Einband. € 39,90
ISBN 978-3-17-020609-0

Sattler/Völckner
Markenpolitik
3., aktual. u. überarb. Auflage
Ca. 260 S. Fester Einband
Ca. € 35,–
ISBN 978-3-17-022346-2

Kollmann
Online-Marketing
2., aktual. u. überarb. Auflage
2013. 260 S. Kart. € 29,90
ISBN 978-3-17-023024-8

Diller/Haas/Ivens
Verkauf und
Kundenmanagement
2005. 477 S. Fester Einband
€ 41,–
ISBN 978-3-17-018403-9

Marketing-
Entscheidungen

Weiber/Kleinaltenkamp
Business- und Dienst-
leistungsmarketing
Ca. 360 S. Kart. Ca. € 36,–
ISBN 978-3-17-022103-1

Weiber
Marketing und
Innovation
Ca. 250 S. Kart. € 29,90
ISBN 978-3-17-022995-2

Trommsdorff/Teichert
Konsumentenverhalten
8., vollst. überarb. u. erw.
Auflage 2011
360 S. Kart. € 34,90
ISBN 978-3-17-021877-2

Werani
Business-to-Business-
Marketing
2012. 252 S. Kart. € 34,90
ISBN 978-3-17-021370-8

Reinecke/Janz
Marketingcontrolling
2007. 516 S. Fester Einband.
€ 29,–
ISBN 978-3-17-018404-6

Freter
Markt- und
Kundensegmentierung
2., völlig überarb. Auflage
2008. 506 S. Fester Einband
€ 44,–
ISBN 978-3-17-018319-3

Institutionelle Bereiche

Böhler
Marktforschung
3., völlig neu bearb. u. erw.
Auflage 2004
276 S. Kart. € 26,–
ISBN 978-3-17-018155-7

Müller-Hagedorn/Natter
Handelsmarketing
5., aktual. u. erw. Auflage
2011. 492 S. Kart. € 34,90
ISBN 978-3-17-021123-0

Bruhn
Marketing für Non-
profit-Organisationen
2. Auflage 2012. 498 S.
Fester Einband. € 39,90
ISBN 978-3-17-021681-5

Meffert/Burmann/Becker
Internationales
Marketing-Management
4., vollst. überarb. Auflage
2011. 398 S. Kart. € 29,90
ISBN 978-3-17-016923-4

Bruhn/Hadwich
Internationales
Dienstleistungs-
marketing
Ca. 400 S. Kart. Ca. € 45,–
ISBN 978-3-17-021135-3

Kohlhammer